高职高专“十二五”规划教材

电机拖动与继电器控制技术

主　编　程龙泉　倪小敏
副主编　满海波

北　京
冶金工业出版社
2023

内容提要

本书共分7个学习情境，主要内容包括：直流电机及拖动，变压器运行与维护，交流电动机及拖动，特殊电动机，常用低压电器元件的识别、选型及故障分析与处理，典型低压电气控制线路，电动机的选择。

本书作为高职、中职院校电气、机电、冶金及相关专业教材，也可作为相关技术人员、企业员工培训教材及参考书。

图书在版编目(CIP)数据

电机拖动与继电器控制技术/程龙泉，倪小敏主编.—北京：冶金工业出版社，2015.7（2023.1重印）

高职高专“十二五”规划教材

ISBN 978-7-5024-6965-8

Ⅰ.①电…　Ⅱ.①程…　②倪…　Ⅲ.①电机—电力传动—高等职业教育—教材　②电机—控制系统—高等职业教育—教材　③继电器—控制系统—高等职业教育—教材　Ⅳ.①TM30　②TM58

中国版本图书馆CIP数据核字(2015)第158025号

电机拖动与继电器控制技术

出版发行　冶金工业出版社　　**电　话**　(010)64027926

地　址　北京市东城区嵩祝院北巷39号　　**邮　编**　100009

网　址　www.mip1953.com　　**电子信箱**　service@mip1953.com

责任编辑　俞跃春　美术编辑　吕欣童　版式设计　葛新霞

责任校对　石　静　责任印制　窦　唯

北京印刷集团有限责任公司印刷

2015年7月第1版，2023年1月第7次印刷

787mm×1092mm　1/16；19印张；456千字；293页

定价45.00元

投稿电话　**(010)64027932**　**投稿信箱**　**tougao@cnmip.com.cn**

营销中心电话　**(010)64044283**

冶金工业出版社天猫旗舰店　**yjgycbs.tmall.com**

（本书如有印装质量问题，本社营销中心负责退换）

前 言

“电机拖动与继电器控制技术”是职业院校电气自动化技术等专业的一门实践性和专业性较强的课程，其目的是提高学生选择、使用电气控制设备的基本技能，锻炼学生解决实际工程问题的能力，使学生具备相关职业岗位所需电机、电机拖动及电气控制系统的分析、调试、维护等核心职业能力。本教材还可为学生考取初、中、高级维修电工资格证书提供理论和实践指导。

本书是依据高职院校电气自动化技术等专业培养目标，结合高职院校教学改革，本着“工学结合、项目引导、教学做一体化”的原则而编写的。内容包括电机及拖动、常用低压电器及典型继电接触器控制线路等，并将这些内容融入7个学习情境共26个学习性工作任务中。每一个任务都经过精心设计，注重职业技能的训练和职业能力的培养。

本书由四川机电职业技术学院程龙泉、倪小敏担任主编，满海波担任副主编；刘颜、徐敏、李凡、尚竞、王琼芳参加编写，全书由程龙泉、倪小敏、满海波统稿。本书在编写过程中，参考了多位同行、专家的论著和文献，在此向相关作者表示真诚的感谢。同时也向企业专家钢城集团综合工业公司的曹正樑和攀钢钒机制公司的汤林对本书的编写工作提供的技术支持和帮助表示感谢。

本书配套实验教材《电工基础及应用、电机拖动与继电器控制技术实验指导》由冶金工业出版社于2015年8月出版，读者可参考使用。

由于编者水平所限，书中疏漏及错误之处，恳请读者提出宝贵批评意见，以便重印、再版时及时更正、改进。

编 者

2015年4月

前言

目录

学习情境1　直流电动机及拖动 …… 1

任务1.1　直流电动机的认识 …… 1

1.1.1　任务描述与分析 …… 1

1.1.2　相关知识 …… 2

1.1.3　技能训练 …… 15

练习题 …… 16

任务1.2　直流电动机的启动 …… 16

1.2.1　任务描述与分析 …… 16

1.2.2　相关知识 …… 16

1.2.3　技能训练 …… 19

练习题 …… 20

任务1.3　直流电动机的调速 …… 21

1.3.1　任务描述与分析 …… 21

1.3.2　相关知识 …… 21

1.3.3　技能训练 …… 26

练习题 …… 26

任务1.4　直流电动机的制动与反转 …… 27

1.4.1　任务描述与分析 …… 27

1.4.2　相关知识 …… 27

1.4.3　技能训练 …… 34

练习题 …… 36

任务1.5　直流电动机及其拖动知识拓展 …… 36

1.5.1　任务描述与分析 …… 36

1.5.2　相关知识 …… 37

练习题 …… 50

学习情境2　变压器运行与维护 …… 52

任务2.1　变压器的认识 …… 52

2.1.1　任务描述与分析 …… 52

2.1.2　相关知识 …… 53

2.1.3　技能训练 …… 62

练习题 …… 63

任务 2.2 变压器的参数分析 …… 63
2.2.1 任务描述与分析 …… 64
2.2.2 相关知识 …… 64
2.2.3 技能训练 …… 71
练习题 …… 72
任务 2.3 变压器的运行特性分析 …… 72
2.3.1 任务描述与分析 …… 72
2.3.2 相关知识 …… 73
2.3.3 技能训练 …… 75
练习题 …… 76
任务 2.4 变压器运行与维护知识拓展 …… 77
2.4.1 任务描述与分析 …… 77
2.4.2 相关知识 …… 77
练习题 …… 83

学习情境 3 交流电动机及拖动 …… 84

任务 3.1 三相异步电动机的认识 …… 84
3.1.1 任务描述与分析 …… 84
3.1.2 相关知识 …… 84
3.1.3 技能训练 …… 113
练习题 …… 116
任务 3.2 三相异步电动机的启动、调速 …… 117
3.2.1 任务描述与分析 …… 117
3.2.2 相关知识 …… 118
3.2.3 技能训练 …… 132
练习题 …… 134
任务 3.3 三相异步电动机的反转与制动 …… 134
3.3.1 任务描述与分析 …… 134
3.3.2 相关知识 …… 135
3.3.3 技能训练 …… 141
练习题 …… 142
任务 3.4 交流电动机及拖动知识拓展 …… 142
3.4.1 任务描述与分析 …… 143
3.4.2 相关知识 …… 143
练习题 …… 155

学习情境 4 特殊电动机 …… 156

任务 4.1 单相异步电动机 …… 156
4.1.1 任务描述与分析 …… 156

4.1.2　相关知识 …… 156
4.1.3　技能训练 …… 163
练习题 …… 164
任务4.2　三相同步电动机 …… 164
4.2.1　任务描述与分析 …… 165
4.2.2　相关知识 …… 165
4.2.3　技能训练 …… 170
练习题 …… 171
任务4.3　其他特殊电动机 …… 171
4.3.1　任务描述与分析 …… 171
4.3.2　相关知识 …… 172
练习题 …… 181
任务4.4　特殊电动机知识拓展 …… 181
4.4.1　任务描述与分析 …… 181
4.4.2　相关知识 …… 182
练习题 …… 188

学习情境5　常用低压电器原件的识别、选型及故障分析与处理 …… 189

任务5.1　常用低压电器的识别 …… 189
5.1.1　任务描述与分析 …… 189
5.1.2　相关知识 …… 189
5.1.3　技能训练 …… 205
练习题 …… 205
任务5.2　常用低压电器元件的选型、故障分析与处理 …… 206
5.2.1　任务描述与分析 …… 206
5.2.2　相关知识 …… 206
5.2.3　技能训练 …… 216
任务5.3　常用低压电器的知识拓展 …… 221
5.3.1　任务描述与分析 …… 221
5.3.2　相关知识 …… 221
5.3.3　技能训练 …… 225

学习情境6　典型低压电气控制线路 …… 226

任务6.1　电气线路识图 …… 226
6.1.1　任务描述与分析 …… 226
6.1.2　相关知识 …… 226
练习题 …… 229
任务6.2　三相异步电动机典型控制线路及应用 …… 230
6.2.1　任务描述与分析 …… 230

6.2.2　相关知识 ………………………………………………………… 230
6.2.3　技能训练 ………………………………………………………… 242
练习题 ……………………………………………………………………… 243
任务6.3　CA6140车床电气制线路及应用 ……………………………… 243
6.3.1　任务描述与分析 ………………………………………………… 244
6.3.2　相关知识 ………………………………………………………… 244
6.3.3　技能训练 ………………………………………………………… 247
练习题 ……………………………………………………………………… 248
任务6.4　桥式起重机的电气控制 ……………………………………… 248
6.4.1　任务描述与分析 ………………………………………………… 248
6.4.2　相关知识 ………………………………………………………… 249
6.4.3　知识拓展 ………………………………………………………… 256
6.4.4　技能训练 ………………………………………………………… 257
练习题 ……………………………………………………………………… 258

学习情境7　电动机的选择 ……………………………………………… 259

任务7.1　电动机种类、电压、转速和结构形式的选择 ………………… 259
7.1.1　任务描述与分析 ………………………………………………… 259
7.1.2　相关知识 ………………………………………………………… 259
7.1.3　技能训练 ………………………………………………………… 262
任务7.2　电动机容量的选择 …………………………………………… 263
7.2.1　任务描述与分析 ………………………………………………… 263
7.2.2　相关知识 ………………………………………………………… 263
7.2.3　技能训练 ………………………………………………………… 290
练习题 ……………………………………………………………………… 290

参考文献 ………………………………………………………………… 293

学习情境1　直流电动机及拖动

【知识要点】

（1）直流电动机的结构、原理。

（2）直流电动机的感应电动势和电磁转矩以及机械特性。

（3）直流电动机的启动、调速和制动。

任务1.1　直流电动机的认识

【任务要点】

（1）直流电动机结构、原理及铭牌。

（2）直流电动机的绕组。

（3）直流电动机的磁场。

（4）直流电动机的感应电动势与转矩。

（5）直流电动机的基本特性。

（6）直流电动机的换向。

1.1.1　任务描述与分析

1.1.1.1　任务描述

电机是利用电磁作用原理进行能量转换的机械装置。直流电机将直流电能转换为机械能，或将机械能转换为直流电能。将直流电能转换为机械能的叫做直流电动机，将机械能转换为直流电能的叫做直流发电机。

直流电动机的主要优点是启动性能和调速性能好，过载能力大。因此，应用于对启动和调速性能要求较高的生产机械，例如大型机床、电力机车、轧钢机、矿井卷扬机、船舶机械、造纸机和纺织机械等。直流电动机的主要缺点是结构复杂，使用有色金属多，生产工艺复杂，价格昂贵，运行可靠性差。近年电力电子学和变频技术的迅速发展，在很多领域内，直流电机将逐步为交流变频调速电机取代。不过在今后相当长的时期内，直流电机仍将在许多场合继续发挥作用。

1.1.1.2　任务分析

本任务主要明确直流电动机的基本结构和原理，认识直流电动机的绕组、磁场和换向，掌握直流电动机的感性电动势、电磁转矩及机械特性。

1.1.2　相关知识

1.1.2.1　直流电动机的原理与结构

A　直流电动机的结构

直流电动机主要由静止的定子和旋转的转子两大部分组成。定子与转子之间有空隙称为气隙。定子部分包括机座、主磁极、换向极、端盖、电刷等装置。转子部分包括电枢铁芯、电枢绕组、换向器、转轴、风扇等部件。

下面介绍直流电机主要部件的作用与基本结构，如图 1－1 所示。

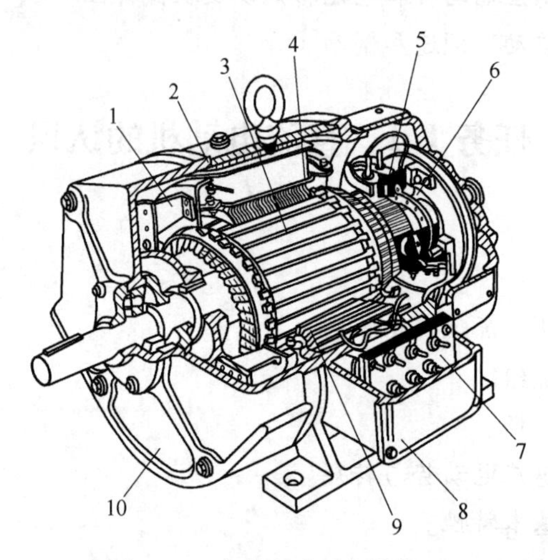

图 1－1　直流电动机的结构图

1—风扇；2—机座；3—电枢；4—主磁极；5—刷架；6—换向器；7—接线板；8—出线盒；9—换向极；10—端盖

a　定子

（1）机座。作用为固定主磁极、换向极、端盖等，机座还是磁路的一部分，用以通过磁通的部分称为磁轭。材料为铸钢或厚钢板焊接而成，具有良好的导磁性能和机械强度。

（2）主磁极。作用为产生气隙磁场。组成如图 1－2 所示，主磁极包括铁芯和励磁绕

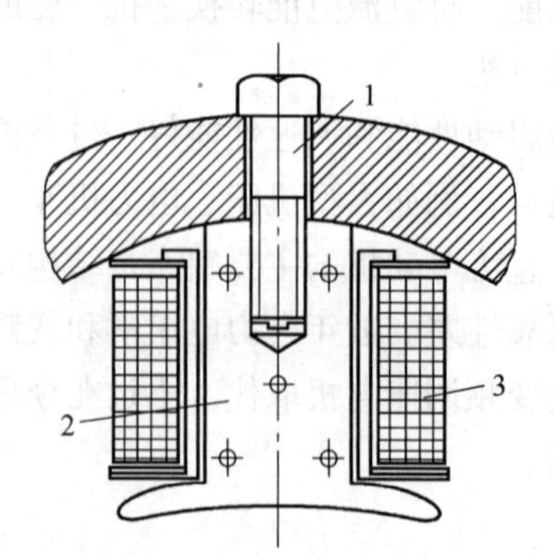

图 1－2　直流电机的主磁极

1—固定主磁极的螺钉；2—主磁极铁芯；3—励磁绕组

组两部分，主磁极铁芯柱体部分称为极身，靠近气隙一端较宽的部分称为极靴，极靴做成圆弧形，使气隙磁通均匀。极身上套有产生磁通的励磁绕组。材料为主磁极铁芯一般由1.0～1.5mm 厚的低碳钢板冲片叠压铆接而成。

（3）换向极。作用为改善换向。组成如图 1－3 所示，有铁芯、绕组。材料为铁芯用整块钢制成，如要求较高，则用1.0～1.5mm 厚的钢板叠压而成；绕组用粗铜线绕制，流过的是电枢电流。安装位置在相邻两主磁极之间。

（4）电刷装置。作用为连接，交流、直流变换。由电刷、刷握、刷杆、刷杆架、弹簧、铜辫等构成，如图 1－4 所示。电刷组的个数，一般等于主磁极的个数。

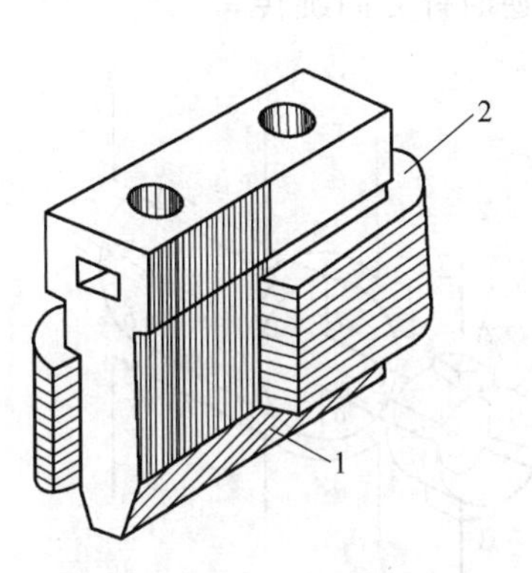

图 1－3　直流电机的换向极
1—换向极铁芯；2—换向极绕组

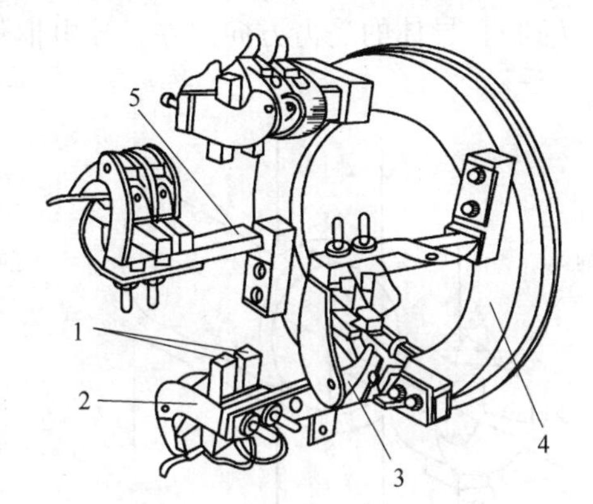

图 1－4　直流电机的电刷装置
1—电刷；2—刷握；3—弹簧压板；4—座圈；5—刷杆

b　转子

（1）电枢铁芯。作用为磁路的一部分。结构如图 1－5 所示，用 0.5mm 厚、两边涂有绝缘漆的硅钢片冲片叠压而成。其外圆周开槽，用来嵌放电枢绕组。

（2）电枢绕组。作用为产生感应电动势、通过电枢电流，它是电机实现机电能量转换的关键。绝缘导线绕成的线圈（或称元件），是按一定规律连接而成。

（3）换向器。作用为绕组中电流换向。组成如图 1－6 所示，多个压在一起的梯形铜片构成的一个圆筒，片与片之间用一层薄云母绝缘，电枢绕组各元件的始端和末端与换向片按一定规律连接。换向器与转轴固定在一起。

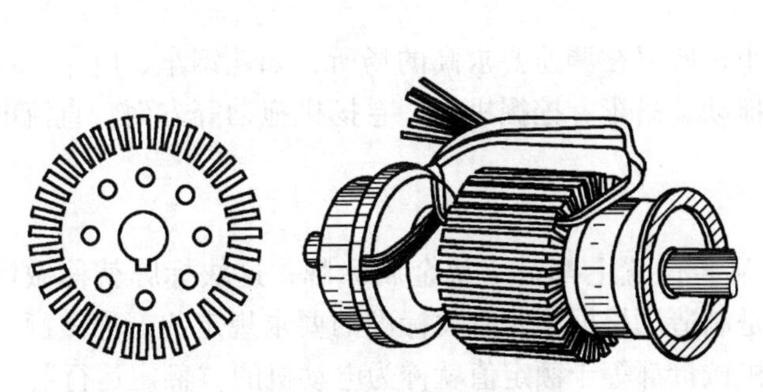

图 1－5　电枢铁芯

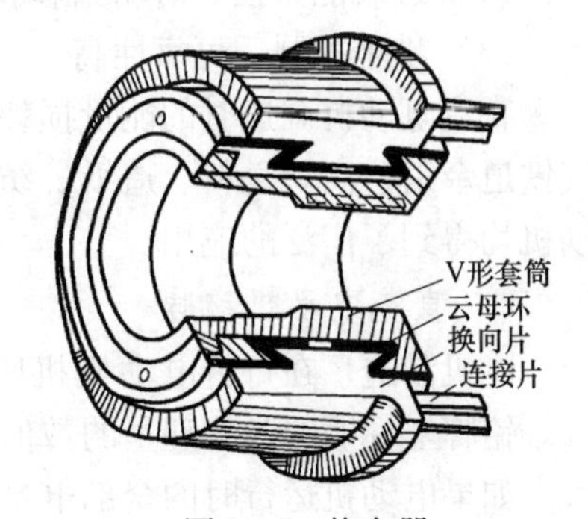

图 1－6　换向器

B　直流电动机工作原理

直流电动机是根据通电导体在磁场中受力而运动的原理制成的。根据电磁力定律可知，通电导体在磁场中要受到电磁力的作用。

电磁力的方向用左手定则来判定，左手定则规定：将左手伸平，使拇指与其余四指垂直，并使磁力线的方向指向掌心，四指指向电流的方向，则拇指所指的方向就是电磁力的方向。

如图1-7(a) 所示，导体 *ab* 在 N 极下，电流由 *a* 到 *b*，根据左手定则可知导体 *ab* 受力方向向左：导体 *cd* 在 S 极下电流方向由 *c* 到 *d*，因此导体 *cd* 的受力方向向右，两个电磁力所产生的电磁转矩使电枢逆时针方向旋转。当转子旋转 180°，转到如图 1-7(b) 所示的位置时，导体 *ab* 转到 S 极下，电流由 *b* 到 *a* 导体的受力方向向右：而导体 *cd* 在 N 极下，电流方向由 *d* 到 *c*，导体的受力方向向左，故电枢仍按逆时针方向旋转。

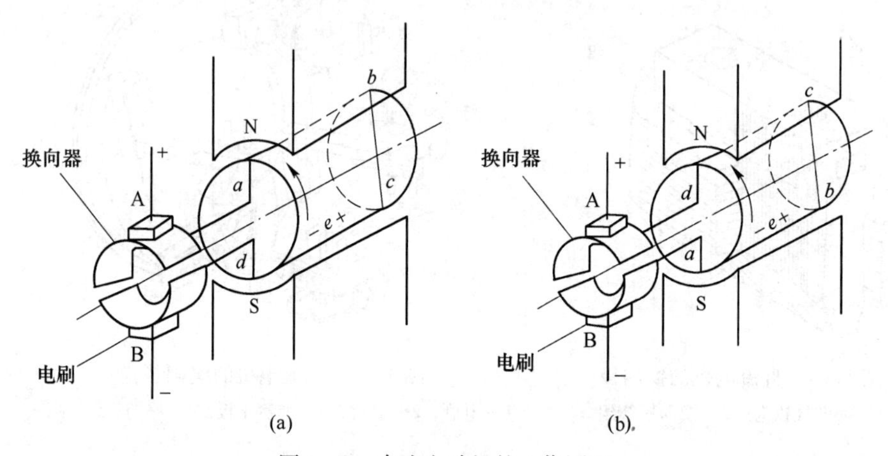

图1-7　直流电动机的工作原理

由此可知，通过换向器的作用，与电源负极相连的电刷 B 始终和 S 极下导体相连，故 S 极下导体中电流方向恒为流出；而与电源正极相连的电刷 A 始终和 N 极下导体相连，故 N 极下导体中电流方向恒为流入。如此，当导体 *ab* 和 *cd* 不断交替出现在 N 极和 S 极下时，两导体所受电磁力矩始终为逆时针方向，因而使电枢按一定方向旋转。

直流电动机是把直流电能转变为机械能的设备。它有以下几方面的优点：

(1) 调速范围广，且易于平滑调节；

(2) 过载能力强，启动/制动转矩大；

(3) 易于控制，可靠性高。

直流电动机调速时的能量损耗较小，所以在调速要求高的场所，如轧钢车、电车、电气铁道牵引、高炉送料、造纸、纺织拖动、吊车、挖掘机械、卷扬机拖动等方面，直流电动机均得到了广泛的应用。

C　直流电动机铭牌

电机制造厂在每台电动机机座的显著位置上都钉一块金属标牌，这块标牌就称做铭牌。铭牌上标明的各物理量的数值，是制造厂根据国家有关标准的要求规定的，称做额定值。如果电动机运行时的全部电量和机械量都等于额定值就称为电动机的“额定运行”。

铭牌数据主要包括：电机型号、电机额定功率、额定电压、额定电流、额定转速和励磁电流及励磁方式等，此外还有电机的出厂数据，如出厂编号，出厂日期等。

电机铭牌上所标的数据为额定数据，具体含义如下。

a　型号

电动机的型号一般采用大写印刷体的汉语拼音字母和阿拉伯数字表示。例如：

$$Z_4-112/2-1$$

其中　Z——表示 Z 系列一般用途直流电动机；

4——表示设计系列号；

112——表示电机中心高 112mm；

2——表示极数为 2；

1——表示 1 号铁芯。

b　直流电动机的额定值

（1）额定功率 P_N 是指电动机在额定状态下运行时轴上输出的机械功率，又称为额定容量（W）。它等于额定电压和电流的乘积再乘上电动机的效率，即：

$$P_N = \eta_N U_N I_N$$

（2）额定电压 U_N 是指电动机寿命期内安全工作的最高电压（V）。

（3）额定电流 I_N 是指电动机轴上带有额定机械负载时的输入电流（A）。

（4）额定转速 n_N 是指在额定电压、额定电流和额定输出功率的情况下电动机运行时的旋转速度（r/min）。

实际运行中，电动机不能总是运行在额定状态。如果流过电动机的电流小于额定电流，称为欠载运行；超过额定电流，称为过载运行。长期过载，有可能因过热而损坏电动机；长期欠载，运行效率不高，浪费能量。为此选择电动机时，应根据负载要求，尽量让电动机工作在额定状态。

1.1.2.2　直流电机电枢绕组

电枢绕组是直流电机的核心部分。电枢绕组放置在电机的转子上，当转子在电机磁场中转动时，不论是电动机还是发电机，绕组均产生感应电动势。当转子中有电流时将产生电枢磁动势，该磁动势与电机气隙磁场相互作用产生电磁转矩，从而实现机电能量的相互转换。

A　电枢绕组的名词术语

电枢绕组是由多个形状相同的绕组元件，按照一定的规律连接起来组成的。根据连接规律的不同，绕组可分为单叠绕组，单波绕组、复叠绕组、复波绕组及混合绕组等几种形式。下面介绍绕组中常用术语。

a　电枢绕组元件

电枢绕组元件由绝缘筒线绕制而成，每个元件有两个嵌放在电枢槽中、能与磁场作用产生转矩或电动势的有效边，称为元件边，元件的槽外部分亦即元件边以外的部分称为端接部分。为便于嵌线，每个元件的一个元件边嵌放在某一槽的上层，称为上层边；另一个元件边嵌放在另一槽的下层，称为下层边，如图 1－8 所示。

b　实槽与虚槽

电机电枢上实际开出的槽叫实槽。电机往往有较多的元件来构成电枢绕组，通常在每个槽的上、下层各放置若干个元件边，如图 1－9 所示。所谓“虚槽”，即单元槽。每个虚槽的上、下层各有一个元件边。一个电机有 Z 个实槽，每个实槽有 u 个虚槽，则虚槽数

为 uZ。

每个元件有两个元件边，而每一个换向片连接两个元件边，又因为每个虚槽里包含两个元件边，所以绕组的元件数 S、换向片数 K 和虚槽数 Z_i 三者应相等。

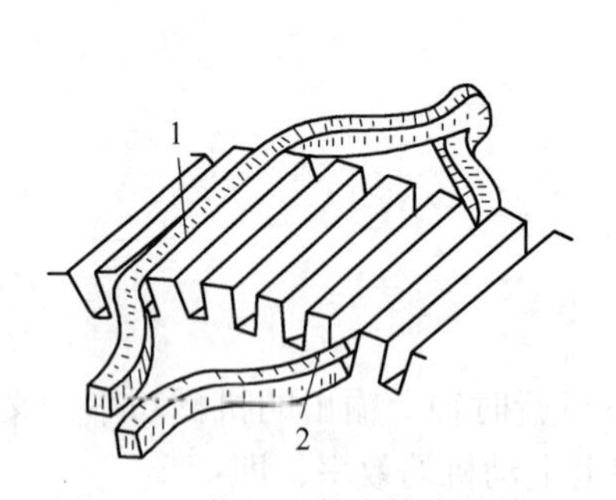

图1－8　绕组元件在槽内的放置

1—上层边；2—下层边

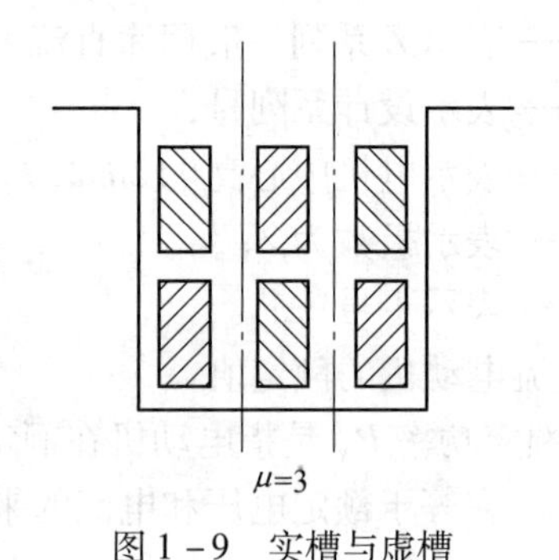

图1－9　实槽与虚槽

c　极距

极距就是相邻主磁极间的距离称为极距，也就是沿电枢表面圆周上相邻两磁极间的距离，用τ表示。通常用虚槽数表示较为方便，即

$$\tau = \frac{\pi D}{2p} = \frac{Z_i}{2p} \tag{1-1}$$

d　节距

（1）第一节距 y_1。

同一个元件两个有效边之间的距离称为第一节距。为了获得较大的感应电动势，y_1 应等于或接近于一个极距。即

$$y_1 = \frac{Z_i}{2p} \pm \varepsilon \tag{1-2}$$

式中，ε 为小于1的正分数，用它来把 y_1 凑成整数。若 $\varepsilon = 0$，则 $y_1 = \tau$，称为整距绕组。若 $\varepsilon \neq 0$，当 $y_1 > \tau$时，称为长距绕组；当 $y_1 < \tau$时，称为短距绕组。

（2）合成节距 y。

相邻两个元件对应边之间的距离称为合成节距。它表示每串联一个元件后，绕组在电枢表面前进或后退了多少个虚槽，是反映不同形式绕组的一个重要标志。

（3）换向片节距 y_K。

一个元件两个出线端所连接的换向片之间的距离称为换向片节距。由于元件数等于换向片数，所以换向片节距等于合成节距，即 $y_K = y$。

（4）第二节距 y_2。

它表示相邻的两个元件中，第一个元件下层边与第二个元件上层边之间的距离。

B　单叠绕组

后一个元件的端接部分紧叠在前一元件的端接部分之上，这种绕组称为叠绕组。当叠绕组的换向器节距 $y_K = 1$ 时称为单叠绕组。单叠绕组中每个元件的首端和末端分别接到相邻的两个换向片上，后一元件的首端与前一元件的末端连在一起，并接到同一个换向片上，依次串联，最后一个元件的末端与第一个元件的首端连在一起，形成一个闭合的结构，如图 1－10 所示。此时，$y=y_K=1$。单叠绕组的并联支路对数 a 总等于极对数 p，即 $a=p$。

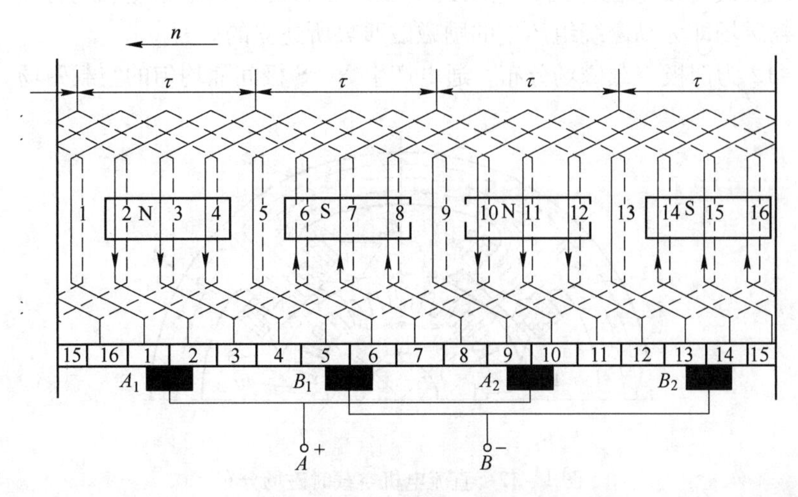

图 1－10　单叠绕组展开图

C　单波绕组

单波绕组的连接是每个元件与相距约两个极距的元件相串联，绕完一周以后，第 p 个元件的末端落到与起始换向片相邻的换向片上，如图 1－11 所示。由于连接后的形状似波浪，故称为单波绕组。单波绕组的并联支路数总是 2，并联支路对数能等于 1，即 $a=1$。

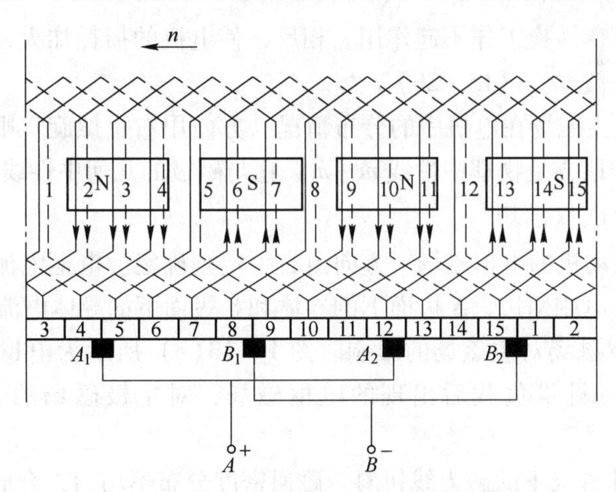

图 1－11　单波绕组展开图

1.1.2.3　直流电机磁场

当电机有负载时，电枢绕组中有电流通过，产生电枢磁通势。该磁通势所建立的磁场，称为电枢磁场。因此负载时的气隙磁场由主极磁场与电枢磁场共同建立。正是这两个磁场的相互作用，直流电机才能进行机电能量转换。由此可知，直流电机的气隙磁场从空载到负载是变化的，电枢磁场对主极建立的气隙磁场的影响称为电枢反应，它对电机的运行性能影响很大。

A　直流电机的空载磁场

直流电机空载（发电机开路；电动机空轴）运行时，其电枢电流等于零或近似等于零。因而空载磁场即为励磁绕组产生的励磁磁通势所建立的。

如图1－12为四极空载磁场分布，通电产生N、S极间隔均匀的空载磁场。

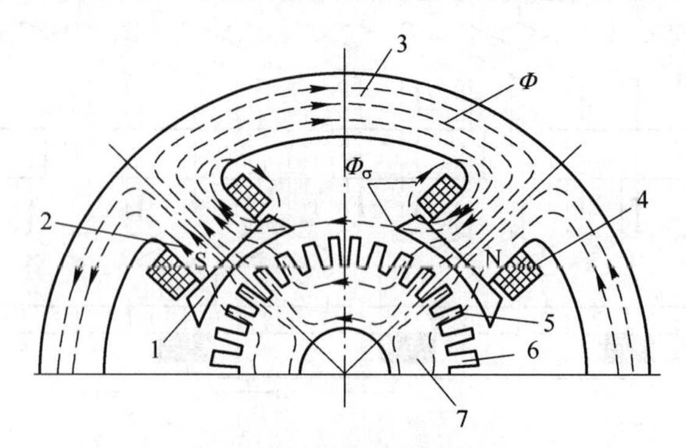

图1－12　直流电机空载时磁场分布

1—极靴；2—极身；3—定子磁轭；4—励磁线圈；5—气隙；6—电枢齿；7—电枢磁轭

（1）主磁通 Φ：N极→气隙→电枢齿槽→电枢磁轭→电枢铁芯齿槽→气隙→S极→定子磁轭→N极。

作用：同时交链励磁绕组和电枢绕组，实现能量转换。

（2）漏磁通 Φ_σ：N极→气隙→相邻S极磁极。

影响：电机的能量转换工作不起作用。相反，使电机的损耗加大，效率降低，增大了磁路的饱和程度，一般 $\Phi_\sigma=(15\sim20)\%\Phi_0$。

图1－13(a) 为主磁场在电机中的分布情况。方向用右手螺旋定则确定。在电枢表面上磁感应强度为零的地方是物理中性线 $m-m$，它与磁极的几何中性线 $n-n$ 重合。

B　直流电机的电枢磁场

图1－13(b) 电动机的电枢磁场，方向由右手定则确定。电枢电流的方向总是以电刷为界限来划分的。在电刷两边，N极面下的导体和S极面下的导体电流方向始终相反。

电枢反应：电枢磁场对主磁场的影响。图1－13(c) 所示为电枢反应时的磁场。与图1－13(a) 比较可见带负载后出现的电枢磁场，对主极磁场的分布有如下明显的影响。

（1）电枢反应使磁极下的磁力线扭斜，磁通密度分布不均匀，合成磁场发生畸变。磁场畸变的结果，使原来的几何中性线 $n-n$ 处的磁场不等于零，磁场为零的位置，即物理中性线 $m-m$ 逆旋转方向移动 α 角度，物理中性线与几何中性线不再重合。

（2）电枢反应使主磁场削弱，电机出力减小。

1.1.2.4　直流电机的感应电动势与转矩

A　直流电机的感应电动势

直流电机电枢绕组的感应电动势为

$$E_a=C_e\Phi n \tag{1-3}$$

式中，Φ 为电机的每极磁通；n 为电机的转速；C_e 为与电机结构有关的常数，称为电动势常数，$C_e = pN/60a$。E_a 的方向由 Φ 与 n 的方向按右手定则确定。

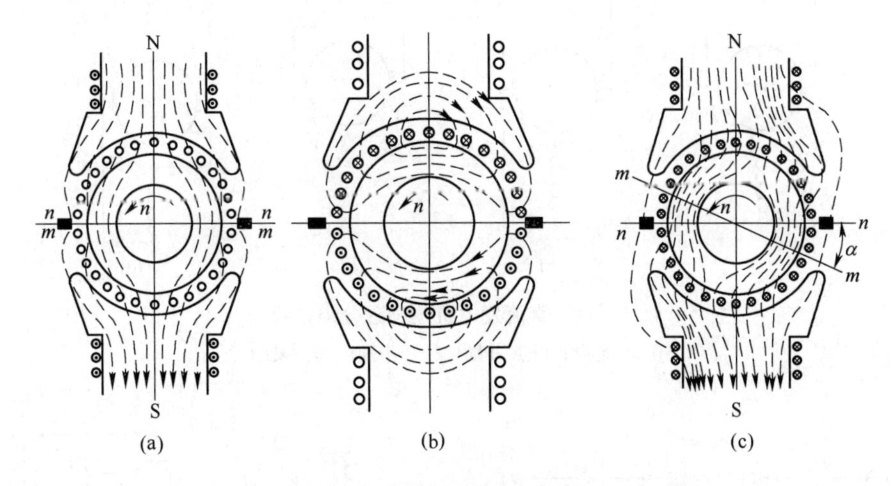

图 1－13　直流电动机气隙磁场

（a）主极磁场；（b）电枢磁场；（c）合成磁场

上式表明直流电机的感应电动势与电机结构、气隙磁通和电机转速有关。当电机制造好以后，与电机结构有关的常数 C_e 不再变化，因此电枢电动势仅与气隙磁通和转速有关，改变磁通和转速均可以改变电枢电动势的大小。

B　直流电机的电磁转矩 T_{em}

电磁转矩 T_{em} 为

$$T_{em} = C_T \Phi I_a \tag{1-4}$$

式中，I_a 为电枢电流；C_T 也是一个与电机结构相关的常数，$C_T = pN/2\pi a$，称为转矩常数。电磁转矩 T_{em} 的方向由磁通 Φ 及电枢电流 I_a 的方向按左手定则确定。上式表明：若要改变电磁转矩的大小，只要改变 Φ 或 I_a 的大小即可；若要改变 T_{em} 的方向，只要改变 Φ 或 I_a 其中之一的方向即可。

从上式中可看出，制造好的直流电机其电磁转矩仅与电枢电流和气隙磁通成正比。

1.1.2.5　直流电机基本特性

A　直流电机的励磁方式

直流发电机的各种励磁方式接线如图 1－14 所示。直流电动机的各种励磁方式接线如图 1－15 所示。

a　他励方式

他励方式中，电枢绕组和励磁绕组电路相互独立，电枢电压 U 与励磁电压 U_f 彼此无关，电枢电流 I_a 与励磁电流 I_f 也无关。

b　并励方式

并励方式中，电枢绕组和励磁绕组是并联关系，在并励发电机中 $I_a = I + I_f$，而在并励电动机中 $I_a = I - I_f$。

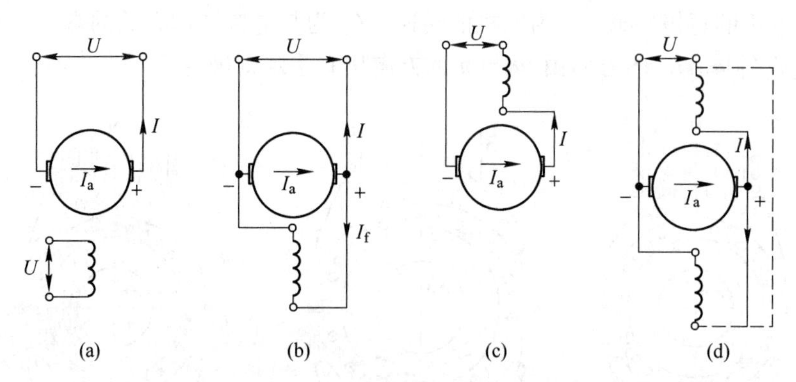

图 1－14　直流发电机按励磁分类接线图

（a）他励；（b）并励；（c）串励；（d）复励

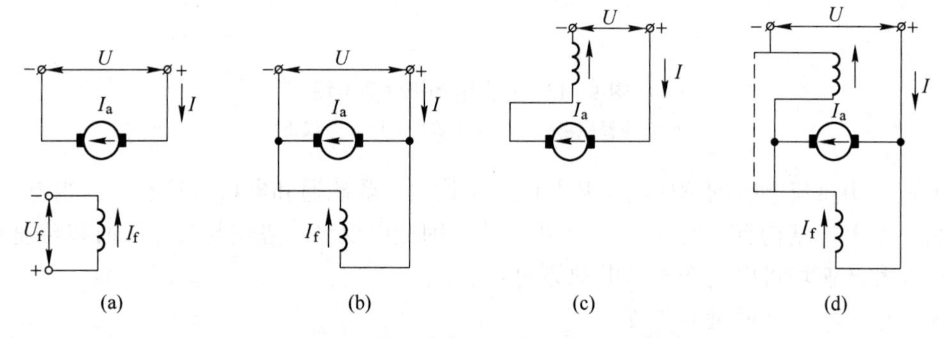

图 1－15　直流电动机按励磁分类接线图

（a）他励；（b）并励；（c）串励；（d）复励

c　串励方式

串励方式中，电枢绕组与励磁绕组是串联关系。由于励磁电流等于电枢电流，所以串励绕组通常线径较粗，而且匝数较少。无论是发电机还是电动机，均有 $I_a = I = I_f$。

d　复励方式

复励电机的主磁极上有两部分励磁绕组，其中一部分与电枢绕组并联，另一部分与电枢绕组串联。当两部分励磁绕组产生的磁通方向相同时，称为积复励，反之称为差复励。

B　直流电机平衡方程式

平衡方程式是直流电动机运行时，电磁关系和能量传递关系的数学表达式。

a　电压平衡方程式

根据图 1－16 所示，用电动机惯例所设各量的正方向，用基尔霍夫电压定律，可以列出电压平衡方程式为

$$U = E_a + I_a R_a + 2\Delta U_b \tag{1-5}$$

$$U = E_a + I_a R_a \tag{1-6}$$

式中，ΔU_b 为电刷管压降。

b　转矩平衡方程式

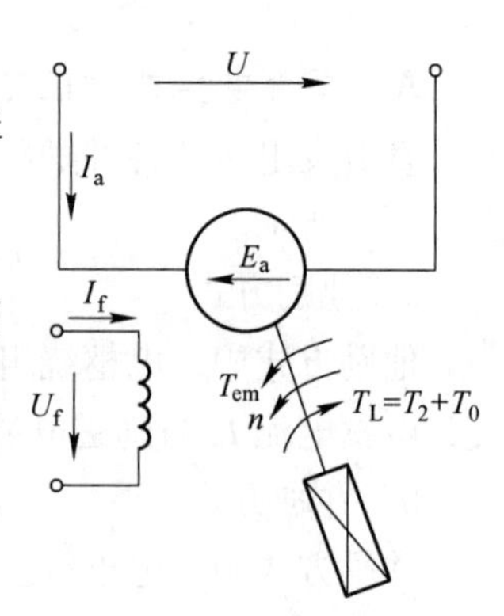

图 1－16　电动机惯例

电磁转矩 T_{em}是一个驱动转矩，当电动机运行时，它必须与轴上的负载制动转矩 T_2 和空载制动转矩 T_0 平衡，即

$$T_{em}=T_2+T_0 \tag{1-7}$$

空载转矩 T_0 的数值为额定转矩的2%～5%，因此在重载和额定负载下 $T_{em}\approx T_2$。

c　功率平衡方程式

电动机将电能转变成机械能输出，总有一部分能量消耗在电机内部，称为电机损耗，包括机械损耗、铁芯损耗、铜损耗、附加损耗。

将式（1－6）两边乘以电枢电流 I_a，得

$$UI_a=I_a(E_a+I_aR_a)=E_aI_a+I_a^2R_a \tag{1-8}$$

或

$$P_1=P_{em}+p_{Cua} \tag{1-9}$$

式中　UI_a——电源输入功率；

E_aI_a——电动机电磁功率；

$I_a^2R_a$——电枢绕组上的铜损；

P_1——电动机从电源输入的电功率，$P_1=UI_a$；

p_{Cua}——电枢回路的铜损耗，$p_{Cua}=I_a^2R_a$；

P_{em}——电磁功率，$P_{em}=E_aI_a$。

将式（1－7）两边乘以机械角速度 Ω，得

$$T_{em}\Omega=T_2\Omega+T_0\Omega$$

可写成

$$P_{em}=T_{em}\Omega=(T_2+T_0)\Omega$$
$$=T_2\Omega+T_0\Omega=P_2+p_0 \tag{1-10}$$

式中，$P_{em}=T_{em}\Omega$ 为电磁功率；$P_2=T_2\Omega$ 为轴上输出的机械功率；$p_0=T_0\Omega$ 为空载损耗，包括机械损耗 p_Ω 和铁损耗 p_{Fe}，此外还有励磁绕组的铜损耗 p_{Cuf}，称为励磁损耗。

并励直流电动机的功率平衡方程为

$$P_1=P_2+p_{Cua}+p_{Cuf}+p_{Fe}+p_\Omega=P_2+\sum p \tag{1-11}$$

式中，$\sum p=p_{Cua}+p_{Cuf}+p_{Fe}+p_\Omega$，为并励直流电动机的总损耗。

C　直流电动机的工作特性

a　他励（并励）电动机的工作特性

他励（并励）直流电动机的工作特性是指在 $U=U_N$、$I_f=I_{fN}$、电枢回路的附加电阻 $R_{pa}=0$ 时，电动机的转速 n、电磁转矩 T 和效率 η 三者与输出功率 P_2（负载）之间的关系，即 n、T、$\eta=f(P_2)$。在实际应用中，由于电枢电流 I_a 较易测量，且 I_a 随 P_2 的增大而增大，变化趋势相近，故也可将工作特性表示为 n、T、$\eta=f(I_a)$ 的关系。工作特性可用实验方法求得，曲线如图 1－17 所示。

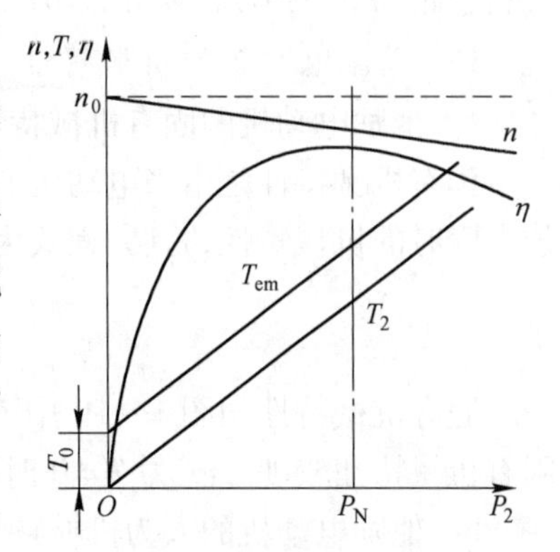

图 1－17　并励电动机的工作特性

（1）转速特性。

电动机转速 n 为

$$n=\frac{U_N-I_aR_a}{C_e\Phi} \tag{1-12}$$

对于某一电动机，C_e 为一常数，则当 $U=U_N$ 时，影响转速的因素有两个：一是电枢回路的电阻压降 I_aR_a，二是磁通 Φ。通常随着负载的增加，当电枢电流 I_a 增加时，一方面使电枢压降 I_aR_a 增加，从而使转速 n 下降；另一方面由于电枢反应的去磁作用增加，使磁通 Φ 减小，从而使转速 n 上升。

电动机转速从空载到满载的变化程度，称为电动机的额定转速变化率 $\Delta n\%$，他励（并励）电动机的转速变化率很小，约为 2% ~8%，基本上可认为是恒速电动机。

（2）转矩特性。

输出转矩 $T_2=9.55P_2/n$，当转速不变时，$T_2=f(P_2)$ 将是一条通过原点的直线。但实际上，当 P_2 增加时，n 略有下降，因此 $T_2=f(P_2)$ 的关系曲线略为向上弯曲。

而电磁转矩 $T_{em}=T_2+T_0$（空载转矩 T_0 数值很小且近似为一常数），因此只要在 $T_2=f(P_2)$ 曲线上加上空载转矩 T_0 便得到 $T=f(P_2)$ 的关系曲线。

（3）效率特性。

效率特性是在 $U=U_N$ 时的 $\eta=f(P_2)$。效率是指输出功率 P_2 与输入功率 P_1 之比。当电动机的不变损耗 p_0 等于可变损耗 p_{Cua} 时，效率达到最大值。

b　串励电动机的工作特性

因为串励电动机的励磁绕组与电枢绕组串联，故励磁电流 $I_f=I_a$ 与负载有关。这就是说，串励电动机的气隙磁通 Φ 将随负载的变化而变化正是这一特点，使串励电动机的工作特性与他励电动机有很大的差别，如图 1 -18 所示。

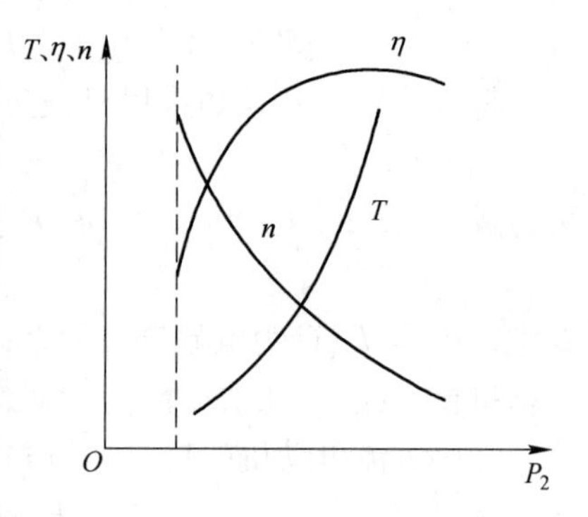

图 1 -18　串励电动机的工作特性

与他励电动机相比，串励电动机的转速随输出功率 P_2 的增加而迅速下降，这是因为 P_2 增大时，I_a 随之增大，电枢回路的电阻压降和气隙磁通 Φ 同时也增大，这两个因素均使转速下降。另外由于串励电动机的转速 n 随 P_2 的增加而迅速下降，所以 $T=f(P_2)$ 的曲线将随 P_2 的增加而很快地向上弯曲。

需要注意的是，当负载很轻时，由于 I_a 很小，磁通 Φ 也很小，因此电动机的运行速度将会很高（飞车），易导致事故发生。

D　直流电动机的机械特性

a　他励电动机的固有机械特性

固有机械特性是指当电动机的工作电压和磁通均为额定值时，电枢电路中没有串入附加电阻时的机械特性，其方程式为

$$n=\frac{U_N}{C_e\Phi_N}-\frac{R_a}{C_e\Phi_N}I_a \tag{1-13}$$

固有机械特性如图 1 -19 中 $R=R_a$ 的曲线所示，由于 R_a 较小，故他励直流电动机的固有机械特性较硬。n_0 为 $T=0$ 时的转速，称为理想空载转速。Δn 为额定转速降。

b　他励电动机的人为机械特性

人为机械特性是人为地改变电动机参数（U、R、Φ）而得到的机械特性。

（1）电枢串接电阻的人为机械特性。此时 $U=U_N$，$\Phi=\Phi_N$，$R=R_a+R_{pa}$。人为机械特性与固有特性相比，理想空载转速 n_0 不变，但转速降 Δn 相应增大，R_{pa} 越大，Δn 越大，特性越“软”，如图 1－19 中曲线 1、2 所示。

（2）改变电枢电压时的人为机械特性。此时 $R_{pa}=0$，$\Phi=\Phi_N$。由于电动机的电枢电压一般以额定电压 U_N 为上限，因此改变电压，通常只能在低于额定电压的范围变化。

降压时的人为机械特性是低于固有机械特性曲线的一组平行直线，如图 1－20 所示。

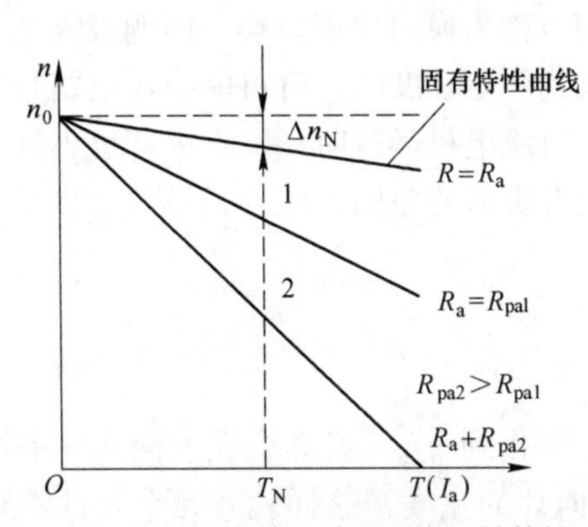

图 1－19　他励直流电动机固有机械特性及串电阻时人为机械特性

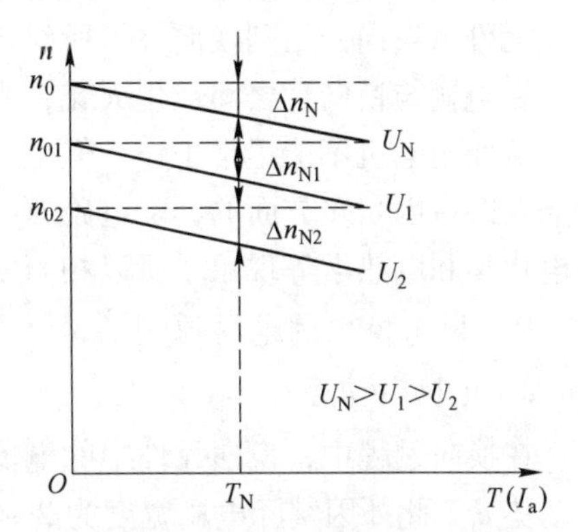

图 1－20　他励直流电动机降压时的人为机械特性

（3）减弱磁通时的人为机械特性。减弱磁通可以在励磁回路内串接电阻 R_f 或降低励磁电压 U_f，此时 $U=U_N$，$R_{pa}=0$。因为 Φ 是变量，所以 $n=f(I_a)$ 和 $n=f(T)$ 必须分开表示，其特性曲线分别如图 1－21（a）、（b）所示。

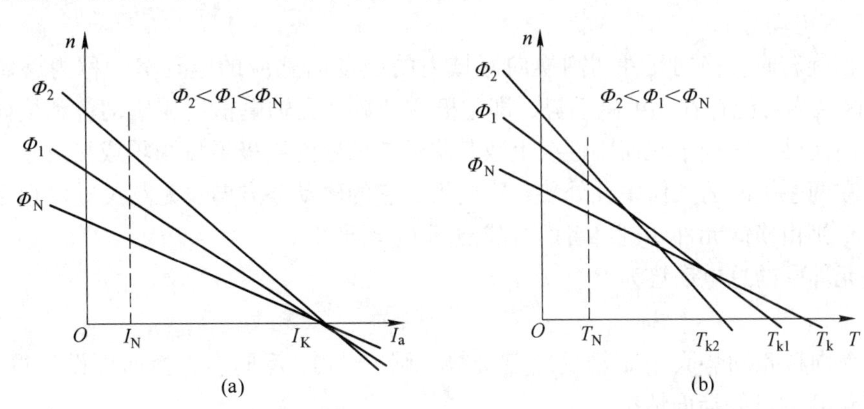

图 1－21　他励直流电动机减弱磁通时的人为机械特性

（a）$n=f(I_a)$；（b）$n=f(T)$

1.1.2.6　直流电机的换向

直流电机电枢绕组中一个元件经过电刷从一个支路转换到另一个支路时，电流方向改变的过程称为换向。

当电机带负载后，元件中的电流经过电刷时，电流方向会发生变化。换向不良会产生电火花或环火，严重时将烧毁电刷，导致电机不能正常运行，甚至引起事故。

A　换向过程的基本概念

直流电机每个支路里所含元件的总数是相等的，就某一个元件来说，它有时在这个支路里，有时又在另一个支路里。一个元件从一个支路换到另一个支路时，要经过电刷。当电机带了负载后，电枢元件中有电流流过，同一个支路里元件的电流大小与方向都是一样的，相邻支路里电流大小虽然一样，但方向却是相反的。可见，某一元件经过电刷，从一个支路换到另一个支路时，元件的电流必然改变方向。

元件从换向开始到换向终了所经历的时间，称为换向周期。换向问题很复杂，换向不良会在电刷与换向片之间产生火花，当火花大到一定程度时，有可能损坏电刷和换向器表面，从而使电机不能正常工作。但也不是说，直流电机运行时，一点火花也不许出现。产生火花的原因是多方面的，除电磁原因外，还有机械的原因，此外，换向过程中还伴随着有电化学和电热学等现象，所以相当复杂。

B　影响换向的电磁原因

a　电抗电动势 e_r

在换向过程中，换向元件中的电流由 $+i_a$ 变化到 $-i_a$，必然会在换向元件中产生自感电动势 e_l。此外因实际电刷宽度为 2～3 片换向片的宽度，这样就有几个元件同时进行换向，故被研究的换向元件中除自感电动势外，还有其他换向元件电流变化引起的互感电动势 e_m。e_l 与 e_m 的总和，称为电抗电动势 e_r。由于电流的变化所产生的电动势会影响电流的换向。

根据楞次定律，e_r 的作用是阻止换向元件中电流变化的。故 e_r 的方向总是与换向前的电流方向相同。

b　旋转电动势 e_k

当电枢旋转时，换向元件切割换向区域内的磁场而感应的电动势，称为旋转电动势 e_k。换向区域内可能存在 3 种磁动势，即主极磁动势，交轴电枢反应磁动势和换向极磁动势。因换向元件一般处于几何中性线上或其附近，该处的主极磁场为零或接近于零。为改善换向，在两主极间的几何中性处装有换向极，它的磁动势方向总是与交轴电枢反应磁动势相反。e_k 则由换向元件切割二者的合成磁场 B_k 所产生。

换向元件中的总电动势为

$$\Sigma e = e_r + e_k \tag{1-14}$$

如果换向极磁动势大于交轴反应磁动势，则 e_r 与 e_k 反向。当换向极设计得合理时，可获得 $\Sigma e \approx 0$ 的良好换向情况。

C　改善换向的主要方法

改善换向的目的在于消除电刷下的火花，而产生火花的原因除上述电磁原因外，还有机械方面和化学方面的原因。从电磁原因来看，如果减小附加换向电流，就能改善换向，常用方法如下。

a　选用合适的电刷，增加电刷与换向片之间的接触电阻

电机用电刷的型号规格很多，其中碳－石墨电刷的接触电阻最大，石墨电刷和电化石墨电刷次之，铜－石墨电刷的接触电阻最小。

直流电机如果选用接触电阻大的电刷，则有利于换向，但接触压降较大，电能损耗

大，发热厉害，同时由于这种电刷允许的电流密度较小，电刷接触面积和换向器尺寸以及电刷的摩擦都将增大，因而设计制造电机时必须综合考虑两方面的因素，选择恰当的电刷。为此，在使用维修中欲更换电刷时，必须选用与原来同一牌号的电刷，如果实在配不到相同牌号的电刷，那就尽量选择特性与原来相接近的电刷并全部更换。

b　安装换向极

目前改善直流电机换向最有效的办法，是安装换向极。使换向元件里的 $\Sigma e \approx 0$，换向为直线换向。为达此目的，对换向极的极性有一定要求。在发电机运行时换向极性应与顺电枢转向的相邻主极的极性相同；而电动机运行时，换向电极的极性应该与逆电枢转向的相邻主极的极性相同。换向极装设在相邻两主磁极之间的几何中性线上，如图 1－22 所示。

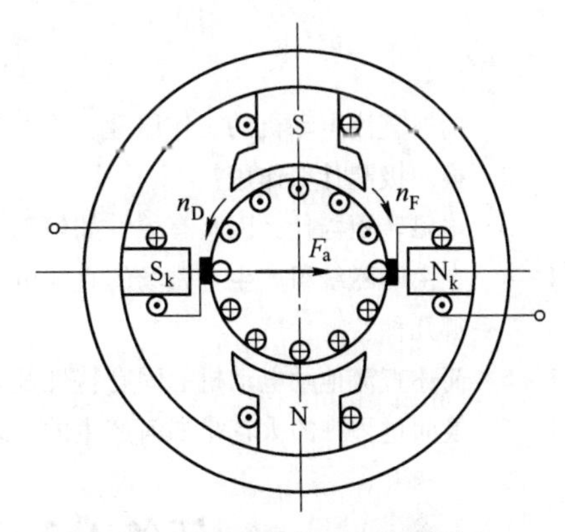

图 1－22　装设换向极改善换向

为了随时抵消电枢反应磁动势以及电抗电动势，换向极绕组应与电枢回路串联，并保证换向极磁路不饱和。

由前面分析知，负载时的电枢反应使气隙磁场发生畸变，会增大某几个换向片之间的电压。由此引起的电位差火花与换向产生的电磁性火花连成一片而形成环火，即在正、负电刷之间出现电弧。环火可以在很短时间内损坏电机。

为避免出现环火现象，在主磁极上装有补偿绕组，嵌放在主极板靴上专门冲出的槽内。补偿绕组与电枢绕组串联。它产生的磁动势恰好抵消电枢反应磁动势，有利于改善换向。

1.1.3　技能训练

题目：直流电动机的拆卸与安装

（1）目的：了解直流电动机的拆卸与安装过程。

（2）仪器及设备：直流电动机以及相关工具。

（3）步骤：

1）直流电动机的拆卸方法：

①切断电源；

②脱开皮带轮或联轴器；

③拆卸带轮或联轴器；

④拆卸风扇罩、风扇；

⑤拆卸轴承盖和端盖。

2）直流电动机的安装方法：

①安装滚动轴承；

②安装后端盖；

③安装转子；

④安装前端盖；

⑤安装风扇和风扇罩；

⑥安装皮带轮。

练习题

1-1-1　简述直流电动机的工作原理。

1-1-2　换向极起什么作用？

1-1-3　电磁转矩与什么因素有关？如何确定电磁转矩的方向？

1-1-4　在由励磁绕组产生主磁场的直流电动机中，根据主磁极绕组与电枢绕组连接方法不同，可分为哪几种？

1-1-5　简述直流他励电动机的固有特性及人为特性。

1-1-6　换向过程中的火花是如何产生的，怎样改善换向？

任务1.2　直流电动机的启动

【任务要点】

（1）直流电动机直接启动的特点。

（2）直流电动机电枢回路串电阻启动的特点与计算。

（3）直流电动机降压启动的特点与计算。

1.2.1　任务描述与分析

1.2.1.1　任务描述

电动机接通电源后，由静止状态加速到某一稳定转速的过程称为启动过程，简称启动。启动时间虽然很短，但如果不能采用正确的启动方法，电动机就不能正常安全地投入运行，为此，应对直流电动机的启动过程和方法进行必要的分析。

1.2.1.2　任务分析

本任务主要明确直流电动机直接启动的特点，掌握直流电动机电枢回路串电阻和降压启动的特点及方法。

1.2.2　相关知识

1.2.2.1　启动电流和转矩分析

电动机的启动是指电动机接通电源后，由静止状态加速到稳定运行状态的过程。电动机在启动瞬间（$n=0$）的电磁转矩称为启动转矩，启动瞬间的电枢电流称为启动电流，分别用 T_{st} 和 I_{st} 表示。

如果他励直流电动机在额定电压下直接启动，由于启动瞬间转速 $n=0$，电枢电动势 $E_a=0$，故启动电流为

$$I_{st}=\frac{U_N}{R_a} \tag{1-15}$$

因为电枢电阻 R_a 很小，所以直接启动电流将达到很大的数值，通常可达到额定电流的 10～20 倍。从电动机本身考虑，换向条件许可的最大电流通常只有额定电流的 2 倍左右。过大的启动电流一方面危及到直流电机本身的安全，会在电刷与换向器间产生强烈的火花，使电刷与换向器表面接触电阻增大，使电动机在正常运行时的转速降落增大，使电动机的换向严重恶化，甚至会烧坏电动机；另一方面，会引起电网电压的波动，影响电网上其他用户的正常用电。因此，除了个别容量很小的电动机外，一般直流电动机是不允许直接启动的。

启动转矩为

$$T_{st}=C_T\Phi I_{st} \tag{1-16}$$

因为电动机启动电流很大，故启动转矩也很大，通常可为额定转矩的 10～20 倍。电枢绕组会受到过大的电动力而损坏；对于传动机构来说，过大的启动转矩会损坏齿轮等传动部件。

直流电动机启动时，一般有如下要求：

（1）要有足够大的启动转矩，以保证电动机正常启动。

（2）启动电流要限制在一定的范围内。一般限制在 2.5 倍额定电流之内。

（3）启动设备要简单、可靠。

为了限制启动电流，他励直流电动机通常用电枢回路串电阻启动或降低电枢电压启动。无论采用哪种启动方法，启动时都应保证电动机的磁通达到最大值。这是因为在同样的电流下，Φ 大则 T_{st} 大；而在同样的转矩下，Φ 大则 I_{st} 可以小一些。

1.2.2.2　电枢回路串电阻启动

电动机启动前，应使励磁回路调节电阻 $R_{sf}=0$，这样励磁电流 I_f 最大，使磁通 Φ 最大。电枢回路串接启动电阻 R_{st}，在额定电压下的启动电流为

$$I_{st}=\frac{U_N}{R_a+R_{st}} \tag{1-17}$$

式中，R_{st} 值应使 I_{st} 不大于允许值。对于普通直流电动机，一般要求 $I_{st}\leqslant(1.5\sim2)I_N$。

在启动电流产生的启动转矩作用下，电动机开始转动并逐渐加速，随着转速的升高，电枢电动势（反电动势）E_a 逐渐增大，使电枢电流逐渐减小，电磁转矩也随之减小，这样转速的上升就逐渐缓慢下来。为了缩短启动时间，保持电动机在启动过程中的加速度不变，就要求在启动过程中电枢电流维持不变，因此随着电动机转速的升高，应将启动电阻平滑地切除，最后使电动机转速达到运行值。

实际上，平滑地切除电阻是不可能的，一般的他励直流电动机，启动时在电枢回路中串入多级（通常是 2～5 级）电阻来限制启动电流。专门用来启动电动机的电阻称为启动电阻器（又称启动器）。启动时，将启动电阻全部串入，当转速上升时，在启动过程中再

将电阻逐级加以切除，直到电动机的转速上升到稳定值，启动过程结束。启动电阻的级数越多，启动过程就越快越平稳，但所需要的控制设备也越多，投资也越大。

三级电阻启动时电动机的电路原理图及其机械特性如图 1－23 所示。

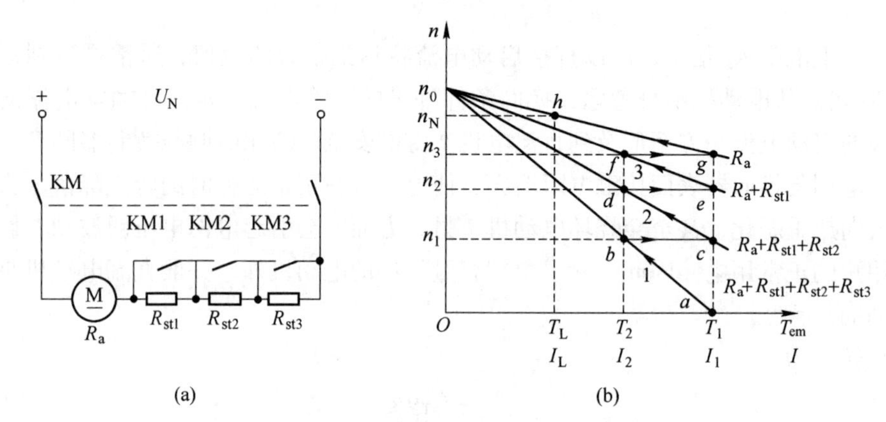

图 1－23　他励电动机串电阻多级启动

（a）串电阻启动电路；（b）串电阻多级启动机械特性

他励直流电动机的启动过程如图 1－23(a) 所示。启动开始时，接触器的触点 KM 闭合，而 KM1、KM2、KM3 断开，额定电压加在电枢回路总电阻 R_3($R_3 = R_a + R_{st1} + R_{st2} + R_{st3}$) 上，启动电流为 $I_1 = U_N/R_3$，此时启动电流 I_1 和启动转矩 T_1 均达到最大值（通常取额定值的 2 倍左右)。接入全部启动电阻时的人为特性如图 1－23(b) 中的曲线 1 所示。启动瞬间对应于 a 点，因为启动转矩 T_1 大于负载转 T_L，所以电动机开始加速，电动势 E_a 逐渐增大，电枢电流和电磁转矩逐渐减小，工作点沿曲线 1 箭头方向移动。当转速升到 n_1、电流降至 I_2、转矩减至 T_2(图中 b 点) 时，触点 KM3 闭合，切除电阻 R_{st3}。I_2 称为切换电流，一般取 $I_2 = (1.1 \sim 1.2) I_N$，或 $T_2 = (1.1 \sim 1.2) T_N$。切除电阻 R_{st3} 后，电枢回路电阻减小为 $R_2 = R_a + R_{st1} + R_{st2}$，与之对应的人为特性如图 1－23(b) 中的曲线 2。在切除电阻瞬间，由于机械惯性，转速不能突变，所以电动机的工作点有 b 点沿水平方向跃变到曲线 2 上的 c 点。选择适当的各级启动电阻，可使点的电流仍为 I_1，这样电动机又处在最大转矩 T_1 下进行加速，工作点沿曲线 2 箭头方向移动。当到达 d 点时，转速升至 n_2，电流又降至 I_2，转矩也降至 T_2，此时触点 KM2 闭合，将 R_{st2} 切除，电枢回路电阻变为 $R_1 = R_a + R_{st1}$，工作点由 d 点平移到人为特性曲线 3 上的 e 点。e 点的电流和转矩仍为最大值，电动机又处在最大转矩 T_1 下加速，工作点在曲线 3 上移动。当转速升至 n_3 时，即在 f 点切除最后一级电阻 R_{st1} 后，电动机将过渡到固有特性上，并加速到 h 点，处于稳定运行，启动过程结束。

在启动过程中，若要使电动机的转速均匀上升，只有让启动电流和启动转矩保持不变，即启动电阻应平滑地切除，但是实际上很难办到。通常将启动电阻分成许多段，分的段越多，则加速过程越平滑。对于手动启动器，因手动启动靠人操作，不易将各段启动电阻及时切除，因而仍不能保证平滑的启动过程。如果操作不熟练，各段启动电阻切除得太快，将使电动机的启动电流过大，难以保证安全，故手动启动器广泛应用于各种中、小型直流电动机中，而较大容量的直流电动机需采用自动启动器。

1.2.2.3　降低电枢电压启动

降低电枢电压启动简称降压启动，当直流电源电压可调时，可以采用降压启动。启动时，以较低的电源电压启动电动机，通过降低启动时的电枢电压来限制启动电流，启动电流随电压的降低而正比减小，因而启动转矩减少。随着电动机转速的上升，反电动势逐渐增大，再逐渐提高电源电压，使启动电流和启动转矩保持在一定的数值上，从而保证电动机按需要的加速度升速，待电压达到额定值时，电动机稳定运行，启动过程结束。

这种启动方法需要可调压的直流电源，过去多采用直流的发电机 - 电动机组，即每一台电动机专门由一台直流发电机供电，当调节发电机的励磁电流时，便可改变发电机的输出电压，从而改变加在电动机电枢两端的电压。随着晶闸管技术和计算机技术的发展，直流发电机逐步被晶闸管整流电源所取代。

自动化生产线中均采用降压启动，在实际工作中一般从 50V 开始启动，稳定后逐渐升高电压直至达到生产要求的转速为止，因此，这是一种比较理想的启动方法。

降压启动的优点是启动电流小，启动过程中消耗的能量少，启动平滑，但需配备专用的直流电源，设备投资大，多用于要求经常启动的大中型直流电动机。

1.2.3　技能训练

题目：直流电动机电枢回路串电阻降压启动

（1）目的：

1）了解直流他励电动机电枢回路启动电阻的计算。

2）掌握直流他励电动机电枢回路串电阻降压启动的方法。

（2）仪器及设备：

1）电机多功能实验台：控制台电源、励磁电源和直流稳压电源、电枢调节电阻和磁场调节电阻、直流电流表和电压表、测速仪表、测功机。

2）M03 电机。

3）导线。

（3）内容：

1）测量直流他励电动机电枢电阻。

2）计算直流他励电动机电枢回路分级启动电阻。

3）直流他励电动机电枢回路串电阻启动。

（4）步骤：

1）测量直流他励电动机电枢电阻。用万用表测出直流他励电动机电枢电阻 R_a。

2）计算直流他励电动机电枢回路分级启动电阻。

计算各级启动电阻的步骤如下：

①根据过载倍数选取最大转矩 T_1 对应的最大电流 I_1；

②选取启动级数 m。一般 m 取 2 ~ 5；

③按式（1 - 18）计算启动电流比 β。

$$\beta = \sqrt[m]{\frac{U_N}{I_1 R_a}} \quad (m\text{为整数}) \tag{1-18}$$

④计算转矩 $T_2 = T_1/\beta$，检验 $T_2 \geqslant (1.1 \sim 1.3) T_L$，如果不满足，应另选 T_1 或 m 值，并重新计算，直至满足该条件为止。

⑤根据 β，计算分级启动电阻。各级串联电阻的计算公式为

$$\left.\begin{aligned} R_{st1} &= (\beta - 1) R_a \\ R_{st2} &= (\beta - 1)\beta R_a = \beta R_{st1} \\ R_{st3} &= (\beta - 1)\beta^2 R_a = \beta R_{st2} \\ R_{stm} &= (\beta - 1)\beta^{m-1} R_a = \beta R_{stm-1} \\ &\vdots \end{aligned}\right\} \tag{1-19}$$

3）直流他励电动机电枢回路串电阻启动。

按图1－24接线，把 S_1、S_2 和 S_3 断开，R_f 调至最大，可调稳压电源调至中间位置，请教师检查线路。开启测功机电源，进行调零操作。开启励磁电源和可调电源，观察有无励磁电流。若有，则按下可调电源复位按钮，电机正常启动，依次闭合 S_1、S_2 和 S_3。注意观察直流他励电动机转速的变化。

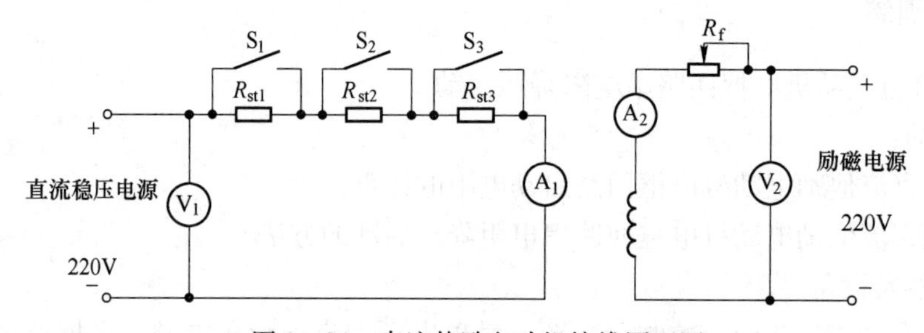

图1－24　直流他励电动机接线原理图

练 习 题

1－2－1　直流电动机为什么不能直接启动？如果直接启动会引起什么后果？

1－2－2　他励直流电动机的数据为：$P_N = 10\text{kW}$，$U_N = 220\text{V}$，$I_N = 53.4\text{A}$，$n_N = 1500\text{r/min}$，$R_a = 0.4\Omega$。求：（1）额定运行时的电磁转矩、输出转矩及空载转矩；（2）理想空载转速和实际转速；（3）半载时的转速；（4）$n = 1600\text{r/min}$ 时的电枢电流。

1－2－3　他励直流电动机的 $U_N = 220\text{V}$，$I_{1N} = 207.5\text{A}$，$R_a = 0.067\Omega$，$P_N = 10\text{kW}$，试问：（1）直接启动时的启动电流是额定电流的多少倍？（2）如限制启动电流为 $1.5I_N$，电枢回路应串入多大的电阻？

1－2－4　电动机数据同题1－2－3，试求出下列几种情况下的机械特性方程式，并在同一坐标上画出机械特性曲线：（1）固有特性；（2）电枢回路串入 1.6Ω 电阻；（3）电源电压降至原来的一半；（4）磁通减少30%。

1－2－5　他励直流电动机的数据为：$P_N = 7.5\text{kW}$，$U_N = 110\text{V}$，$I_N = 85.2\text{A}$，$n_N = 750\text{r/min}$，$R_a = 0.13\Omega$，如采用三级启动，最大启动电流限制为 $2I_N$，求各段启动电阻。

任务 1.3　直流电动机的调速

【任务要点】

（1）直流电动机的调试指标。

（2）直流电动机的调速方法及特点。

1.3.1　任务描述与分析

1.3.1.1　任务描述

大量生产机械例如各种金属切削机床、轧钢机、电动车、电梯、纺织机械等，它们的工作机构的转速要求能够用人为的方法进行调节，以满足生产工艺过程的需要。

1.3.1.2　任务分析

本任务主要明确直流电动机的调速指标，掌握直流电动机的调速特点及方法。

1.3.2　相关知识

电力拖动系统的调速可以采用机械调速、电气调速或二者配合起来调速。通过改变传动机构速比进行调速的方法称为机械调速；通过改变电动机参数进行调速的方法称为电气调速。这种调速方法的传动机构简单，可以实现无级调速，且易于实现电气自动化。本节只介绍他励直流电动机的电气调速。

所谓调速，就是在所拖动的负载不变的前提下，人为改变电动机运行的转速。改变电动机的参数就是人为地改变电动机的机械特性，从而使负载工作点发生变化，转速随之变化。可见，在调速前后，电动机必然运行在不同的机械特性上。如果机械特性不变，因负载变化而引起电动机转速的改变不能称为调速。

根据他励直流电动机的转速公式

$$n = \frac{U - I_a R}{C_e \Phi}$$

可知，当电枢电流 I_a 不变时（即在一定的负载下），只要改变电枢电压 U，电枢回路串联电阻 R_S（即改变 $R = R_a + R_S$）及励磁磁通 Φ 三者之中的任意一个量，就可改变转速 n。因此，他励直流电动机具有三种调速方法：调压调速，电枢串电阻调速和调磁调速。为了评价各种调速方法的优缺点，对调速方法提出了一定的技术经济指标，称为调速指标。

1.3.2.1　调速的指标

A　调速范围

调速范围是指电动机在额定负载下可能运行的最高转速 n_{max} 与最低转速 n_{min} 之比，通常用 D 表示，即

$$D=\frac{n_{max}}{n_{min}} \tag{1-20}$$

不同的生产机械对电动机的调速范围有不同的要求，例如车床要求 $D=20\sim120$，龙门刨床要求 $D=10\sim40$，轧钢机要求 $D=3\sim120$，造纸机械要求 $D=3\sim20$ 等。要扩大调速范围，必须尽可能地提高电动机的最高转速和降低电动机的最低转速。电动机的最高转速受到电动机的机械强度、换向条件、电压等级等方面的限制，而最低转速则受到低速运行时转速的相对稳定性的限制。

B　静差率（相对稳定性）

转速的相对稳定性是指负载变化时，转速变化的程度，转速变化小，其相对稳定性好。转速的相对稳定性用静差率 $\delta\%$ 表示。当电动机在某一机械特性上运行时，由理想空载增加到额定负载，电动机的转速降落与理想空载转速 n_0 之比，就称为静差率，用百分数表示为：

$$\delta\%=\frac{n_0-n_N}{n_0}\times100\%=\frac{\Delta n_N}{n_0}\times100\% \tag{1-21}$$

显然，电动机的机械特性越硬，其静差率越小，转速的相对稳定性就越高。但是静差率的大小不仅仅是由机械特性的硬度决定的，还与理想空载转速的大小有关。例如，图1-25中的两条相互平行的机械特性曲线2、3，它们的硬度相同，额定转速降也相等，即 $\Delta n_2=\Delta n_3$，但由于它们的理想空载转速不等，$n_{02}>n_{03}$，所以它们的静差率不等，$\delta_2\%<\delta_3\%$。可见，硬度相同的两条机械特性，理想空载转速越低，其静差率越大。

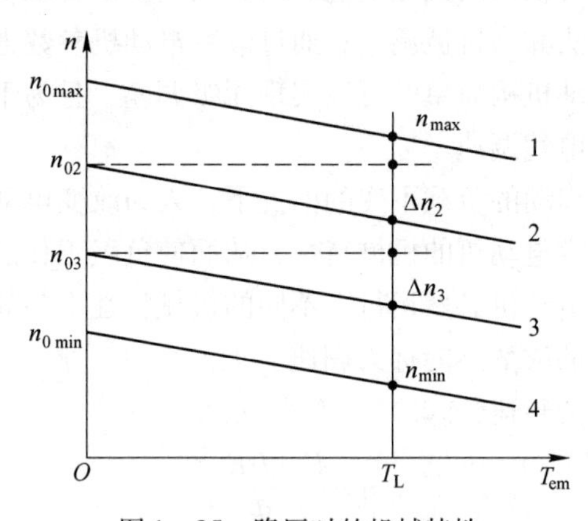

图1-25　降压时的机械特性

静差率与调速范围两个指标是相互制约的，若图1-25中曲线1和曲线4为电动机最高转速和最低转速时的机械特性，则电动机的调速范围 D 与最低转速时的静差率 δ 关系如下：

$$D=\frac{n_{max}}{n_{min}}=\frac{n_{max}}{n_{0min}-\Delta n_N}=\frac{n_{max}}{\frac{\Delta n_N}{\delta}-\Delta n_N}=\frac{n_{max}\delta}{\Delta n_N(1-\delta)} \tag{1-22}$$

式中，Δn_N 为最低转速机械特性上的转速降；δ 为最低转速时的静差率，即系统的最大静差率。

由式（1-22）可知，若对静差率这一指标要求过高，即 δ 值越小，则调速范围 D 就越小；反之，若要求调速范围 D 越大，则静差率 δ 也越大，转速的相对稳定性越差。

不同的生产机械，对静差率的要求不同，一般静差率 $\delta<50\%$，如刨床要求 $\delta<10\%$，造纸机械要求 $\delta\leqslant0.19\%$，普通车床要求 $\delta\leqslant30\%$ 等，而高精度的造纸机则要求 $\delta\leqslant0.1\%$。在保证一定静差率指标的前提下，要扩大调速范围，就必须减小转速降落，就是说，必须提高机械特性的硬度。

C　调速的平滑性

在一定的调速范围内，调速的级数越多，就认为调速越平滑。相邻两级转速之比称为平滑系数，表示为：

$$\varphi=\frac{n_i}{n_{i-1}} \tag{1-23}$$

φ 值越接近 1，则平滑性越好，当 $\varphi\approx1$ 时，可近似看作无级调速，即转速可以连续调节。调速不连续时，级数有限，称为有级调速。不同的生产机械对平滑性的要求不同。

D　调速的经济性

经济性包含两方面的内容：一是指调速设备的投资和调速过程中的能量损耗、运行效率及维修费用等；另一方面是指电动机在调速时能否得到充分利用，即调速方法是否与负载类型相配合。在满足一定的技术指标下，确定调速方案，力求投资设备少，电能损耗小，且维护方便。

E　调速时的允许输出

调速时的允许输出是指在额定电流条件下调速时，电动机允许输出的最大转矩或最大功率。允许输出的最大转矩与转速无关的调速方法，称为恒转矩调速；允许输出的最大功率与转速无关的调速方法，称为恒功率调速。

1.3.2.2　他励直流电动机的调速方法

A　电枢回路串电阻调速

电枢回路串电阻调速是指保持电源电压 $U=U_N$，励磁磁通 $\Phi=\Phi_N$，通过在电枢回路串接电阻 R_a 进行调速。电枢回路串电阻调速的原理及调速过程如图 1-26 所示。

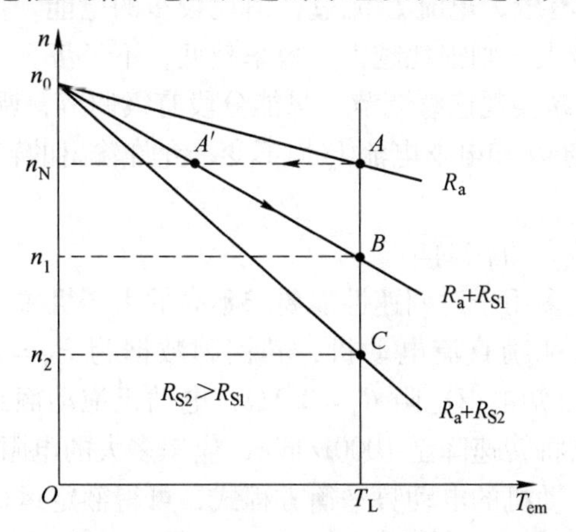

图 1-26　他励直流电动机电枢回路串电阻调速

a　调速过程

在 $U=U_N$，$\Phi=\Phi_N$ 的条件下，设电动机拖动恒转矩负载 T_L 在固有特性曲线上 A 点运行，其转速为 n_N。若电枢回路串入电阻 R_{S1}，则达到新的稳态后，工作点变为人为特性上的 B 点，转速下降到 n_1。从图 1-26 中可以看出，串入的电阻值越大，稳态转速就越低。

现以转速由 n_N 降至 n_1 为例，说明其调速过程。电动机原来在 A 点稳定运行时，$T_{em}=T_L$，$n=n_N$，当串入 R_{S1} 后，电动机的机械特性变为直线 n_0B，因串电阻瞬间转速，由于惯性不突变（动能不能突变），故 E_a 不突变，于是 I_a 及 T_{em} 突然减小，工作点平移到 A' 点。在 A' 点，$T_{em}<T_L$，所以电动机开始减速，随着 n 的减小，E_a 减小，I_a 及 T_{em} 增大，即工作点沿 $A'B$ 方向移动，当到达 B 点时，$T_{em}=T_L$，达到了新的平衡，电动机便在 n_1 转速下稳定运行。调速过程中转速 n 和电流 I_a（或 T_{em}）随时间的变化过渡过程曲线如图 1-27 所示。

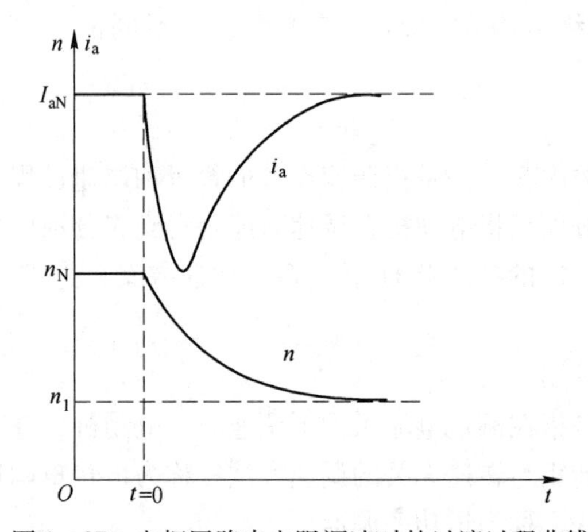

图 1-27　电枢回路串电阻调速时的过渡过程曲线

b　电枢回路串电阻调速的特点

电枢回路串电阻调速的方法具有以下特点：

（1）转速只能从额定值往下调，且机械特性变软，低速时特性曲线斜率大，静差率明显增大，转速的稳定性变差，因此调速范围较小，一般情况下 $D=1\sim3$。

（2）调速电阻 R_S 中有较大电流 I_a 流过，消耗较多的电能，损耗较大，效率较低，而且转速越低，所串电阻越大，则损耗越大，效率越低，不经济。

（3）调速电阻 R_S 不易实现连续调节，只能分段有级调节，调速平滑性差。

（4）调速时励磁磁通 Φ 和电枢电流 I_a 均不变，允许输出的转矩 $T=C_T\Phi I_a$ 不变，属于恒转矩调速。

（5）调速设备投资少，方法简单。

电枢回路串电阻调速多用于对调速性能要求不高的生产机械上，如起重机、电车等。

【例 1-3-1】 一台他励直流电动机，其铭牌数据为 $P_N=22\text{kW}$，$U_N=220\text{V}$，$I_N=115\text{A}$，$n_N=1500\text{r/min}$，已知电枢电阻 $R_a=0.1\Omega$，电动机拖动额定恒转矩负载运行，若采用电枢回路串电阻的方法将转速降至 1000r/min，应串多大的电阻？

解： 根据他励直流电动机的电动势平衡方程式，可得额定运行时电枢电动势为

$$E_{aN}=U_N-I_NR_a=220-115\times0.1=208.5\text{V}$$

根据 $E_a = C_e \Phi_n$，由于串电阻调速前后的磁通 Φ 不变，因此调速前后的电动势与转速成正比，故转速为 1000r/min 时的电动势为

$$E_a = \frac{n}{n_N} E_{aN} = \frac{1000}{1500} \times 208.5 = 139\text{V}$$

根据 $T = C_T \Phi I_a$，由于调速前后的磁通 Φ 不变，$T = T_L$ 未变，因此调速前后的电枢电流 $I_a = I_N$ 不变，故串电阻调速至 1000r/min 时的电动势平衡方程式为

$$U_N = E_a + I_N (R_a + R_S)$$

所串电阻为

$$R_S = \frac{U_N - E_a}{I_N} - R_a = \frac{220 - 139}{115} - 0.1 \approx 0.604\Omega$$

B　降低电源电压调速

直流电动机降压调速，如图 1－28 所示。

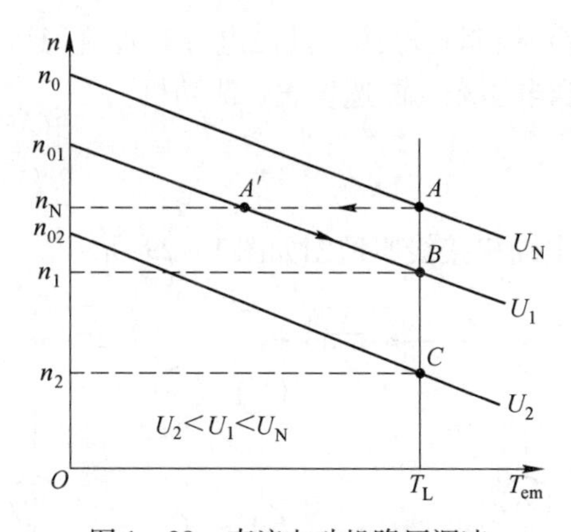

图 1－28　直流电动机降压调速

电动机的工作电压不允许超过额定电压，因此电枢电压只能在额定电压以下进行调节。降低电源电压调速的原理及调速过程如图 1－28 所示。

a　调速过程

在 $\Phi = \Phi_N$ 的条件下，电动机拖动恒转矩负载 T_L 在固有特性上 A 点运行，其转速为 $n = n_N$，$T_{em} = T_L$，若电源电压由 U_N 下降至 U_1，当电压降至 U_1 后，在降压瞬间，转速 n 由于惯性不能突变，E_a 不能突变，所以 I_a 和 T_{em} 突然减小，工作点平移到 A' 点。在 A' 点，$T_{em} < T_L$，电动机开始减速，随着 n 减小，E_a 减小，I_a 和 T_{em} 增大，工作点沿 $A'B$ 方向移动，到达 B 点时，达到了新的平衡：$T_{em} = T_L$，此时电动机便在较低转速 n_1 下稳定运行。电动机的机械特性变为直线 $n_{01}B$，其转速下降为 n_1。从图中可以看出，电压越低，稳态转速也越低。

降压调速过程与电枢串电阻调速过程类似，调速过程中转速和电枢电流（或转矩）随时间的变化曲线也与图 1－27 类似。

b　降压调速的特点

降低电枢电压调速的方法具有以下特点：

(1) 调速前后机械特性的斜率不变，机械特性的硬度不变，静差率较小，负载变化时速度稳定性好。无论轻载还是负载，调速范围相同，一般可达 $D = 2.5 \sim 12$。调速性能

稳定。

（2）调速的范围大，调速的平滑性好，可实现无级调速。

（3）功率损耗小，效率高。

（4）需要一套电压可连续调节的直流电源，设备多、投资大。

调压调速多用在对调速性能要求较高的生产机械上，如机床、轧钢机、造纸机等。

1.3.3　技能训练

题目：直流他励电动机调速

（1）目的：

1）测取三相笼型异步电动机的工作特性。

2）测定三相笼型异步电动机的参数。

（2）仪器及设备：

1）电机多功能实验台：控制台电源、励磁电源和直流稳压电源、电枢调节电阻和磁场调节电阻、直流电流表和电压表、测速仪表、测功机。

2）M03 电机。

3）导线。

（3）线路。直线他励电动机接线原理图如图 1－29 所示。

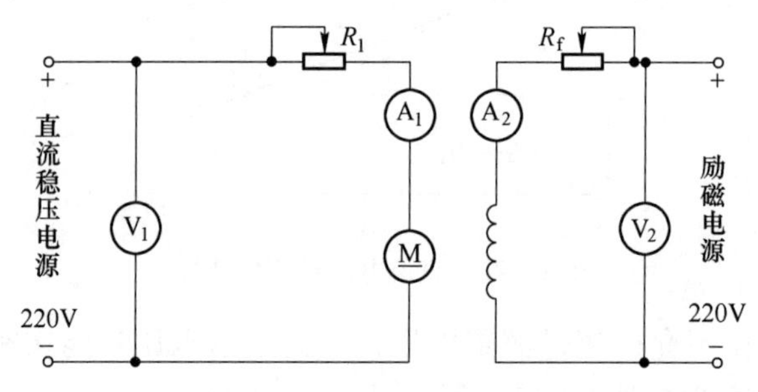

图 1－29　直流他励电动机接线原理图

（4）步骤：

1）改变串入电枢回路的调节电阻 R_1 调速。改变 R_1，观察转速的变化情况。

2）改变励磁磁通调速。改变电阻 R_f，观察转速变化情况。

练　习　题

1－3－1　直流电动机有哪几种调速方法，各有什么特点？

1－3－2　什么是静差率？它与哪些因素有关？为什么低速时的静差率较大？

1－3－3　何谓恒转矩调速方式及恒功率调速方式？他励直流电动机的三种调速方法各属于什么调速方式？

1－3－4　他励直流电动机的数据为：$P_N = 10\text{kW}$，$U_N = 220\text{V}$，$I_N = 53.4\text{A}$，$n_N = 1500\text{r/min}$，$R_a = 0.4\Omega$。求：（1）额定运行时的电磁转矩、输出转矩及空载转矩；（2）理想空载转速和实际转速；（3）半载时的转速；（4）$n = 1600\text{r/min}$ 时的电枢电流。

1-3-5　他励直流电动机的数据为：$P_N=30kW$，$U_N=220V$，$I_N=158.5A$，$n_N=1000r/min$，$R_a=0.1\Omega$，$T_L=0.8$，求：(1) 电动机的转速；(2) 电枢回路串入 0.3Ω 电阻时的稳态转速；(3) 电压降至 188V 时，降压瞬间的电枢电流和降压后的稳态转速；(4) 将磁通减弱至 80% Φ_N 时的稳态转速。

1-3-6　一台串励直流电动机，$U_N=220V$，$I_N=40A$，$n_N=1000r/min$，电枢回路总电阻为 0.5Ω，设磁路不饱和，并忽略电枢反应，试问：(1) 当 $I_a=20A$ 时，电动机的转速及电磁转矩为多少？(2) 若电磁转矩保持上述值不变，而将电压降至 110V，此时电动机的转速和电枢电流各为多少？

1-3-7　一台串励直流电动机，$P_N=14.7kW$，$U_N=220V$，$I_N=78.5A$，$n_N=585r/min$，电枢回路总电阻为 0.26Ω，采用电枢串电阻调速，在额定负载下要将转速降至 350r/min，需串入多大电阻？

任务 1.4　直流电动机的制动与反转

【任务要点】

(1) 直流电动机的制动方法及特点。

(2) 直流电动机的反转。

1.4.1　任务描述与分析

1.4.1.1　任务描述

制动是电机的一种特殊运行方式，此时，它的电磁转矩与转子转向相反，是一个制动转矩，用来促使电机减速、停车，或限制电机的转速。

1.4.1.2　任务分析

本任务主要掌握直流电动机的制动方法及特点。

1.4.2　相关知识

根据电磁转矩 T_{em} 和转速 n 方向之间的关系，可以把电机分为两种运行状态：当 T_{em} 与 n 同方向时，称为电动运行状态，简称电动状态；当 T_{em} 与 n 反方向时，称为制动运行状态，简称制动状态。电动状态时，电磁转矩为驱动转矩，电机将电能转换为机械能；制动状态时，电磁转矩为制动转矩，电机将机械能转换成电能。

在电力拖动系统中，电动机经常需要工作在制动状态。例如，许多生产机械工作时，往往需要快速停车或者由高速运行迅速转为低速运行，这就要求电动机进行制动；对于像起重机等位能性负载的工作机构，为了获得稳定的下放速度，电动机也必须运行在制动状态。因此，电动机的制动运行也是十分重要的。

制动的方法有机械制动和电气制动两种。机械制动是指制动转矩靠摩擦获得，常见的机械制动装置是抱闸；电气制动是指利用电动机制动状态产生阻碍运动的电磁转矩来制动。电气制动具有许多优点，例如没有机械磨损、便于控制、有时还能将输入的机械能换成电能送回电网、经济节能等，因此被广泛应用。

他励直流电动机的制动有能耗制动、反接制动和回馈制动三种方式。

1.4.2.1　能耗制动

图1－30是能耗制动的接线图。开关S接电源侧为电动状态运行，此时电枢电流I_a、电枢电动势E_a、转速n及驱动性质的电磁转矩T_{em}的方向如图所示。当需要制动时，将开关S投向制动电阻R_B上，电动机便进入能耗制动状态。

初始制动时，因为磁通保持不变，电枢存在惯性，其转速n不能马上降为零，而是保持原来的方向旋转，于是n和E_a的方向均不改变。但是，由E_a在闭合的回路内产生的电枢电流I_{aB}却与电动状态时电枢电流I_a的方向相反，由此而产生的电磁转矩T_{emB}也与电动状态时T_{em}的方向相反，变为制动转矩，于是电机处于制动运行。制动运行时，电机靠生产机械惯性力的拖动而发电，将生产机械储存的动能转换成电能，并消耗在电阻（R_a+R_B）上，直到电机停止转动为止，所以这种制动方式称为能耗制动。

能耗制动的前提条件是$U=0$、$\Phi=\Phi_N$、$R=R_a+R_B$，机械特性方程为：

$$n=-\frac{R_a+R_B}{C_eC_T\Phi_N^2}T_{em} \tag{1-24}$$

或

$$n=-\frac{R_a+R_B}{C_e\Phi_N}I_a \tag{1-25}$$

能耗制动时$U=0$，则$n_0=\dfrac{U}{C_e\Phi}=0$，即能耗制动的机械特性是一条过坐标原点的直线，斜率为$\beta=\dfrac{R_a+R_B}{C_eC_T\Phi_N^2}$，特性曲线如图1－31中直线$BC$所示。

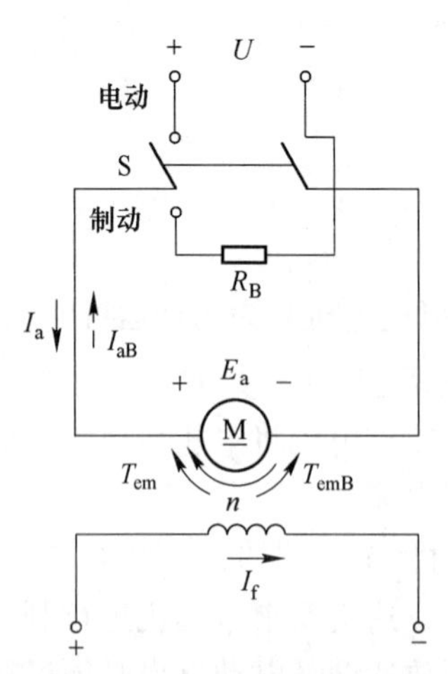

图1－30　能耗制动接线图

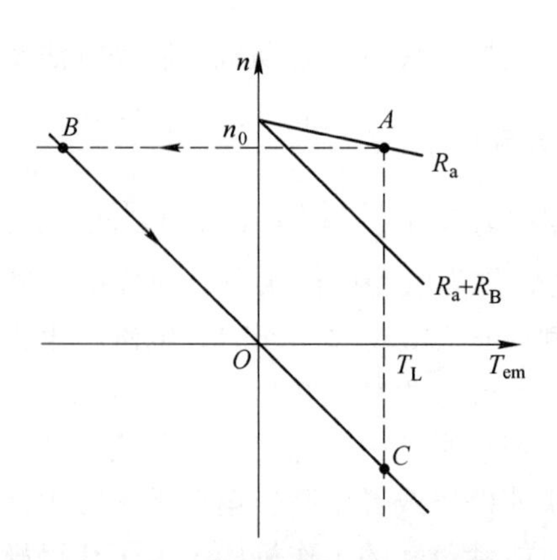

图1－31　能耗制动时的机械特性

能耗制动时，电机工作点的变化情况可用机械特性曲线说明。设制动前工作点在固有特性曲线A点处，其$n>0$，$T_{em}>0$，T_{em}为驱动转矩。开始制动时，因n不能突变（能量不能突变），工作点将沿水平方向跃变到能耗制动特性曲线上的B点。在B点，$n>0$，$T_{em}<0$，电磁转矩为制动转矩，于是电动机开始减速，工作点沿BO方向移动。

若电动机拖动反抗性负载，则工作点到达 O 点时，$n=0$，$T_{em}=0$，电机便停转。若电动机拖动位能性负载，则工作点到达 O 点时，虽然 $n=0$，$T_{em}=0$，但在位能负载的作用下，电机将反转并加速，工作点将沿特性曲线 OC 方向移动。此时 E_a 的方向随 n 的反向而反向，即 n 和 E_a 的方向均与电动状态时相反，而 E_a 产生的 I_a 方向却与电动状态时相同，随之 T_{em} 的方向也与电动状态时相同，即 $n<0$，$T_{em}>0$，电磁转矩仍为制动转矩。随着反向转速的增加，制动转矩也不断增大，当制动转矩与负载转矩平衡时，电机便在某一转速下处于稳定的制动状态运行，即均速下放重物，如图1－31中的 C 点，这时电动机处于制动运行状态。

改变制动电阻 R_B 的大小，可以改变能耗制动特性曲线的曲率，从而可以改变起始制动转矩的大小以及下放位能负载时的稳定速度。R_B 越小，特性曲线的斜率越小，起始制动转矩越大，而下放位能负载的速度越小。减小制动电阻，可以增大制动转矩，缩短制动时间，提高工作效率。但制动电阻太小，将会造成制动电流过大，通常限制最大制动电流不超过2～2.5倍的额定电流。选择制动电阻的原则是：

$$I_{aB}=\frac{E_a}{R_a+R_B}\leqslant I_{max}=(2\sim2.5)I_N$$

即

$$R_B\geqslant\frac{E_a}{(2\sim2.5)I_N}-R_a \tag{1-26}$$

式中，E_a 为制动瞬间（制动前电动状态时）的电枢电动势。如果制动前电机处于额定运行，则

$$E_a=U_N-R_aI_N\approx U_N$$

能耗制动的优点是：制动减速较平稳可靠；控制线路较简单；当转速减至零时，制动转矩也减小到零，便于实现准确停车。其缺点是：随着转速的下降，电动势减小，制动电流和制动转矩也随之减小，制动效果变差。

若为了使电机能更快地停转，可以在转速降到一定程度时，切除一部分制动电阻，使制动转矩增大，从而加强制动作用。

【例1－4－1】一台他励直流电动机的铭牌数据为：$P_N=40\text{kW}$，$U_N=220\text{V}$，$I_N=210\text{A}$，$n_N=1000\text{r/min}$，电动机电枢内电阻 $R_a=0.07\Omega$。试求：

（1）在额定情况下进行能耗制动，欲使切换点的制动电流等于 $2I_N$，电枢应外接多大的制动电阻？

（2）求出机械特性方程；

（3）如电枢无外接电阻，制动电流有多大？

解：

（1）额定情况下运行，电动机电动势为

$$E_a=U_N-I_NR_a=220-210\times0.07=205.3\text{V}$$

$$I_a=-2I_N=-2\times210=-420\text{A}$$

能耗制动时电枢电路总电阻为

$$R=-\frac{E_a}{I_a}=-\frac{205.3}{-420}=0.489\Omega$$

应接入的制动电阻为

$$R_B = R - R_a = 0.489 - 0.07 = 0.419\Omega$$

（2）机械特性方程，因为励磁保持不变，则

$$C_e\Phi_N = \frac{E_a}{n_N} = \frac{205.3}{1000} = 0.205$$

从而求出

$$C_T\Phi_N = \frac{C_e\Phi_N}{0.105} = 1.952$$

机械特性方程为

$$n = -\frac{R}{C_e C_T \Phi_N^2} T_{em} = -\frac{0.489}{0.205 \times 1.952} T_{em} = -1.222 T_{em}$$

（3）如不外接制动电阻，制动电流为

$$I_a = -\frac{E_a}{R_a} = -\frac{205.3}{0.07} = -2933\text{A}$$

此电流约为额定电流的 14 倍。所以能耗制动时，不许直接将电枢短接，必须接入一定数值的制动电阻。

1.4.2.2 反接制动

反接制动分为电源反接制动和倒拉反转反接制动两种。

A 电源反接制动

电源反接制动时的接线如图 1－32 所示。开关 S 投向“电动”侧时，电枢接正极性的电源电压，此时电机处于电动状态运行。开关 S 投向“制动”侧时，电枢回路串入制动电阻 R_B 后，接上极性相反的电源电压，这时加到电枢绕组两端的电源电压极性和电动状态时相反，电枢电压由原来的正值变为负值。此时，电动势方向不变，外加电压与电动势方向相同，在电枢回路内，U 与 E_a 顺向串联，共同产生很大的反向电流。

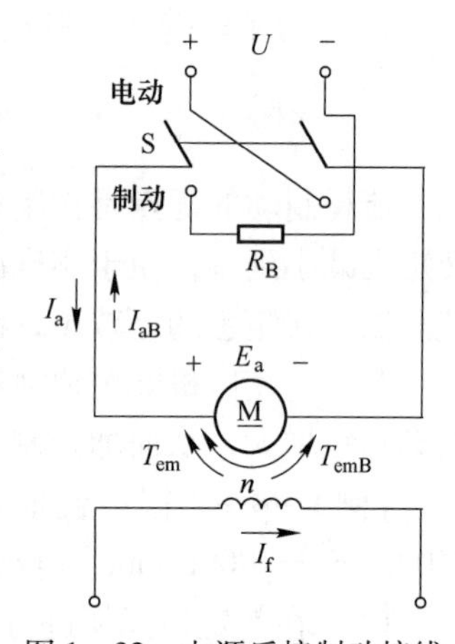

图 1－32 电源反接制动接线

$$I_{aB} = \frac{-U_N - E_a}{R_a + R_B} = -\frac{U_N + E_a}{R_a + R_B} \qquad (1-27)$$

电磁转矩方向随 I_{aB} 改变，反向的电枢电流 I_{aB} 产生很大的反向电磁转矩 T_{emB}，从而产生很强的制动作用，使转速迅速下降，这就是电源反接制动。电动状态时，电枢电流的大小由 U_N 与 E_a 之差决定，而反接制动时，电枢电流的大小由 U_N 与 E_a 之和（$U_N + E_a \approx 2U_N$）决定，因此反接制动时电枢电流是非常大的。为了限制过大的电枢电流，反接制动时必须在电枢回路中串接制动电阻 R_B。R_B 的大小，应使反接制动时电枢电流不超过电动机的最大允许电流 $I_{max} = (2 \sim 2.5) I_N$，因此应串入的制动电阻值为：

$$R_B \geqslant \frac{U_N + E_a}{(2 \sim 2.5) I_N} - R_a \qquad (1-28)$$

比较式（1－28）和式（1－26）可知，反接制动电阻值要比能耗制动电阻值约大一

倍。电源反接制动时的机械特性就是在 $U=-U_{\mathrm{N}}$，$\Phi=\Phi_{\mathrm{N}}$，$R=R_{\mathrm{a}}+R_{\mathrm{B}}$ 条件下的一条人为特性，即：

$$R_{\mathrm{B}}\geqslant\frac{U_{\mathrm{N}}+E_{\mathrm{a}}}{(2\sim2.5)I_{\mathrm{N}}}-R_{\mathrm{a}} \tag{1-29}$$

或

$$n=-\frac{U_{\mathrm{N}}}{C_{\mathrm{e}}\Phi_{\mathrm{N}}}-\frac{R_{\mathrm{a}}+R_{\mathrm{B}}}{C_{\mathrm{e}}\Phi_{\mathrm{N}}}I_{\mathrm{a}} \tag{1-30}$$

其特性曲线是一条通过 $-n_0$ 点，斜率为 $[(R_{\mathrm{a}}+R_{\mathrm{B}})/(C_{\mathrm{e}}C_2\Phi_{\mathrm{N}}^2)]T_{\mathrm{em}}$ 的直线，如图 1-33 中线段 BC 所示。

从图 1-33 中可清晰看出电源反接制动时电机工作点的变化情况，在制动前，电动机运行在固有特性曲线的 A 点上，当串加电阻 R_{B} 并将电源反接的瞬间，进入反接制动，由于转速不能突变，工作点沿水平方向跃变到 B 点，电磁转矩变为制动转矩。之后在制动转矩作用下，转速开始下降，工作点沿 BC 方向移动，当到达 C 点时，制动过程结束。在 C 点，$n=0$，但制动的电磁转矩 $T_{\mathrm{emB}}\neq0$，根据负载性质的不同，此后工作点的变化又分两种情况。

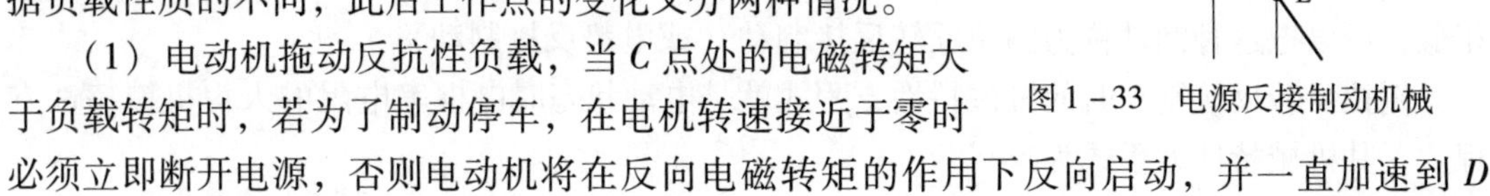

图 1-33　电源反接制动机械

（1）电动机拖动反抗性负载，当 C 点处的电磁转矩大于负载转矩时，若为了制动停车，在电机转速接近于零时必须立即断开电源，否则电动机将在反向电磁转矩的作用下反向启动，并一直加速到 D 点，进入反向电动状态下稳定运行。

（2）若电动机拖动位能性负载，则过 C 点以后电动机将反向加速，一直到达 E 点，即电动机最终进入回馈制动（后面将要介绍）状态下稳定运行。要避免电动机反转，必须在 $n=0$ 瞬间及时切断电源，并使机械抱闸动作，保证电动机准确停车。

反接制动过程（图 1-33 中 BC 段）中，从电源输入的电功率和从轴上输入的机械功率转变成的电功率一并全部消耗在电枢回路的电阻（$R_{\mathrm{a}}+R_{\mathrm{B}}$）上，其能量损耗是很大的。

B　倒拉反转反接制动

倒拉反转反接制动只适用于位能性恒转矩负载，可用起重装置来说明。如图 1-34(a) 所示，正向电动状态（提升重物）时，电动机工作在固有机械特性（见图 1-34(c)）上的 A 点。如果在电枢回路中串入一个较大的电阻 R_{B}，如图 1-34(b) 所示，便可实现倒拉反转反接制动。串入 R_{B} 将得到一条斜率较大的人为机械特性曲线，如图 1-34(c) 中的直线 n_0D 所示。串电阻瞬间，因转速不能突变，所以工作点由固有机械特性上的 A 点沿水平方向跳跃到人为机械特性曲线上的 B 点，此时电磁转矩 T_{B} 小于负载转矩 T_{L}，于是电机开始减速，工作点沿人为机械特性曲线由 B 点向 C 点变化。到达 C 点时，$n=0$，电磁转矩为堵转转矩 T_{k}，因 T_{k} 仍小于负载转矩 T_{L}，所以在重物的重力作用下电机将反向旋转，即下放重物。因为励磁不变，所以 E_{a} 随 n 的反向而改变方向，由图 1-34(b) 可以看出 I_{a} 的方向不变，故 T_{em} 的方向也不变。这样，电机反转后，电磁转矩为制动转矩，电机处于制动状态，运行在如图 1-34(c) 中的 CD 段。随着电机反向转速的增加，E_{a} 增大，电枢电流 I_{a} 和制动的电磁转矩 T_{em} 也相应增大。当到达 D 点时，电磁转矩与负载转矩平衡，电机便以稳定的转速匀速下放重物。电机串入的电阻 R_B 越大，则最后稳定的转速越高，下放重物的速度也越快。

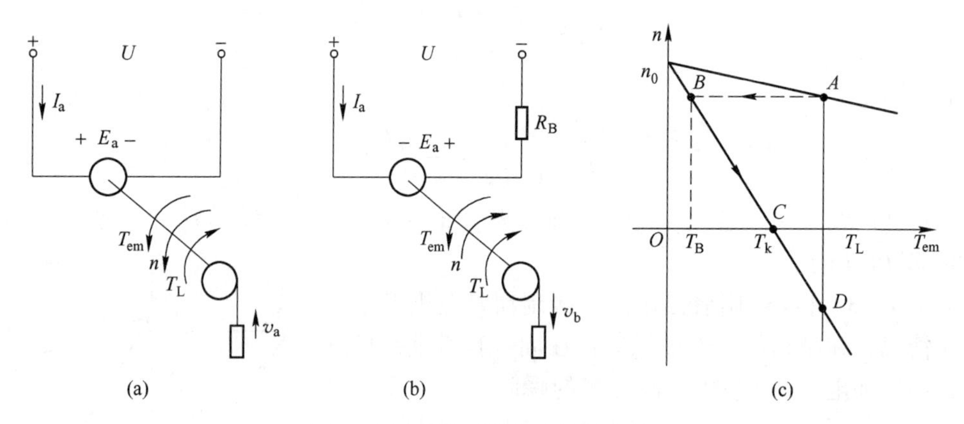

图1－34　倒拉反接制动机械特性

（a）正向电动；（b）倒拉反转；（c）机械特性

电枢回路串入较大的电阻后，电机会出现反转制动运行，这主要是位能负载的倒拉作用。又因为此时的 E_a 与 U 也是顺向串联的，共同产生电枢电流，这一点与电压反接制动相似，所以把这种制动称为倒拉反转反接制动（或电势反接制动）。

倒拉反转反接制动时的机械特性方程式就是电动状态时电枢串电阻的人为机械特性方程式，其机械特性方程式为

$$n=\frac{U_N}{C_e\Phi_N}-\frac{R_a+R_B}{C_eC_T\Phi_N^2}T_{em}=n_0-\frac{R_a+R_B}{C_eC_T\Phi_N^2}T_{em} \tag{1-31}$$

只不过此时电枢串入的电阻值较大，使得 $\frac{R_a+R_B}{C_eC_T\Phi_N^2}T_L>n_0$，即 $n=n_0-\frac{R_a+R_B}{C_eC_T\Phi_N^2}T_L<0$，因此，倒拉反转反接制动特性曲线是电动状态电枢串电阻人为机械特性曲线在第四象限的延伸部分。倒拉反转反接制动时的能量关系和电源反接制动时相同。

反接制动的优点是：制动转矩较恒定、制动较强烈、效果好。其缺点是：需要从电网中吸收大量电能；电源反接制动转速为零时，如不及时切断电源，会自行反向加速。

电源反接制动适用于要求迅速反转、较强烈制动的场合；倒拉反转反接制动应用于吊车以较慢的稳定转速下放重物。

【例1－4－2】 一台他励直流电动机的铭牌数据为：$P_N=10\text{kW}$，$U_N=220\text{V}$，$I_N=53\text{A}$，$n_N=1000\text{r/min}$，电动机电枢内电阻 $R_a=0.3\Omega$，电枢电流最大允许值为 $2I_N$。电机运行在倒拉反转反接制动状态，以300r/min的速度下放重物，轴上带有额定负载。试求电枢回路应串入多大电阻，从电网输入的功率 P_1，从轴上输入的功率 P_2 及电枢回路中电阻上消耗的功率。

解： 将已知数据代入

$$n=\frac{U_N}{C_e\Phi_N}-\frac{R_a+R_B}{C_e\Phi_N}I_a$$

得：

$$-300=-\frac{220}{0.2041}-\frac{0.3+R_B}{0.2041}\times 53$$

解得：

$$R_B=5\Omega$$

从电网输入的功率为

$$P_1=U_NI_N=220\times 53=11660\text{W}=11.66\text{kW}$$

从轴上输入的功率（近似等于电磁功率）为

$$P_2\approx P_{em}=E_aI_a=C_e\Phi_N nI_a=0.2041\times 300\times 53=3245.2\text{W}=3.245\text{kW}$$

电枢回路电阻消耗的功率为

$$P_{Cua}=(R_a+R_B)I_N^2=(0.3+5)\times 53^2=14887.7\text{W}=14.89\text{kW}$$

可见：

$$P_1+P_2=P_{Cua}$$

1.4.2.3　回馈制动

电动状态下运行的电动机，在某种条件下（如电车下坡时）会出现 $n>n_0$ 情况，此时 $E_a>U$，电枢电流 I_a 反向，电磁转矩 T_{em} 也随之反向，由驱动转矩变为制动转矩。从能量传递方向看，电机处于发电状态，将失去的位能转变为电能回馈给电网，将这种状态称为回馈制动状态。

回馈制动时的机械特性方程式与电动状态时相同，但运行在特性曲线上的不同区段。

A　正向回馈制动

当电车下坡时，在重力作用下加速运行，运行转速 n 超过理想空载转速 n_0 而进入第二象限运行，出现回馈制动时，其机械特性位于第二象限，如图 1－35 中的 n_0A 段，这时电机处于正向回馈制动状态下稳定运行，如在降低电枢电压的调速过程中，将在转速改变的瞬态发生回馈制动。A 点是电机处于正向回馈制动稳定运行点，表示机车以恒定的速度下坡。

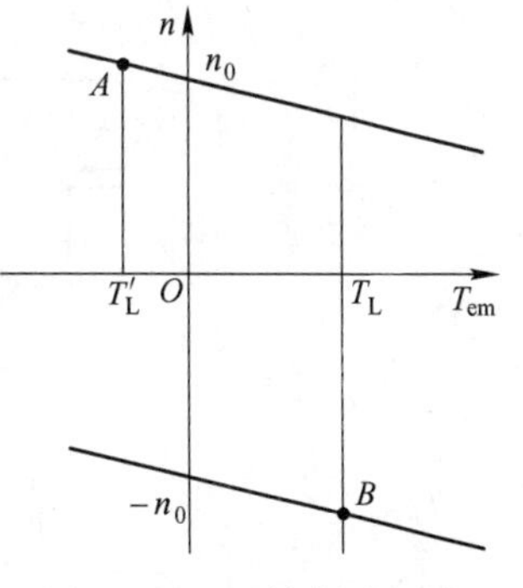

图 1－35　回馈制动机械

B　反向回馈制动

如图 1－33 所示，当电压反接制动时，若电机拖动位能性负载，则电机经过制动减速、反向电动加速，最后在重物的重力作用下，工作点将通过 $-n_0$ 点进入第四象限，出现运行转速超过理想空载转速的反向回馈制动状态。当到达 E 点时，制动的电磁转矩与重物作用力相平衡，电力拖动系统便在回馈制动状态下稳定运行，即重物匀速下降。若使重物下降的速度低一些，通常可在回馈制动后将电枢回路串联电阻全部切除，如图 1－35 中的 B 点所示。当电机拖动起重机下放重物出现回馈制动时，其机械特性位于图 1－35 所示的第四象限的 $-n_0B$ 段，B 点是电机处于反向回馈制动稳定运行点，表示重物匀速下放。

回馈制动时，由于有功率回馈到电网，因而与能耗制动和反接制动相比，回馈制动是比较经济的。

从前面的分析可知，电动机的运行有电动和制动两种状态，这两种状态的机械特性曲线分布在 $T_{em}-n$ 坐标平面上的四个象限内，这就是所谓的电动机的四象限运行，如图 1－36 所示。

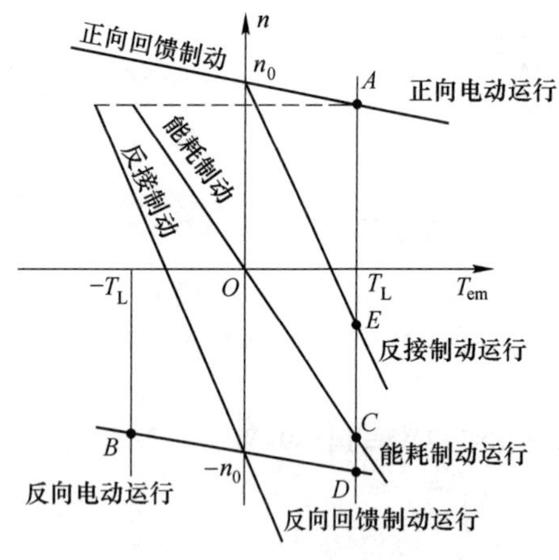

图 1-36　电动机的各种运行

在第一、三象限内，T_{em}与 n_0 同方向，为电动状态。其中，在第一象限内：$n>0$，$T_{em}>0$，为正向电动状态；在第三象限内：$n<0$，$T_{em}<0$，为反向电动状态。

在第二、四象限内，T_{em}与 n_0 反方向，为制动状态。其中，在第二象限内：$n>0$，$T_{em}<0$，对于能耗制动和反接制动来说，是对正向运行的电动机进行制动减速过程；对于回馈制动来说，是正向运行的电动机处于减速过程或是处于稳定的回馈制动运行。在第四象限内：$n<0$，$T_{em}>0$，在下放位能负载时出现这一情况。在第四象限内的工作点 C、D、E 等均是稳定制动运行工作点，此时位能性负载是匀速下降的。为了比较电动状态及三种制动状态的能量传递关系，图 1-37 绘出了它们的功率流程图，图中各功率传递方向为实际方向。

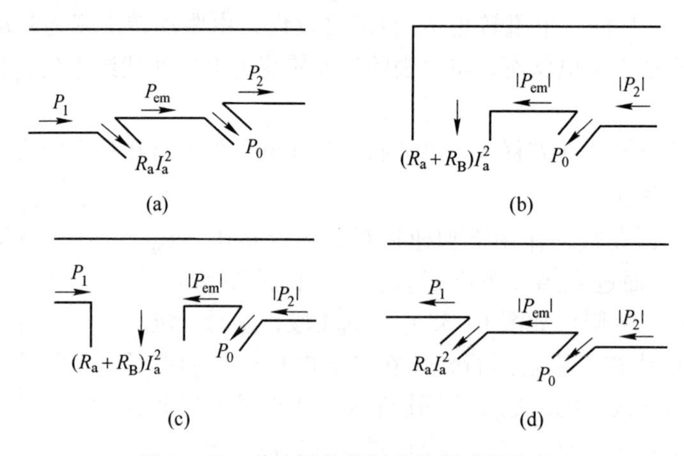

图 1-37　电动机各种制动状态时的功率

（a）电动运行；（b）能耗制动；（c）反接制动；（d）回馈制动

1.4.2.4　直流电动机的反转

直流电动机的转向由电枢电流方向和主磁场方向确定，要改变其转向，只要改变电枢电流方向和主磁场任意一个的方向即可。如果同时改变电枢电流和励磁电流的方向，则电动机的转向不会改变。

改变直流电动机的转向，通常采用改变电枢电流方向的方法，具体就是改变电枢两端的电压极性，或者说把电枢绕组两端换接，而很少采用改变励磁电流方向的方法。因为励磁绕组匝数较多，电感较大，切换励磁绕组时会产生较大的自感电压而危及励磁绕组的绝缘。

1.4.3　技能训练

题目：直流电动机的制动

（1）目的：

1）理解直流他励电动机的制动原理。

2）了解直流他励电动机制动实验的接线和操作方法。

（2）仪器及设备：

1）电机多功能实验台：控制台电源、励磁电源和直流稳压电源、电枢调节电阻和磁场调节电阻、直流电流表和电压表、测速仪表、测功机。

2）M03 电机。

3）导线。

（3）内容：

1）直流电动机的能耗制动。

2）直流电动机的反接制动。

（4）步骤：

1）直流电动机的能耗制动。按图 1－38 接线，将 S_2 闭合，S_3 拨至左侧。先启动电机，然后将 R_1 调至零位置。将 S_2 断开，观察电机自由停机时间。然后将 R_1 调至最大位置，再将 S_2 闭合，重新启动电机，然后将 R_1 调至零位置，将 S_3 拨至右侧，观察电机能耗制动时的停机时间。

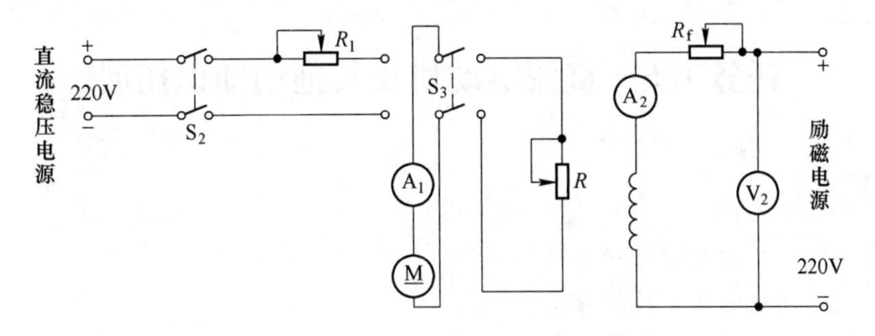

图 1－38　直流电动机能耗制动接线原理图

2）直流电动机的反接制动。按图 1－39 接线，将 S_2 闭合，S_3 拨至左侧。先启动电机，然后将 R_1 调至零位置。将 S_2 断开，观察电机自由停机时间。然后将 R_1 调至最大位置，再将 S_2 闭合，重新启动电机，然后将 R_1 调至零位置，将 S_3 拨至右侧，观察电机的能耗制动的停机时间。

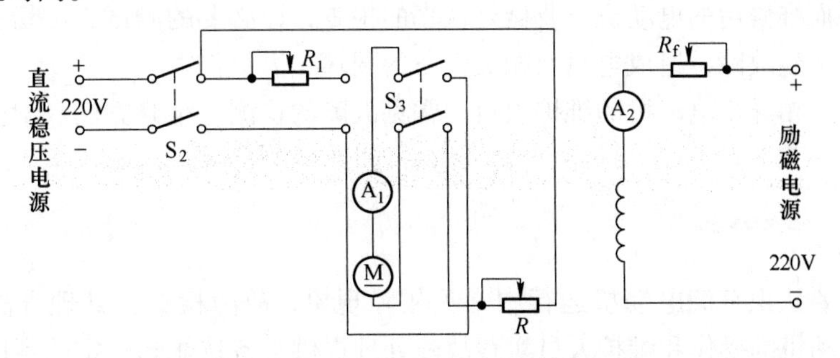

图 1－39　直流电动机反接制动接线原理图

练 习 题

1-4-1　采用能耗制动和电压反接制动进行系统停车时，为什么要在电枢回路中串入制动电阻？哪一种情况下串入的电阻大？为什么？

1-4-2　实现倒拉反转反接制动和回馈制动的条件各是什么？

1-4-3　当提升机下放重物时：(1) 要使他励电动机在低于理想空载转速下运行，应采用什么制动方法？(2) 若在高于理想空载转速下运行，又应采用什么制动方法？

1-4-4　试说明电动状态、能耗制动状态、回馈制动状态及反接制动状态下的能量关系。

1-4-5　一台他励直流电动机，$P_N = 10kW$，$U_N = 110V$，$I_N = 112A$，$n_N = 750r/min$，$R_a = 0.1\Omega$，设电动机带反抗性恒转矩负载处于额定运行。求：(1) 采用电压反接制动，使最大制动电流为2-$2I_N$，电枢回路应串入多大的电阻？(2) 在制动到$n=0$时，不切断电源，电机能否反转？若能反转，试求稳态转速，并说明电机工作在什么状态？

1-4-6　一台他励直流电动机，$P_N = 4kW$，$U_N = 220V$，$I_N = 22-3A$，$n_N = 1000r/min$，$R_a = 0.91\Omega$，运行于额定状态，为使电动机停车，采用电压反接制动，串入电枢回路的电阻为9Ω，求：(1) 制动开始瞬间电动机的电磁转矩；(2) $n=0$时电动机的电磁转矩；(3) 如果负载为反抗性负载，在制动到$n=0$时不切断电源，电机能否反转？为什么？

任务1.5　直流电动机及其拖动知识拓展

【任务要点】

(1) 直流电动机的日常维护项目与方法。
(2) 直流电动机的常见故障分析。
(3) 直流电动机的常见故障维修方法及手段。

1.5.1　任务描述与分析

1.5.1.1　任务描述

为了保证直流电动机的安全工作，在使用前应按照产品说明书认真检查，核对其相关的技术数据，而维修后的电动机，要做好认真的检查，作必要的测试，一切正常方或通电试机。以避免发生故障，造成电机及相关设备的损坏，人员伤害。

主要弄清三相异步电动机的维护项目、常见故障的检测、维修方法。学会一些常规维修手段。

1.5.1.2　任务分析

本任务主要认识直流电动机运行中常见故障现象、故障检查及处理方法和手段的掌握，为直流电动机的操作和维护人员实践故障处理提供必备技能和一定的帮助。从而对直流电动机的正常运行提供必要的保证。

1.5.2　相关知识

1.5.2.1　直流电动机换向故障分析与维护

直流电动机的换向故障是直流电机拖动控制中的经常遇到的重要故障，换向不良，不但将严重影响直流电动机的正常工作，还会危及直流电动机的安全，造成大的经济损失。换向故障的分析，正确的检测、维护是现场技术人员必不可少的基本技能。

A　直流电动机换向不良的主要征象

直流电动机换向不良的征象很多，也很复杂，但主要表现在换向火花增大，换向器表面烧伤，换向器表面的氧化膜被破坏，电刷镜面出现异常现象等。

a　换向火花状态

换向火花是衡量换向优劣的主要标准。换向火花的形状，从直观现象可分为点状火花、粒状火花、球状火花、舌状火花、爆鸣状火花、飞溅火花和环状火花。在正常运行时，一般是在电刷边缘出现少量点状火花或粒状火花，分布均匀。当换向恶化、不良时，会出现舌状火花或爆鸣状飞溅火花和环状火花，这些火花危害极大，可烧坏换向器和电刷。

火花状态的另一种反映是火花颜色。一般可分为蓝、黄、白、红和绿色。换向正常时，一般为蓝色、淡黄色或淡白色。当换向不良时则会出现明亮色或红色火花，严重情况会出现绿色火花。

b　换向器表面的状态

在正常换向运行时，换向器表面是平滑、光亮，无任何磨损、印迹或斑点。当换向不良时，换向器表面会出现异常烧伤。

(1) 烧痕。在换向器表面出现一般用汽油擦不掉的烧伤痕迹。若换向片倒角不良、云母片突出，换向片上将出现烧痕；当换向片研磨不良时换向片中间可能出现烧痕；当换向极绕组接线极性不对时，则换向片可能全发黑。

(2) 节痕。是指换向器表面出现有规律的变色或痕迹。一种是槽距节痕，其痕迹规律是按电枢槽间距出现的伤迹，主要的原因为换向极偏强或偏弱；另一种是极距型节痕，伤痕是按磁极数或磁极对数间隔排列的。主要的原因是并接线套开焊或升高片焊接不良造成。

c　电刷镜面状态

正常换向时，电刷与换向器的接触面是光亮平滑的，通常称为镜面。当电机换向不良时，电刷镜面会出现雾状、麻点和绕伤痕迹。如果电刷材质中含有碳化硅或金刚砂之类物质时，镜面上就会出现白色斑点或条痕。当空气湿度过大或空气含酸性气体时，电刷表面会沉积一些细微的铜粉末，这种现象称为“镀铜”，当电机发生镀铜时，换向器的氧化膜被破坏，使换向恶化。

B　直流电动机换向故障原因及维护

直流电动机的换向情况可以反映出电机运行是否正常，良好的换向可使电机安全可靠地运行和延长它的寿命。直流电动机的内部故障，大多数会引起换向出现有害的火花或火花增大，严重时灼伤换向器表面，甚至妨碍直流电动机的正常运行。以下就机械方面和由机械引起的电气方面、电枢绕组、定子绕组、电源等故障，从而引起换向恶化的主要原因作概要分析，并介绍一些基本维护方法。

a　机械原因及维护

直流电动机的电刷和换向器的连接属下滑动接触，保持良好的滑动接触才可能有良好的换向，但腐蚀性气体、空气湿度、电机振动、电刷和换向器装配质量及安装工艺等因素，都对电刷和换向器的滑动接触情况有影响。当电机振动时，电刷和换向器的机械原因使电刷和换向器的滑动接触不良时，就会在电刷和换向器之间产生有害的火花。

（1）电机振动。电机振动对换向的影响是由电枢振动的振幅和频率高低所决定的。当电枢向某一方向振动时，就会造成电刷与换向器的接触面压力波动，从而使电刷在换向器表面跳动，随着电机转速的增高，振动加剧，电刷在换向器表面跳动幅度就越大。电机的振动过大，主要是由于电枢两端的平衡块脱落，造成电枢的不平衡，或是在电枢绕组修理后未进行平衡校正引起的。一般来说，对低速运行的电机，电枢应进行静平衡校验；对高速运行电机，电枢必须进行动平衡校验。所加平衡块必须牢靠地固定在电枢上。

（2）换向器。换向器是直流电动机的关键部件，要求表面光洁圆整，没有局部变形。在换向良好的情况下，长期运转的换向器表面与电刷接触的部分将形成一层坚硬的褐色薄膜，这层薄膜有利于换向，并能减少换向器的磨损。当换向器装配质量不良造成变形或换向片间云母突出以及受到碰撞，使个别换向片凸出或凹下，表面有撞击疤痕或毛刺时，电刷就不能在换向器上平稳滑动，使火花增大。换向器表面粘有油腻污物也会使电刷接触不良，而产生火花。

换向器表面如有污物，应用沾有酒精的抹布擦净。

换向器表面出现不规则情况时，用与换向片表面吻合的木块垫上细玻璃砂纸来磨换向器，若还不能满足要求，则必须车削换向器的外圆。

若因换向片间的绝缘云母突出，应将云母片下刻，下刻深度为1.5mm左右为宜，过深的下刻，易在换向片之间堆积炭粉，造成换向片之间短路。下刻换向片之间填充云母后，应研磨换向器外圆，使换向器表面光滑。

（3）电刷。为保证电刷和换向器的良好接触，电刷表面至少要有3/4与换向器接触，电刷压力要保持均匀，电刷间压力相差不超过10%，以保证各电刷的接触电阻基本相当，从而使各电刷电流均衡。

若电刷弹簧压力不合适，电刷材料不符合要求，电刷型号不一致，电刷与刷盒之间的配合太紧或太松，电刷伸出盒太长，都会影响电刷的受力，产生有害火花。

电刷压力弹簧应根据不同的电刷而定。一般电机用的D104或D172电刷，其压力可取1500～2500Pa。

电刷压力的测定与调整如图1－40所示。若是双辫电刷，用弹簧秤挂住刷辫，若是单辫电刷，则用弹簧秤挂住电刷压指，然后将普通打印纸片垫入电刷下，放松并调整弹簧秤位置，使弹簧秤轴线与电刷轴线一致，然后使弹簧秤的拉力逐

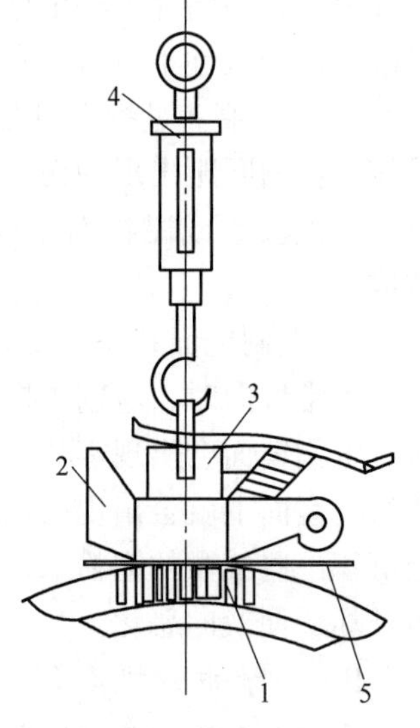

图1－40　电刷压力的测定
1—换向器；2—刷握；3—电刷；4—弹簧秤；5—纸片

渐加大，当纸片能轻轻拉动时，弹簧秤读数即为电刷所受的压力。

b　电气原因及维护

换向接触电势与电枢反应电势是直流电机换向不良的主要原因，一般在电机设计与制造时都作了较好的补偿与处理，电刷通过换向器与几何中心线的元件接触，使换向元件不切割主磁场。但是由于维修后换向绕组、补偿绕组安装不准确，磁极、刷盒装配偏差，造成各磁极间距离相差太大、各磁极下的气隙不均匀、电刷中心对齐不好、电刷沿换向器圆周等分不均（一般电机电刷沿换向器圆周等分差不超过 ±0.5mm）。上述原因都可使增大电枢反应电势，从而使换向恶化，产生有害火花。

因此，在检修时，应使各个磁极、电刷安装合适，分配均匀。换向极绕组、补偿绕组安装正确，就能起到改善换向的作用。

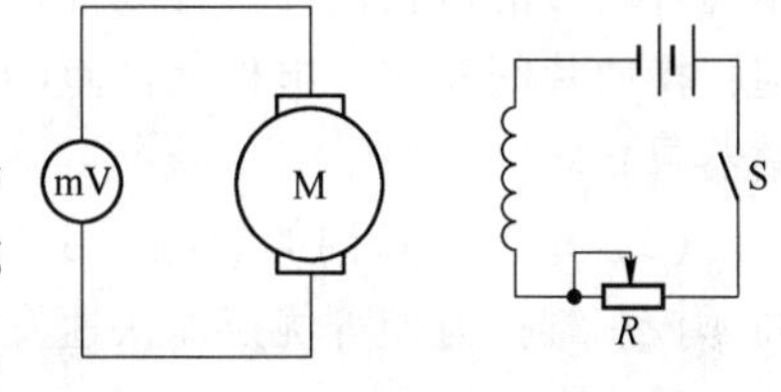

图 1－41　几何中心测试电路

电刷中心位置测定一般有三种方法：

（1）感应法。如图 1－41 所示。这是最常用的一种方法，将毫伏表（或用万用表的电流表替代）接入相邻两组电刷上，接通励磁开关 S 瞬间，指针会左右摆动，这样反复移运电刷位置测试，直到摆动最小或几乎不摆动时的位置，就是要找的几何中心线位置。

（2）正反转发电机法。采用他励方式，保持转速不变，使电机正反转，用万用表测电枢端压，逐渐移动电刷的位置，在相同的电压下测出正反转时电机端压读数，直到正转与反转时电枢端压读数大小相等时，这时电刷的位置就是几何中心位置。

（3）正反转电动机法。在直流电动机端压与励磁保持恒定时，改变直流电机端压极性，使直流电机正反转，逐渐移动电刷位置，用测速表测量正反向转速，若电刷不在几何中心上，正反转和转速相差较大，只有当调节电刷位置在中心点时，正反转速相差最小或基本相等。

若是换向极绕组或补偿绕组的接线错误，不能保证其附加磁场抵消电枢反应磁场，其结果不但不能改善换向，反而会增加换向恶化，火花急剧增大，换向片明显灼黑。这种情况下，对调换向极或补偿极的两个接线端子，换向火花明显减小或消失，表明接线极性正确。

c　其他影响及维护

电枢绕组的故障与电源不良等因素造成的换向不良在一般中小型直流电动机中也多见。

（1）电枢元件断线或焊接不良。直流电机的电枢绕组是通过与相应换向片焊接相连的闭合回路，如电枢绕组个别元件与换向片焊接不好，当元件转到电刷下时，电流就通过电刷接通，在离开电刷时也通过电刷断开，因而会在与电刷接触和断开的瞬间产生大量的火花，会使短路元件两端的换向片灼黑，这时用电压表检测换向片间电压，如图 1－42 所示，断线元件或与换向器焊接不良的元件两侧的换向片，片与片之间电压特别高。

（2）电枢绕组短路。电枢绕组有短路现象时，电机的空载和负载电流增大，短路元件中产生了较大的交变电流，使电枢局部发热，甚至烧损绕组。在电枢绕组的个别处发生匝间短路时，破坏了并联支路电势的平衡，由短路元件中产生的交变环流会加剧换向恶化，使火花增大。

电枢元件有一点短路，就会通过短路点形成短路回路，用电压表检测时，就会发现短

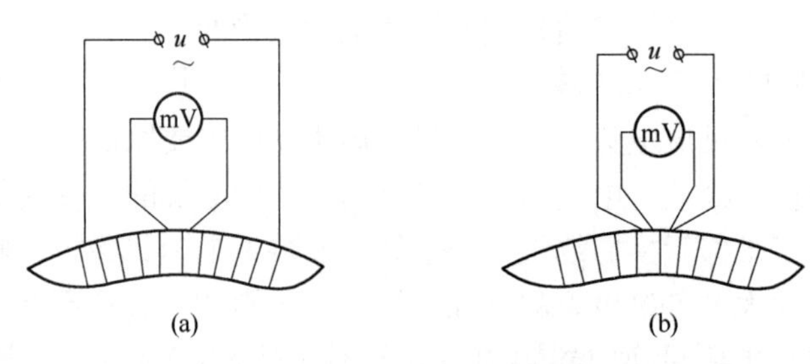

图 1－42　换向片间电压测量

（a）电源在近一个极矩接入；（b）电源在两片间接入

路元件所接的两换向片，片与片之间电压为“0”或很小。电枢绕组短路可由这些情况引起：换向片间短路、电枢元件匝间短路、电枢绕组上下层间短路。短路的元件可用短路侦察器寻找。

（3）电源对换向的影响。由于变流技术的迅速发展，可变直流电源以其独特的效率高，控制维护方便等优点而快速发展，但这种电源带来的谐波电流和快速暂态变化，对直流电动机有一定危害。

电源中的交流成分会使直流电动机换向恶化，而且还增加了电机的噪声、振动、损耗、发热。改善的基本方法：一般采用平波电抗器来滤波，减小谐波的影响。若用单相整流不加平波电抗器运行，直流电动机的使用功率仅可达到额定功率的 50% 左右。一般加平波电抗器的电感值约为直流电动机电枢电路电感的 2 倍左右。

1.5.2.2　直流电动机电枢绕组故障及维护

直流电动机电枢绕组是电机产生感应电动势和电磁转矩的核心部件，输入的电压较高，电流较大，它的故障不但直接影响电机正常运行，也随时危及电机和运行人员的安全，所以在直流电动机的运行维护过程中，必须随时监测，一旦发现电枢故障，应立即处理，以避免事故扩张造成更大损失。

A　直流电动机过热及处理

当直流电机投入运行以后，整机温升超过规定标准，而无其他的运行反常现象，属直流电机过热。由于长期过热，会加速绝缘老化，缩短电机的使用寿命。对于设计、安装、维护等工艺上的缺陷而造成的过热，若不及时处理，则会造成过热加剧，故障扩大。所以对于整机过热也不能大意，要仔细观察、分析，找出原因，制订合理的处理办法，使电机恢复正常运行。

造成整机均匀过热的原因可从以下几个方面考虑：电机的运行方式与电机设计方案不符，例如将按短时运行或短时重复运行设计配置的电机却用于了连续运行；电机长时期过载；电机的通风路道堵塞，铁芯和线圈表面被纤维绒毛或灰尘覆盖，造成散热恶化；对于维修后重装的电机，当散热风扇叶片曲面方向与电机旋转方向矛盾，会降低冷却效率，在额定或重载工作下，电机会过热；空气过滤器堵塞、油腻污染；工作环境恶劣；设计的电机通风管道口径太小，曲度太大，弯头太多等造成的通风散热不畅等。

针对具体的问题，作相应处理，对于在恶劣环境的高温、高湿通风不畅条件下工作的电机，要适当降低容量使用或采用强力通风方式来加强散热。

对于由于设计参数不符合的要重新校核，重新选配拖动电机和运行方式，为了提高电机的使用效率，应尽可能地使电机调速性质与负载性质一致。

对于专用的电机通风路道堵塞，可采用压缩空气机吹扫清洁，在对电机绕组等结构部件进行吹风清洁时，要避免伤及电机绝缘。

随时保持电机的环境清洁，通风流畅。对于编织物过滤器，可用吸尘器清除污染物，对于喷油空气过滤器，可用汽油清洗，然后用热碱水清冲洗，再充以新油待用。

B　电枢绕组短路故障的分析与处理

电枢绕组由于短路故障而烧毁时，一般打开电机通过直接观察就可找到烧焦的故障点，为了准确，除了用短路测试器检查，还可通过用图1－43简易方法进行确定。

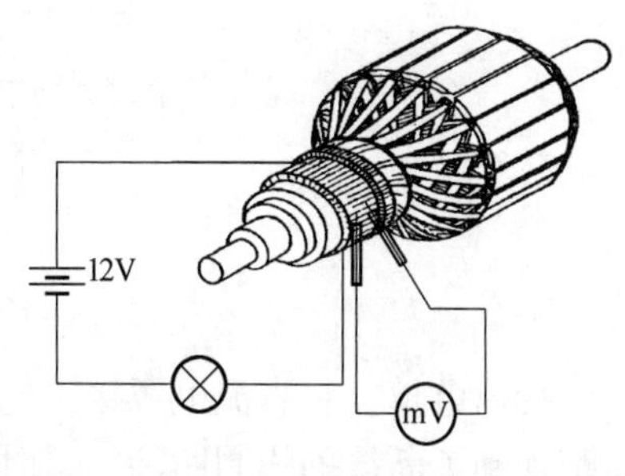

图1－43　电枢短路检测

将6～12V的直流电源接到电枢两侧的换向片上，用直流毫伏表依次测量各相邻的两个换向片间的电压值，由于电枢绕组是非常有规律的重复排列，所以在正常换向片间的读数也是相等的或呈现规律的重复变化偏转。如果出现在某两个测点的读数很小或近似为零，则说明连接这两个换向片的电枢绕圈存在短路故障，若其读数为零，则多为换向片间的短路。

电枢绕组短路的原因，往往是由于绝缘老化，机械擦损使同槽绕圈间的匝间短路或上下层之间的层间短路。对于使用时间不长，绝缘并未老化的电机，当只有一、两个线圈有短路时，可以切断短路线圈，在两个换向片接线处接以跨接线，作应急使用，如图1－44所示。若短路绕圈过多，则应送电机修理厂重绕。

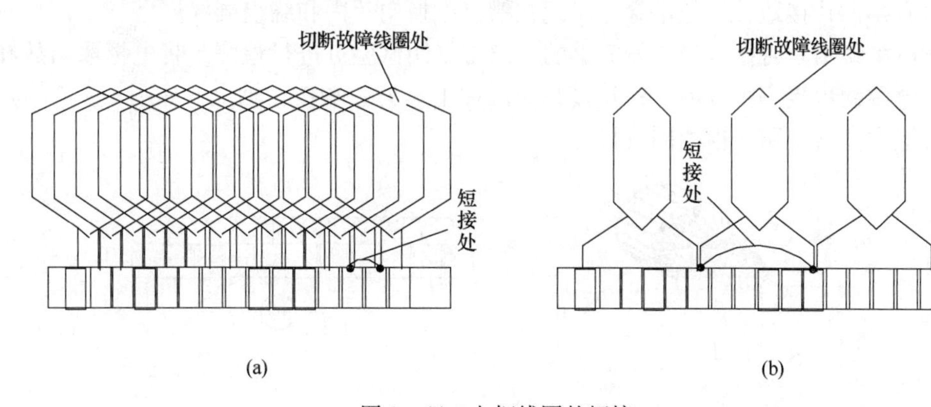

图1－44　电枢线圈的短接

（a）单迭绕组；（b）单波绕组

对于叠绕直流电动机的电枢绕组线圈，其首尾正好在相邻的两片上，所以将对应的这两个换向片短接就可以了。而对于单波绕线，其短接线应跨越一个磁极矩。具体的位置应以准确的测量点来定，即被短接的两片换向片间的电压测量读数最小或为零。

C　电枢绕组断路及处理

电枢绕组断路的原因多是由于换向片与导线接头焊接不良，或由于电机的振动过大而造成脱焊，个别也有内部断线的，这时明显的故障现象是电刷下产生较大火花。具体要确定是哪一线圈断路，检测方法如图 1 – 45 所示。

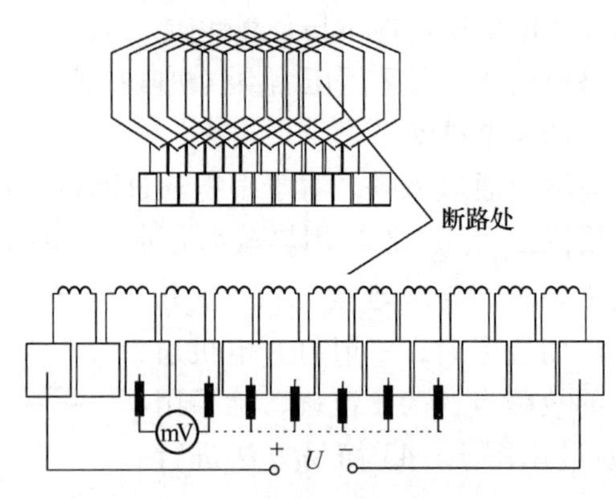

图 1 – 45　电枢线圈断路检测

抽出电枢，将直流电源接于电枢换向器的两侧，由于断线，回路不会有电流，所以电压都加到了断线的线圈两端，这时可通过毫伏表依次测换向片间的电压，当毫伏表跨接在未断线圈换向片间测量时，没有读数。当毫伏表跨接到断路线圈时，就会有读数指示，且指针剧烈跳动。

应急处理方法是将断路线圈进行短接，对于单迭绕组，将有断路的绕组所接的两个换向片用短接线跨接起来，而对于单波绕组，短接线跨过了一个极矩，接在有断路的两个换向片上。

D　电枢绕组短接及处理

电枢绕组的接地的原因，多数是由于槽绝缘及绕组相间绝缘损坏，导体与硅钢片碰接所致，也有换向片接地，一般击穿点出现在槽口、换向片内和绕组端部。

检测电枢绕组是否接地是比较简单的，通常采用试验灯进行检测。将电枢取出放在支架上，将电源线串接一个灯泡，一端接在换向片上，另一端接在轴上，如图 1 – 46(a) 所示，若灯泡发亮，说明电枢线圈有接地。

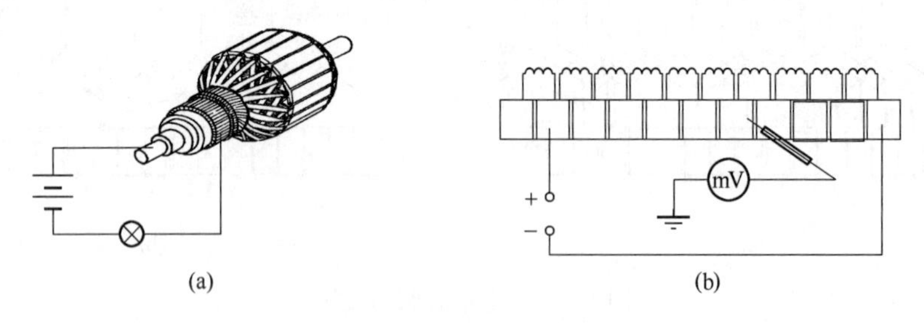

图 1 – 46　电枢绕组接地检查

(a) 试验灯法；(b) 毫伏表法

若要确定是哪槽线圈接地，还要用毫伏表来测定，如图 1 – 46(b) 所示。先将电源、灯串接，然后一端接换向器，另一端与轴相接，由于电枢绕组与轴形成短路，所以灯是亮的，将毫伏表的一个端接在轴上，另一端与换向片依次接触，毫伏表跨接的线圈是完好的，则毫伏表指针要摆动，若是接地的故障线圈，则指针不动。

若要判明是电枢线圈接地还是换向器接地，还需要进一步检测，就是将接地线圈从换向片上焊脱下来，分别测试，就可判断出是哪种接地故障。

应急处理的方法是：在接地处插垫上一块新的绝缘材料，将接地点断开，或将接地线从这换向片上拆除下来，再将这两个换向片短接起来即可。

1.5.2.3　直流电动机主磁极绕组、换向绕组、补偿绕组故障分析及处理

主磁极绕组为直流电动机提供了主磁场，换向极绕组与补偿绕组则是专为改善直流电动机的换向而设置的。这些绕组一旦出故障，都将出现严重影响直流电动机正常运行的故障。

主磁极绕组、换向绕组、补偿绕组最常见的故障是匝间短路、绕组接地，从而引起电机换向火花大，绝缘电阻值有明显下降，甚至为零，使电机不能正常工作。绕组接头松动、断线也有所发生。

绕组匝间短路，若故障点不严重，可将铜瘤等部分锉掉，用玻璃丝布将匝间损坏部分补强；若匝间绝缘损坏较严重，但绕组线圈良好，则要将全部匝间绝缘剔除，重新垫匝间绝缘；若匝间绝缘严重损坏，引起线圈烧毁，则须重新更换损坏的绕组线圈。

绕组对地故障，若故障不严重，则可将故障点剔除干净。成阶梯状，用相同绝缘材料包扎好，然后用绝缘漆涂刷，进行干燥处理及检验。若对地故障严重，应将全部对地绝缘剥除，使用同等级绝缘材料包扎。如果线圈对地故障造成铜线截面减小，应用银焊条或铜焊条进行补焊，锉平，打磨光滑后，重新包扎绝缘，再将线圈套在铁芯上，进行整体浸漆。对于损坏特别严重的则应更换新品。

A　主磁极绕组故障分析

直流电动机的励磁方式有他励、并励，串励和复励方式；直流发电机也可分他励与自励两类。自励发电机又可按其励磁绕组与电枢绕组的连接方式不同分为并、串、复励三种情况。由于连接方式比较复杂，所以表现出的故障现象也有所不同，以下就其常见故障进行讨论。

a　主磁极绕组短路故障分析

造成主磁极绕组线圈短路的主要原因是由于绝缘老化，工作环境恶劣，灰尘特别是金属粉尘沉积绕组表面，使电机绝缘等级降低；另外是在运行过程中的机械擦损等原因造成。

当主磁极绕组出现部分线圈短路后，由于励磁电阻的减小，励磁电流增大，从而使励磁损耗增大，线圈发热加剧，短路点的绝缘垫被损坏，甚至绕组线圈烧毁。

由于匝间短路，使各主磁极的磁动势匀，无故障磁极的磁动势大于故障磁极，这就将造成合成磁场严重畸变，一方面使换向恶化，火花增大。另一方面，使电枢各支路感应电动势失去平衡，造成电枢绕组支路间的环流随短路匝数的增多，损坏程度加剧而增大，无形中又增大了电枢回路的有功损耗。另一重要参数电磁转矩也会因磁场不对称而分布失衡，这就会使直流电机运行异常，磨损加剧出现同周性振动噪声。

由于主极线圈的短路，磁通下降，其机械特性变软，转差率增大，直流电机转速随负载的波动增加，会影响生产及加工精度。

若只是复励电动机（实际常用的为积复励磁）串励绕组的部分匝间短路，会使串励磁通减小，其合成主磁通减小（补偿减少），机械特性要变硬，从而使电动机的转速升高，

负载越大时则其转速变化越明显，若带的是恒转矩负载或重载，这时的电枢电流要超过额定值，电机发热增大，甚至过流跳闸。

应急处理方式：仔细检查，寻找出短路线圈，若只存在表面，而且匝数少，可作适当的修复处理，若损坏严重，则要更换。

b　主磁极绕组断路故障分析

直流电机在整个运行过程中是决不允许励磁断路的，否则将造成“飞车”重大事故。其断路故障大都出在操作控制失误等情况下。

对于未启动的直流电动机，若励磁绕组断路，主磁场还未建立，基本无起动转矩，电机不能启动，由于此时的电枢电流为堵转电流，电枢绕组发热，温升较快，还会出现较大的振动声；对于直流发电机，即使达到了额定运行转速，也无电压输出。此时检查励磁监测电流表的读数为零。对于自励发电机，若主磁极绕组的线圈断路，只能输出很小的剩磁电压。

若是复励电动机的串励磁线圈因接头松动造成的断路，这时的电枢电流为零，（串励绕组是与电枢绕组相串联的）无起动转矩，电机无法启动。若是运行中的直流电动机串励磁线圈断路，则电机迅速停转。

若是复励磁发电机串励磁线圈断路，检测会发现励磁电流（并励绕组电流）正常，转速正常，但端压输出为零。

由于主励磁断路大都由励磁回路的调节电阻、控制开关等连接松动引起。停机后用校线灯或万用表欧姆挡分段检测就可查出断路点。对于断路的处理也较容易，找到断点后，紧固连接，重新恢复绝缘即可，对于断路损坏的控制开关等应重换。

c　并、串主磁绕组的连接故障分析

并励直流电机正确接线如图1－47所示。

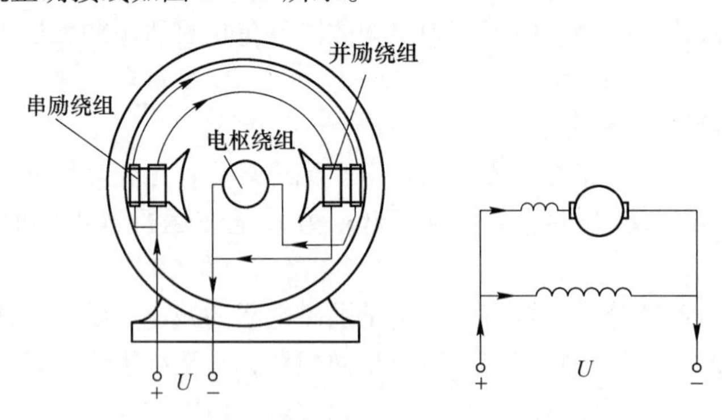

图1－47　直流电动机接线的三种表示

复励磁线圈包含并励磁线圈与串励磁线圈，其并励磁线圈并于电枢电源上，串励磁线圈则与电枢绕组串联（积复励磁），对于直流发电机，主要补偿由于负载变化引起的电枢磁场的去磁作用，基本保持气隙磁场的稳定，使输出电压稳定。对于直流电动机，其复励磁的主要作用是使其机械特性变软，以适应重负载低速的运行要求。

若将串励磁线圈接反（并励磁场不变），则补偿方式就也就与要求相反。对于直流发电机，由于负载越大→电流越大→磁通越小→电枢电势越小→输出电压越低，使输出越不稳定。

直流电动机，带负载运行（设为恒定转矩）→磁通越小→电枢反电势越小→电流越大→输入功率增大（直流电机输入端压恒定）→损耗与输出功率增加，由功率平衡关系可知，其机械特性会上翘，使运行不稳定，无法正常工作。

对于重装的磁极，可利用试验法或采用指南针测准并串磁场是否一致，若不符，则要重改接线。

d　主磁极绕组线圈方向接错故障分析

主磁极并励磁线圈通电方向决定了磁场的极性，多采用顺向串联后接入电枢电源。当其方向接错，其磁极排列就错，例如，四极直流电机的主磁场排列应为 N→S→N→S，假若中间的两极首尾接反，则磁极排列为 N→N→S→S，由于电枢绕组是按照标准固定方式绕好的，电枢支路元件电势交错，电磁力矩正反交错，电机根本无法运行，造成严重振动。甚至会在电枢绕组支路间产生很大的环流而烧毁线圈。

这类故障主要是拆卸电机时未作好详细记录，重装时出错。要避免此故障的出现，在拆卸电机应做好记录，标好进出端口；安装好以后，要通励磁电流，用指南针检测其极性排列是否正确，一旦出错，必须拆除重新连接。

B　换向极绕组与换向补偿绕组故障分析

安装换向极与补偿绕组都是为了改善换向，抵消换向电势与电枢反应电势。连接原则是其产生的附加磁场的方向应与电枢反应磁场的方向相反，而且要与电枢绕组相串联。

a　换向极绕组连接故障分析

换向极绕组正确连接如图 1－48 所示，换向极绕组的连接故障有以下两种情况。其一是双极性接反，这会使得换向磁场与电枢反应磁场相互叠加后不是抵消削弱，而是增强，使得换向更加恶化，换向火花明显加剧，形成有明显的环火，特别是随着负载的增加时，火花更强烈，各极电刷出现均匀灼痕。其二是部分换向极线圈接反，会出现火花分布不匀，极性接反的电刷下火花增大，烧伤也较严重。

以上两种情况只要沿绕线方向通少量直流电流，作极性测试，就能确定其极性。正确的排顺序如图 1－49 所示。

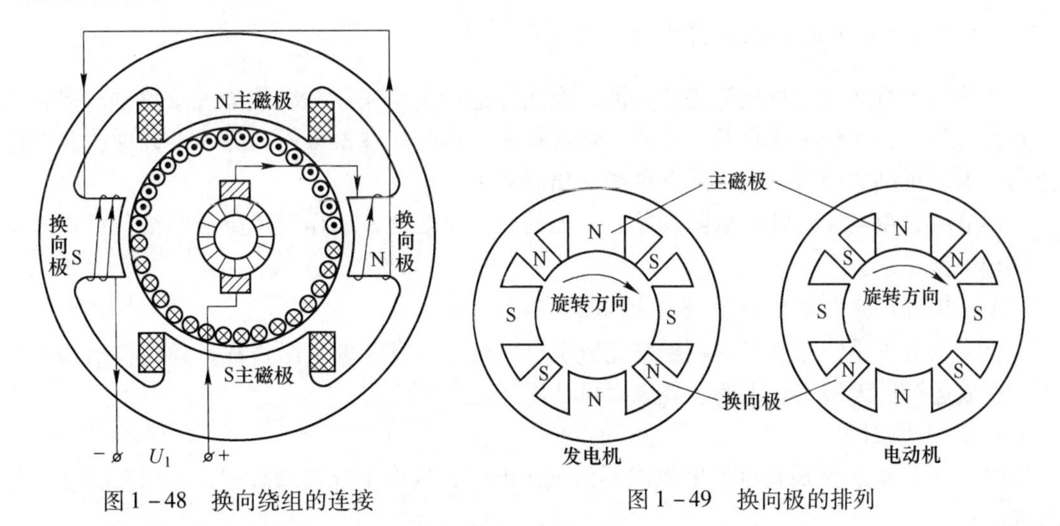

图 1－48　换向绕组的连接　　图 1－49　换向极的排列

直流发电机磁极沿转速方向的排列顺序为：

$$N_{主}\rightarrow S_{换}\rightarrow S_{主}\rightarrow N_{换}\rightarrow N_{主}\rightarrow S_{换}\rightarrow S_{主}\rightarrow N_{换}$$

直流电动机磁极沿车速方向的排列顺序：

$$N_{主}\rightarrow N_{换}\rightarrow S_{主}\rightarrow S_{换}\rightarrow N_{主}\rightarrow N_{换}\rightarrow S_{主}\rightarrow S_{换}$$

b　补偿绕组的连接故障分析

直流电机中的补偿绕组主是与电枢绕组相串联的，安装在主磁极的极靴槽内，如图 1 - 50 所示。

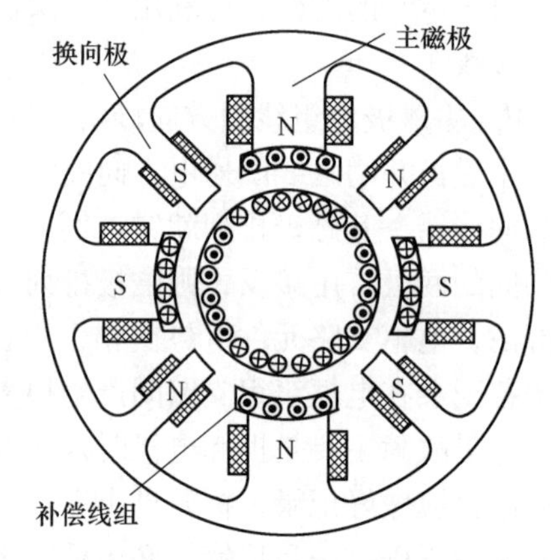

图 1 - 50　补偿绕组的连接

受电枢反应磁势的影响，气隙磁场发生畸变，特别是随负载的增大，畸变程度越严重。增加了换向片间的电压，导致换向火花的增大。补偿绕组的作用，是使其产生的磁势方向与电枢反应磁势的方向相反，抵消电枢反应磁势的影响，削弱或消除气隙磁场的畸变，减小换向火花。

无论是直流发电机还是电动机，其线圈电流的进出方向应与极靴下对应的电枢绕组电流方向相反，如图 1 - 50 所示。若连接极性错误，电枢反应磁势反而增大，换向更加恶化，环火增大。由于电枢反应造成的畸变加剧，去磁作用更强，电枢电流增加（恒转矩负载情况），电机温升增加。

若是部分极靴下的补偿绕组进出端接反，将造成各个磁极下的气隙磁场严重不均匀，电磁力矩的分布也失去均衡，会加剧电机的振动，噪声增大，还会因电枢绕组内各支路电势差增大，使内部环流增大而加速发热。

若是将补偿绕组误与主磁极绕组相串联，那就完全失去了与负载变化同步补偿作用，即换向火花随负载的大小变化而相应变化；由于补偿绕组的电流方向固定，当电枢电流反向后，补偿的效果也相反，即造成某一转向时换向火花会减小，而在另一转向下则换向环火增大。

1.5.2.4　直流电动机运行中的常见故障与处理

直流电动机运行常见故障是复杂的，在实际运行中，往往一个故障现象总是与多种因素有关。只有在实践中认真总结经验，仔细检测、诊断，观察分析，方能准确地找到故障原因，做出正确的处理方案，起到事半功倍的效果。

本节就直流电动机常见故障现象、可能的原因及处理方法作简单分析归纳，可供在实际处理中参考。

A　自励直流发电机不能建立起端压

直流发电机是依靠自身的剩磁来完成发电→励磁→发电的自激过程，最后输出额定电压。造成运行后无端压输出的主要原因可从以下几方面考虑。

a　故障原因

（1）无剩磁。自励直流发电机发不出剩磁电压，故形不成自激过程，所以无法建立起端电压。

（2）自励直流发电机励磁的方向与剩磁方向相反。使得励磁变成了退磁、消失，致使发不出电，无电压输出。

(3) 励磁回路电阻过大，超过了临界电阻值。

b　处理方法

(1) 检查励磁电位器，将其电阻值调到最小。

(2) 若仍端压建立，就检测剩磁（可用指南针测试）。

(3) 若有剩磁存在，则改变励磁绕组与电枢的并联端线；若无剩磁，则先用直流电源给励磁绕组充磁，再投入运行即可。

B　直流电动机通电后不能启动

直流电动机起运必需足够的启动转矩（要大于启动时的静阻转矩），而提供启动转矩必要两个基本条件，一是要有足够的电磁场，二是要有足够的电枢电流。对于其不能启动故障也应以此为核心进行检测、分析、试验。

a　故障原因分析

(1) 电枢回路断路，无电枢电流，所以无启动转矩，无法启动。故障点多在电枢回路的控制开关、保护电器及电枢线圈与换向极、补偿磁极的接头处。

(2) 励磁回路断路；励磁电阻过大；励磁线接地；励磁绕组维修后空气隙增大；这些磁场故障会造成缺磁、磁场削弱、故无启动转矩或启动转矩太小，无法启动。

(3) 启动时的负载转矩过大，启动时的电磁转矩小于静阻转矩。

(4) 电枢绕组匝间短路，启动转矩不足。

(5) 电刷严重错位。

(6) 电刷研磨不良，压力过大。

(7) 电动机负荷过重。

b　处理方法

(1) 对于电枢断路，励磁回路断路，分别沿两个回路查找断路点，更换故障开关，修复断点。

(2) 查找短路点，局部修理或更换。

(3) 电枢启动电阻、励磁启动电阻重新调整（电枢电阻调大，励磁电阻调到小）。

(4) 调整电刷位置到几何中心线，精细研磨电刷，测试调整电刷压力到正确值。

(5) 对于脱焊点应重新焊接。

(6) 若负载过重则应减轻负载启动。

C　电枢冒烟

电枢冒烟，主要由电枢电流过大，电枢绕组绝缘发热损坏。

a　故障原因

(1) 长时期过载运行。

(2) 换向器或电枢短路。

(3) 发电机负载超重。

(4) 电动机端压过低。

(5) 电动机直接启动或反向运转频繁。

(6) 定转子铁芯相擦。

b　处理方法

（1）恢复正常负载。
（2）用毫伏表检测是否短路，是否有金属屑落入换向器或电枢绕组。
（3）检查负载线路是否短路。
（4）恢复电压正常值；避免频繁反复运行。
（5）检查电气隙是否均匀，轴承是否磨损。

D 直流电动机温度过高

温度的升高是由于损耗增大的结果，主要有电磁方面的损耗与机械方面的损耗。

a 故障原因

（1）电源电压过高或过低。
（2）励磁电流过大或过小。
（3）电枢绕组匝间短路。
（4）励磁绕组匝间短路。
（5）气隙偏心。
（6）铁芯短路。
（7）定、转子铁芯相擦。
（8）通风道不畅，散热不良。

b 处理方法

（1）调整电源电压至标准值。
（2）查找励磁电流过大或过小的原因，进行相应处理。
（3）查找短路点，局部修复，或更换绕组。
（4）调整气隙。
（5）修复或更换铁芯。
（6）校正转轴，更换轴承。
（7）疏通风道，改善工作环境。

E 电刷下火花过大

电刷下火花过大，主要有电磁方面的原因，机械、电化学、维护等方面的原因也不能忽略。

a 故障原因

（1）电刷不在中心线上。
（2）电刷与换向器接触不良。
（3）刷握松动或装置不正。
（4）电刷与刷握装配过紧。
（5）电刷压力大小不当或不匀。
（6）换向器表面不光洁，不圆或有污垢。
（7）换向片间云母突出。
（8）电刷磨损过度，或所用型号及尺寸与技术要求不符。
（9）过载时换向极饱和或负载剧烈波动。
（10）换向极绕组短路。

（11）电枢过热，电枢绕组的接头片与换向器脱焊。

（12）检修时将换向片绕组接反。

（13）刷架位置不均匀，引起的电刷间的电流分布不均匀，转子平衡未校正。

b　处理方法

（1）调整电刷位置。

（2）研磨电刷接触面，并在轻载下运行半小时。

（3）紧固或纠正刷握位置。

（4）调整刷握弹簧压力或换刷握。

（5）洁净或研磨换向器表面。

（6）换向器刻槽、倒角、再研磨。

（7）按制造厂原用牌号更换电刷。

（8）恢复正常负载。

（9）紧固底脚螺栓，防振动。

（10）检查换向极绕组，修复损坏的绝缘层。

（11）查明换向片脱焊位置，修复。

（12）用指南针检查主磁极与换向极的极性，纠正接线。

（13）调整刷架位置，等分均匀。

（14）重校转子动平衡。

F　机壳漏电

表面绝缘等级降低了，电枢、励磁线路中的短路存在。

a　故障原因

（1）运行环境恶劣，电机受潮，绝缘电阻降低。

（2）电源引出接头碰壳。

（3）出线板、绕组绝缘损坏。

（4）接地装置不良。

b　处理方法

（1）测量绕组对地绝缘，如低于0.5MΩ，应加以烘干。

（2）重新包扎接头，修复绝缘。

（3）检测接地电阻是否符合规定，规范接地。

1.5.2.5　直流电机故障实例分析

A　故障实例分析一

故障现象：一台Z－550直流电动机，带刨床工作十几分钟后出现过热现象。

a　故障分析与检测

（1）检阅技术资料。参看随机说明书，该直流电动机额定容量为16.2kW，额定电压为220V，电流为86A，额定转速为1400r/min。电枢绕组为混合式绕组。

（2）故障询问。用户反应，该电机因电枢绕组烧坏，更换绕组后出现上述故障现象。根据上述情况，分析过热故障原因：

1）直流电动机绕组绝缘不良，导致电流增大，功耗增大。

2）冷却风扇损坏。

3）接线错误，引至主磁极极性不对。

4）因机械原因引起负载过大。

（3）检测。检测机械传动，良好。测量绕组对地绝缘，正确。带刨床工作几分钟后，用手触摸壳体发烫，风扇运行正常。经测试，当刨床缓慢前进时，电机电枢电压为60V，电枢电流达120A，正常时电枢电流为30A；当刨床工作台反向快速移动时，电枢电压220V，电枢电流为400A，随后降至260A，正常电枢电流为45A。显然发热故障为电枢电流过大所致。

拆下电枢检查，在换向器上外加直流电压，用毫伏表测换向片间电压，正常。对定子励磁绕组检测，励磁电流正常。用指南针对主磁极校对极性，发现所换励磁绕组极性不对，四个磁极就出现了三个同极性，一个异极性。

b　故障处理

拆下主磁极连接端子，按 N→S→N→S 正确关系重新连接，校对正确后，重新装机运行正常。

B　故障实例分析二

故障现象：电吹风上的小型直流电机，必须用手拧动转轴，才能启动，但转动无力。

a　故障分析与检测

（1）原理分析。由单相线圈组成的直流电机只有两个换向器，在转动过程中存在一个“死区”位置。所以，一般这种直流小型电机中至少要有三个换向器铜片，故线圈也增加为三组，线圈头分别与三个换向片压在一起，当其中任何点接触不良或换向片脱落时，此时相当于两个换向片，在启动时，若处于死区，则无启动转矩，故不转动，只要外部用力，使其偏离死区，就转起来了，于是出现上述故障。

（2）检测。拆下电机，用万用表检测三个换向片，正常情况下，两两是接通的，若一个与另两个不通或电阻增大，说明故障点在此。故障为换向片与线圈脱焊或严重接触不良，使电枢电流减小，电磁转矩减小，故无法启动并伴有运行无力。

b　故障处理

处理方法：对于线圈接触不良，可将线圈重新接好即可；对于换向片脱落，可用绝缘导线将其拉紧到原处，也可用强力胶水粘贴。

练 习 题

1-5-1　直流电动机有哪些常见故障？如何处理？

解题思考：可考虑，换向故障；运行转速不正常；电枢冒烟；磁场过热；电机过热；电机振动等。

1-5-2　如何确定直流电机电刷的中性位置？

解题思考：对于正反转的正流电动机，电刷应装在几何中心线点为宜；对单向运行直流电动机装在物理中心线为宜；直流发电机就装在物理中心线点。定几何中心线→移动电刷→确定。

1－5－3　如何检查直流电机电枢绕组接地故障?

解题思考: 测换向片间电压法；测换向片与轴间电压法；试验灯检查法。

1－5－4　如何检查直流电机电枢绕组短路、断路和开焊故障?

解题思考: 在换向两则加一定量直流电压，用毫伏表测换向片间压降→分析读数→做出判断。

1－5－5　直流电机电刷磨损过快的原因?

解题思考: 电刷的配合；电刷材料；换向器表面；云母片；电刷压力等。

1－5－6　直流电机机壳漏电原因?

解题思考: 绝缘问题；接线头问题；换向绕组；电枢绕组等。

学习情境2　变压器运行与维护

【知识要点】

（1）变压器的结构原理、三相变压器、变压器的并联运行。
（2）变压器的参数分析。
（3）变压器的运行特性分析。
（4）变压器的运行与维护。

任务2.1　变压器的认识

【任务要点】

（1）变压器的结构及原理。
（2）三相变压器。
（3）变压器的并联运行。

2.1.1　任务描述与分析

2.1.1.1　任务描述

变压器是一种变换交流电能的静止电机，主要功能是把一种交流电压的电能变换为同频率的另一种电压的交流电能。在电力系统中，变压器是一个十分重要的设备。发电厂（站）发电机发出的电压受绝缘条件限制，通常为10.5～20kV，要进行大功率远距离输送，几乎不可能。因为低电压大电流输电，会在输电线路上产生很大的损耗和压降，为此，必须用变压器将电压升高至110kV、220kV或500kV进行输电，以求输电的经济性。当电能送到用电区，再用变压器将电压降低至35kV、10kV或380V、220V，供给用户使用，以求用电的安全。其中通常需要进行多次变压，所以变压器的安装容量为发电机容量的5～8倍。电力系统使用的变压器称为电力变压器。

除电力变压器以外，还有多种满足特殊需要的特种变压器，例如，电炉变压器、整流变压器、电焊变压器、仪用互感器、控制变压器等，种类繁多。

2.1.1.2　任务分析

本任务主要明确变压器的基本结构、原理，认识三相变压器磁路特点和联结组别，了解变压器并联运行的要求。

2.1.2　相关知识

2.1.2.1　变压器原理、结构及分类

A　变压器基本原理

变压器是根据电磁感应原理而制成的，它是将一种等级的交流电压和电流变换成频率相同的另一种或几种等级的电压和电流的静止电气设备。

电力变压器主要是由一闭合铁芯作为主磁路和两个匝数不同、而又相互绝缘的线圈（绕组）作为电路组合而成，如图 2 -1 所示。

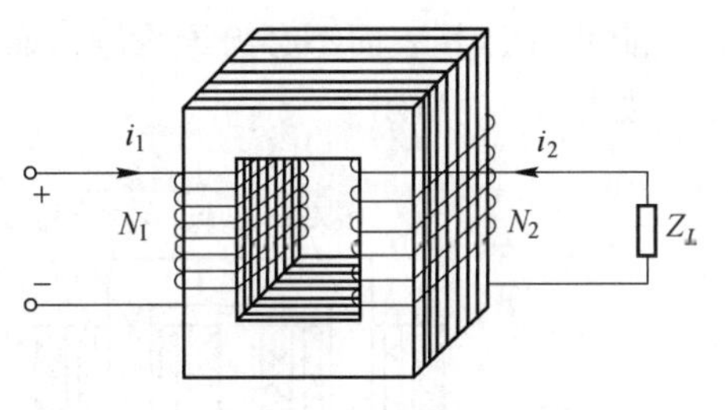

图 2 -1　双绕组变压器示意图

其中，一个绕组接到交流电源上，称为原绕组（初级绕组），其匝数用 N_1 表示；另一个绕组接到负载上，称为副绕组（次级绕组），其匝数用 N_2 表示。

当原绕组 N_1 外加交流电压 $\dot{U}_1$ 时，便有一电流 $\dot{I}_1$ 流过原绕组，并在铁芯产生频率与外加电压频率相同的交变磁通 Φ。Φ 同时交链原、副绕组而产生感应电动势 e_1 和 e_2，其大小与绕组匝数成正比，因此只要改变原、副绕组的匝数，便可达到改变电压的目的。副绕组上的电动势便可向负载（Z_L）供电，从而实现电能的传递。

B　变压器的结构

变压器的结构如图 2 -2 所示，它主要由铁芯、和原、副绕组组成。大、中容量的电力变压器为了散热的需要，通常将变压器的铁芯和绕组浸入封闭的油箱中，对外线路的连接由绝缘导管引出。因此，电力变压器还有绝缘套管，油箱及其他附件。

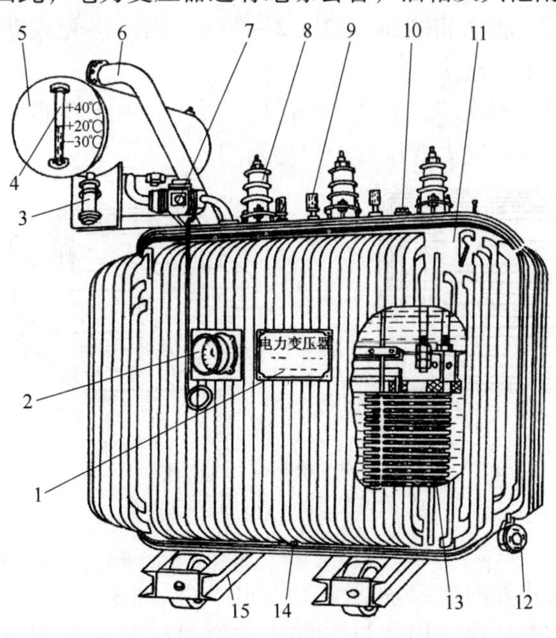

图 2 -2　油浸式电力变压器外形图

1—铭牌；2—信号式温度计；3—吸湿器；4—油表；5—储油柜；6—安全气道；7—气体继电器；8—高压套管；9—低压套管；10—分接开关；11—油箱；12—放油阀门；13—器身；14—接地板；15—小车

a　铁芯

铁芯既是变压器的主磁路，又是支撑绕组的骨架。它一般采用高导磁的厚度为0.35mm或0.5mm两面涂有绝缘漆的硅钢片叠成。目前，低损耗节能变压器采用晶粒取向冷轧硅钢片，其表面不必涂绝缘漆，而是利用氧化膜绝缘。铁芯由铁芯柱和铁轭两部分组成，如图2-3所示。

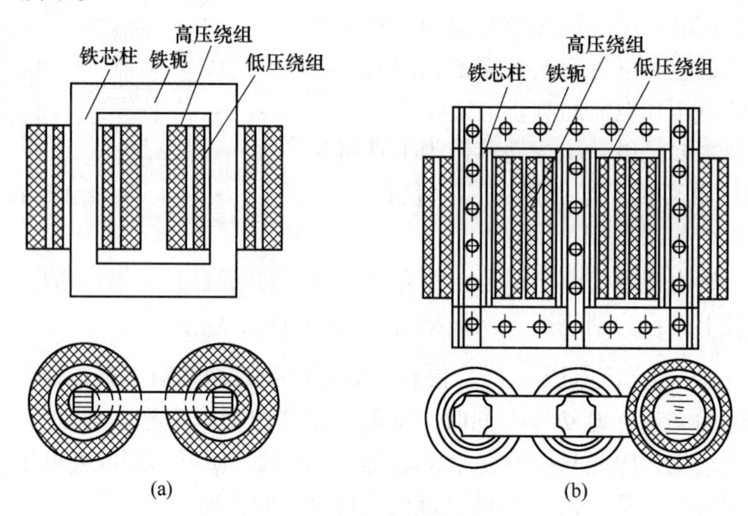

图2-3　变压器的绕组和铁芯
（a）单相；（b）三相

铁芯柱上套有绕组，铁轭只起连接铁芯柱，使磁路形成闭合回路的作用。

根据变压器结构形式的不同，其铁芯的结构可分为心式和壳式两类。壳式结构的特点是铁芯包围绕组的顶面、底面和侧面，如图2-4(a)所示。壳式铁芯的机械强度好，散热性能好，一般用于电子线路中。

心式的特点是绕组包围铁芯，如图2-4(b)所示。由于铁芯结构简单，绕组套装和绝缘比较容易处理，因此在电力变压器中广泛采用。

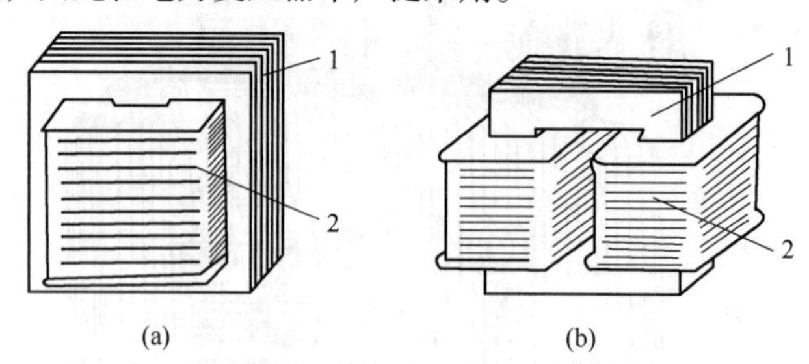

图2-4　单相变压器结构
（a）壳式变压器；（b）心式变压器
1—铁芯；2—绕组

常见变压器铁芯形式如图2-5所示。

心式变压器的铁芯叠片一般用“口”字形或斜“口”字形硅钢片交叉叠成；壳式变压器的铁芯叠片一般用E形或F形硅钢片交叉叠成。为了减小铁芯磁路的磁阻，要求铁芯在装配时，接缝处的气隙越小越好。

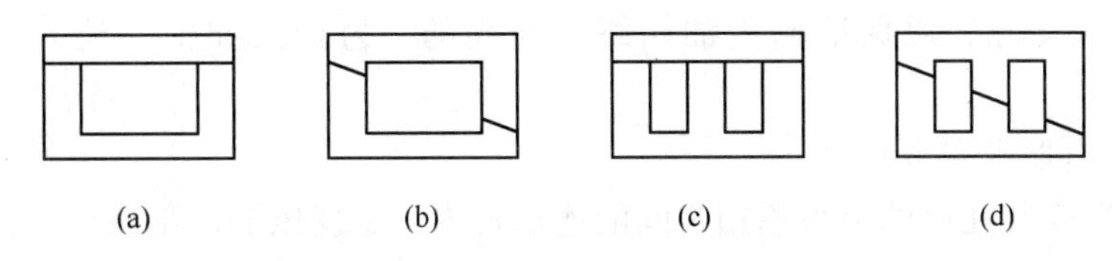

图2－5　常见变压器铁芯形式

（a）心式口形；（b）心式斜口形；（c）壳式E形；（d）壳式F形

b　绕组

绕组是变压器的电路部分，它由铜线或铝线绕制而成。按高低、压绕组在铁芯柱上的排列方式，可分为同心式绕组和交叠式绕组两类。

（1）同心式绕组。同心式绕组的高、低压绕组同心地套在同一铁芯柱上，如图2－6所示。为了便于绝缘，低压绕组套在靠近铁芯柱，高压绕组套在低压绕组外面。高、低压绕组间有空隙，可作油浸式变压器的油道，既可散热，又有利于绝缘。同心式绕组结构简单，故电力变压器多采用这种形式。

同心式绕组按绕制的方法不同又可分为圆筒式、螺旋式、连续式、纠结式等多种形式。

（2）交叠式绕组。交叠式绕组又称饼式绕组，它是将高、低压绕组分成若干个线饼沿铁芯柱交替排列，为更好的绝缘，最上层和最下层为低压绕组，如图2－7所示。交叠式绕组的机械强度好，引线方便，易构成多条并联支路，主要用于低电压、大电流的变压器，如电炉变压器、电焊变压器等。

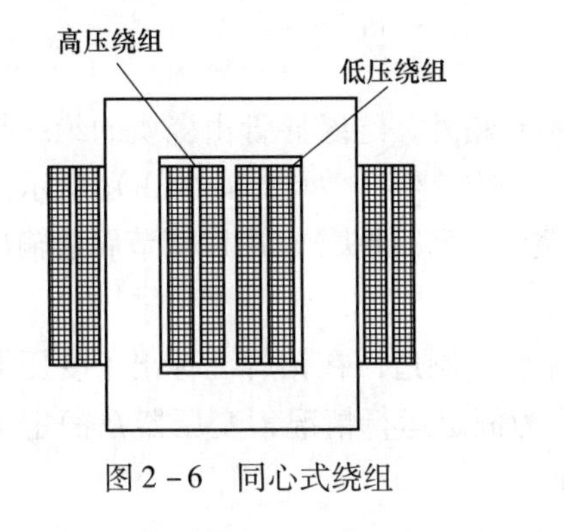

图2－6　同心式绕组

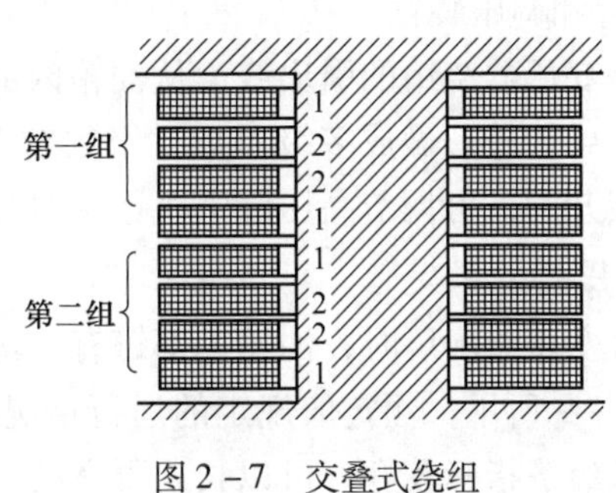

图2－7　交叠式绕组

1—低压绕组；2—高压绕组

c　油箱和变压器油

油箱由钢板冲压焊接而成矩形或椭圆形。变压器身放置在盛满变压器油的油箱里。变压器油主要做绝缘介质使用，同时也是冷却介质，它是从石油中提炼出来的矿物油，起冷却、绝缘作用，因此，对变压器油有较高的要求，应不含有酸、碱、硫、灰尘、杂质及水分，若油内含0.004%的水分，绝缘将降低50%。

变压器运行时铁芯和绕组都将产生热量，为加强散热，中小型变压器在油箱体的箱壁上焊有许多散热空心钢管，利用变压器油自身循环冷却。

d　储油柜

在变压器油箱上装有一个储油柜，通过连接管与油箱接通，储油柜内油面高度随油箱内变压器油热胀冷缩，以保证箱内油始终是充满的。另外储油柜上还装有油标、吸湿器等。

e　气体继电器和安全气道

气体继电器安装在储油柜与油箱之间的连通管内，是变压器内部发生故障时的保护装置，如图 2 -8(a) 所示。

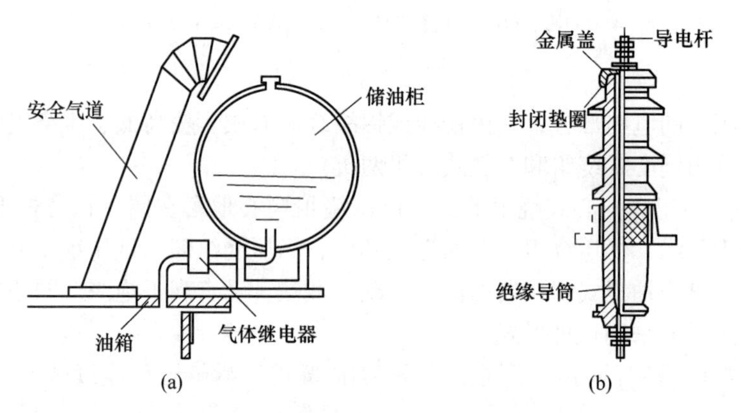

图 2 -8　变压器储油柜、安全气道和绝缘导管
(a) 储油柜安全气道；(b) 绝缘导管

较大的变压器在油箱上还装有一根钢制圆空心管，顶端装有一特制玻璃片，下端与油箱连通，当箱体内变压器发生故障，内压增高，超过一定限度时，油和气体便将玻璃冲破而排除，故称安全气道（或称防爆管）。

f　导管和调压装置

导管是变压器绕组的引出线，从油箱内部引到箱外，绝缘导管由瓷质的绝缘导筒和导电杆构成，导管外形做成多级伞形，级数越多，耐压越高，如图 2 -8(b) 所示。油箱上还装有分接开关，可调节高压绕组匝数（高压绕组 ±5% 抽头），用以调节副边输出电压。

C　变压器的额定值

每一台变压器出厂时，油箱上都钉有一块铭牌，制造厂在铭牌上标出了变压器的额定值，如图 2 -9 所示。额定值规定的运行情况称为额定运行情况，变压器在额定情况下运行时，技术经济指标较好，可以长期可靠的工作。

FATO　　电力变压器

型号	S9-500/10
产品代号	IFATO、710、022
标准代号	GB1094.1-5-1996
额定容量	500kVA
三相	50Hz
冷却方式	ONAN
使用条件	户外式
连接级别	Y、yno
	××变压器厂

开关位置		电压/V		电流/A	
		高压	低压	高压	低压
I	+5%	10500	400	28.27	721.7
II	额定	10000			
III	-5%	9500			

器身重	1115kg	阻抗电压	4.4%
油　重	311kg	出厂序号	200201061
总重量	1779kg		2002年1月

图 2 -9　电力变压器铭牌

a　型号

型号如下：

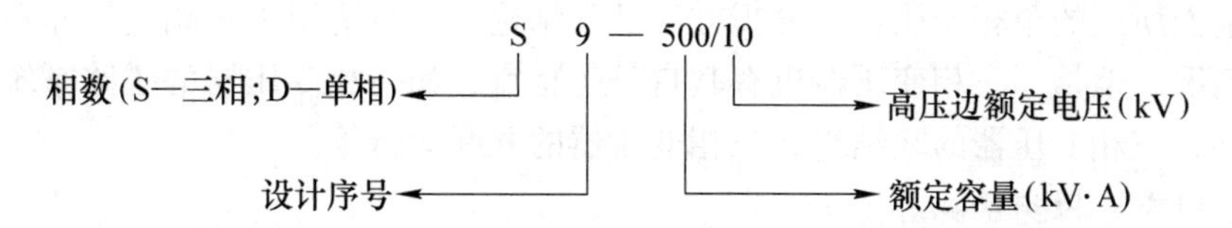

b　额定容量 S_N(kV · A)

额定容量是指额定运行时，变压器的输出能力（视在功率）的保证值。对于三相变压器是指三相容量之和。由于变压器效率很高，原、副边容量可认为相等。

单相变压器容量：$S_N = U_{1N}I_{1N} = U_{2N}I_{2N}$，三相变压器容量：$S_N = \sqrt{3}U_{1N}I_{1N} = \sqrt{3}U_{2N}I_{2N}$。

c　额定电压 U_{1N}、U_{2N}(kV)

U_{1N}是指变压器额定运行时，根据绝缘强度和散热条件，规定加于原绕组的端电压；U_{2N}是指原边加额定正弦交流电压时，副边的空载电压 U_{20}，即 $U_{2N} = U_{20}$。在三相变压器中，额定电压是指线电压。

d　额定电流 I_{1N}、I_{2N}(A)

额定电流是根据绝缘和发热要求长期允许通过的电流，对于三相变压器，额定电流是指线电流。

D　变压器的分类

变压器可以按照用途、结构、相数和冷却方式分类。

按照用途，变压器可分为：

(1) 电力变压器。主要用于输电、配电和用电部门，它是变压器产品中的大多数。

(2) 特种变压器。如整流变压器、电炉变压器、电焊变压器、试验用高压变压器和调压器。

(3) 仪用互感器。如测量用的电流互感器和电压互感器。

按照绕组数目，变压器可分为：

(1) 单绕组变压器（自耦变压器）。

(2) 双绕组变压器。

(3) 三绕组变压器。

按照冷却条件，变压器可分为：

(1) 油浸变压器。变压器的铁芯和绕组浸在变压器油中，油浸变压器又可分为油浸自冷和油浸强冷两类。

(2) 空冷式变压器。铁芯和绕组用空气冷却。

按照相数，变压器可分为：

(1) 单相变压器。

(2) 三相变压器。

(3) 多相变压器。

2.1.2.2　三相变压器

现代电力系统均采用三相制供电，因而广泛使用三相变压器。从运行原理看，三相变压器在对称负载运行时，各相的电压和电流大小相等，相位上彼此相差120°，因而可取其中一相进行分析。就其一相而言，这时三相变压器的任意一相与单相变压器没有什么区别，因此前面所述的单相变压器的分析方法及其结论，完全适用于三相变压器在对称负载下的运行情况。但是，三相变压器也有其自身的特点，如三相变压器的磁路系统，变压器绕组的极性，三相变压器的联结组，三相变压器的并联运行等。

A　三相变压器组的磁路系统

三相变压器按磁路系统的不同分为两类：一类是三相组式变压器，另一类是三相心式变压器。

三相组式变压器如图2-10所示，是由三个单相变压器组合而成，一、二次绕组分别采用星形或三角形接法组成三相绕组，其磁路的特点是三相磁路相互独立、互不相关；三相心式变压器是将三相的铁芯合而为一，如图2-11所示，三相绕组分别套在三个铁芯柱上，其磁路的特点是三相磁路互相关联、互成通路。中小型电力变压器一般均采用三相心式变压器。

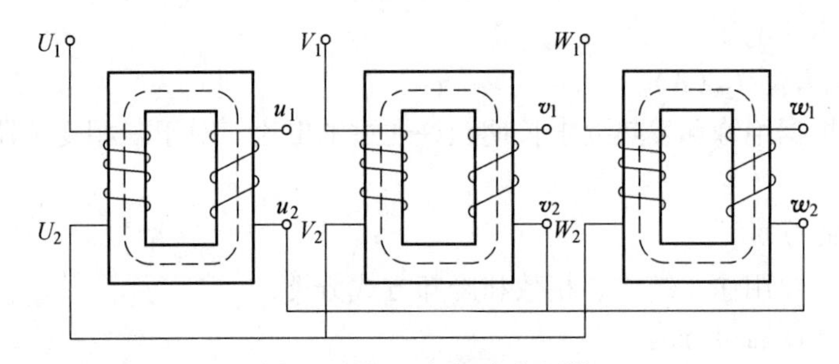

图2-10　三相组式变压器

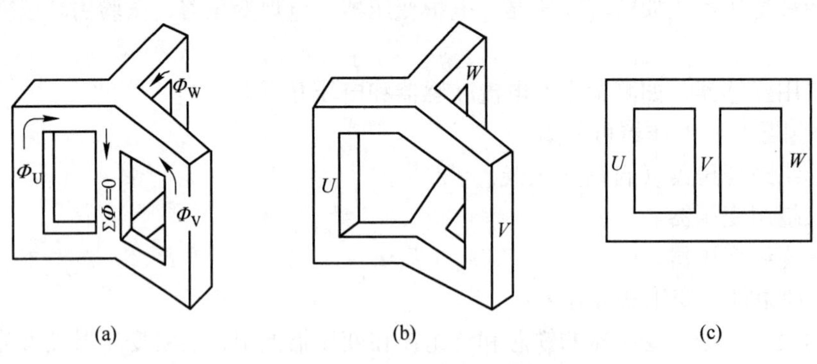

图2-11　三相心式变压器磁路

比较上面两种类型的三相变压器的磁路系统可以看出，三相心式变压器具有节省材料、效率高、维护方便，占地面积小等优点；而三相变压器组中的每个单相变压器具有制造及运输方便，备用的变压器容量较小等优点。所以现在广泛应用是三相心式变压器，只在特大容量、超高压及制造和运输有困难时，才采用三相变压器组。

B　三相变压器的连接组别

三相电力变压器的高、低压绕组的出线端都分别给了标记，其标记首、末端如表2-1所示。

表 2－1　变压器绕组的首端和末端标记

绕组（线圈）名称	单相变压器		三相变压器		中　点
	首端	末端	首端	末端	
高压绕组（线圈）	A	X	A、B、C	X、Y、Z	N
低压绕组（线圈）	a	x	a、b、c	x、y、z	n

a　单相变压器的连接组别

由于变压器的原、副绕组在同一铁芯上，因此都被磁通 Φ 交链。当磁通变化时，在两个绕组中的感应电动势也有一定的方向性，当原绕组的某一端点瞬时电位为正时，副绕组也必有一电位为正的对应点，这两个对应的端点就称为同极性端或同名端，用符号“●”表示。

对两个绕向已知的绕组，可以从电流的流向和它们所产生的磁通方向判断其同名端。如图 2－12(a) 所示，已知原、副绕组的方向，当电流从 1 端和 3 端流入时，它们所产生的磁通方向相同，因此 1、3 端为同名端，同样，2、4 端也为同名端。同理可以知道，图 2－12(b) 中 1、4 端为同名端。

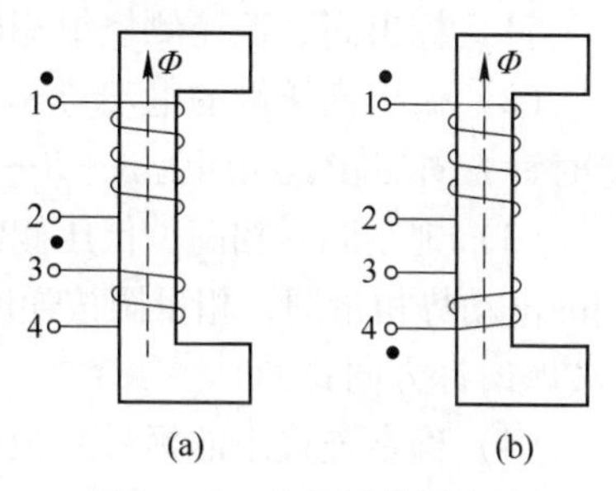

图 2－12　变压器的同名端

由于变压器绕组可以采用不同的联结，因此原绕组和副绕组的对应线电动势（或线电压）之间将产生不同的相位移。为了简单明了表达绕组的联结及对应线电动势（或线电压）之间的相位关系，将变压器原绕组、副绕组的联结分成不同的组合，称为绕组的联结组。联结组标号按照电力变压器的国家标准 GB 1094.1—1996 中的“时钟序数表示法”进行确定，即把高压侧相量图在 A 点对称轴位置的相量作为时钟的长针（即分针），始终指向钟面的“12”处，根据高低压侧绕组相电动势（或相电压）的相关位置作出的低压侧相量图，其相量图在 a 点对称轴位置处的相量作为时钟的短针（即时针），它所指的钟点数即为该变压器的联结组的标号。

单相变压器研究由同一主磁通所交链的两个绕组相电动势之间的相位关系。如果绕组相电动势的正方向都是规定从绕组的首端指向末端。当高、低压侧绕组的同名端同时标为首端（或末端）时，如图 2－13(a) 所示，此时高、低压侧绕组相电动势 $\dot{E}_A$ 与 $\dot{E}_a$ 同相位，二者之间的相位移为零，故该单相变压器的联结组为 I/I－0，其中 I/I 表示高、低压绕组均为单相，即单相变压器，“0”表示其联结组的标号。如果取高、低压侧绕组的异名端同时标为首端（或末端），则高、低压绕组的相电动势 $\dot{E}_A$ 与 $\dot{E}_a$ 相位相反，二者之间的相位移为 180°，如图 2－13(b) 所示，故为 I/I－6 联结组。

由以上分析可知，由同一主磁通所交链的两个绕组中，其相电动势只有同相位和反相位两种情况，它取决于绕组的同名端和绕组的首末端标记。

b　三相变压器的连接组别

三相变压器的连接组标号不仅与绕组的同名端及首末端的标记有关，而且还与三相绕组的连接方式有关。三相绕组的连接图按传统的标志方式，高压绕组位于上面，低压绕组

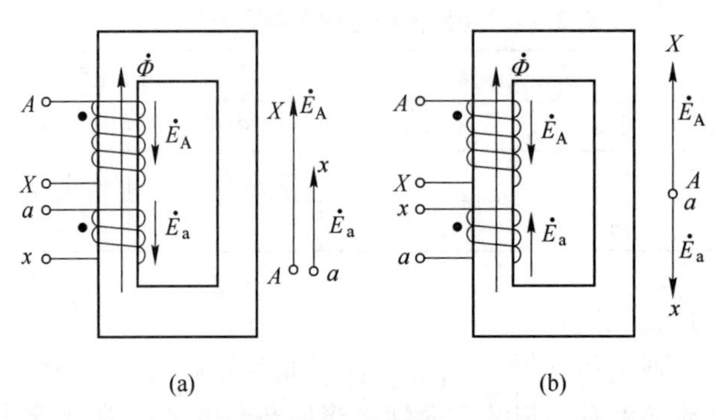

图2-13　单相变压器的联结组

位于下面。根据连接图，用相量图法判断连接组的标号一般可分为4个步骤：

（1）标出高、低压侧绕组相电动势的假定正方向。

（2）做出高压侧的电动势相量图，将相量图的 A 点放在钟面的“12”处，相量图按逆时针方向旋转，相序为 A—B—C（相量图的三个顶点 A、B、C 按顺时针方向排列）。

（3）判断同一相高、低压侧绕组相电动势的相位关系（同相位或反相位），做出低压侧的电动势相量图，相量图按逆时针方向旋转，相序为 a—b—c（相量图的三个顶点 a、b、c 按顺时针方向排列）。

（4）确定连接组的标号。观察低压侧的相量图 a 点所处钟面的序数（就是几点钟），即为该连接组的标号。

根据连接组的标号以及一个钟点数对应30°角，即可确定高、低压侧对应线电动势（或线电压）之间的相位移。

（1）Yy0连接组。在图2-14（a）所示的三相变压器连接中，高、低压侧绕组都接成星形连接，且同名端同时作为首端，同一铁芯柱为同一相。画出高压绕组的电动势相量图，将相量图的 A 点放在钟面的“12”处；根据 $\dot{E}_a$ 与 $\dot{E}_A$、$\dot{E}_b$ 与 $\dot{E}_B$、$\dot{E}_c$ 与 $\dot{E}_C$ 同相位，通过画平行线做出低压侧的电动势相量图，由相量图的 a 点处在钟面的“0”（即“12”），所以该联结组的标号是“0”，即为Yy0联结组。另画出对应三角形 a 点处的对称轴位置而指向外的相量，可见它指向“0”，得到相同的结论。对Yy0联结组，表明线电动势 $\dot{E}_{ab}$ 与 $\dot{E}_{AB}$ 同相位。

（2）Yd11连接组。在图2-14（b）中，高压侧绕组为星形连接，低压侧绕组为三角形连接，且同名端同时作为首端，同一铁芯柱为同一相。由 $\dot{E}_a$ 与 $\dot{E}_A$ 同相位，所以在低压侧的相量图中，$\dot{E}_a$ 与 $\dot{E}_A$ 平行且方向一致，因是三角形联结，即有 $\dot{E}_{ca}=-\dot{E}_a$，同时注意封闭三角形的其余相量关系也要画正确。在图2-14（b）中可见，低压侧相量图的 a 点处在钟面的“11”，所以是Yd11连接组。另画出对应三角形 a 点处的对称轴位置而指向外的相量，可见它指向“11”，得到相同的结论。对Yd11连接组，表明 $\dot{E}_{ab}$ 滞后 $\dot{E}_{AB}$ $30°\times11=330°$。

当高压侧绕组采用三角形连接，低压侧绕组为星形连接，且同名端同时作为首端，同一铁芯柱为同一相时，可得Dy1联结组。当高、低压侧绕组均采用三角形连接，且同名端同时作为首端，同一铁芯柱为同一相时，可得Dd0连接组。请读者自行推导。

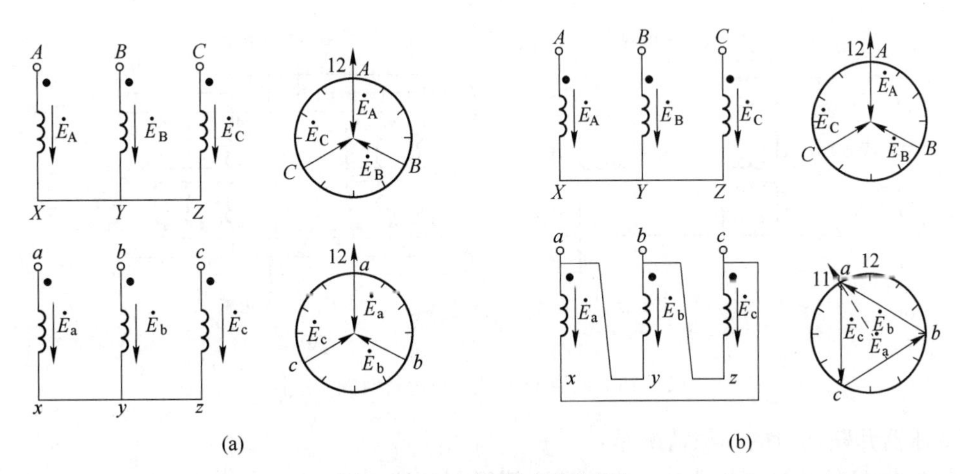

图 2-14 三相变压器的联结

记住以上四种连接组的标号、绕组连接和首末端标记，则可通过以下规律确定其他连接组的标号或由连接组的标号确定绕组连接和首末端标记。在高压侧绕组的连接和标记不变，而只改变低压侧绕组的连接或标记的情况下，其规律归纳起来有以下几点：

（1）对调低压侧绕组首末端的标记，即高、低压侧绕组的首端由同名端改为异名端，其连接组的标号加 6 个钟点数。

（2）低压侧绕组的首末端标记顺着相序移一相（*a*—*b*—*c*→*c*—*a*—*b*），则联结组标号加 4 个钟点数。

（3）高、低压侧的绕组连接相同（Yy 和 Dd）时，其联结组的标号为偶数；高、低压侧的绕组联结不相同（Yy 和 Dd）时，其联结组的标号为奇数。

变压器联结组的数目很多，为了方便制造和并联运行，对于三相双绕组电力变压器，一般采用 Yyn0、Yd11、YNd11、YNy0、Yy0 等 5 种标准连接组，其中前 3 种最常用。对单相变压器通常采用 I/I-0 联结组。

2.1.2.3 变压器的并联运行

在电力系统中，常采用多台变压器并联运行的运行方式。所谓并联运行，就是将两台或两台以上的变压器的一次、二次绕组分别并联到公共母线上，同时对负载供电。图 2-15 为两台变压器的并联运行时的接线图。

A 变压器并联运行的优点及理想情况

变压器并联运行的优点主要包括以下几方面：

（1）提高供电的可靠性。并联运行的某台变压器发生故障或需要检修时，可以将它从电网上切除，而电网仍能继续供电。

（2）提高运行的经济性。当负载有较大的变化时，可以调整并联运行变压器的数目，以提高运行的效率。

（3）可以减少总的备用容量，并可随着用电量的增加而分批增加新的变压器。当然，并联运行的台数过多也是不经济的，因为一台大容量的变压器，其造价要比总容量相同的几台小变压器的低，而且占地面积小。

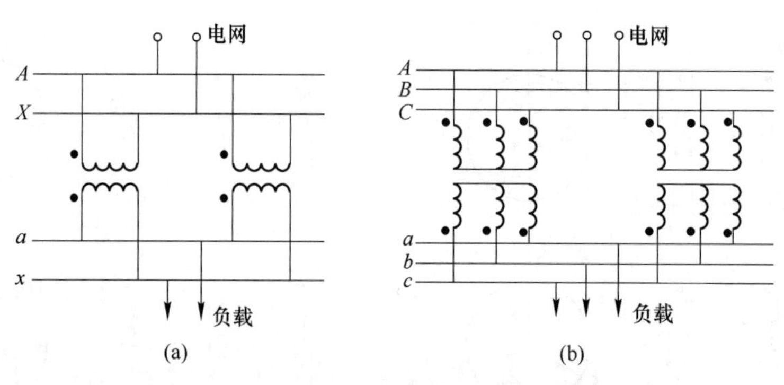

图 2-15　两台变压器并联运行时的接线图

变压器并联运行的理想情况是：

(1) 空载时并联运行的各台变压器之间没有环流。

(2) 负载运行时，各台变压器所分担的负载电流按其容量的大小成比例分配，使各台变压器能同时达到满载状态，使并联运行的各台变压器的容量得到充分利用。

(3) 负载运行时，各台变压器二次电流同相位，这样当总的负载电流一定时，各台变压器所分担的电流最小；如果各台变压器的二次电流一定，则承担的负载电流最大。

B　变压器并联运行的条件

为了达到上述理想的并联运行要求，则需要满足下列 3 个条件：

(1) 并联运行的各台变压器的额定电压应相等，即各台变压器的电压比应相等。

(2) 并联运行的各台变压器的联结组号必须相同。

(3) 并联运行的各台变压器的短路阻抗（或阻抗电压）的相对值要相等。

2.1.3　技能训练

题目：单相变压器并联运行

(1) 目的：

1) 学习变压器投入并联运行的方法。

2) 研究阻抗电压对负载分配的影响。

(2) 仪器及设备：

1) 电机多功能实验台：总电源、交流测量仪表。

2) 单相变压器。

3) 导线。

(3) 线路。单相变压器并联运行接线原理，如图 2-16 所示。

(4) 步骤：

1) 两台单相变压器空载投入并联：

①检查变压器的变比和极性。接通电源前，将开关 S_1、S_3 打开，合上开关 S_2，接通电源后，调节变压器输入电压至额定值，测出两台变压器副边电压 $U_{2U1.2V2}$ 和 $U_{2V1.2V2}$，若 $U_{2U1.2V2}=U_{2V1.2V2}$ 则两台变压器的变比相等，即 $K_{\text{I}}=K_{\text{II}}$。测出两台变压器副方的 $2U1$ 与 $2V1$ 端点之间的电压 $U_{2U1.2V2}$，若 $U_{2U1.2V1}=U_{2U1.2U2}-U_{2V1.2V2}$，则首端 $1U1$ 与 $1V1$ 为同极性端，反之为异极性端。

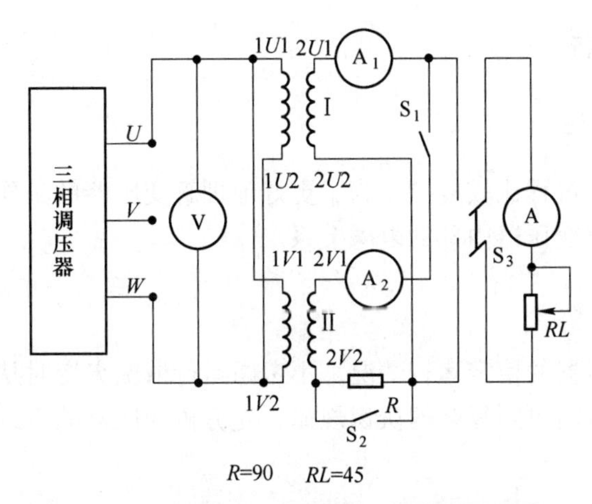

图 2-16　单相变压器并联运行接线原理图

②投入并联：检查两台变压器的变比相等和极性相同后，合上开关 S_1，即投入并联。若 $K_{Ⅰ}$ 与 $K_{Ⅱ}$ 不是严格相等，将会产生环流。

2）阻抗电压相等的两台单相变压器并联运行。变压器投入并联后，合上负载开关 S_3，在保持原边额定电压不变的情况下，逐次增加负载电流，直至其中一台变压器的输出电流达到额定电流为止，测取 I、$I_{Ⅰ}$、$I_{Ⅱ}$，共取 5 ~ 6 组数据。

3）阻抗电压不相等的两台单相变压器并联运行。打开短路开关 S_2，变压器Ⅱ的副方串入电阻 R，R 数值可根据需要调节。

练 习 题

2-1-1　变压器的额定容量为什么以千伏安为单位，而不以千瓦为单位？变压器铭牌上为什么不标出功率因数？

2-1-2　判断变压器绕组极性的常用方法有哪些？

2-1-3　有一台单相变压器，高压侧额定电压为 6.3kV，低压侧为 0.4kV，现因电源电压变为 10kV，如用改绕高压线圈的办法满足电源电压的变化，而保持低压线圈 55 匝不变，这时新的高压线圈应为多少匝？

2-1-4　有一台三相变压器 $S_N = 300\text{kV}\cdot\text{A}$，$U_1 = 10\text{kV}$，$U_2 = 0.4\text{kV}$，（Y，△）连接，求 I_1 及 I_2。

2-1-5　变压器为什么要并联运行？并联运行的条件有哪些？哪些条件需要严格遵守？

任务 2.2　变压器的参数分析

【任务要点】

（1）变压器的空载运行分析。

（2）变压器的负载运行分析。

（3）变压器的参数测定。

2.2.1 任务描述与分析

2.2.1.1 任务描述

变压器内部的电磁过程比较复杂，为了更好地理解变压器的工作过程，从比较简单的空载运行着手，来研究变压器内部的电磁关系。

2.2.1.2 任务分析

本任务只分析变压器的稳定运行情况，不考虑运行情况突变时从一个稳态到另一个稳态的过渡过程。根据有简单到复杂的认识规律，先分析变压器的空载运行，再分析变压器的负载运行情况。

2.2.2 相关知识

2.2.2.1 单相变压器的空载运行

A　空载运行时的物理状况

变压器空载运行，是指变压器原边接在额定电压的交流电源上，副绕组开路时的工作状态，如图2－17所示。

此时，原绕组 N_1 中便有一交流电流流过，称为空载电流，用$\dot{I}_0$ 表示。$\dot{I}_0$ 便产生一交变磁动势$\dot{I}_0 N_1=\dot{F}_0$，并建立交变磁通 Φ_Z，因变压器铁芯采用高导磁硅钢片叠成，磁阻很小，所以总磁通 Φ_Z 的99%以上通过铁芯而闭合，它同时交链了原、副绕组，能量传递主要依靠这部分磁通，故称为主磁通 Φ。从理论上讲，我们希望$\dot{F}_0$ 产生的总磁通 Φ_Z 都经过铁芯而闭合成为主磁通，但实际总有一小部分磁通经过空气隙或变压器油而闭合。它仅与 N_1 相交链，由于这条磁路的磁阻很大，因此它小于总磁通的1%，并不传递能量，这部分磁通称为原绕组的漏磁通，用 Φ_{1S}表示，即

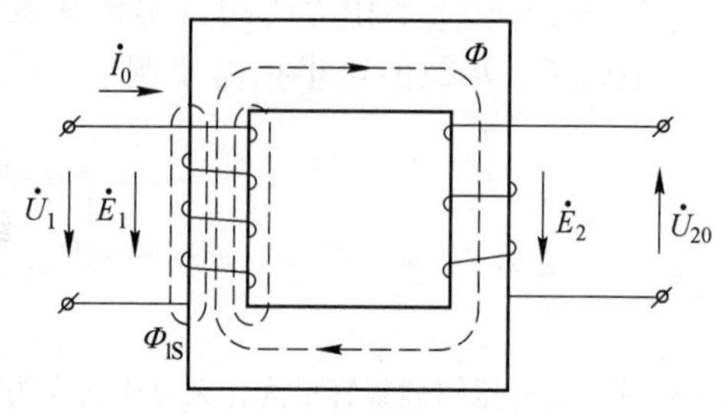

图2－17　变压器空载运行

$$\dot{U}_1 \rightarrow \dot{I} \rightarrow \dot{I}_0 N_1=\dot{F}_0 \begin{cases} \nearrow \dot{\Phi}>99\%\,\dot{\Phi}_Z \\ \searrow \dot{\Phi}_{1S}<1\%\,\dot{\Phi}_Z \end{cases}$$

Φ 与 Φ_{1S}二者性质不同，从图2－17可见，Φ 是经过铁芯而闭合，而铁磁材料存在着磁饱和现象，磁阻为一变数，所以 Φ 与 I_0 呈非线性关系；Φ_{1S}是经过非导磁材料而闭合，磁阻为常数，故 Φ_{1S}与 I_0 呈线性关系。

B　变压器的感应电动势和变比

变压器中的电压、电流、磁通和感应电动势的大小及方向都随时间而变化的，为了正确的表明它们之间的相位关系，必须先规定它们的正方向，通常按电工习惯方式规定正方向，称为电工惯例。

（1）同一支路中电压$\dot{U}$与电流$\dot{I}$的正方向一致。

（2）磁通 Φ 的正方向与产生它的电流$\dot{I}$的正方向符合右手螺旋定则。

（3）感应电动势$\dot{E}$的正方向与它产生的磁通 Φ 符合右手螺旋定则。

根据以上规定，可得出变压器各物理量的正方向，如图 2－17 所示。$\dot{U}_1$ 与$\dot{I}_0$ 同时为正或同时为负时，功率都为正，表示原绕组总是从电网吸收功率，即原边看成是电网的负载，遵循电动机惯例。副边$\dot{U}_2$ 和$\dot{I}_2$ 的正方向是由$\dot{E}_2$ 决定的，即$\dot{U}_2$、$\dot{I}_2$、$\dot{E}_2$ 同方向，即副边看作电源，遵循发电机惯例。

a　感应电动势

由于外加电压$\dot{U}_1$ 为正弦波，则可设 Φ、Φ_{1S}均按正弦规律变化，则 Φ、Φ_{1S}分别在原、副绕组产生的感应电动势为

$$\Phi = \Phi_m \sin\omega t$$
$$\Phi_{1S} = \Phi_{1Sm}\sin\omega t \tag{2-1}$$

（1）感应电动势瞬时值：

$$e_1 = -N_1\frac{d\Phi}{dt} = N_1\frac{d(\Phi_m\sin\omega t)}{dt} = -\omega N_1\Phi_m\cos\omega t$$
$$= \omega N_1\Phi_m\sin(\omega t - \pi/2) = E_{1m}\sin(\omega t - \pi/2) \tag{2-2}$$
$$e_2 = -N_2\frac{d\Phi}{dt} = N_2\frac{d(\Phi_m\sin\omega t)}{dt} = -\omega N_2\Phi_m\cos\omega t$$
$$= \omega N_2\Phi_m\sin(\omega t - \pi/2) = E_{2m}\sin(\omega t - \pi/2) \tag{2-3}$$
$$e_{1S} = -N_1\frac{d\Phi_{1S}}{dt} = N_1\frac{d(\Phi_{1Sm}\sin\omega t)}{dt} = -\omega N_1\Phi_{1Sm}\cos\omega t$$
$$= \omega N_1\Phi_{1Sm}\sin(\omega t - \pi/2) = E_{1Sm}\sin(\omega t - \pi/2) \tag{2-4}$$

由此可见，当 Φ、Φ_{1S}按正弦规律变化时，由它们产生的电动势 e_1、e_2、e_{1S}也按正弦规律变化，但在时间上滞后 Φ、Φ_{1S} $\pi/2$ 电角度。

（2）感应电动势的有效值：

$$E_1 = \frac{E_{1m}}{\sqrt{2}} = \frac{\omega N_1\Phi_m}{\sqrt{2}} = 4.44fN_1\Phi_m$$
$$E_2 = \frac{E_{2m}}{\sqrt{2}} = \frac{\omega N_2\Phi_m}{\sqrt{2}} = 4.44fN_2\Phi_m$$
$$E_{1S} = \frac{E_{1Sm}}{\sqrt{2}} = \frac{\omega N_1\Phi_{1S}}{\sqrt{2}} = 4.44fN_1\Phi_{1Sm} \tag{2-5}$$

式中　Φ_m——主磁通最大值，Wb；
Φ_{1Sm}——原绕组漏磁通最大值，Wb；
ω——感应电动势的角频率 $\omega = 2\pi f$，r/s；
N_1，N_2——原、副绕组的匝数；
E_1，E_2——原副绕组感应电动势有效值，V；
E_{1S}——原绕组的漏磁感应电动势，V。

（3）感应电动势的相量表达式：

$$\dot{E}_1 = -\mathrm{j}4.44fN_1\Phi_{\mathrm{m}}$$

$$\dot{E}_2 = -\mathrm{j}4.44fN_2\Phi_{\mathrm{m}} \tag{2-6}$$

$$\dot{E}_{1S} = -\mathrm{j}4.44fN_1\Phi_{1Sm} \tag{2-7}$$

上式中 Φ_{1Sm}与 I_0 的关系可用反应漏磁通的电感 L_{1S}来表示，即

$$L_{1S} = \frac{N_1\Phi_{1Sm}}{\sqrt{2}I_0} \tag{2-8}$$

将式（2－8）代入式（2－7）得

$$\dot{E}_{1S} = -\mathrm{j}\frac{\omega N_1}{\sqrt{2}}\Phi_{1Sm} = -\mathrm{j}\dot{I}_0\omega L_{1S} = -\mathrm{j}\dot{I}_0X_1 \tag{2-9}$$

$$X_1 = \omega L_{1S} = 2\pi fN_1^2\Lambda_{1S} \tag{2-10}$$

X_1 是对应于 Φ_{1S}的原绕组漏抗，单位为 Ω，而 Φ_{1S}的磁路是线性磁路，用 X_1 来反应 Φ_{1S}的作用，便可把原绕组漏感电动势$\dot{E}_{1S}$用电抗压降的形式反映出来，对于 Φ_{1S}主要通过变压器油或空气隙闭合，磁阻为常数，则磁导 Λ_{1S}为常数，故 X_1 为常数。

b　电压平衡方程式

$$\begin{aligned}\dot{U} &= -\dot{E}_1 - \dot{E}_{1S} + \dot{I}_0r_1 = -\dot{E}_1 + \mathrm{j}\dot{I}_0X_1 + \dot{I}_0r_1 \\ &= -\dot{E}_1 + \dot{I}_0(r_1 + \mathrm{j}X_1) = -\dot{E}_1 + \dot{I}_0Z_1\end{aligned} \tag{2-11}$$

式中　Z_1——原绕组漏阻抗 $Z_1 = r_1 + \mathrm{j}X_1$，Ω；

r_1——原绕组电阻，Ω。

当电力变压器空载时，$I_2 = 0$，$I_1 = I_0 \approx (2\% \sim 8\%)I_{1N}$，故 $I_0Z_1 < 0.2\%U_1$，可忽略不记

则

$$\dot{U} \approx -\dot{E}_1 \tag{2-12}$$

上式表明：U_1 与 E_1 在数值上相等，在方向上相反，在波形上相同。Φ 的大小取决于 U_1、N_1、f 的大小，当 U_1、N_1、f 不变时，则 Φ 基本不变，磁路饱和程度也基本不变。

由于副边空载 $I_2 = 0$，则绕组内无压降产生，副边空载电压 U_{20}等于副边电动势，即

$$\dot{U}_{20} = \dot{E}_2 \tag{2-13}$$

c　变压器的变比 K

变压器变比指原副绕组电动势之比，用 K 表示

$$K = \frac{E_1}{E_2} = \frac{N_1}{N_2} \approx \frac{U_1}{U_{20}} \tag{2-14}$$

变比 K 是变压器一个重要参数，对单相变压器，K 为原、副边电压之比，对三相变压器，K 为原、副边相电压之比。

C　变压器空载时的等效电路与相量图

变压器空载时，以相量形式表示的电动势平衡方程式为

$$\dot{U}_1 = -\dot{E}_1 + \dot{I}_0r_1 + \mathrm{j}\dot{I}_0x_{1\sigma} = -\dot{E}_1 + \dot{I}_0Z_1 \tag{2-15}$$

式中，$Z_1 = r_1 + \mathrm{j}x_{1\sigma}$为一次绕组的漏阻抗。据此可画出变压器空载时的相量图，如图 2－18 所示。

对于外施电压 U_1 来说，电动势 $E_{1\sigma}$ 的作用可看作是电流 I_0 流过漏电抗 $x_{1\sigma}$ 时所引起的电压降，即

$$\dot{E}_{1\sigma} = -\mathrm{j}\,\dot{I}_0\omega L_{1\sigma} = -\mathrm{j}\,\dot{I}_0 x_{1\sigma} \tag{2-16}$$

同样，对主磁通感应电动势 E_1 的作用也可类似地用一个参数来处理。但考虑到主磁通在铁芯中引起的铁损耗，故不能仅单纯地引入一个电抗，而应引入一个阻抗 Z_m，这时可将电动势 E_1 的作用看成电流 I_0 流过 Z_m 所产生的阻抗压降，即

$$-\dot{E}_1 = \dot{I}_0 Z_m = (r_m + \mathrm{j}x_m)\,\dot{I}_0 \tag{2-17}$$

式中，$Z_m = r_m + \mathrm{j}x_m$ 称为变压器励磁阻抗；r_m 为反映铁芯中损耗的一个等效电阻；x_m 为励磁电抗，对应于主磁通的电抗。$r_m \gg r_1$，$I_{20}r_m$ 反映铁耗的大小。根据电动势平衡方程式（2-15）可以求得

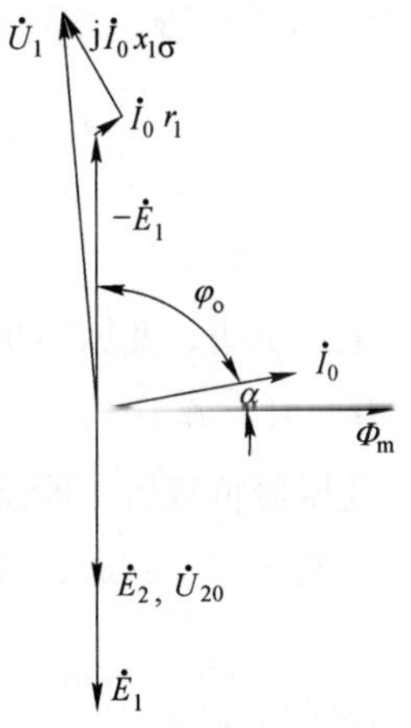

图 2-18　空载运行时的相量

$$\dot{U}_1 = -\dot{E}_1 + \dot{I}_0 Z_1 = \dot{I}_0(Z_m + Z_1) \tag{2-18}$$

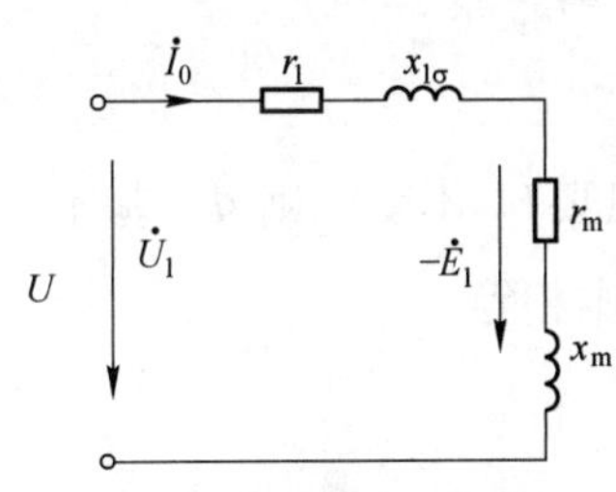

图 2-19　变压器空载时的等效电路

与此相应的等效电路如图 2-19 所示。从图可见，空载运行的变压器可以看成是由两个阻抗不同的线圈串联而成的电路：用一个阻抗 $r_m + \mathrm{j}x_m$ 表示主磁通 Φ 对铁芯线圈的作用；用另一个阻抗 $r_1 + \mathrm{j}x_{1\sigma}$ 表示一次侧绕组电阻 r_1 和漏抗 $x_{1\sigma}$ 的作用。

变压器正常工作时，由于电源电压变化范围小，铁芯中主磁通的变化不大，故作定量计算时，可以认为 Z_m 基本保持不变。需要指出的是，铁芯存在饱和现象，Z_m、x_m 和 r_m 随磁路饱和程度的增加而减小。

2.2.2.2　变压器的负载运行

A　负载运行时的物理状况

变压器的负载运行是指原绕组 N_1 接至额定电压的交流电源上，副绕组 N_2 接上负载（Z_L）时的工作状态，如图 2-20 所示。

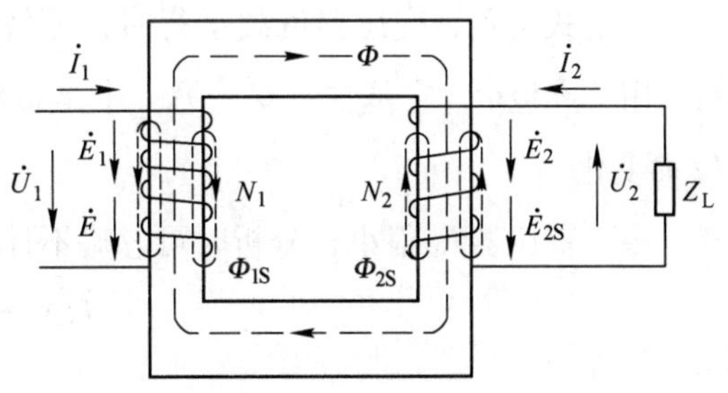

图 2-20　变压器负载运行

由上节分析可知，变压器空载运行时，原边外加电压 $\dot{U}_1$，由 $\dot{I}_0$ 单独建立磁动势 $\dot{F}_0$，分别产生 $\dot{E}_1$、$\dot{E}_2$、$\dot{E}_{1S}$，使得 $\dot{U}_1 = -\dot{E}_1 + \dot{I}_0 Z_1$，从而维持一个确定的 I_0 在原绕组中流过。此时电磁关系处于平衡状态。

当变压器负载时，副绕组在 $\dot{E}_2$ 的作用下便有 $\dot{I}_2$ 流过，$\dot{I}_2$ 将产生一副边磁动势 $\dot{F}_2 = \dot{I}_2 N_2$，它与原边磁动势共同作用于同一磁路。$\dot{F}_2$ 的出现使 $\dot{\Phi}$ 趋于改变，随之 $\dot{E}_1$、$\dot{E}_2$ 也将趋于改变，从而将打破空载时的平衡关系。但是，由于电源电压 U_1 不变，相应的 $\dot{\Phi}$ 也应保持不变，为维持 $\dot{\Phi}$ 基本不变，只有原绕组电流 $\dot{I}_0$ 增加到 $\dot{I}_1 = \dot{I}_0 + \dot{I}_{1L}$，即除继续保持原有值不变外，另外在原绕组中还增加了一个负载分量 $\dot{I}_{1L}$，产生一个负载磁动势 $\dot{F}_{1L} = \dot{I}_{1L}N_1$ 恰

好与$\dot{F}_2$大小相等，方向相反，而相互抵消，即

$$\dot{I}_{1L}N_1 = -\dot{I}_2N_2$$

$$\dot{I}_{1L} = -\frac{N_2}{N_1}\dot{I}_2 = -\frac{\dot{I}_2}{K} \tag{2-19}$$

上式说明，变压器负载（I_2）变化时，必将引起原边电流$\dot{I}_1$和功率的变化。

B　变压器负载时的磁动势平衡方程式

变压器负载后，原绕组磁动势$\dot{F}_1 = \dot{I}_1N_1$和副绕组磁动势$\dot{F}_2 = \dot{I}_2N_2$都同时作用在主磁路上，共同产生磁通，故磁动势平衡方程为

$$\dot{I}_1N_1 + \dot{I}_2N_2 = \dot{I}_0N_1 \tag{2-20}$$

或

$$\dot{F}_1 + \dot{F}_2 = \dot{F}_0$$

式中　$\dot{F}_1$——原绕组磁动势（安匝）；

$\dot{F}_2$——副绕组磁动势（安匝）；

$\dot{F}_0$——原、副绕组合成磁动势（安匝）。

变压器正常工作时，主磁通Φ_m主要由电源电压决定，只要$\dot{U}_1$不变，则Φ_m基本不变，产生$\dot{\Phi}_m$的$\dot{F}_0$也基本不变，故负载与空载时的磁动势$\dot{F}_0$基本相等。

将式（2-20）两边同除以N_1得

$$\dot{I}_1 + \frac{N_2}{N_1}\dot{I}_2 = \dot{I}_0$$

$$\dot{I}_1 = \dot{I}_0 - \frac{N_2}{N_1}\dot{I}_2 = \dot{I}_0 - \frac{\dot{I}_2}{K} = \dot{I}_0 + \dot{I}_{1L} \tag{2-21}$$

由上式可见，变压器负载运行时，原绕组电流$\dot{I}_1$由两个分量组成，一个是激磁分量$\dot{I}_0$，用于产生$\dot{\Phi}$，它基本不变，另一个是负载分量$\dot{I}_{1L} = -\dot{I}_2/K$用以抵消$\dot{I}_2$的作用，并随$\dot{I}_2$而变化。

由于变压器$\dot{I}_0$很小，分析时可忽略不计，则式（2-21）可改写为

$$\dot{I}_1N_1 = -\dot{I}_2N_2$$

$$\dot{I}_1 = -\frac{\dot{I}_2}{K}$$

$$\frac{N_1}{N_2} = \frac{I_2}{I_1} = K \tag{2-22}$$

上式说明，变压器中匝数与电流成反比。

C　变压器负载时的电动势平衡方程式

由前面分析可知，当副绕组流过电流$\dot{I}_2$时同样产生漏磁通$\dot{\Phi}_{2S}$，相应产生漏感电动势$\dot{E}_{2S}$，同样可用电抗压降的形式来表示

$$\dot{E}_{2S} = -\mathrm{j}\,\dot{I}_2X_2 \tag{2-23}$$

式中，$X_2=2\pi f N_2^2 \Lambda_{2S}$为副绕组漏抗（Ω），为一常数。

根据图 4－13 可列出电动势平衡方程式：

$$\dot{U}_1=-\dot{E}_1-\dot{E}_{1S}+\dot{I}_0 r_1=-\dot{E}_1+\mathrm{j}\dot{I}_1 X_1+\dot{I}_1 r_1=-\dot{E}_1+\dot{I}_1(r_1+X_1)=-\dot{E}_1+\dot{I}_1 Z_1 \tag{2-24}$$

同理

$$\dot{U}_2=\dot{E}_2+\dot{E}_{2S}-\dot{I}_2 r_2=\dot{E}_2-\mathrm{j}\dot{I}_2 X_2-\dot{I}_2 r_2=\dot{E}_2-\dot{I}_2(r_2+X_2)=\dot{E}_2-\dot{I}_2 Z_2=\dot{I}_2 Z_L \tag{2-25}$$

综上所述，可得到变压器负载运行时的基本方程式：

$$\dot{I}_0 N_1=\dot{I}_1 N_1+\dot{I}_2 N_2 \tag{2-26}$$

$$\dot{U}_1=-\dot{E}_1+\dot{I}_1 Z_1 \tag{2-27}$$

$$-\dot{E}_1=\dot{I}_0 Z_m \tag{2-28}$$

$$\dot{U}_2=\dot{E}_2-\dot{I}_2 Z_2=\dot{I}_2 Z_L \tag{2-29}$$

2.2.2.3　变压器参数的测定

变压器的参数是指等值电路中 $Z_f=r_f+\mathrm{j}X_f$ 和 $Z_k=r_k+\mathrm{j}X_k$，这些参数直接影响变压器运行性能。对于成品变压器一般是通过空载和短路实验求得。

A　变压器的空载试验

变压器空载实验的任务是测量变压器的空载电流 I_0，空载电压 U_0 和空载损耗 P_0，求出变比 K 和激磁参数 Z_f，r_f，X_f。

变压器空载实验电路如图 2－21 所示，实验时调压器 TC 加上工频的正弦交流电源，调节调压器的输出电压使其等于额定电压 U_{1N}，然后测量 U_1、I_0、U_{20}及空载损耗（即空载输入功率）P_0。

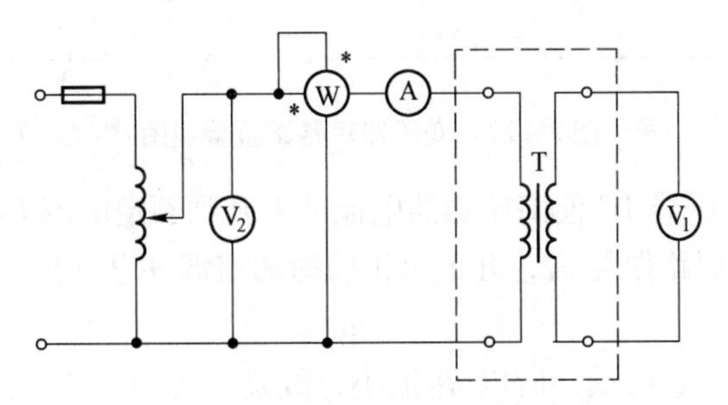

图 2－21　变压器空载实验线路图

由于变压器的空载电流 I_0 很小，因此在绕组上的损耗 I_0^2R 很小，所以认为变压器空载时的输入功率 P_0 完全用来平衡变压器的铁芯损耗，即 $P_0\approx\Delta p_{Fe}$。

励磁阻抗计算：

根据变压器等效电路可知，变压器在空载时的阻抗为

$$Z_0=Z_1+Z_f=(R_1+\mathrm{j}X_1)+(r_f+\mathrm{j}X_f) \tag{2-30}$$

在电力变压器中，一般 $r_f\gg R_1$，$X_f\gg X_1$，因此 $Z_0\approx Z_f$，故有

励磁阻抗　$$Z_f \approx Z_0 = \frac{U_1}{I_0} \tag{2-31}$$

励磁电阻　$$r_f = \frac{\Delta p_{Fe}}{I_0^2} \approx \frac{p_0}{I_0^2} \tag{2-32}$$

励磁电抗　$$X_f = \sqrt{Z_f^2 - R_f^2} \tag{2-33}$$

电压比　$$K \approx \frac{U_1}{U_{20}} \tag{2-34}$$

变压器的空载试验可以在高压边进行，也可以在低压边进行，但从试验电源，测量仪表和设备，人身安全等方面考虑，以在低压边进行为宜。具体方法是将高压绕组开路，低压绕组接到额定频率的电源上，测量低压边的电压 U_2，空载电流 I_0，空载损耗 P_0 和高压边的电压 U_{10}。然后计算低压边的励磁参数，将其结果再乘以 K^2，便可得到高压侧的励磁参数。

B　变压器的短路试验

变压器短路试验的任务就是要测量变压器的短路电压 U_K，短路电流 I_K 和短路损耗 p_K，求出短路参数 Z_K、r_K、X_K 等。

变压器短路试验的电路接线如图 2-22 所示，短路试验可以在变压器的任意一侧加压进行，但由于短路电流较大，故加压很低（通常 $U_K \approx (5 \sim 10)\% U_{1N}$），一般在高压侧加压，低压侧用导线短接。由于试验电压很低，为提高测量的准确度，将电压表和功率表的电压线圈接在原绕组的出线端。

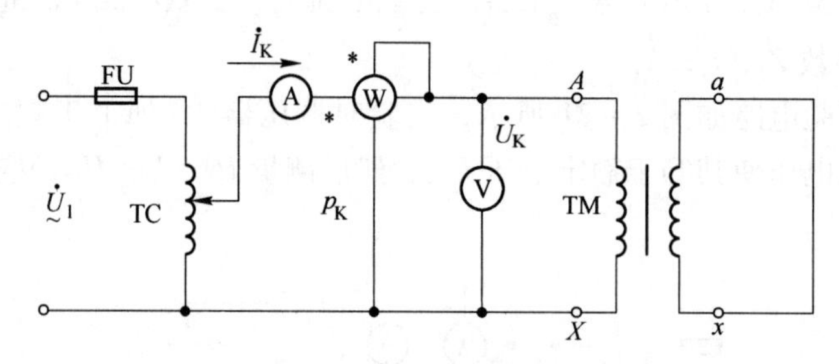

图 2-22　变压器短路试验接线图

短路试验时，用调压器 TC 使高压侧的电流从零升到额定电流 I_{1N}，分别测量其短路电压 U_K、短路电流 I_K 和短路损耗 p_K，并记录试验时的室温 θ(℃)。

短路阻抗计算：

短路试验时，因为 U_K 很低，所以 Φ 很小，故励磁电流 $\dot{I}_0$ 和铁耗 p_{Fe} 均很小，可忽略不计。由此可得短路试验的等值电路如图 2-23 所示。这时输入功率（短路损耗）p_K 完全消耗在绕组的电阻损耗上，即 $p_K \approx \Delta p_{Cu}$。

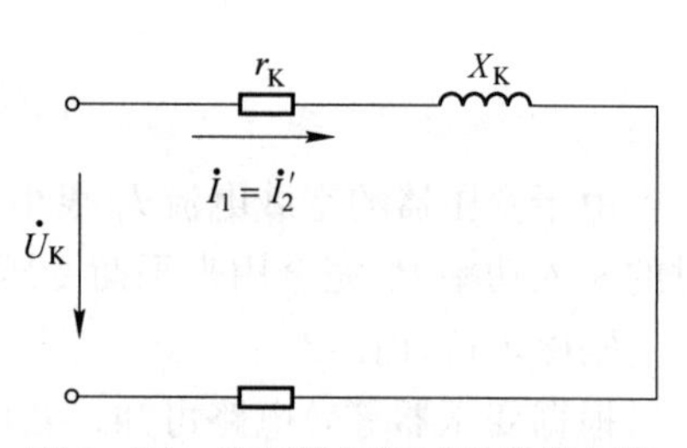

图 2-23　变压器短路试验等值电路

取 $I_K = I_{1N}$ 时，由测量数据可计算室温 θ 下的短路参数。

$$Z_K = \frac{U_K}{I_K} = \frac{U_K}{I_{1N}} \tag{2-35}$$

$$r_K = \frac{\Delta p_{Cu}}{I_K^2} \approx \frac{p_K}{I_{1N}^2} \tag{2-36}$$

$$X_K = \sqrt{Z_K^2 - r_K^2} \tag{2-37}$$

由于绕组的电阻随温度而变，而短路试验一般在室温下进行，故测得的电阻值应按国家标准换算到基准工作温度。对 A、E、B 级的绝缘，其参考温度为 75℃，

对铜线变压器
$$r_{K75℃} = \frac{234.5 + 75}{234.5 + \theta} r_K \tag{2-38}$$

对铝线变压器
$$r_{K75℃} = \frac{228 + 75}{228 + \theta} r_K \tag{2-39}$$

此时，在 75℃时的短路阻抗为

$$Z_{K75℃} = \sqrt{r_{K75℃} - X_K^2} \tag{2-40}$$

式中，234.5、228 分别为铜线和铝线的温度系数，为了便于比较不同变压器的短路电压，常用其相对值的百分数表示。

$$U_K\% = \frac{U_K}{U_{1N}} \times 100\% = \frac{I_{1N} Z_{K75℃}}{U_{1N}} \times 100\% \tag{2-41}$$

一般中小型变压器 $U_K\% \approx (4 \sim 10.5)\% U_{1N}$，大型变压器 $U_K\% \approx (12.5 \sim 17.5)\% U_{1N}$。短路电抗电压 $U_K\%$ 是变压器一个十分重要的参数，通常标在变压器的铭牌上。

2.2.3　技能训练

题目：单相变压器参数测定

（1）目的：通过空载和短路实验测定变压器的变比和参数。

（2）仪器及设备：

1）电机多功能实验台：总电源、交流测量仪表。

2）单相变压器。

3）导线。

（3）内容：

1）单相变压器空载实验。

2）单相变压器短路实验。

（4）方法、步骤：

1）单相变压器空载实验。按图 2-24 接线，将调压旋钮调到输出电压为零的位置，合上交流电源并调节调压旋钮，使变压器空载电压，即低压边 $U_0 = 1.2U_N$，然后，逐次降低电源电压，在（$1.2 \sim 0.5)U_N$ 的范围内，测取变压器的 U_0、I_0、P_0，共取 8～9 组数据记录。其中 $U = U_N$ 的点必须测，并在该点附近测的点应密些。

2）单相变压器短路实验。按图 2-25 接线，接通电源前，先将交流调压旋钮调到输出电压为零的位置。接通交流电源，逐次增加输入电压，直到短路电流等于 $1.1I_N$ 为止，在（$0.5 \sim 1.1)I_N$ 范围内测取变压器的 U_K、I_K、P_K，共取 4～5 组数据记录，其中 $I = I_N$ 的点必测。

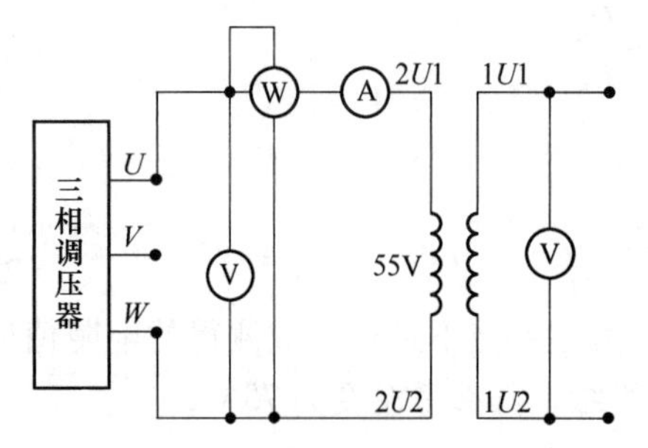

图 2-24　单相变压器空载实验接线原理图

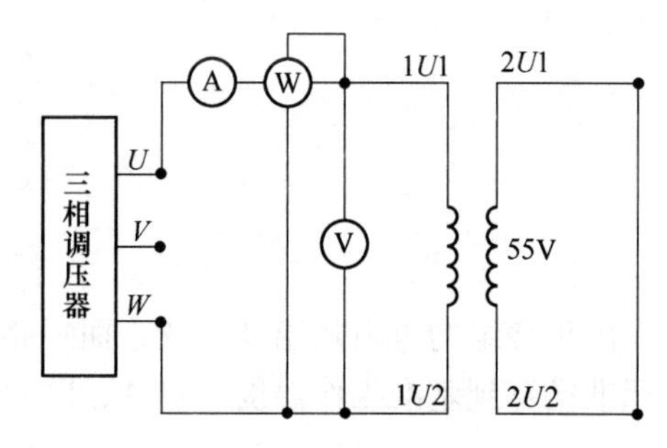

图 2-25　单相变压器短路实验接线原理图

练 习 题

2-2-1　空载运行的变压器，当原绕组加额定电压时，虽然原绕组电阻很小，空载电流并不大，为什么？如果接在同样大小的直流电压上，原绕组电流将会怎样？为什么？

2-2-2　额定电压为220V 的变压器，如果接到380V 的电源上，其他条件不变，会产生什么后果？接到110V 电源上又将如何？

2-2-3　变压器做空载和短路试验时，从电源输入的有功功率主要消耗在哪里？在一、二次侧分别做同一试验，测得的输入功率相同吗？为什么？

2-2-4　变压器的简化等效电路与T形等效电路相比，忽略了什么量？它们各适用于什么场合？

2-2-5　简述变压器短路试验的目的，并说明为什么短路试验可以确定变压器的铜损耗。

任务 2.3　变压器的运行特性分析

【任务要点】

(1) 变压器的电压变化率。

(2) 变压器的效率。

2.3.1　任务描述与分析

2.3.1.1　任务描述

变压器对负载来说就相当一个电源，我们通常对电源的要求有两点，一是电源电压稳定，二是要求在能量的传递过程中损耗要小。因此变压器的外特性和效率特性是我们衡量变压器运行性能的两个重要标志。

2.3.1.2　任务分析

本任务主要通过变压器的电压变化率和效率两个主要指标衡量变压器的运行性能。$\Delta U\%$ 的大小反映了变压器负载运行时二次侧电压的稳定性，而效率 η 则表明运行时的经济性。参数对 $\Delta U\%$ 和 η 影响很大，因此在设计变压器时应正确选择。对已制成的变压器，则可通过空载和短路试验测出这些参数。

2.3.2 相关知识

表征变压器运行性能的主要指标有两个：一是电压变化率，二是效率。

2.3.2.1 电压变化率

变压器带负载运行时，副边端电压的变化程度通常用电压变化率来表示。电压变化率是指原绕组接在额定频率和额定电压的电网上，负载功率因数一定时，从空载到负载运行时副边端电压的变化量 ΔU 与额定电压 U_{2N} 的百分比，用 $\Delta U\%$ 表示：

$$\Delta U\% = \frac{\Delta U}{U_{2N}} \times 100\% = \frac{U_{20} - U_2}{U_{2N}} \times 100\% = \frac{U_{2N} - U_2}{U_{2N}} \times 100\% \tag{2-42}$$

对三相变压器可用下式来计算：

$$\Delta U\% = \beta\left(\frac{I_{1N\varphi} r_{K75℃} \cos\varphi_2 + I_{1N\varphi} X_K \sin\varphi_2}{U_{1N\varphi}}\right) \times 100\% \tag{2-43}$$

式中，$\beta = \frac{I_{2\varphi}}{I_{2N\varphi}} \approx \frac{I_{1\varphi}}{I_{1N\varphi}}$ 为负载系数；$I_{1N\varphi}$、$I_{2N\varphi}$ 为原、副边额定相电流；$U_{1N\varphi}$、$U_{2N\varphi}$ 为原、副边额定相电压。

2.3.2.2 变压器的外特性

由于变压器内部存在电阻和漏电抗，因此在负载运行时，当负载电流流过副绕组时，变压器内部将产生阻抗压降，使副边端电压随负载电流的变化而变化，这种变化关系可用变压器的外特性来描述。

变压器的外特性是指当原绕组电压 U_1 和负载功率因数 $\cos\varphi$ 一定时，副绕组输出电压 U_2 随负载电流 I_2 变化而变化的规律，即 $U_2 = f(I_2)$。

变压器的外特性曲线如图 2-26 所示。由图可以看出：

（1）在电力变压器中，由于 X_K 和 r_K 都比较小，当负载为纯电阻，即 $\cos\varphi_2 = 1$ 时，$\Delta U\%$ 很小，说明负载变化时 U_2 下降很小。

（2）当负载为感性，$\varphi_2 > 0$ 时，$\cos\varphi_2$ 和 $\sin\varphi_2$ 均为正值，$\Delta U\%$ 也为正值且比较大，说明 U_2 随负载电流 I_2 的增加而下降，而且在相同负载电流 I_2 下，感性负载时 U_2 的下降比纯电阻负载时 U_2 的下降要大。

（3）当负载为容性，即 $\varphi_2 < 0$ 时，$\cos\varphi_2 > 0$，$\sin\varphi_2 < 0$，若 $I_1 r_K \cos\varphi_2 < |I_1 X_K \sin\varphi_2|$，则 $\Delta U\%$ 为负值，说明负载时副绕组的端电压比空载时高，即 U_2 随负载电流 I_2 的增加而升高。

一般变压器负载是感性负载，当 $\cos\varphi_2 = 0.8$（感性）时，额定负载电压变化率 $\Delta U\% \approx 4\% \sim 6\%$，故电力变压器利用分接开关可在 $\pm 5\%$ 额定电压范围内调节。

2.3.2.3 变压器效率

由于变压器是由磁路和电路两部分组成，在能量的传递过程中，它们都要损耗一部分能量，因此要了解变压器的效率就必须对变压器的损耗进行分析。

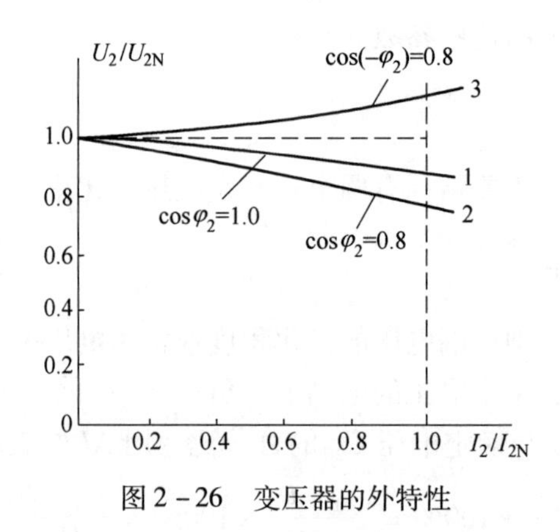

图2-26 变压器的外特性

A 变压器的损耗

变压器的损耗见图2-27，它包括铁耗p_{Fe}和铜耗p_{Cu}两大类。

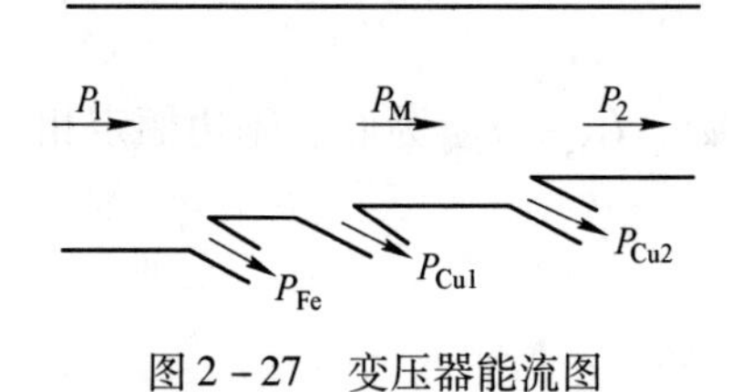

图2-27 变压器能流图

（1）铁耗p_{Fe}。由于铁芯中的磁通是交变的，所以在铁芯和构件中要产生磁滞损耗和涡流损耗，通称为铁芯损耗，即铁耗p_{Fe}。当电源电压一定时，铁耗基本上是恒定的，称为不变损耗，与负载电流的大小和性质无关。

额定电压下，所测得的空载损耗p_0近似等于铁耗p_{Fe}，即

$$p_{Fe} \approx P_0 \qquad (2-44)$$

（2）铜耗p_{Cu}。它是变压器电流I_1、I_2分别流过原、副绕组电阻r_1、r_2所产生的损耗p_{Cu1}、p_{Cu2}之和。即

$$p_{Cu} = p_{Cu1} + p_{Cu2} = I_1^2 r_1 + I_2^2 r_2 = I_1^2 r_1 + I_1^2 r_2' \qquad (2-45)$$

由此可见，铜耗与原、副绕组电流的平方成正比，其大小随负载的变化而变化，因此被称为可变损耗。当I_0忽略不计（$I_0 \approx 0$）时，$I_2' = I_1$，可得任一负载时的铜耗

$$p_{Cu} = I_1^2 r_1 + I_2'^2 r_2' = I_1^2 r_K = (I_1/I_{1N})^2 I_{1N}^2 r_K = \beta^2 p_K \qquad (2-46)$$

通过短路试验可求得额定电流时的铜耗（$p_{CuN} = p_K$），不同负载时的铜耗p_{Cu}与负载系数β^2成正比。

B 变压器的效率

变压器的效率η是指输出功率P_2与输入功率P_1的比值，用百分数表示为

$$\eta = \frac{P_2}{P_1} \times 100\% = \left(1 - \frac{\Sigma P}{P_1}\right) \times 100\% = \left(1 - \frac{\Sigma P}{P_2 + \Sigma P}\right) \times 100\% \qquad (2-47)$$

式中，$\Sigma P = p_{Cu} + p_{Fe} = p_{Fe} + \beta^2 p_K$，由于变压器电压变化率很小，（$\Delta U\% \approx 4\% \sim 6\%$）。

因此$U_2 \approx U_{2N}$，$I_2 = \beta I_{2N}$

则有 $$P_2=U_2I_2\cos\varphi_2\approx U_{2N}\beta I_{2N}\cos\varphi_2=\beta s_N\cos\varphi_2 \tag{2-48}$$

将式（2－48）带入式（2－47）可得

$$\eta=\left(1-\frac{p+\beta^2p_K}{\beta s_N\cos\varphi_2+p_{Fe}+\beta^2p_K}\right)\times100\% \tag{2-49}$$

C　变压器的效率特性

当变压器工作在负载功率因数 $\cos\varphi_2$ 为常值的条件下，其效率 η 与负载系数 β 之间的关系，即 $\eta=f(\beta)$ 称为变压器的效率特性，其变化规律如图 2－28 所示。由图可见，当负载较小时，η 随 I_2 的增加而迅速增加；当 I_2 超过一定值后，I_2 增加，η 反而减小，从而出现一个最高效率 η_m，通过数学方法可求得出现最高效率的条件是：可变损耗等于不变损耗，即

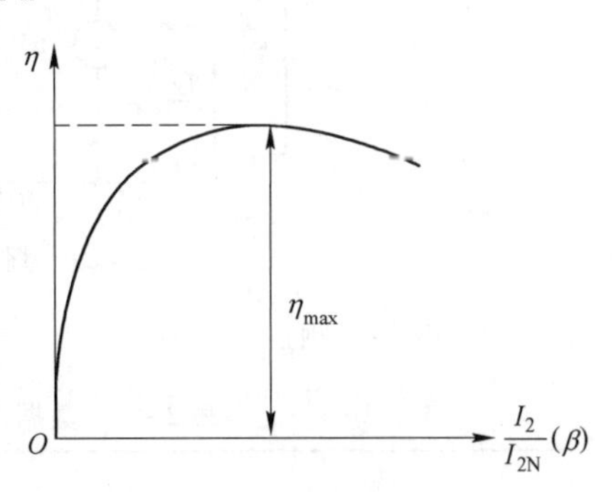

图 2－28　变压器的效率特性

$$p_{Cu}=\beta_m^2p_K=p_0$$

$$\beta_m=\sqrt{\frac{p_0}{p_K}} \tag{2-50}$$

将式（2－50）带入式（2－49）中可求得最高效率为

$$\eta_m=\left(1-\frac{2p_0}{\beta_m s_N\cos\varphi_2+2p_0}\right)\times100\% \tag{2-51}$$

由于变压器长期接在电网上运行，铁耗总是存在的，而铜耗随负载的变化而变化，同时变压器不可能始终处于满载运行，因此，为了使经济效益比较高，铁耗应相对小些，所以电力变压器一般取 $p_0/p_K=1/4\sim1/2$，故最大效率 η_{max} 发生在 $\beta_m=0.5\sim0.7$ 范围内。

2.3.3　技能训练

题目：单相变压器的运行特性

（1）目的：通过负载实验测取单相变压器的运行特性。

（2）仪器及设备：

1）电机多功能实验台：总电源、交流测量仪表；

2）单相变压器；

3）导线。

（3）方法、步骤。

负载实验：按图 2－29 接线，变压器低压线圈接电源，高压线圈经过开关 S_1 和 S_2，接到负载电阻 R_L 和电抗 X_L 上。R_L 选用 MEL－03，X_L 选用 MEL－08，功率因数表选用主控屏左侧交流功率表 W、$\cos\varphi_1$。

1）纯电阻负载。接通电源前，将交流电源调到输出电压为零的位置，负载电阻调到最大，然后接通交流电源，逐渐升高电源电压，使变压器输出电压 $U_1=U_N$。在保持 $U_1=U_N$ 的条件下，逐渐增加负载电流，即减小负载电阻 R_L 的阻值，从空载到额定负载的范围内，测取变压器的输出电压 U_2 和电流 I_2，共取 5～6 组数据，记录于表 2－2 中，其中 $I_2=$

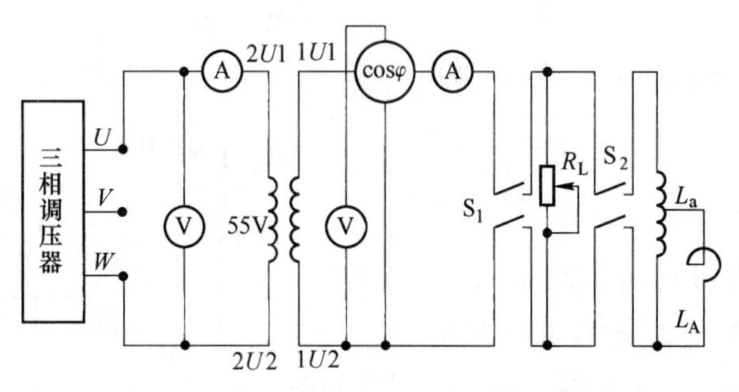

图 2-29　判定定子绕组首末端接线原理图

0 和 $I_2=I_{2N}$ 两点必测。

表 2-2　数据记录 $\cos\varphi_2=1$，$U_1=U_N=$　　V

序　号	U_2/V	I_2/A

2）阻感性负载（$\cos\varphi_2=0.8$）。用电抗器 X_L 和 R_L 并联作为变压器的负载，实验步骤同上，在保持 $U_1=U_N$ 及 $\cos\varphi=0.8$ 条件下，逐渐增加负载电流，从空载到额定负载的范围内，测取变压器 U_2 和 I_2，共取 5 ~ 6 组数据记录于表 2-3 中，其中 $I_2=0$ 和 $I_2=I_{2N}$ 两点必测。

表 2-3　数据记录 $\cos\varphi_2=0.8$，$U_1=U_N=$　　V

序　号	U_2/V	I_2/A

3）变压器电压变化率 $\Delta U\%$。绘出 $\cos\varphi_2=1$ 和 $\cos\varphi_2=0.8$ 两条外特性曲线 $U_2=f(I_2)$，由特性曲线计算出 $I_2=I_{2N}$ 时的电压变化率：

$$\Delta U\%=\frac{U_{20}-U_2}{U_{20}}\times 100\%$$

练 习 题

2-3-1　什么叫变压器的电压变化率？电力变压器的电压变化率控制在什么范围内为好？

2-3-2　一台用于 50Hz 电源的单相变压器，如果接在 60Hz 电网上运行，如果额定电压不变，则空载电流、铁芯损耗、漏阻抗、励磁电抗及电压调整率有何变化？

2-3-3　变压器有载运行时主要有哪些损耗？如何通过试验求变压器的效率？

任务2.4　变压器运行与维护知识拓展

【任务要点】

（1）变压器日常维护。

（2）变压器检查方法及故障分析。

（3）变压器运行故障分析及处理。

2.4.1　任务描述与分析

2.4.1.1　任务描述

为了保证变压器可靠安全运行，变压器要进行必要的日常维护，同时也要在变压器发生异常情况时，能及时发现故障，正确分析，及时处理，能将故障消除在萌芽状态，达到防止故障扩大的目的。

2.4.1.2　任务分析

本任务分析变压器的日常维护以及变压器运行过程中多种复杂故障因素，分析了可能的原因，提供了处理的参考方法，但决不能机械运用，必须对具体现场情况认真做全面的检查、分析，才能做出正确的故障判断，制订出合理的处理方案。

2.4.2　相关知识

2.4.2.1　变压器常规维护

在值班过程中，对变压器的异常进行观察记录，以作为检修故障分析的依据。

（1）检查变压器的音响是否正常。变压器的正常音响应是均匀的嗡嗡声。如果声响比正常大，说明变压器过负荷。如果声响尖锐，说明电源电压过高。

（2）检查变压器油温是否超过允许值。油浸变压器的上层油温不应超过85℃。最高不得超过95℃。油温过高可能是变压器过载引起，也可能是变压器内部故障。

（3）检查油枕及瓦斯继电器的油位和油色，检查各密封处有无渗油和漏油现象。油面过高，可能是变压器冷却装置不正常或变压器内部有故障；油面过低，可能有渗油漏油现象。变压器油正常时应为透明略带浅黄色，若油色变深变暗，则说明油质变坏。

（4）检查瓷导管是否清洁，有无破损裂纹和放电痕迹；检查变压器高、低压接头螺栓是否紧固，有无接触不良和发热现象。

（5）检查防爆膜是否完整无损，检查吸湿器是否畅通，硅胶是否吸湿饱和。

（6）检查接地装置是否正常。

（7）检查冷却、通风装置是否正常。

（8）检查变压器及其周围有无其他影响安全运行的异物（易燃易爆物等）和异常现象。

在巡视过程中，发现的异常现象，应记入专用的记录本内，重要情况应及时汇报上级，请示及时处理。

2.4.2.2　变压器检查方法及故障分析

为了发现变压器的故障，可以通过试验对变压器进行检查，通过分析试验结果，从而确定故障的原因，发生故障的部位和程度，确定适当的处理措施。

A　变压器基础试验检查方法及故障分析

a　兆欧表测量变压器绝缘及故障分析

用 2500V 兆欧表测量变压器各相绕组对绕组和绕组对地的绝缘电阻。若测得的绝缘电阻为零，则说明被测绕组或绕组对地之间有击穿故障，可考虑解体进一步检查绕组间的绝缘及对地绝缘层，确定短路点；若测得的绝缘电阻值较上次检查记录低 40% 以上时，这可能是由绝缘受潮、绝缘老化引起，可对症作相应的处理（如干燥处理、修复或更换损坏的绝缘），再试验观察。

b　绕组直流电阻试验及故障分析

测量分接开关各点的直流电阻值，若测得的电阻值差别较大，故障的可能原因为分接开关接触不良，触头有污垢，分接头与开关的连接有误码（主要发生在拆修后的安装错误）。处理方法：检查分接开关与分接头的连接情况，分接开关的接触是否良好。

分别测量三相电阻值，当某一相电阻大于三相平均电阻值的 2% ~3%，其故障的原因可能为绕组的引线焊接不良，匝间短路或为引线与套管连接不良。检查的方法是分段测量直流电阻，首先将低压开路，并将高压 A 相短路，在 B、C 相间施加 5% ~10% 额定电压，测量电流值。若 A 相有故障，则在 A 相短路时，测得的电流值较小，而在 B、C 短路时，测得的电流值较大。

c　空载试验检测及故障分析

空载试验接线方法及励磁阻抗的测定在前面已叙述，在这里仅针对测量数据的异常进行故障分析。若测得的空载损耗功率和空载电流都很大，说明故障出在励磁回路中，可能是铁芯螺杆或铁轭螺杆与铁芯有短路处，或接地片安装不正确构成短路，或有匝间短路。检查的方法是吊出变压器心，寻找接地短路处和匝间短路点。可用 1000V 兆欧表测量铁轭螺杆的绝缘电阻，检测绕组元件的绝缘情况。

若只是空载损耗功率过大，空载电流并不大，则表示铁芯的涡流较大，表明铁芯片间有绝缘脱落，绝缘不良，可进一步用直流－电压表法测量铁芯片间绝缘电阻，电阻值变小的为绝缘损坏的铁芯片。

若只是空载电流过大，而空载损耗功率不大，表明励磁回路磁阻增大，气隙增大，可能是铁芯接缝装配不良（多出现在检修重新装配后），硅钢片数量不足。可考虑吊出铁芯，检查铁芯接缝，测量轭铁面积。

d　短路试验检测及故障分析

短路试验方法与短路阻抗的计算在第三章已讲述，此试验也是故障检测的重要手段之一，通过对其读数的分析来确定故障性质。若测得的阻抗电压过大，（一般正常值在4% ~5% 额定电压值），表明短路阻抗变大，故障可能出在从进线对分接抽头的沿途接线接头、导管、开关接触不良、部分松动等造成的内阻增大。对于这种故障可采用分段测量直流电阻来寻找故障点。

若短路功率读数过大，而阻抗电压并不明显增大。这一现象表明并联导线可能出现了断裂，换位不正确，使部分导电截面减小。如何找到故障点，也可用分相短路试验方法来寻找，即在低压侧短路，分别在 AB、BC、CA 端加额定阻抗电压值进行三次测量，对每次结果进行分析，短路电流较小的那相绕组可能存在故障点。

e 绕组组别测量及故障分析

变压器正常的组别连接是接时钟标记的，其规律性很强，只有“12 点”连接组别。通过组别试验电路，测出各引出线端电压值，找出相应的比值关系，即可判断出组别号或接线错误。试验电路接线如图 2－30 所示。

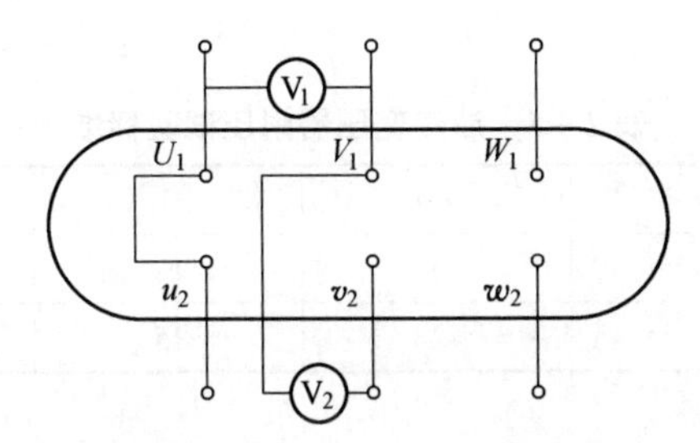

图 2－30 三相变压器组别试验电路

在三相变压器原边线圈加入 100V 三相对称电压，依次用万用表测 $U_{u2}U_{v2}$、$U_{U1}U_{v2}$、$U_{W1}U_{w2}$、$U_{V1}U_{w2}$，从测量出的数据查表 2－4 就可得到对应的联接组别。如果发现与任一连接组别都不相符，（发生在拆卸检修后），则说明某相绕组中因接错线，有一个绕组的方向反了。试验测量连接首尾，纠正错误接线。

表 2－4 变压器组别对照表

标号	电压		标号	电压	
	$U_{V1-v2}/U_{u2-v2}=U_{W1-w2}/U_{u2-v2}$	U_{V1-w2}/U_{V1-v2}		$U_{V1-v2}/U_{u2-v2}=U_{W1-w2}/U_{u2-v2}$	U_{V1-w2}/U_{V1-v2}
0	$K-1$	>1	6	$K+1$	<1
1	$\sqrt{K^2-\sqrt{3}K+1}$	>1	7	$\sqrt{K^2+\sqrt{3}K+1}$	<1
2	$\sqrt{K^2-K+1}$	>1	8	$\sqrt{K^2+K+1}$	<1
3	$\sqrt{K^2+1}$	>1	9	$\sqrt{K^2+1}$	<1
4	$\sqrt{K^2+K+1}$	>1	10	$\sqrt{K^2-K+1}$	<1
5	$\sqrt{K^2+\sqrt{3}K+1}$	=1	11	$\sqrt{K^2-\sqrt{3}K+1}$	=1

表 2－4 中，$K=\dfrac{U_{U1V1}}{U_{u2v2}}$为变压器高低侧线电压之比。

B 变压器检修试验与要求

变压器在检修后，必须经过一系列试验对重要参数指标进行校核，满足运行要求以后才能投入运行。

测量穿心螺杆对铁芯和夹件的绝缘电阻及耐压试验：绝缘电阻不得低于 2MΩ。耐压试验电压，交流为 1000V，直流为 2500V，耐压试验时间应持续 1min。

在变压器的各分接头上测量各绕组的直流电阻：三相变压器的三相线电阻的偏差不得超过三相平均值的 2%。相电阻不得超过三相平均值的 4%。

测量和分接头的变压比：测量各相在相同分接头上的电压比，相差不超过 1%；各相测得的电压比与铭牌相比效，相差也要求不超过 1%。

测量绕组对与绕组间的绝缘电阻：20 ~ 30kV 的变压器绝缘电阻不低于 300MΩ；3 ~ 6kV 的变压器其绝缘电阻不得低于 200MΩ；0.4kV 以下的变压器不低于 90MΩ。

测量变压器的连接组别：必须与变压器的铭牌标志相符。

测定变压器在额定电压下的空载电流：一般要求在额定电流的 5% 左右。

耐压试验：电压值按交接和预防性试验电压规定，如表 2 - 5 所示。试验电压持续时间为 1min。

表 2 - 5　油浸变压器耐压试验标准　　(kV)

电压级次	0.4	3	6	10
制造厂出厂试验电压	5	18	25	35
交接和预防性试验电压	2	15	21	30

变压器油箱密封试验（油柱静压试验）：利用油盖上的滤油阀门，加装 2m 高的油管，在油箱顶端焊装一个油桶，在油压不足时作补充用，持续 24h 观察，应无漏油痕迹。

油箱中的绝缘油化学分析试验：其击穿电压、水分、电阻率、表面张力、及酸度等都必须满足规定标准。

2.4.2.3　变压器运行故障分析及处理

对于变压器运行维护人员来说，要随时掌握变压器的运行状态，做好工作记录，对于日常的异常现象，作细致分析，并针对具体问题，能做出合理的处理措施，以减小故障恶化和扩散。对于重大故障，要及时做好记录、汇报，进行停运检修。

A　变压器日常检查及故障处理

表 2 - 6 归纳了常见异常现象及处理对策。

表 2 - 6　变压器常见异常及处理对策

异常现象	异常现象判断	原因分析	处理对策
温度升高	变压器温度计指示值超过允许限度；温度虽在允许值内，但与前期记录相差较大，或与负载率与环境温度严重不相合	过负荷	降低负荷或按油浸变压器运行限度标准调整负荷
		环境温度超过 400℃	降低负荷采取强迫降温，如加设风扇之类的办法
		冷却泵、风扇等散热设备出现故障	降低负荷修复或更换散热设备
		散热冷却阀未打开	打开阀门
		漏油引起油量不足	检查漏油点并修补
		温度计损坏，读不准	确认后更换温度计
		变压器内部异常	排除外部原因后，则要进行吊心作内部检查，采取相应措施进行修理

续表 2-6

异常现象	异常现象判断	原因分析	处理对策
响声振动	区别正常的励磁声音和振动情况；注意仔细辨别声音和振动是否由内部发出	过电压或频率波动	把电压分接开关转到与负荷电压相适应的电压挡
		紧固部件松动	查清发生振动及声音部位，加以紧固
		接地不良，或未接地的金属部件发生静电放电	检查外部的接地情况，如外部无异常，则就要报告作进一步的内部检查
		铁芯紧固不好而引起微振等	吊出铁芯，检查维修紧固情况
		因晶闸管变流负荷引起高次谐波引起	按高次谐波的程度，有的可照常使用，有的不准使用，要与厂方协商。先用专用整流变压器
		偏磁（例如直流偏磁）	改变使用方式，使不产生偏磁。选用偏磁小的变压器品种，进行更换
		冷却风扇、输油管、滚珠轴承出现裂纹	根据振动程度、电流值大小来确定是否运行；换上备用品，降负荷运行
		油箱、散热器等附件产生共振、共鸣	紧固部件松动后在一定负无电流下会产生的共鸣，则重新紧固；由电源频率波动产生的共振与共鸣，应检查频率
		分接开关的动作机构不正常	对分接开关部件进行检查，更换损坏零件
	电晕闪络放电	瓷件、瓷导管表黏附灰尘、盐分等污染物	停电清洗和清扫，必要时可带电清除
臭气变色	导电部位（瓷导管端子）过热，引起变色、异常气味	紧固部件松动；接触面氧化	重新坚固；研磨接触面
	油箱各部分的局部过热引起油漆变色	漏磁通，涡流	及早进行内部检查
	异常气味	冷却风扇、输油泵烧毁；瓷套管污染产生电晕、闪络产生的臭氧味	换备用品，清洗
	温升过高	过负荷	降低负荷
	吸潮剂变色（变成粉红色）	受潮	换上新的吸潮剂或加热至 100～140℃ 再生
漏油	油位计读数大大低于正常位置	阀、密封垫圈故障，焊接不好；因内部故障引起喷油，或油位计损坏	修复漏油部位
漏气	与油漏有关的气体值比正常值低	各部分密封线圈老化，紧固部分松动，焊接不好	用肥皂水法检查确定漏点，进行修复
异常气体	瓦斯继电器有无气体；瓦斯继电器轻瓦斯动作	有害的游离放电引起绝缘材料老化；铁芯绝缘材料有损坏；导电部分局部过热误动作	采集气体进行分析，根据气体分析结果确定是否进行停止运行进行检查
漆层损坏生锈	漆层龟裂、起泡、剥离	因紫外线、高温、高湿及周围空气中的酸、盐等引起的漆膜老化	刮落锈蚀、涂层，进行清扫重新上漆层

B　变压器运行故障分析及处理

a　变压器绝缘油老化判断

变压器绝缘油是变压器正常运行、绝缘及散热的重要保证，定时检查绝缘油是日常维护的重要工作。

判断绝缘油老化的方法，一般可以用测量绝缘击穿电压法，但最好是测量绝缘油的酸度、电阻率、表面张力等，然后对绝缘老化程度进行分析，做出综合结论。

绝缘油击穿电压标准：击穿电压大于30kV，为良好；击穿电压在25～30kV之间为一般，说明油质下降，应进行处理或更换；小于25kV为不良，要及时更换。

良好的绝缘油，其电阻率应大于$1\times10^{12}/\Omega\cdot cm$；次品油其电阻率在$1\times10^{11}/\Omega\cdot cm$～$1\times10^{12}/\Omega\cdot cm$；电阻率小于$1\times10^{11}/\Omega\cdot cm$为不良油，应更换。

酸值测量：测出每克油中的氢氧化钾，小于0.2mg，为油质良好；含量在20～0.5mg，说明质在变质，要注意监视，最好进行再生处理或换油；含量超过0.5mg，表明油质不良，应及早再生处理或换油。

对于绝缘油中水分的含量，良好的油应低于35/106；在35/106～50/106为次等油，应进行再生处理；超过50/106为不良油，应及早再生处理或更换。

b　变压器铁芯多点接地故障原因及检查

变压器铁芯多点接地主要原因：变压器在现场装配及施工中不慎，掉进了金属异物，造成多点接地或铁轭与夹件短路，芯柱与夹件相碰；也有因长期过载、绝缘损坏等原因造成垫层破裂，从而多点短路。

确定铁芯多点短路故障，一般先进行征兆分析，再进行短路点的确定。铁芯是否多点接地，可以先根据以下征兆来判断：

（1）铁芯局部过热。

（2）绝缘油性能下降。

（3）油中气体不断增加并析出，可导致瓦斯继电器动作从而使变压器跳闸。

（4）断开接地线，用2500V兆欧表对铁芯接地套管测量绝缘电阻，由此可判断铁芯是否接地及接地程度。

确定有多点接地后，再进一步查找接地点。常用的有电压法和电流法两种。

电压法：断开铁芯正常接地点，用交流耐压试验装置给铁芯加压，若故障点接触不牢固，在升压过程中会听到放电声，根据放电火花可观察到故障点。当试验装置电流增大时，电压升不上去，没有放电现象，则说明接地故障点很稳定，可采用电流法确定。

电流法：断开正常接地点，用电焊机装置给铁芯加电流，并且逐渐增大。当铁芯故障点电阻大时，温度升高很快，绝缘油将分解冒烟，从而可观测到故障点部位。

c　瓦斯继电器动作原因及故障分析

关于瓦斯继电器动作的故障原因分析见表2－7。

表2－7　瓦斯继电器动作故障分析

序号	气体实质	推测事故原因	动作起因	动作类型
1	没有气体	由于接地故障、短路	在260～400℃下绝缘油汽化	重瓦斯动作

续表 2－7

序号	气体实质	推测事故原因	动作起因	动作类型
2	仅有空气或惰性气体	油箱、配管、瓦斯继电器等故障	由机械故障引起漏气故障大	轻瓦斯动作 放去气体后又立即重复动作
			由机械故障引起漏气故障中等	轻瓦斯动作 放去气体后几分钟后重复动作
			机械故障引起漏气故障小	轻瓦斯动作 放去气体后，可保持长期不动作
		虽有上述故障，但很轻微或瓦斯继电器玻璃破损	轻微故障	轻瓦斯动作 或瓦斯继电器有少量气体
3	仅有氢气，而无一氧化碳	因局部过电流使端子之间及端子与对地之间发生闪络，但没有固体绝缘材料烧坏	只有油的分解，400℃以上	轻瓦斯动作 重瓦斯动作
		电流小，如早期接触不良		轻瓦斯动作
		情况更轻微		轻瓦斯动作
4	氢气和一氧化碳	因局部过电流引起包括绝缘材料在内的绝缘破坏，即绝缘对地短路，绕组间短路		轻瓦斯动作 重瓦斯动作
		绝缘导线对间高阻短路故障，电弧引起绝缘破坏，绕组间的高阻短路等	油及固体材料热分解	轻瓦斯动作
		与上述相似，但极轻微，或绝缘材料氧化		轻瓦斯动作

练　习　题

2－4－1　作变压器空载试验时，若空载电流增大，但空载功率不变，试分析其故障原因是什么？

分析思考： 空载电流大→励磁电流大→磁路中的磁阻变大→磁路中的气隙增大。

2－4－2　变压器空载试验时，若空载电流与空载功率均增大，故障原因是什么？

分析思考： 空载损耗增大→涡流增大→铁芯内部有短路；电流增大→匝间有短路，励磁回路阻抗变小。

2－4－3　变压器短路试验中，若出现短路阻抗电压增大，可能的故障是什么？

分析思考： 短路阻抗增大→表明短路阻抗增大→显然应在一、二侧绕组回路中考虑是什么原因使阻抗增大。

2－4－4　气体继电器信号回路动作，可能由哪些原因引起？

分析思考： 气体继电器动作说明变压器内部压增大→发热→电流过大→什么原因？

2－4－5　变压器运行过热，可能的故障原因是什么？如何处理？

分析思考： 过热→损耗增大、电流大→什么原因引起损耗、电流增大。对不同的故障原因，制订可行的处理方案。

2－4－6　变压器绕组匝间短路，会出现什么现象？产生的原因？处理方案？

分析思考： 电流增大、发热、压力增大→绝缘损坏、短路、雷击过电压等→检查、修复。

学习情境3　交流电动机及拖动

【知识要点】

（1）三相异步电动机的结构、原理。

（2）三相异步电动机的功率、转矩平衡关系。

（3）三相异步电动机的启动、调速、制动的要求、掌握实现方法及明确应用情况。

任务3.1　三相异步电动机的认识

【任务要点】

（1）三相异步电动机结构及原理。

（2）三相异步电动机的绕组。

（3）三相异步电动机交流绕组的感应电动势。

（4）三相异步电动机的空载、负载运行。

（5）三相异步电动机的功率、转矩平衡关系。

（6）三相异步电动机特性。

3.1.1　任务描述与分析

3.1.1.1　任务描述

三相异步电动机由于结构简单、运行可靠、坚固耐用、价格相对便宜、使用维护简单方便，因此在工矿企业的电气传动设备中被广泛应用，如风机泵类机械、普通机床、起重机等。据统计，在整个电能消耗中，电动机的耗能约占70%～100%，而其中三相异步电动机的耗能又居首位。

3.1.1.2　任务分析

本任务主要明确三相异步电动机的基本结构、原理，认识三相异步电动机特点、特性，掌握三相异步电动机的启动、反转、制动、调速特点及方法，对三相异步电动机进行测试、与维护。

3.1.2　相关知识

3.1.2.1　三相异步电动机的基本工作原理与结构

A　三相异步电动机的结构

三相异步电动机在结构上主要由两大部分组成，静止部分和转动部分。静止部分称为定子，转动部分称为转子。定子、转子之间有一缝隙，称为气隙。此外，还有机座、端盖、轴承、接线盒、风扇等其他部分。异步电动机根据转子绕组的不同结构形式，可分为鼠笼型（笼型）和绕线型两种。图3－1所示为笼型感应电动机的结构。

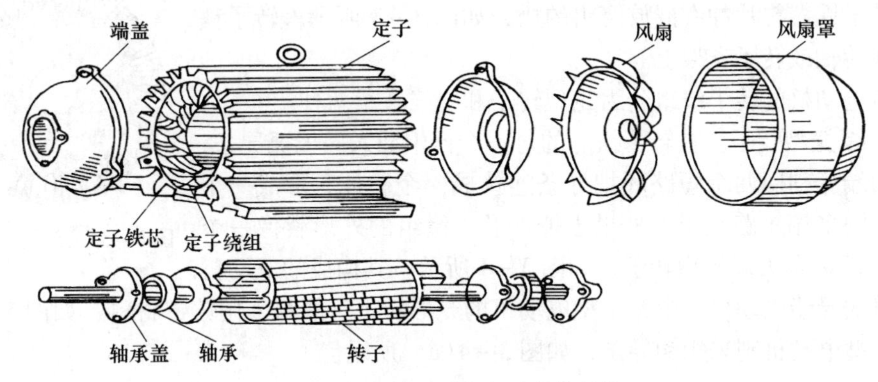

图3－1　鼠笼型异步电动机的结构

a　定子

定子是用来产生旋转磁场的，主要由定子铁芯、定子绕组和机座三部分组成。

定子铁芯是电机磁路的一部分，为减少铁芯损耗，一般由0.5mm厚的导磁性能较好的硅钢片叠成，安放在机座内。定子铁芯叠片冲有嵌放绕组的槽，故又称为冲片。中、小型电机的定子铁芯和转子铁芯都采用整圆冲片，如图3－2所示。大、中型电机常将扇形冲片拼成一个圆。

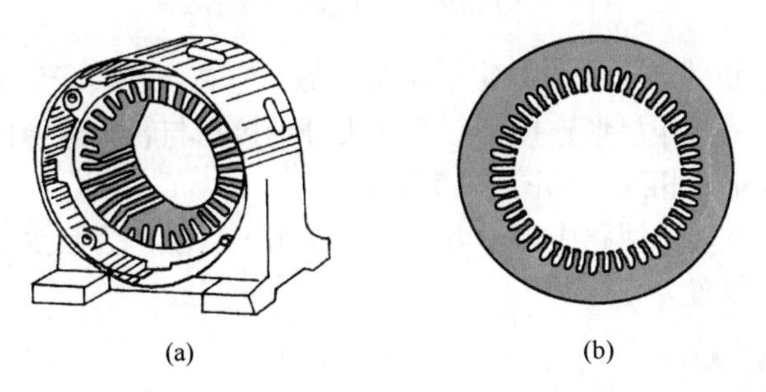

(a)　(b)

图3－2　异步电动机定子与定子铁芯

（a）定子机座；（b）定子铁芯冲片

定子绕组是电机的电路部分，其作用是通入三相交流电后，产生旋转磁场。它是用高强度漆包线绕制成固定形式的线圈，嵌入定子槽内，再按照一定的接线规律，相互连接而成。三相异步电动机的定子绕组通常有6根出线头，根据电动机的容量和需要可接成Y形或△形。

对于大、中型异步电动机，通常采用△接法；对于中、小容量异步电动机，则可按不同的要求接成Y形或△形。

机座的作用是固定和支撑定子铁芯及端盖，因此，机座应有较好的机械强度和刚度。中、小型电动机一般用铸铁机座，大型电动机的机座则用钢板焊接而成。

b　转子

转子是异步电动机的转动部分，它在定子绕组旋转磁场的作用下产生感应电流，形成电磁转矩，通过联轴器或皮带轮带动其他机械设备做功。主要由转子铁芯、转子绕组和转轴三部分组成。整个转子靠端盖和轴承支撑。

转子铁芯是电机磁路的一部分，一般也用0.5mm厚的硅钢片叠成。转子铁芯叠片冲有嵌放绕组的槽，如图3－3所示。转子铁芯固定在转轴或转子支架上。

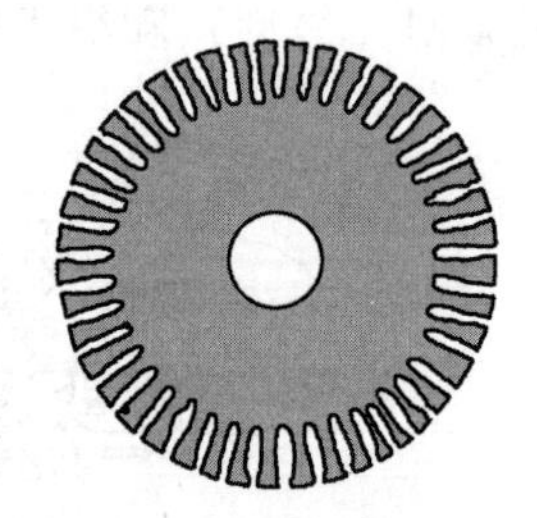

图3－3　转子铁芯冲片

异步电动机的转子绕组分为笼型转子和绕线转子两种。

（1）鼠笼型转子。在转子铁芯的每一个槽中插入一根裸导条，在铁芯两端分别用两个短路环把导条连接成一个整体，形成一个自身闭合的多相短路绕组。如果去掉铁芯，绕组的外形就像一个“鼠笼”，所以称为鼠笼型转子，如图3－4所示。其构成的电动机称为鼠笼式异步电动机。中、小型电动机的笼形转子一般都采用铸铝材料，如图3－4(b)所示。大型电动机则采用铜导条，如图3－4(a)所示。

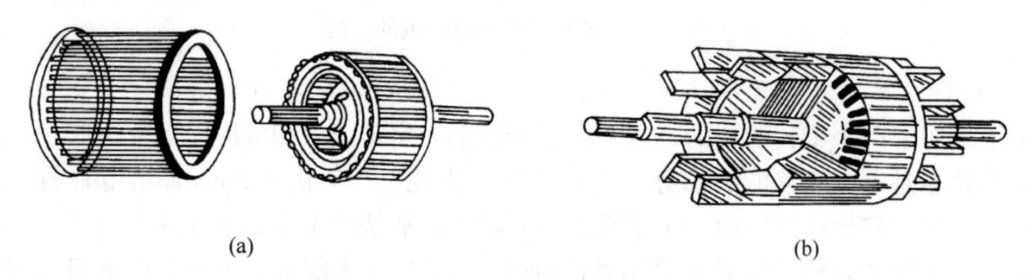

图3－4　鼠笼形转子

（a）大型电动机；（b）中、小型电动机

（2）绕线转子。绕线转子绕组与定子绕组相似，它在绕线转子铁芯的槽内嵌有绝缘导线组成的三相绕组，一般作星形连接，三个端头分别接在与转轴绝缘的三个滑环上，再经一套电刷引出来与外电路相连，如图3－5所示。

绕线转子电动机在转子回路中可串电阻，若仅用于启动，为减少电刷的摩擦损耗，绕线转子中还装有提刷装置。

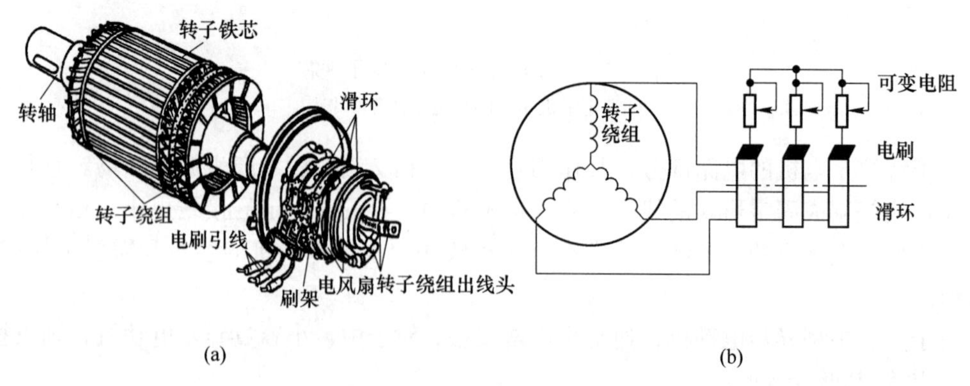

图3－5　绕线转子

（a）绕线转子；（b）绕线转子回路接线示意图

（3）转轴。转轴一般用中碳钢制作。转子铁芯套在转轴上，它支撑着转子，使转子能在定子内腔均匀地旋转。转轴的轴伸端上有键槽，通过键槽、联轴器和生产机械相连，传导三相电动机的输出转矩，整个转子靠轴承和端盖支撑，端盖一般用铸铁或钢板制成，它是电机外壳机座的一部分。中、小型电机一般采用带轴承的端盖。

c　气隙

感应电动机的气隙是均匀的。气隙大小对异步电动机的运行性能和参数影响较大。励磁电流由电网供给，气隙越大，励磁电流也就越大，而励磁电流又属无功性质，它要影响电网的功率因数。气隙过小，则将引起装配困难，并导致运行不稳定。因此，感应电动机的气隙大小往往为机械条件所能允许达到的最小数值，中、小型电机一般为 0.1～1mm。

B　三相异步电动机的旋转磁场

a　旋转磁场

在三相异步电动机的每相定子绕组中流过正弦交流电时，每相定子绕组都产生脉动磁场。由于三相绕组在铁芯中摆放的空间互差 120°电角度，而绕组中又分别流过三相交流电流，各相电流在时间相位上又互差 120°，三相对称电流波形和两极电机定子绕组示意图如图 3－6 所示。每相绕组以一匝代表，如 U_1U_2、V_1V_2、W_1W_2。设 U_1、V_1、W_1 为线圈首端，U_2、V_2、W_2 为线圈尾端。规定电流瞬时值为正，电流从绕组首端流入，从尾端流出；电流瞬时值为负，电流从绕组尾端流入，从首端流出。电流的流入端用符号⊕表示，流出端用⊙表示。见图 3－6 中间部分所示。

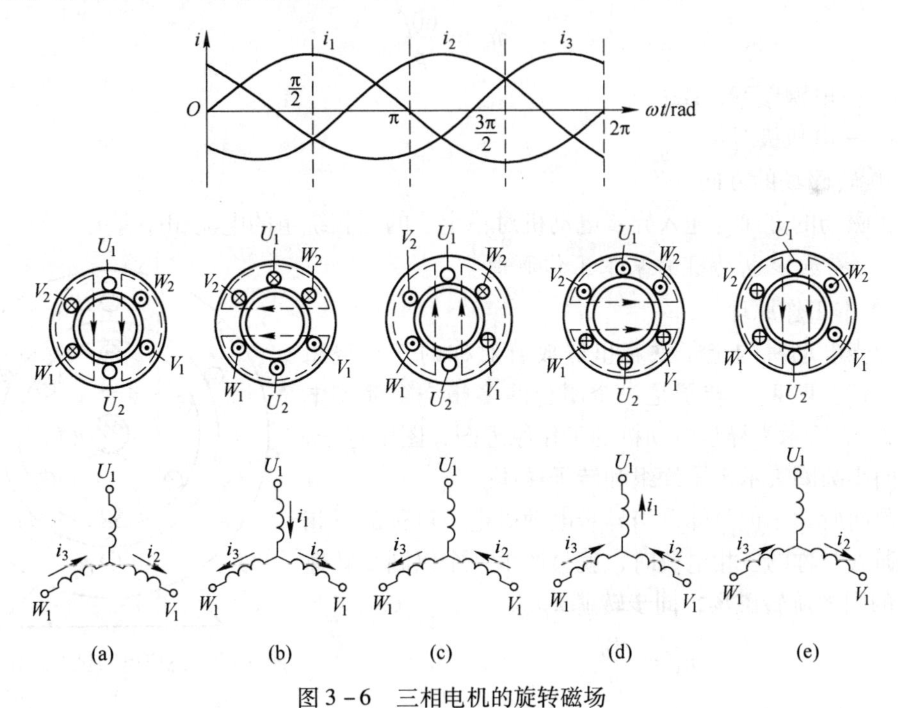

图 3－6　三相电机的旋转磁场

对称三相交流电流通入对称三相绕组时，便产生一个旋转磁场。下面选取各相电流出现最大值的几个瞬间进行分析。

在图 3－6 中，当 $\omega t=0°$时，U 相电流为零。W 相电流为正最大值，电流从首端 W_1 流入，用⊕表示，从末端 W_2 流出，用⊙表示；V 相电流为负，因此电流均从绕组的末端流入，首端流出，故末端 V_2 应填上⊕，首端 V_1 应填上⊙，如图 3－6 所示。从图可见，合成磁场的轴线正好位于 U 相绕组的轴线上。

当 $\omega t=90°$时，U 相电流为正的最大值，因此 U 相电流从首端 U_1 流入，用⊕表示，从末端 U_2 流出，用⊙表示。V 相电流为负，则 V_1 端为流出电流，用⊙表示，而 V_2 为流入电流，用⊕表示，W 相电流为负，则 W_1 端为流出电流，用⊙表示，而 W_2 为流入电流，用⊕表示，如图3-6(b) 所示。由图可见，此时合成磁场的轴线正好位于 V 相绕组的轴线上，磁场方向已从 $\omega t=0°$时的位置沿逆时针方向旋转了120°。

当 $\omega t=180°$、$\omega t=270°$和 $\omega t=360°$时，合成磁场的位置分别如图3-6(c)、(d)、(e) 所示。当 $\omega t=360°$时，合成磁场的轴线正好位于 U 相绕组的轴线上，磁场方向从起始位置逆时针方向旋转了360°，即电流变化一个周期，合成磁场旋转一周。

由此可见，对称三相交流电流通入对称三相绕组所形成的磁场是一个圆形旋转磁场。旋转的方向从 $U \to V \to W$，正好和电流出现正的最大值的顺序相同，即由电流超前相转向电流滞后相。

如果三相绕组通入负序电流，则电流出现正的最大值的顺序是 $U \to W \to V$。通过图解法分析可知，旋转磁场的旋转方向也为 $U \to W \to V$。

b 旋转磁场转速

三相对称绕组中通入三相对称电流产生圆形旋转磁场，其转速为同步转速（n_1）。

$$n_1 = \frac{60f}{p} \tag{3-1}$$

式中 f——电源频率，Hz；

p——电机极对数。

c 旋转磁场的方向

旋转磁场的方向与通入异步电动机对称定子的三相绕组的电流相序有关。

C 三相异步电动机的基本工作原理

a 基本工作原理

在异步电动机的定子铁芯里嵌放着对称的三相绕组 U_1U_2、V_1V_2、W_1W_2，转子是一个闭合的多相绕组笼型电机。图3-7所示为异步电动机的工作原理图，图中定子、转子上的小圆圈表示定子绕组和转子导体。

由前面所学知识可知，当异步电动机定子对称的三相绕组中通入对称的三相电流时，就会产生一个以同步转速 n_1 旋转的圆形旋转磁场，同步转速 n_1 为

$$n_1 = \frac{60f}{p}$$

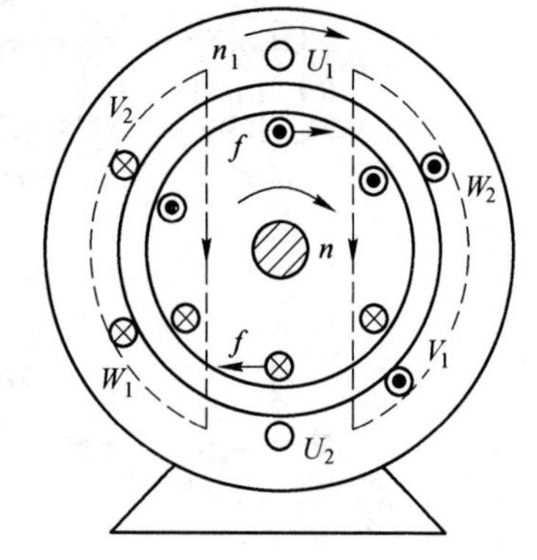

图3-7 感应电动机的工作原理图

当定子绕组中通入 U、V、W 相序的三相电流时，产生圆形旋转磁场；转子是静止的，转子与旋转磁场之间有相对运动，转子导体因切割定子磁场而产生感应电动势。因转子绕组自身闭合，故转子绕组内有电流流通，转子载流导体在磁场中受到电磁力的作用，从而形成电磁转矩，驱使电动机转子转动。异步电动机的转速恒小于旋转磁场转速 n_1，因为只有这样，转子绕组才能产生电磁转矩，使电动机旋转。如果 $n=n_1$，转子绕组与定子磁场之间便无相对运动，则转子绕组中无感应电动势和感应电流产生，可见 $n<n_1$ 是电动机工

作的必要条件。因为感应电动机转子电流是通过电磁感应作用产生的，所以称为感应电动机。又由于电动机转速 n 与旋转磁场 n_1 不同步，故又称为异步电动机。

b　转差率

同步转速 n_1 与转子转速 n 之差 $n_1 - n$ 再与同步转速 n_1 的比值称为转差率，用字母 s 表示，即

$$s = \frac{n_1 - n}{n_1} \tag{3-2}$$

转差率 s 是异步电动机的一个基本物理量，它反映异步电动机的各种运行情况。对感应电动机而言，当转子尚未转动（如启动瞬间）时，$n=0$，此时转差率 $s=1$，当转子转速接近同步转速（空载运行）时，$n=n_1$，此时转差率 $s=0$。由此可见，作为感应电动机，转速在 $0 \sim n_1$ 范围内变化，其转差率 s 在 $0 \sim 1$ 范围内变化。

异步电动机负载越大，转速就越慢，其转差率就越大；反之，负载越小，转速就越快，其转差率就越小。故转差率直接反映了转子转速的快慢或电动机负载的大小。异步电动机的转速可由式（3-2）推算得

$$n = (1 - s)n_1 \tag{3-3}$$

在正常运行范围内，转差率的数值很小，一般在 0.01 ~ 0.06 之间。即感应电动机的转速很接近同步转速。

c　异步电机的三种运行状态

异步电动机的转差率 s 在 $0 \sim 1$ 范围内变化。根据转差率的大小和正负，可得出异步电机有三种运行状态：

（1）电动机运行状态；

（2）发电机运行状态；

（3）电磁制动运行状态。

1）电动机运行状态。如上所述，当定子绕组接至电源，转子就会在电磁转矩的驱动下旋转，电磁转矩即为驱动转矩，其转向与旋转磁场方向相同，如图 3-8(b) 所示，此时电机从电网取得电功率转变成机械功率，由转轴传输给负载。电动机的转速范围为 $n > n_1 > 0$，其转差率范围为 $0 < s < 1$。

2）发电机运行状态。异步电机定子绕组仍接至电源，该电机的转轴不再接机械负载，而用一台原动机拖动异步电机的转子以大于同步速（$n > n_1$）并顺旋转磁场方向旋转，如图 3-8(c) 所示。显然，此时电磁转矩方向与转子转向相反，起着制动作用，为制动转矩。为克服电磁转矩的制动作用而使转子继续旋转，并保持 $n > n_1$，电机必须不断从原动机输入机械功率，把机械功率转变为输出的电功率，因此成为发电机运行状态。此时，$n > n_1$，则转差率 $s < 0$。

3）电磁制动状态。异步电机定子绕组仍接至电源，如果用外力拖着电机逆着旋转磁场的旋转方向转动，如图 3-8(a) 所示，则此时电磁转矩与电机旋转方向相反，起制动作用。电机定子仍从电网吸收电功率，同时转子从外力吸收机械功率，这两部分功率都在电机内部以损耗的方式转化成热能消耗掉。这种运行状态称为电磁制动运行状态，n 为负值（即 $n < 0$），且转差率 $s > 1$。

由此可知，区分这三种运行状态的依据是转差率 s 的大小：当 $0 < s < 1$ 时，为电动机

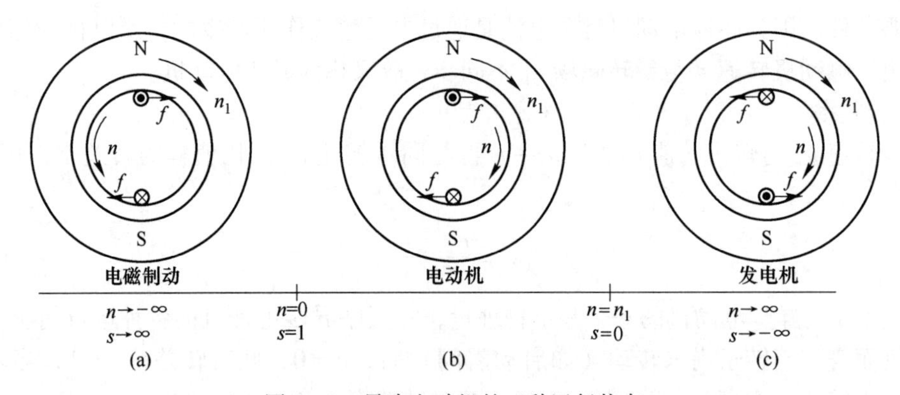

图3－8　异步电动机的三种运行状态

（a）电磁制动状态；（b）电动机运行状态；（c）发电机运行状态

运行状态；当 $-\infty < s < 0$，为发电机运行状态；当 $0 < s < \infty$ 时，为电磁制动状态。

综上所述，感应电机可以作为电动机运行，也可以作为发电机运行或进行电磁制动。一般情况下，感应电机多作为电动机运行，感应发电机很少使用，而电磁制动则是感应电机在完成某一生产过程中出现的短时运行状态。例如，起重机下放重物时，为了安全、平稳，需限制下放速度，此时应使感应电动机短时处于电磁制动状态。

D　额定值与型号

a　型号

电动机产品型号是为了便于使用、制造、设计等部门进行业务联系和简化技术文件中产品名称、规格、形式等叙述而引用的一种代号。

三相异步电动机的产品型号是以汉语拼音大写字母和阿拉伯数字组成的。主要包括产品代号、设计序号、规格代号和特殊环境代号等，产品代号表示电动机的类型，用大写汉语拼音字母表示，如Y表示异步电动机，T表示同步电动机。设计序号表示电动机的设计顺序，用阿拉伯数字表示。规格代号用中心高、机座长度、铁芯长度、功率、电压或转数表示。特殊环境代号详见有关电机手册。异步电机型号举例说明如下：

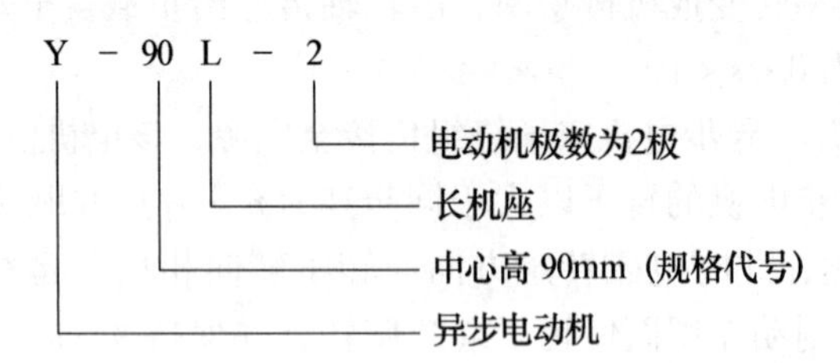

b　额定值

额定值是电动机使用和维修的依据，是电机制造厂对电机在额定工作条件下长期工作而不至于损坏所规定的一个量值，是电机铭牌上标出的数据。

现将铭牌额定数据解释如下：

（1）额定电压 U_N。指在额定运行状态下运行时规定加在电动机定子绕组上的线电压值，单位为V或kV。

（2）额定电流 I_N。指在额定运行状态下运行时流入电动机定子绕组中的线电流值，单位为A或kA。

（3）额定功率 P_N。指电动机在额定状态下运行时转子轴上输出的机械功率，单位为 W 或 kW。对于三相感应电动机，其额定功率为

$$P_N = \sqrt{3} U_N I_N \eta_N \cos\varphi_N \times 10^{-3} \qquad (kW)$$

式中　P_N——电动机的额定输出功率；

η_N——电动机的额定效率；

$\cos\varphi_N$——电动机的额定功率因数；

U_N——额定电压；

I_N——额定电流。

（4）额定频率 f_N。指在额定状态下运行时电机定子侧电压的频率，单位为 Hz。我国电网 $f_N = 50Hz$。

（5）额定转速 n_N。指额定运行时电动机的转速，单位为 r/min。

（6）绝缘等级及温升。电动机的绝缘等级取决于所用绝缘材料的耐热等级，按材料的耐热有 A、E、B、F、H 级五种常见的规格，C 级不常用。具体见表 3－1。

表 3－1　电动机绝缘等级、极限温度与温升

绝缘等级		A	E	B	F	H
极限工作温度/℃		105	120	130	155	180
热点温度/℃		5	5	10	15	15
温升/K	电阻法	60	75	80	100	125
	温度计法	55	65	70	85	105

注：环境温度规定为 40℃。

c　接线

在额定电压下运行时，电动机定子三相绕组每相有两个端头，三相共 10 个端头，可以接成△连接和Y连接，也有每相中间有抽头的，这样每三相共有 9 个端头，可以接成△连接、Y连接、沿边三角形连接和双速电动机绕组接线。具体如何连接，一定要按铭牌指示操作，否则电动机不能正常运行，甚至烧毁。

如一台相绕组能承受 220V 电压的三相异步电动机，铭牌上额定电压标有 220/380V、D/Y连接，这时需采用什么连接方式视电源电压而定。若电源电压为 220V，则用三角形连接，380V 则用星形连接。这两种情况下，每相绕组实际上都只承受 220V 电压。

国产 Y 系列电动机接线端的首端用 U_1、V_1、W_1 表示，末端用 U_2、V_2、W_2 表示，其星形、三角形连接如图 3－9 所示。

d　电机的防护等级

电动机外壳防护等级是用字母“IP”和其后面的两位数字表示的。“IP”为国际防护的缩写。IP 后面第一位数字代表第一种防护形式（防尘）的等级，共分 0～10 七个等级；第二个数字代表第二种防护形式（防水）的等级，共分 0～8 九个等级。数字越大，表示防护的能力越强。例如，IP44 标志电动机能防护大于 1mm 固体物入内，同时能防溅水入内。

【例 3－1－1】 一台三相异步电动机，额定功率 $P_N = 55kW$，电网频率为 $f_N = 50Hz$，额定电压 $U_N = 380V$，额定效率 $\eta_N = 0.79$，额定功率因数 $\cos\varphi_N = 0.89$，额定转速 $n_N = 570r/min$，

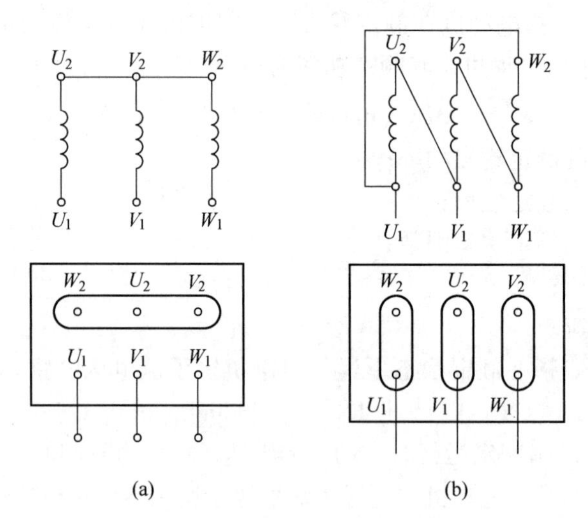

图 3－9　三相异步电动机的接线

（a）星形连接；（b）三角形连接

试求其同步转速 n_1、极对数 p、额定电流 I_N 和额定负载时的转差率 s_N。

解： 因电动机额定运行时转速接近同步转速，所以同步转速为 600r/min。

电动机极对数

$$p = \frac{60f_1}{n_1} = \frac{60 \times 50}{600} = 5$$

额定电流

$$I_N = \frac{P_N \times 10^3}{\sqrt{3}U_N\cos\varphi_N\eta_N} = \frac{55 \times 10^3}{\sqrt{3} \times 380 \times 0.89 \times 0.79} = 119\text{A}$$

转差率

$$s_N = \frac{n_1 - n_N}{n_1} = \frac{600 - 570}{600} = 0.05$$

3.1.2.2　三相异步电动机的绕组

三相异步电动机定子绕组的种类很多，按槽内层数分，有单层、双层和单双层混合绕组；按绕组端接部分的形状分，单层绕组又有链式、交叉式和同心式之分；双层绕组又有叠绕组和波绕组之分。

A　三相异步电动机绕组绕制原则

a　三相异步电动机绕组绕制原则

交流电机的定子绕组大多为三相绕组。绕组是电机的主要部件，要分析交流电机的原理和运行问题，必须先对交流绕组的构成和连接规律有一个基本的了解。交流绕组的形式虽然各不相同，但它们的构成原则却基本相同，这些原则是：

（1）每相绕组的阻抗要求相等，即每相绕组的匝数、形状都是相同的。

（2）在导体数目一定的情况下，力争获得较大的电动势和磁动势。并使它们力求接近正弦波。

（3）要有一定的绝缘强度和机械强度，散热条件要好。

（4）端部连线尽可能短，以节省用铜量，制造、维修方便。

b　绕组的分类

交流绕组可按相数、绕组层数、每极下每相绕组所占槽数、绕组形状和绕组绕制方式来分类。

（1）按相数分为：单相绕组、三相绕组和多相绕组。

（2）按槽内层数分为：单层和双层绕组。

（3）按每极下每相绕组所占槽数分为：整数槽绕组和分数槽绕组。

（4）按绕组形状分为：叠绕组、波绕组和同心绕组。

（5）按绕组装配方式分为：成型绕组和分立绕组。

（6）按绕组跨距大小分为：整距绕组（$y=\tau$）、短距绕组（$y<\tau$）和长距绕组（$y>\tau$）。其中 y 为绕组跨距，τ 为极距。

c　绕组的基本概念

（1）线圈。绕组是用绝缘导线绕制成一定形状的线圈组成，如图 3－10 所示。线圈嵌放在定子铁芯内圆周所开的槽中，线圈可以用单根导线绕成多匝。嵌入槽内部分称为有效边，露出铁芯两端的称为线圈端部，它只起连接作用，槽内的有效边（直线部分）才是能量转换的部分，所以称为有效边。

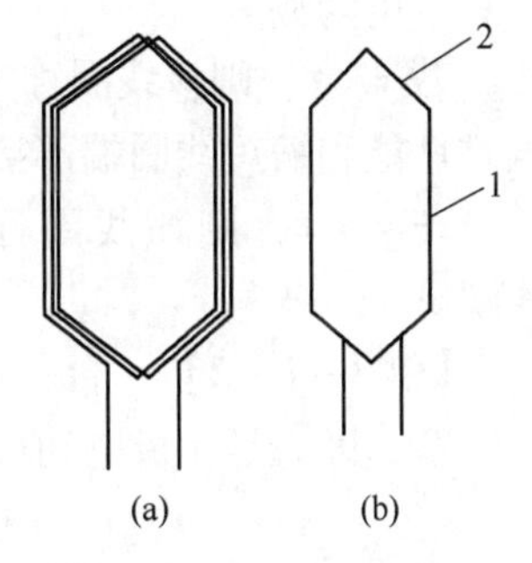

图 3－10　绕组线圈

（a）多匝线圈；（b）简化图

1—有效边；2—端接

（2）极距。是指沿定子铁芯内圆每个磁极所占有的范围，用长度表示

$$\tau=\frac{\pi D}{2p}\quad(\text{mm})\qquad(3-4)$$

式中　D——定子铁芯内径，mm；

$2p$——电动机极数；

τ——极距。

极距也可以用每极所占的槽数表示

$$\tau=\frac{Z_1}{2p}\quad(\text{槽})\qquad(3-5)$$

式中　Z_1——定子铁芯的总槽数；

$2p$——电动机极数；

τ——极距。

（3）每极每相槽数（q）。每一个极下每相所占有的槽数称为每极每相槽数 q，若绕组相数为 m_1，则

$$q=\frac{Z_1}{2m_1p}\qquad(3-6)$$

式中　Z_1——定子铁芯的总槽数；

$2p$——电动机极数；

m_1——相数。

当 q 等于整数时，叫整数槽绕组；q 为分数时，叫分数槽绕组。

（4）电角度。电机圆周的几何角度恒为360°，这称为机械角度。从电磁观点来看，若电动机的极对数为 p，则每经过一对磁极，磁场就变化一周，相当于360°电角度。因此，电动机圆周按电角度计算为 $p\times360°$，即

$$电角度 = p \times 机械角度 = p \times 360° \tag{3-7}$$

（5）槽距角（α）：指相邻两槽之间的电角度。

$$\alpha = \frac{p \times 360°}{Z_1} \tag{3-8}$$

式中　Z_1——定子铁芯的总槽数；

p——电动机极对数。

（6）线圈节距（也称跨距）。指一个线圈两个边之间相隔的槽数，如图3-11所示，用字母 y 表示。

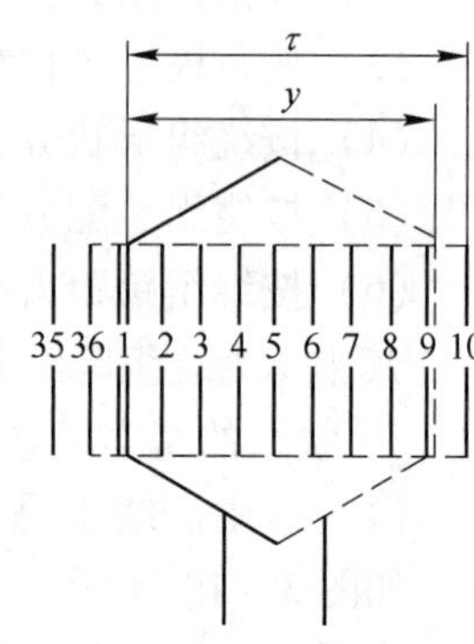

图3-11　线圈的节距

若 $y=\tau$，则该线圈称为整距线圈。整距线圈绕组能产生最大的感应电动势。

若 $y<\tau$，则该线圈称为短距线圈。短距线圈能提高电动机的电磁性能和缩短线圈端部接线。多数电机采用这种线圈。

若 $y>\tau$，则该线圈称为长距线圈。特殊电动机采用这种线圈。

【例3-1-2】一台三相24槽4极电动机，其电角度和槽距角各是多少？

解：因为是4极电动机，所以极对数 $\rho=2$

$$电角度 = p \times 360° = 2 \times 360° = 720°$$

相邻两槽间的槽距角

$$\alpha = \frac{p \times 360°}{Z_1} = \frac{2 \times 360°}{24} = 30°$$

B　单层绕组

单层绕法在每个槽内只安放一个线圈边，而一个线圈有两个线圈边。一台电机中总的线圈数等于总槽数的一半。

单层绕组与双层绕组相比，电气性能稍差，但槽利用率高，制造工时少，因此小容量电动机中（$P_N\leqslant10kW$）一般都采用单层绕组。

C　双层绕组

双层绕组在槽中的位置如图3-12所示，双层绕组每个槽内导体分作上、下两层，线圈的一个边在一个槽的上层，另一个边则在另一个槽的下层，因此总的线圈数等于槽数。

双层绕组按线圈形状和端部连接的方式不同分为双层叠绕组和双层波绕组，这里仅介绍双层叠绕组。

图3-12　双层绕组在槽中的位置

双层叠绕组的特点如下：

（1）一般在容量较大的中、小型异步电动机内采用。

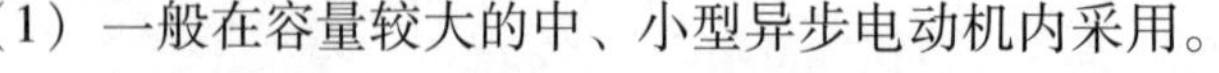

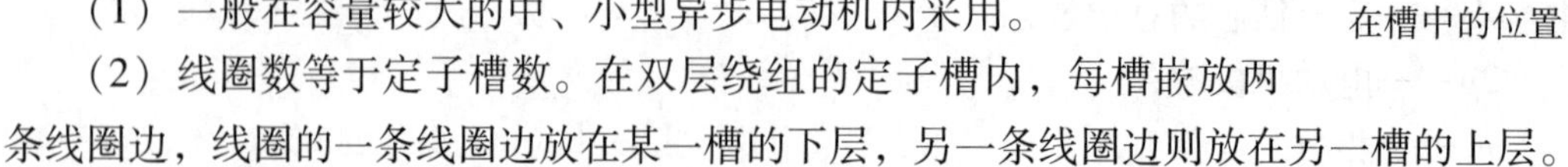

（2）线圈数等于定子槽数。在双层绕组的定子槽内，每槽嵌放两条线圈边，线圈的一条线圈边放在某一槽的下层，另一条线圈边则放在另一槽的上层。

（3）可任意选用合适的短距绕组，改善电磁波形。使用双层绕组后，电动机的电磁性

能、启动性能等指标都比单层绕组好。

(4) 线圈嵌线较为困难。槽内嵌入两组线圈边，需要增加层间绝缘，如果处理不当，极易造成相间短路。

3.1.2.3　异步电动机的感应电动势

异步电动机气隙中的磁场旋转时，定子绕组切割旋转磁场将产生感应电动势，经推导可得每相定子绕组的基波感应电动势为

$$E_1 = 4.44 f_1 N_1 k_{W1} \Phi_1 \qquad (3-9)$$

式中　f_1——定子绕组的电流频率，即电源频率，Hz；

Φ_1——每极基波磁通，Wb；

N_1——每相定子绕组的串联匝数；

k_{W1}——定子绕组的基波绕组因数，它反映了集中、整距绕组（如变压器绕组）变为分布、短距绕组后，基波电动势应打的折扣，一般 $0.9 < k_{W1} < 1$。

式（3-9）不但是异步电动机每相定子绕组电动势有效值的计算公式，也是交流绕组感应电动势有效值的普遍公式。该公式与变压器一次绕组的感应电动势公式 $E_1 = 4.44 f_1 N_1 \Phi_1$ 在形式上相似，只多了一个绕组因数 k_{W1}，若 $k_{W1} = 1$，两个公式就一致了。这说明变压器的绕组是集中整距绕组，其 $k_{W1} = 1$；异步电动机的绕组是分布短距绕组，其 $k_{W1} < 1$。故 $N_1 k_{W1}$ 也可以理解为每相定子绕组基波电动势的有效串联匝数。

虽然异步电动机的绕组采用分布、短距后，基波电动势略有减小，但是可以证明，由磁场的非正弦引起的高次谐波电动势将大大削弱，使电动势波形接近正弦波，这将有利于电动机的正常运行。因为高次谐波电动势会产生高次谐波电流，增加杂散损耗，对电动机的效率、温升以致启动性能都会产生不良影响；高次谐波还会增大电动机的电磁噪声和振动。

同理可得转子转动时每相转子绕组的基波感应电动势为

$$E_{2s} = 4.44 f_2 N_2 k_{W2} \Phi_1 \qquad (3-10)$$

式中　f_2——转子绕组的转子电流频率，Hz；

N_2——每相转子绕组的串联匝数；

k_{W2}——转子绕组的基波绕组因数。

3.1.2.4　三相异步电动机的空载运行

A　空载运行时的电磁关系

三相异步电动机定子绕组接在对称的三相电源上，转子轴上不带机械负载时的运行，称为空载运行。为便于分析，根据磁通经过的路径和性质的不同，异步电动机的磁通可分为主磁通和漏磁通两大类。

a　主磁通

当三相异步电动机定子绕组通入三相对称交流电时，将产生旋转磁动势，该磁动势产生的磁通绝大部分穿过气隙，并同时交链于定、转子绕组，这部分磁通称为主磁通，用 Φ_0 表示。其路径为：定子铁芯→气隙→转子铁芯→气隙→定子铁芯，构成闭合磁路，如图 3-13(a) 所示。

主磁通同时交链定、转子绕组并在其中分别产生感应电动势。转子绕组为三相或多相短路绕组，在电动势的作用下，转子绕组中有电流通过。转子电流与定子磁场相互作用产生电磁转矩，实现异步电动机的能量转换，即将电能转化为机械能从电机轴上输出，从而带动负载做功，因此，主磁通是能量转换的媒介。

b　漏磁通

除主磁通外的磁通称作漏磁通，用 Φ_σ 表示，它包括定、转子绕组的槽部漏磁通和端部漏磁通，如图3－13(a)、(b) 所示。

漏磁通沿磁阻很大的空气隙形成闭合回路，空气中的磁阻较大，所以它比主磁通小很多。漏磁通仅在定子绕组上产生漏电动势，因此不能起能量转换的媒介作用，只起电抗压降的作用。

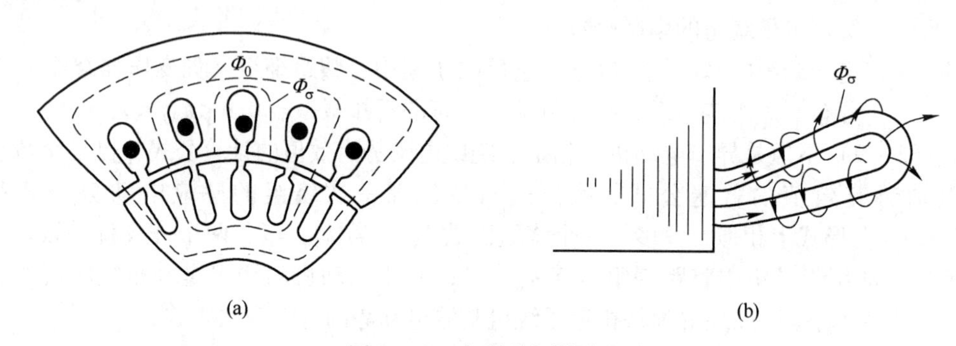

图3－13　主磁通与漏磁通

(a) 主磁通和槽漏磁通；(b) 端部漏磁通

c　空载电流和空载磁动势

异步电动机空载运行时的定子电流称为空载电流，用 I_0 表示。当异步电动机空载运行时，定子三相绕组有空载电流 I_0 通过，三相空载电流将产生一个旋转磁动势，称为空载磁动势，用 F_0 表示，其基波幅值为：

$$\vec{F}_0 = \frac{m_1}{2} \times 0.9 \times \frac{N_1 k_{W1}}{p} I_0 \tag{3-11}$$

式中　m_1——定子绕组相数；

N_1——定子绕组匝数；

k_{W1}——定子绕组系数；

p——电机极对数。

感应电动机空载运行时，由于轴上不带机械负载，因而其转速很高，接近同步转速，即 $n \approx n_1$，s 很小。此时定子旋转磁场与转子之间的相对速度几乎为零，于是转子感应电动势 $E_2 \approx 0$，转子电流 $I_2 \approx 0$。

与变压器的分析类似，空载电流 I_0 由两部分组成，一部分是专门用来产生主磁通 Φ_0 的无功分量 I_{0Q}，另一部分是用于补偿铁芯损耗的有功分量 I_{0P}，即

$$\dot{I}_0 = \dot{I}_{0Q} + \dot{I}_{0P} \tag{3-12}$$

d　电磁关系

由以上分析可以得出空载运行时感应电动机的电磁关系，如图3－14所示。

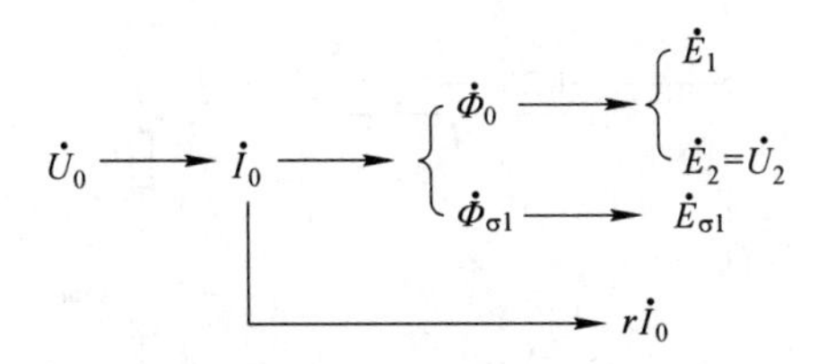

图3-14　空载运行时感应电动机的电磁关系

B　空载运行时的电压平衡方程

a　主、漏磁通感应的电动势

主磁通在定子绕组中感应的电动势为

$$\dot{E}_1 = -\mathrm{j}4.44 f_1 N_1 k_{W1} \dot{\Phi}_0 \tag{3-13}$$

式中　f_1——电源频率；

N_1——定子绕组匝数；

k_{W1}——定子绕组系数。

定子漏磁通在定子绕组中感应的漏磁电动势可用漏抗压降的形式表示，即

$$\dot{E}_{1\sigma} = -\mathrm{j}x_1 \dot{I}_0 \tag{3-14}$$

式中，x_1 为定子漏电抗，它是对应于定子漏磁通的电抗。

b　空载时的电压平衡方程式

设定子绕组上外加电压为 U_1，相电流为 I_0，主磁通 Φ_0 在定子绕组中感应的电动势为 E_1，定子漏磁通在定子每相绕组中感应的电动势为 $E_{1\sigma}$，定子每相电阻为 r_1，类似于变压器空载时的一次侧，根据基尔霍夫第二定律，可列出电动机空载时每相的定子电压方程式

$$\begin{aligned}\dot{U}_1 &= -\dot{E}_1 - \dot{E}_{1\sigma} + r_1\dot{I}_0 = -\dot{E}_1 + \mathrm{j}x_1\dot{I}_0 + r_1\dot{I}_0 \\ &= -\dot{E}_1 + (r_1 + \mathrm{j}x_1)\dot{I}_0 = -\dot{E}_1 + Z_1\dot{I}_0\end{aligned} \tag{3-15}$$

式中，Z_1 为定子绕组的漏阻抗，$Z_1 = r_1 + \mathrm{j}x_1$。

c　空载运行的等效电路

与变压器的分析方法相似，可写出

$$\dot{E}_1 = -(r_m + \mathrm{j}x_m)\dot{I}_0 = -Z_m\dot{I}_0 \tag{3-16}$$

式中　Z_m——励磁阻抗，$Z_m = r_m + \mathrm{j}x_m$；

r_m——励磁电阻，是反映铁损耗的等效电阻；

x_m——励磁电抗，与主磁通 Φ_0 相对应。

于是电压方程式可改写为

$$\dot{U}_1 = -\dot{E}_1 + \mathrm{j}x_1\dot{I}_0 + r_1\dot{I}_0 = (r_m + \mathrm{j}x_1)\dot{I}_0 + (r_1 + \mathrm{j}x_1)\dot{I}_0 = Z_m\dot{I}_0 + Z_1\dot{I}_0$$

因为 $E_1 \gg Z_1 I_0$，可近似地认为

$$\dot{U}_1 \approx E_1 = -\mathrm{j}4.44 f_1 N_1 k_{W1} \dot{\Phi}_0 \tag{3-17}$$

由式（3-15）电动势平衡方程式，可作出与变压器相似的等效电路，见图3-15。

上述分析结果表明，感应电动机空载时的物理现象和电压平衡关系式与变压器十分相似。但是，在变压器中不存在机械损耗，主磁通所经过的磁路气隙也很小，因此变压器的空载电流很小，仅为额定电流的2%~10%；而感应电动机的空载电流则较大，在小型感

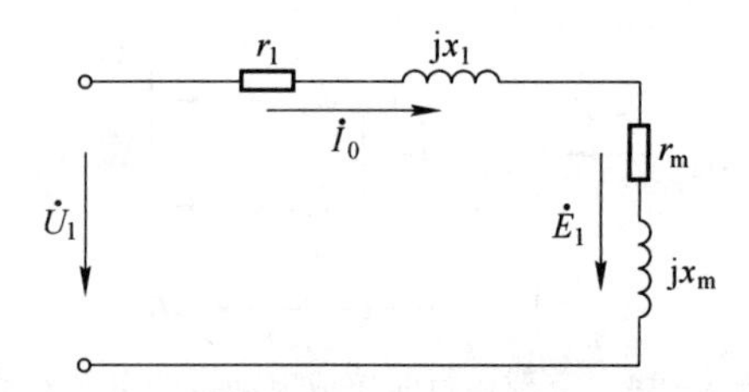

图3-15 异步电动机空载时的等效电路

应电动机中，I_0 甚至可达额定电流的100%。

3.1.2.5 三相异步电动机的负载运行

所谓负载运行，是指异步电动机的定子绕组接入对称三相电压，转子带上机械负载时的运行状态。

当异步电动机负载运行时，由于轴上带上了机械负载，原空载时的电磁转矩不足以平衡轴上的负载转矩，电动机转速 n 开始降低，旋转磁场与转子之间的相对运动速度增加，于是转子绕组中感应的电动势 $\dot{E}_{2s}$ 及转子电流 $\dot{I}_2$ 都增大了，不但定子三相电流 $\dot{I}_1$ 要在气隙中建立一个转速为 n_1 的旋转磁动势 F_1，而且转子电流 $\dot{I}_2$ 也要在气隙中建立一个转子磁动势 F_2。这个 F_2 的性质怎样？它与 F_1 的关系如何？这是首先要说明的问题。

A 负载运行时电磁关系

a 转子磁动势的分析

转子磁动势 F_2 也是一个旋转磁动势。这是因为：若电动机是绕线型，其转子绕组是三相对称绕组，转子电流是三相对称电流，则转子磁动势无疑是旋转磁动势；若电动机是笼型，其转子绕组将是多相对称绕组，转子电流也是多相对称电流，由多相对称电流形成的转子磁动势也是一种旋转磁动势。所以，不论转子结构形式如何，转子磁动势 F_2 都是一种旋转磁动势。下面分析 F_2 的旋转方向及转速大小。

（1）F_2 的旋转方向。若定子电流产生的旋转磁场按逆时针方向旋转，因 $n < n_1$，经过分析可得到 F_2 在空间的转向也是逆时针，与定子磁动势 F_1 在空间的旋转方向相同。

（2）F_2 的转速大小。转子不转时，气隙旋转磁场以同步转速 n_1 切割转子绕组，当转子以转速 n 旋转后，旋转磁场就以 $n_1 - n$ 的相对速度切割转子绕组。因此，当转子转速 n 变化时，转子绕组各电磁量将随之变化。感应电动势的频率正比于导体与磁场的相对切割速度，则转子电动势的频率为

$$f_2 = \frac{p(n_1 - n)}{60} = \frac{n_1 - n}{n_1} \times \frac{pn_1}{60} = sf_1 \tag{3-18}$$

式中，s 为电机转差率；f_1 为电源频率，为一定值，故转子绕组感应电动势的频率 f_2 与转差率 s 成正比。

转子电流形成的转子磁动势 F_2 相对于转子本身的转速为

$$\Delta n = \frac{60}{p}f_2 = \frac{60}{p}f_1 s = n_1 s = n_1 \frac{n_1 - n}{n_1} = n_1 - n \tag{3-19}$$

因为转子本身以转速 n 旋转，而且转子相对于定子的转向与转子磁动势 F_2 相对于转

子的转向一致，所以 F_2 相对于定子的转速应为

$$\Delta n + n = n_1 - n + n = n_1 \tag{3-20}$$

上式说明转子磁动势 F_2 和定子磁动势 F_1 在空间的转速相同，均为 n_1。

故由以上分析可知，F_2 与 F_1 在空间保持相对静止。

(3) 电磁关系。由于转子磁动势 F_2 与定子磁动势 F_1 在空间相对静止，因此可把 F_1 与 F_2 进行叠加，于是负载运行时，产生旋转磁场的励磁磁动势就是定、转子的合成磁动势（$F_1 + F_2$），即由（$F_1 + F_2$）共同建立气隙内的每极主磁通。与变压器相似，从空载到负载运行时，由于电源的电压和频率都不变，而且 $U_1 \approx E_1 = 4.44 f_1 N_1 k_{W1} \Phi_1$，因此每极主磁通 Φ_1 几乎不变，这样励磁磁动势也基本不变，负载时的励磁磁动势等于空载时的励磁磁动势，即

$$\vec{F}_1 + \vec{F}_2 = \vec{F}_0 \tag{3-21}$$

这就是三相异步电动机负载运行时的磁动势平衡方程式。电动机负载运行时的电磁关系可归纳为图 3-16 所示。

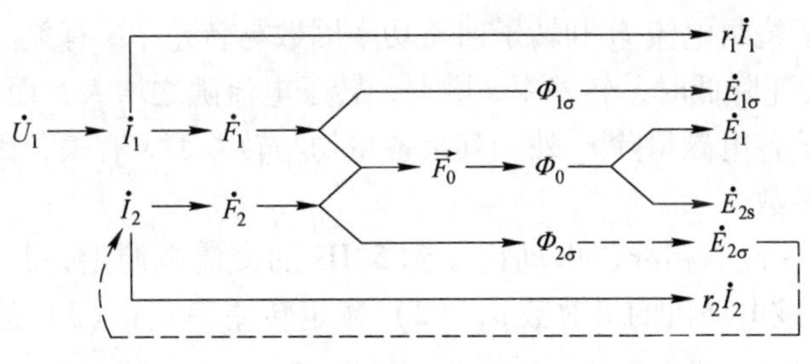

图 3-16　电动机负载运行时的电磁关系

b　转子绕组的感应电动势

由上述讨论可知，转子旋转时的转子绕组感应电动势 E_{2s} 大小为

$$E_{2s} = 4.44 f_2 N_2 k_{W2} \Phi_0 \tag{3-22}$$

式中，N_2 为转子绕组匝数；k_{W2} 为转子绕组系数，计算时应与具体谐波相对应。

若转子不转，则其感应电动势频率 $f_2 = f_1$，故此时感应电动势 E_2 大小为

$$E_2 = 4.44 f_1 N_2 k_{W2} \Phi_0 \tag{3-23}$$

把式（3-18）和式（3-23）代入式（3-22），得

$$E_{2s} = sE_2 \tag{3-24}$$

当电源电压 U_1 一定时，Φ_0 就一定，故 E_2 为常数，则 $E_{2s} \propto s$，即转子绕组感应电动势与转差率 s 成正比。

当转子不转时，转差率 $s = 1$，主磁通切割转子的相对速度最快，此时转子电动势最大。当转子转速增加时，转差率将随之减小。因正常运行时转差率很小，故转子绕组感应电动势也就很小。

c　转子绕组的漏阻抗

由于电抗与频率成正比，因此转子旋转时的转子绕组漏电抗 X_{2s} 为：

$$X_{2s} = 2\pi f_2 L_2 = 2\pi s f_1 L_2 = s x_2 \tag{3-25}$$

式中　x_2——转子不转时的漏电抗；

L_2——转子绕组的漏电感。

显然，x_2 是个常数，故转子旋转时的转子绕组漏电抗也正比于转差率 s。

同样，在转子不转（如启动瞬间）时，$s=1$，转子绕组漏电抗最大。当转子转动时，漏电抗随转子转速的升高而减小，即转子旋转得越快，转子绕组中的漏电抗越小。

d　转子绕组的电流和功率因数

转子绕组中除了有漏抗 X_{2s} 外，还存在电阻 R_2，故转子每相电流 I_2 为

$$\dot{I}_2 = \frac{\dot{E}_{2s}}{r_2 + jx_{2s}} = \frac{s\dot{E}_2}{r_2 + jsx_2} \tag{3-26}$$

其有效值为

$$\dot{I}_2 = \frac{s\dot{E}_2}{\sqrt{r_2^2 + (sx_2)^2}} \tag{3-27}$$

转子绕组的功率因数为

$$\cos\varphi_2 = \frac{r_2}{\sqrt{r_2^2 + (sx_2)^2}} \tag{3-28}$$

上式说明，转子绕组电流 I_2 和转子回路功率因数与转差率 s 有关。当 $s=0$ 时，$I_2=0$，$\cos\varphi_2=1$；当转子转速降低时，转差率 s 增大，转子电流随之增大，而 $\cos\varphi_2$ 则减小。

综上所述，转子各电磁量除 r_2 外，其余各量均与转差率 s 有关，因此转差率 s 是异步电动机的一个重要参数。

【例 3-1-3】 一台三相异步电动机接到 50Hz 的交流电源上，其额定转速 $n_N=1455$ r/min，试求：(1) 该电动机的极对数 p；(2) 额定转差率 s_N；(3) 额定转速运行时，转子电动势的频率。

解： 因异步电动机额定转差率很小，故可根据电动机的额定转速 $n_N=1455$r/min，直接判断出最接近 n_N 的气隙旋转磁场的同步转速 $n_N=1500$r/min，则

$$p = \frac{60f}{n_1} = \frac{60 \times 50}{1500} = 2$$

$$s_N = \frac{n_1 - n_N}{n_1} = \frac{1500 - 1455}{1500} = 0.03$$

$$f_2 = sf_1 = 0.03 \times 50 = 1.5\text{Hz}$$

e　电动势平衡方程

在定子电路中，主电动势 E_1、漏磁电动势 $E_{1\sigma}$、定子绕组电阻压降 r_1I_1 与外加电源电压 U_1 相平衡，此时定子电流为 I_1。在转子电路中，因转子为短路绕组，故主电动势 E_{2s}、漏磁电动势 $E_{2\sigma}$ 和转子绕组电阻压降 r_2I_2 相平衡。因此，可写出负载时定子、转子的电动势平衡方程式为

$$\begin{aligned} \dot{U}_1 &= -\dot{E}_1 + r_1\dot{I}_1 + jx_1\dot{I}_1 \\ 0 &= \dot{E}_{2s} - r_2\dot{I}_2 - jx_{2s}\dot{I}_2 \end{aligned} \tag{3-29}$$

B　负载运行时的等效电路

按照电路分析的基本理论，异步电动机可抽象为具有互感的定子、转子两个电路。定子、转子电路具有不同的频率、相数（如鼠笼转子）和有效匝数，实际电路如图 3-17 所示。

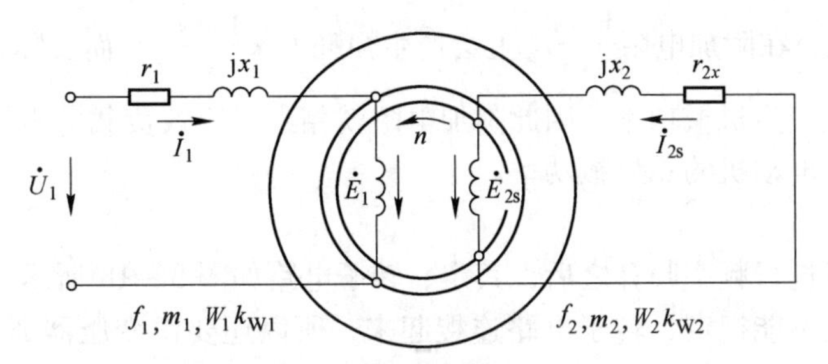

图 3－17　异步电动机实际电路

为寻求定、转子直接的电路的联系，由于异步电动机的转子频率 f_2 与定子频率 f_1 不同进行归算时，除和变压器一样进行绕组归算以外必须先对频率进行归算。

a　频率归算

三相异步电动机的频率归算，实质上就是用一个具有定子频率的等效转子电路去代换实际的转子电路。这里的“等效”包括两个含义：

（1）代换以后，转子电路对定子电路的电磁效应不变，即转子磁动势必须保持不变（同转速、同幅值、同相位角）。

（2）等效转子电路的各种功率必须和实际转子电路一样。

因为 $f_2 = sf_1$，当转子静止时，$f_2 = f_1$，这说明转子频率和定子频率相等时，转子是静止的，所以要进行频率归算，就需用一个静止的转子电路去代换实际转动的转子电路，但静止的转子电路能否与实际的转子电路等效？

由式（3－26）可知，转子旋转时的转子电流为

$$\dot{I}_2 = \frac{\dot{E}_{2s}}{r_2 + jX_{2s}} = \frac{s\dot{E}_2}{r_2 + jsX_2}$$

如果将上式的分子、分母都除以 s，则上式可表示为

$$\dot{I}_2 = \frac{\dot{E}_{2s}}{r_2 + jX_{2s}} = \frac{\dot{E}_2}{\frac{r_2}{s} + jX_2} \tag{3-30}$$

式（3－10）说明，进行频率折算后，只要用 $\frac{r_2}{s}$ 代替 r_2，就可保持转子电流的大小不变。这说明频率折算后转子电流没有发生变化，这样转子磁动势 F_2 的幅值和空间位置也就保持不变。频率折算后，转子电流的频率为 f_1，因此 F_2 在空间的转速仍为同步转速，这就保证了在频率折算前后转子对定子的影响不变。

因为 $\frac{r_2}{s} = r_2 + \frac{1-s}{s}r_2$，说明频率折算时，转子电路应串入一个附加电阻 $\frac{1-s}{s}r_2$，而这正是满足折算前后能量不变这一原则所需要的。转子转动时，转子具有动能（转化为输出的机械功率），当用静止的转子代替实际转动的转子时，这部分动能用消耗在电阻 $\frac{1-s}{s}r_2$ 上的电能来表示。这样则可画出经过频率归算后的三相异步电动机的定、转子电路，如图 3－18 所示。图中，r_2 为转子的实际电阻，$\frac{1-s}{s}r_2$ 相当于转子电路串入的一个附加电阻，

它与转差率 s 有关。在附加电阻$\frac{1-s}{s}r_2$上会产生损耗 $I_2^2\times\frac{1-s}{s}r_2$，而实际转子电路中并不存在这部分损耗，只产生机械功率，因此附加电阻就相当于等效负载电阻，附加电阻上的损耗实质上就是异步电动机的总机械功率。

b　绕组归算

对异步电动机进行频率归算之后，其定、转子电路如图 3－18 所示。定、转子频率虽然相同了，但是还不能把定、转子电路连接起来，所以还要像变压器那样进行绕组归算，才可得出等效电路。

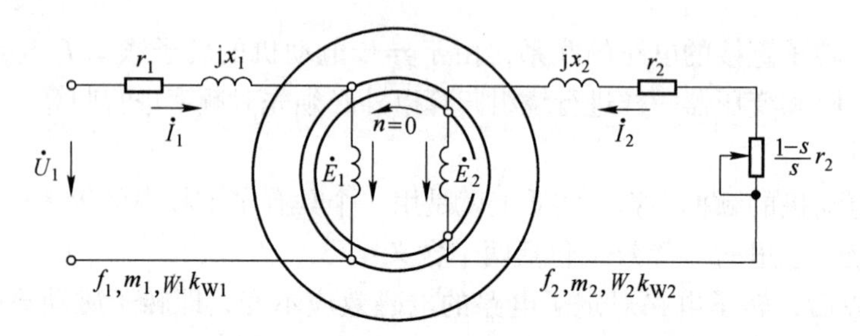

图 3－18　频率归算后的三相异步电动机的定、转子电路

与变压器一样，三相异步电动机的绕组归算，就是把实际上相数为 m_2、每相匝数为 N_2、绕组因数为 k_{W2}的转子绕组折算成与定子绕组完全相同的一个等效绕组。折算后转子各量称为折算量，为了区别起见，归算后的各转子物理量都加上符号“′”表示。

（1）电流的归算。

根据转子磁动势保持不变，可得

$$0.9\frac{m_1}{2}\frac{N_1k_{W1}}{P}I'_2=0.9\frac{m_2}{2}\frac{N_2k_{W2}}{P}\dot{I}_2$$

所以

$$I'_2=\frac{m_2N_2k_{W2}}{m_1N_1k_{W1}}\dot{I}_2=\frac{1}{k_i}\dot{I}_2 \tag{3-31}$$

式中，k_i 为电流变比。

（2）电动势的归算。

根据转子总的视在功率保持不变，可得

$$m_1E'_2I'_2=m_2E_2I_2$$

$$E'_2=\frac{N_1k_{W1}}{N_2k_{W2}}E_2=k_eE_2 \tag{3-32}$$

式中，$k_e=\frac{N_1k_{W1}}{N_2k_{W2}}$为电势变比。

（3）阻抗的归算。

根据转子绕组铜损耗不变，可得

$$m_1I'^2_2r'_2=m_2I_2^2r_2$$

$$r'_2=\frac{m_2}{m_1}\left(\frac{I_2}{I'_2}\right)^2r_2=\frac{m_2}{m_1}\left(\frac{m_1N_1k_{W1}}{m_2N_2k_{W2}}\right)^2r_2=k_ek_ir_2 \tag{3-33}$$

根据转子绕组的无功功率不变，同理可得

$$x_2' = k_e k_i x_2 \tag{3-34}$$

$$Z_2' = k_e k_i Z_2 \tag{3-35}$$

应该注意：归算只改变转子各物理量的大小，并不改变其相位。

经过频率归算和绕组归算后的三相异步电动机定、转子电路如图 3 - 19 所示。

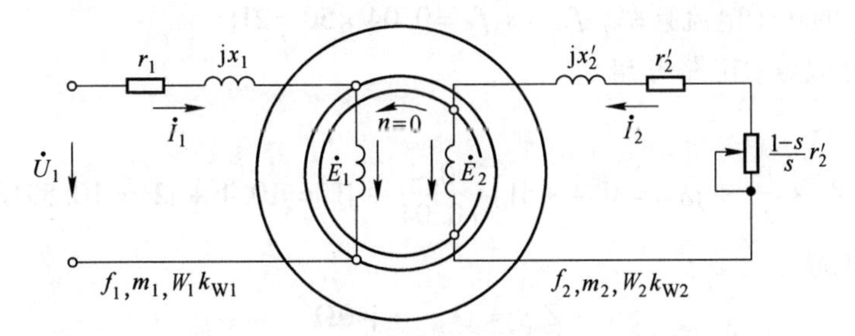

图 3 - 19　绕组归算后的三相异步电动机的定、转子电路

c　T 形等效电路

经过频率归算和绕组归算后，异步电动机转子绕组的频率、相数、每相串联匝数以及绕组因数都和定子绕组一样，三相异步电动机的基本方程式变为

$$\begin{aligned}
\dot{U}_1 &= -\dot{E}_1 + r_1\dot{I}_1 + jx_1\dot{I}_1 = -\dot{E}_1 + \dot{I}_1 Z_1 \\
\dot{E}_2' &= \dot{I}_2'\frac{1-s}{s}r_2' + \dot{I}_2'(r_2' + jx_2') = \dot{I}_2'\frac{1-s}{s}r_2' + \dot{I}_2' Z_2' \\
\dot{I}_1 + \dot{I}_2' &= \dot{I}_0 \\
\dot{E}_1 &= \dot{E}_2' \\
\dot{E}_1 &= -\dot{I}_0(r_m + jx_m) = -\dot{I}_0 Z_m
\end{aligned} \tag{3-36}$$

根据基本方程式，再仿照变压器的分析方法，可以画出感应电动机的 T 形等效电路，如图 3 - 20 所示。

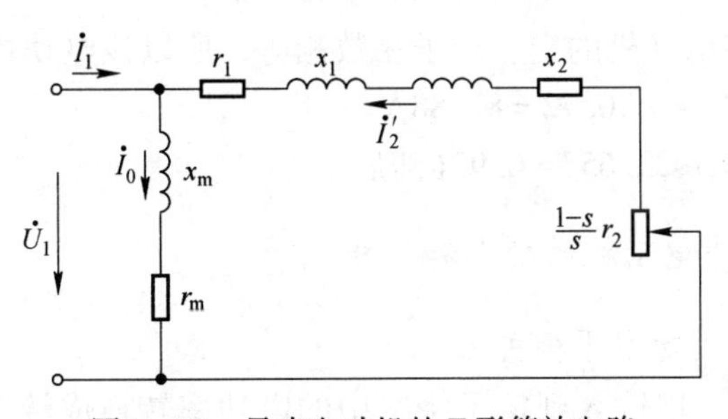

图 3 - 20　异步电动机的 T 形等效电路

【**例 3 - 1 - 4**】有一台Y形连接的三相绕线转子异步电动机，$U_N = 380V$，$f_N = 50Hz$，$n_N = 1400r/min$，其参数为 $r_1 = 0.4\Omega$，$x_1 = 1\Omega$，$x_m = 40\Omega$，忽略 r_m，已知定、转子有效匝数比为 4。

（1）求额定负载时的转差率 s_N 和转子电流频率 f_{2N}。

（2）根据近似等效电路求额定负载时的定子电流 I_1、转子电流 I_2、励磁电流 I_0 和功率因数 $\cos\varphi_1$。

解：

（1）额定负载时的转差率。

$$s_N = \frac{n_1 - n_N}{n_1} = \frac{1500 - 1440}{1500} = 0.04$$

额定负载时的转子电流频率，$f_{2N} = s_N f_N = 0.04 \times 50 = 2\text{Hz}$

（2）根据近似等效电路可知

负载支路阻抗

$$Z_1 + \frac{r'_2}{s_N} + jX'_2 = 0.4 + j1 + \frac{0.4}{0.04} + j1 = 10.4 + j2 \approx 10.59$$

励磁支路阻抗

$$Z_m \approx jX_m = j40\Omega$$

设以定子相电压为参考相量，则

$$\dot{U}_1 = (380/\sqrt{3}) \approx 220\text{V}$$

转子电流

$$-\dot{I}'_2 = \frac{\dot{U}_1}{Z_1 + \frac{r'_2}{s_N} + jX'_2} = \frac{220\angle 0°}{10.59\angle 10.89°} \approx 20.72\angle -10.89°\text{A}$$

励磁电流

$$\dot{I}_0 = \frac{\dot{U}_1}{Z_m} = \frac{220\angle 0°}{j40} 5.5\angle 90°$$

定子电流

$$\dot{I}_1 = -\dot{I}'_2 + \dot{I}_0 = 20.72/-10.89° + 5.5/-90° \approx 22.22/-23.65°\text{A}$$

由于定子绕组为Y形连接，相电流即是线电流，所以各线电流有效值为

$$I_1 = 22.22\text{A},\ I_0 = 5.5\text{A}$$

因为绕线转子异步电动机的定、转子相数相等，所以该电动机的 $k_e = k_i = 4$，转子线电流有效值为：$I_2 = k_i I'_2 = 4 \times 20.72 = 82.88\text{A}$

功率因数：$\cos\varphi_1 = \cos 23.65° \approx 0.92$(滞后)

3.1.2.6　三相异步电动机的功率和转矩

A　三相异步电动机功率平衡关系

异步电动机运行时，把输入到定子绕组中的电功率转换成转子转轴上输出的机械功率。在能量变换过程中，不可避免地会产生一些损耗。根据能量守恒定律，输出功率应等于输入功率减去总损耗。本节着重分析能量转换过程中各种功率和损耗之间的关系。

异步电动机负载运行时，由电源供给的从定子绕组输入的电功率为 P_1，即

$$P_1 = m_1 U_1 I_1 \cos\varphi_1 \tag{3-37}$$

从图3－20所示的T形等效电路可以看出，P_1 的一小部分消耗于定子电阻上的定子铜损耗 P_{Cu1}，即

$$p_{\text{Cu1}} = m_1 I_1^2 r_1 \tag{3-38}$$

还有一小部分消耗于定子铁芯中的铁损耗 P_{Fe1}，即

$$p_{Fe} = m_1 I_0^2 r_m \tag{3-39}$$

余下的大部分电功率借助于气隙旋转磁场由定子传送到转子，这部分功率就是异步电动机的电磁功率 P_M，即

$$P_M = P_1 - p_{Cu1} - p_{Fe} = m_1 E'_2 I'_2 \cos\varphi_2 = m_1 I'^2_2 \frac{r'_2}{s}$$

电磁功率 P_M 传递到转子以后，必产生转子电流，电流在转子绕组中流过，在转了电阻上又产生了转子铜损耗 P_{Cu2}，即

$$p_{Cu2} = m_1 I'^2_2 r'_2 = sP_M \tag{3-40}$$

由式（3-40）可知，转子铜损耗是电磁功率的 s 倍，所以转子铜损耗又称转差功率。

电磁功率减去转子绕组的铜损耗 P_{Cu2}之后，便是使转子旋转的总机械功率 P_m。

$$P_m = P_M - p_{Cu2} = m_1 I'^2_2 \frac{1-s}{s} r'_2 = (1-s)P_M$$

电动机运行时，由轴承及风阻等摩擦所引起损耗叫机械损耗 p_m。由定、转子开槽和谐波磁场引起的损耗叫附加损耗 p_S。电动机的附加损耗很小，一般在大型异步电动机中，p_S 约为电动机额定功率的 0.5%；而在小型异步电动机中，满载时 p_S 可达电动机额定功率的 1% ~3% 或更大些。

总机械功率减去机械损耗 p_m 和附加损耗 p_S 后，才是转子轴端输出的机械功率 P_2：

$$P_2 = P_m - p_m - p_S$$

根据上述功率转换过程，可建立功率平衡方程式如下：

$$P_M = P_1 - p_{Cu1} - p_{Fe}$$

$$P_m = P_M - p_{Cu2}$$

$$P_2 = P_m - p_m - p_S = P_m - (p_m + p_S) \tag{3-41}$$

综上可得

$$P_2 = P_1 - p_{Cu1} - p_{Fe} - p_{Cu2} - p_m - p_S = P_1 - \Sigma p$$

式中　Σp——电动机的总损耗。

三相异步电动机的效率为

$$\eta = \frac{P_2}{P_1} \times 100\% \tag{3-42}$$

功率变换过程也可以用图 3-21 表示。

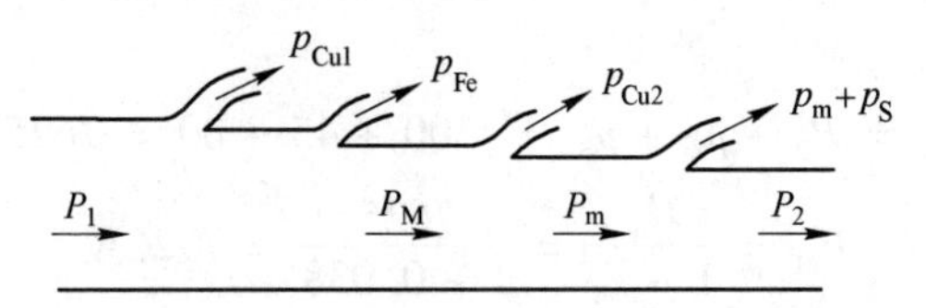

图 3-21　异步电动机功率流程图

B　转矩平衡

由动力学可知，旋转体的机械功率等于作用在旋转体上的转矩与其机械角速度 Ω 的乘积，$\Omega = \frac{2\pi}{60}$ r/min。将式（3-42）的两边同除以转子机械角速度 Ω，便得到稳态时异步电

动机的转矩平衡方程式：

$$\frac{P_2}{\Omega}=\frac{P_m}{\Omega}-\frac{p_m+p_S}{\Omega}$$

即 $$T_2=T-T_0 \quad 或 \quad T=T_2+T_0 \tag{3-43}$$

式中　T——电动机的电磁转矩，$T=\frac{P_m}{\Omega}=9.55\frac{P_m}{n}$；

T_2——电动机的输出机械转矩，$T_2=\frac{P_2}{\Omega}=9.55\frac{P_2}{n}$；

T_0——电动机的空载转矩，$T_0=\frac{p_m+p_S}{\Omega}=9.55\frac{p_m+p_S}{n}$。

式（3－44）为三相异步电动机的转矩平衡方程，它说明电动机电磁转矩 T 与输出机械转矩 T_2 和空载转矩 T_0 相平衡。

从式（3－44）可推得

$$T=\frac{P_m}{\Omega}=\frac{(1-s)P_M}{\frac{2\pi n}{60}}=\frac{P_M}{\frac{2\pi n_1}{60}}=\frac{P_M}{\Omega_1} \tag{3-44}$$

式中，Ω_1 为同步机械角速度，$\Omega_1=\frac{2\pi n_1}{60}(\text{rad/min})$。

由此可知，电磁转矩从转子方面看，它等于总机械功率除以转子机械角速度；从定子方面看，它又等于电磁功率除以同步机械角速度。

【例3－1－5】一台 $P_N=7.5\text{kW}$，$U_N=380\text{V}$，$n_N=962\text{r/min}$ 的六极三相异步电动机，定子三角形连接，额定负载 $\cos\varphi_N=0.827$，$p_{Cu1}=470\text{W}$，$p_{Fe}=234\text{W}$，$p_m=45\text{W}$，$p_S=80\text{W}$，试求额定负载时的转差率 s_N，转子频率 f_2、转子铜损耗 p_{Cu2}、定子电流 I_1，以及负载转矩 T_2、空载转矩 T_0 和电磁转矩 T。

解：

额定转差率 s_N

$$n_1=\frac{60f_1}{p}=\frac{60\times50}{3}=1000\text{r/min}$$

$$s_N=\frac{n_1-n_N}{n_1}=\frac{1000-962}{1000}=0.038$$

转子频率 f_2

$$f_2=s_Nf_1=0.038\times50=1.9\text{Hz}$$

转子铜损 p_{Cu2}

$$P_m=P_2+p_m+p_S=7500+45+80=7625\text{W}$$

$$P_M=\frac{P_m}{1-s_N}=\frac{7625}{1-0.038}=7926\text{W}$$

$$P_{Cu2}=s_NP_M=0.038\times7926=301\text{W}$$

定子电流 I_1

$$P_1=P_2+\Sigma P=7500+(470+234+45+80+301)=8630\text{W}$$

$$I_1=\frac{P_1}{\sqrt{3}U_1\cos\varphi_1}=\frac{8630}{\sqrt{3}\times380\times0.827}=15.85\text{A}$$

转矩 T、T_2、T_0

$$T_2 = \frac{P_2}{\Omega} = \frac{7500}{2\pi \frac{962}{60}} = 74.44\text{N} \cdot \text{m}$$

$$T_0 = \frac{P_m + P_S}{\Omega} = \frac{45 + 80}{2\pi \frac{962}{60}} = 1.24\text{N} \cdot \text{m}$$

$$T = T_2 + T_0 = 74.44 + 1.24 = 75.68\text{N} \cdot \text{m}$$

3.1.2.7　三相异步电动机的特性

A　三相异步电动机的工作特性

异步电动机的工作特性是指在额定电压和额定频率运行时，电动机的转速 n、输出转矩 T_2、定子电流 I_1、功率因数 $\cos\varphi_1$、效率 η 与输出功率 P_2 之间的关系。工作特性可以通过电动机直接加负载试验得到。图 3-22 所示为三相异步电动机的工作特性曲线。下面分别加以说明。

a　转速特性 $n = f(P_2)$

异步电动机空载时，$P_2=0$，转子电流很小，$n \approx n_1$，即转子转速接近同步转速。负载时，随着 P_2 的增大，转子电流也增大，转速 n 则降低，但下降不多。额定运行时，转差率很小，一般 $s_N \approx 0.01 \sim 0.06$，相应的转速 $n_N = (1-s_N)n_1 = (0.99 \sim 0.94)n_1$，与同步转速 n_1 接近，故转速特性 $n = f(P_2)$ 是一条稍向下倾斜的曲线。如图 3-22 所示。

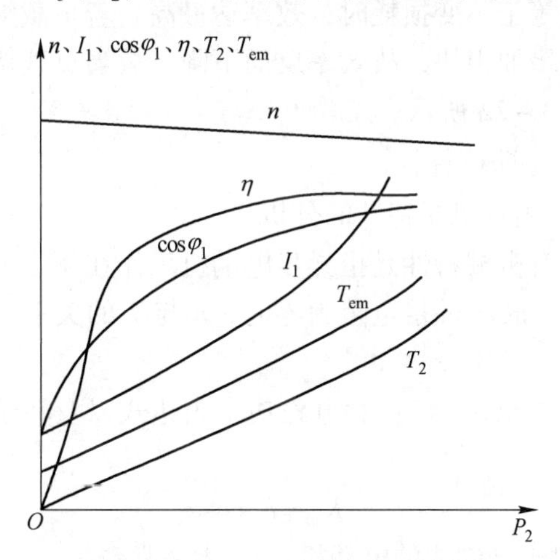

图 3-22　异步电动机工作特性

b　转矩特性 $T_2 = f(P_2)$

异步电动机的输出转矩

$$T_2 = \frac{P_2}{\Omega} = \frac{P_2}{2\pi \frac{n}{60}}$$

空载时，$P_2=0$，$T_2 \approx T_0$；负载时，随着输出功率 P_2 的增加，转速略有下降，故 $T_2 = f(P_2)$ 为一条过零点稍向上翘的曲线。由于从空载到满载，n 变化很小，故 $T_2 = f(P_2)$ 可近似看成一条直线，如图 3 - 22 所示。

c　定子电流特性 $I_2 = f(P_2)$

异步电动机空载时，$P_2 = 0$，定子电流 $I_1 = I_0$。负载时，随着输出功率 P_2 的增加，转子电流增大，于是定子电流的负载分量也随之增大，所以 I_1 随 P_2 的增大而增大，如图3 - 22 所示。

d　定子功率因数特性 $\cos\varphi_1 = f(P_2)$

异步电动机空载时，$P_2 = 0$，定子电流几乎全部为励磁电流，主要用于建立旋转磁场，因此定子电流主要是无功励磁电流，因此功率因数很低，通常不超过 0.2。负载运行时，随着负载的增加，转子电流和定子电流的有功分量增加，使功率因数逐渐上升，在额定负载附近，功率因数最高。当超过额定负载后，由于转差率 s 迅速增大，使转子功率因数下降 $\cos\varphi_1$，于是转子电流无功分量增大，相应的定子无功分量电流也增大，因此定子功率因数 $\cos\varphi_1$ 反而下降，如图 3 - 22 所示。

e　效率特性 $\eta = f(P_2)$

根据公式

$$\eta = \frac{P_2}{P_1} = 1 - \frac{\Sigma P}{P_2 + \Sigma P}$$

可知，电动机空载时，$P_2 = 0$，$\eta = 0$。当负载运行时，随着输出功率 P_2 的增加，效率 η 也在增加。在正常运行范围内因主磁通和转速变化很小，故铁损耗 p_{Fe} 和机械损耗 p_m 可认为是不变损耗。而定、转子铜损耗 p_{Cu1} 和 p_{Cu2}、附加损耗 p_S 随负载而变，称为可变损耗。当负载增大到使可变损耗等于不变损耗时，效率达最高。若负载继续增大，则与电流平方成正比的定、转子铜损耗增加很快，故效率反而下降，故当负载增大到可变损耗与不变损耗相等时，η 最大。如图 3 - 22 所示。

B　三相异步电动机的机械特性

a　三相异步电动机的固有机械特性的分析

三相感应电动机的固有机械特性是指异步电动机工作在额定电压和额定频率下，按规定的接线方式接线，定子、转子外接电阻为零时，n 与 T 的关系。机械特性视分析问题的需要，有以下表示方法：

（1）物理表达式。由式（3 - 45）和电磁功率表达式以及转子电动势公式，可推得电磁转矩物理表达式：

$$T = K_T \varphi_0 I'_2 \cos\varphi_2 \tag{3-45}$$

式中，K_T 为转矩常数，对于已制成的电动机，K_T 为一常数。

（2）参数表达式。由于电磁转矩的物理表达式不能直接反映转矩与转速的关系，而电力拖动系统却常常需要用转速或转差率与转矩的关系进行系统的运行分析，故推导参数表达式如下：

$$T = \frac{P_M}{\Omega_1} \frac{3pU_1^2\left(\frac{r'_2}{s}\right)}{2\pi f_1\left[\left(r_1 + \frac{r'_2}{s}\right)^2 + (x_1 + x'_2)^2\right]} \tag{3-46}$$

式中　p——磁极对数；

U_1——定子相电压；

f_1——电源频率；

r_1，x_1——定子每相绕组电阻和漏抗；

r'_2，x'_2——折算定子侧的转子电阻和漏抗；

s——转差率。

由式（3－47）可得如下几点重要结论：

1）异步电动机的电磁转矩与定子每相电压 U_1 的平方成正比例。

2）若不考虑 U_1、f_1 及参数变化时，电磁转矩仅与转差率 s 或转速有关。

b　三相异步电动机的机械特性曲线的分析

当电动机的转差率 s（或转速 n_2）变化时，可由式（3－46）算出相应的电磁转矩 T，因而可以作出图 3－23 所示的机械特性曲线。

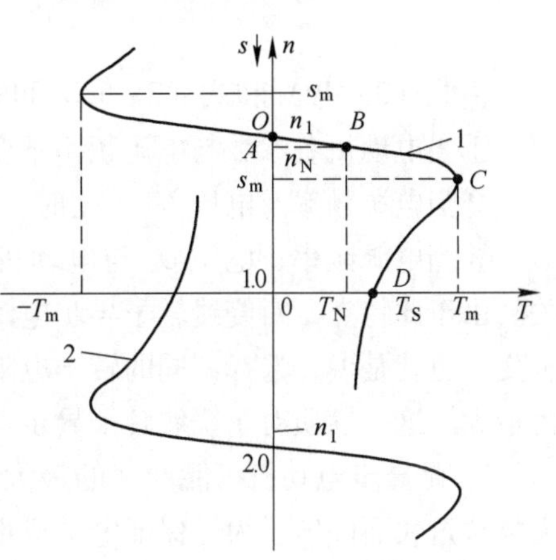

图 3－23　三相异步电动机的机械特性［$T-n(s)$］曲线

整个机械特性可由两部分组成：

（1）OC 部分（转矩由 0 至 T_m，转差率由 0 至 s_m）。在这一部分，随着转矩 T 的增加，转速降低，根据电力拖动系统稳定运行的条件，称这部分为可靠稳定运行部分或称为工作部分（电动机基本上工作在这一部分），或称稳定区。异步电动机的机械特性的工作部分接近于一条直线，只是在转矩接近于最大值时弯曲较大。故一般在额定转矩以内，感应电动机的机械特性曲线可看作直线。

（2）CD 部分（转矩由 T_m 至 T_S，转差率由 s_m 至 1。在这一部分，随着转矩的减小，转速也减小，特性曲线为一曲线，称为机械特性的曲线部分。只有当异步电动机带动通风机负载时，才能在这一部分稳定运行；而对恒转矩负载或恒功率负载，在这一部分不能稳定运行，因此有时候也称这一部分为非工作部分，或称非稳定区。为了进一步描述机械特性的特点，下面着重研究几个反映电动机工作情况的特殊点。

1）理想空载（同步转速）点 O。O 点是电动机的理想空载点，即转子转速达到了同步转速。理想空载点 O 的特点是 $n=n_1$，$s=0$，电磁转矩 $T=0$，转子电流 $I'_2=0$，定子电流 $I_1=I_0$。显然，如果没有外界转矩的作用，异步电动机本身不可能达到同步转速点。

2）最大转矩点 C。最大转矩点 C 的特点是 $s=s_m$，$T=T_m$。为了求得 T_m 的值，可以将下式

$$T_m=\frac{3pU_1^2\dfrac{r'_2}{s}}{2\pi f_1\left[\left(r_1+\dfrac{r'_2}{s}\right)^2+(x_1+x'_2)^2\right]}$$

对 s 求导，令 $\dfrac{dT}{dn}=0$，求得产生最大转矩 T_m 时的转差率：

$$s_m=\pm\frac{r'_2}{\sqrt{r'_2+(x_1+x'_2)^2}} \tag{3-47}$$

将式（3-47）代入式（3-46），即可求得最大转矩：

$$T_{m} = \pm \frac{m_1 p U_1^2}{4\pi f_1[\pm r_1 + \sqrt{r_1^2 + (x_1 + x_2')^2}]} \tag{3-48}$$

式中正号对应于电动运行状态，负号对应于发电运行状态。通常 $r_1 \ll (x_1 + x_2')$，故式（3-47）和式（3-48）可以近似为：

$$s_{m} \approx \pm \frac{r_2'}{x_1 + x_2'} \tag{3-49}$$

$$T_{m} \approx \pm \frac{m_1 p U_1^2}{4\pi f_1 (x_1 + x_2')} \tag{3-50}$$

由式（3-49）和式（3-50）可得如下几点重要结论：

①当电动机各参数与电源频率不变时，T_m 与 U_1^2 成正比，s_m 则保持不变，与 U_1 无关。

②当电源频率及电压 U_1 不变时，s_m 和 T_m 近似地与 $x_1 + x_2'$ 成反比。

③当电源频率、电压 U_1 与电动机其他各参数不变时，s_m 与 r_2' 成正比，T_m 则与 r_2' 无关。由于此特点，对绕线转子异步电动机，当转子电路串联电阻时，可使 s_m 增大，但 T_m 不变。也就是说，选择不同的转子电阻值，可以在某一特定的转速时使电动机产生的转矩为最大，这一性质对于绕线转子异步电动机具有特别重要的意义。

T_m 是异步电动机可能产生的最大转矩。如果负载转矩大于最大转矩，则电动机将因为承载过大而停转。为了保证电动机不会因短时过载而停转，一般电动机都具有一定的过载能力。过载能力用最大转矩 T_m 与额定转矩 T_N 之比表示，即

$$\lambda_{m} = \frac{T_m}{T_N} \tag{3-51}$$

λ_m 是异步电动机的一个重要性能指标，它反映了电动机短时过载的极限。一般异步电动机的过载倍数 $\lambda_m = 1.1 \sim 2.2$，对于起重冶金用的异步电动机，其 λ_m 可达 3.5。

3）启动转矩点 D。在启动转矩点 D，$n=0$，$s=1$，电磁转矩 $T=T_S$。T_S 称为启动转矩（因此时 $n=0$，转子不动，故也称为堵转转矩），它是异步电动机接到电源开始启动瞬间的电磁转矩。将 $s=1$ 代入式（3-46），即可求得

$$T_{S} = \frac{3pU_1^2 r_2'}{2\pi f_1[(r_1 + r_2')^2 (x_1 + x_2')^2]} \tag{3-52}$$

由上式可知，启动转矩仅与电动机本身的参数和电源有关，而与电动机所带的负载无关。对于绕线转子电动机，若在一定范围内增大转子电阻（转子电路串接电阻），可以增大启动转矩，改善启动性能；而对于笼形转子异步电动机，其转子电阻不能用串接电阻的方法改变，启动转矩大小只能在设计时考虑，在额定电压下，其 T_S 是一个恒值。这时 T_S 与 T_N 之比称为启动转矩倍数 K_S，即

$$K_{S} = \frac{T_S}{T_N} \tag{3-53}$$

K_S 是鼠笼型异步电动机的一个重要参数，它反映了电动机的启动能力。显然只有当 T_S 大于负载转矩时，电动机才能启动；而当要求满载启动时，K_S 必须大于 1。

4）额定运行点 B。电动机额定运行时，工作点位于 B 点，此时，$n=n_N$，$s=s_N$，$T=$

T_N，$I=I_N$。额定运行时转差率很小，一般 $s_N \approx 0.01 \sim 0.06$，所以电动机的额定转速 n_N 略小于同步转速 n_1，这也说明了 OC 段特性接近线性。

c　实用表达式

前面介绍的参数表达式，对于分析电磁转矩与电动机参数间的关系，进行某些理论分析，是非常有用的。但是，由于在电动机的产品目录中，定子及转子的内部参数是查不到的，往往只给出额定功率 P_N、额定转速 n_N 及过载倍数 λ_m 等，所以用参数表达式进行定量计算很不方便，为此，导出了一个较为实用的表达式（推导从略），即

$$T = \frac{2T_m}{\frac{s}{s_m} + \frac{s_m}{s}} \tag{3-54}$$

上式中的 T_m 及 s_m 可用下述方法求出：

$$T_m = \lambda_m T_N = \frac{9.55\lambda_m P_N}{n_N} \tag{3-55}$$

当电动机运行在 $T-s$ 曲线的线性段时，因为 s 很小，所以 $\frac{s}{s_m} \ll \frac{s_m}{s}$，从而忽略 $\frac{s}{s_m}$，式（3-55）就可简化为

$$T = \frac{2T_m}{s_m}s \tag{3-56}$$

上式即为电磁转矩的简化实用表达式，又称直线表达式，用起来更为简单。但需注意，为了减小误差，上式 s_m 的计算应采用以下公式：

$$s_m = 2\lambda_m s_N \tag{3-57}$$

以上异步电动机的三种电磁转矩表达式，应用场合有所不同。一般物理表达式适用于定性分析 T 与 φ_1 及 $I'_2\cos\varphi_2$ 之间的关系；参数表达式适用于定性分析电动机参数变化对其运行性能的影响；实用表达式适用于工程计算。

【例 3-1-6】已知一台三相异步电动机，额定功率 $P_N = 70\text{kW}$，额定电压 220/380V，额定转速 $n_N = 725\text{r/min}$，过载倍数 $\lambda_T = 2.4$。求其转矩的实用公式（转子不串电阻）。

解：

额定转矩

$$T_N = 9550 \times \frac{P_N}{n_N} = 9550 \times \frac{70}{725} = 922\text{N} \cdot \text{m}$$

最大转矩

$$T_m = \lambda T_T = 2.4 \times 922 = 2212.9\text{N} \cdot \text{m}$$

额定转差率（用估算法可得同步转速 $n_1 = 750\text{r/min}$）

$$s_N = \frac{n_1 - n_N}{n_1} = \frac{750 - 725}{750} = 0.033$$

临界转差率

$$s_m = s_N(\lambda + \sqrt{\lambda^2 - 1}) = 0.033(2.4 + \sqrt{2.4^2 - 1}) = 0.15$$

转子不串电阻时的转矩实用公式为

$$T = \frac{2T_m}{\frac{s}{s_m} + \frac{s_m}{s}} = \frac{2 \times 2212.9}{\frac{s}{0.15} + \frac{0.15}{s}}$$

d　人为机械特性的分析

由电磁转矩的参数表达式可知，人为地改变异步电动机的任何一个或多个参数（U_1、f_1、p、r_1、x_1、r_2、x_2），都可以得到不同的机械特性，这些机械特性统称为人为机械特性。下面介绍改变某些参数时的人为机械特性。

（1）降低定子电压时的人为机械特性。由前面介绍可知，电动机的电磁转矩（包括最大转矩 T_m 和启动转矩 T_S）将与 U_1^2 成正比。当定子电压 U_1 降低时，最大转矩 T_m 和启动转矩 T_S 成正比的降低，但产生最大转矩的临界转差率 s_m 因与电压无关，保持不变；由于电动机的同步转速 n_1 也与电压无关，因此同步点也不变。可见降低定子电压的人为机械特性为一组通过同步点的曲线族。如图 3－24 绘出 $U_1 = U_N$ 的固有特性曲线和 $U_1 = 0.8U_N$ 及 $U_1 = 0.5U_N$ 时的人为机械特性。

由图可见，当电动机在某一负载下运行时，若降低电压，则电动机转速降低，转差率增大，转子电流将因此而增大，从而引起定子电流的增大。若电动机电流超过额定值，则电动机最终温升将超过容许值，导致电动机寿命缩短，甚至使电动机烧坏。如果电压降低过多，致使最大转矩 T_m 小于总的负载转矩，则会发生电动机停转事故。

（2）转子电路串三相对称电阻时的人为机械特性。对于绕线转子三相异步电动机，如果其他条件都与固有特性时的一样，仅在转子电路串三相对称电阻时得到的人为机械特性，由前面介绍可知：

1）因为 $n_1 = \frac{60f_1}{p}$，所以转子串电阻后，同步转速 n_1 不变。

2）转子串电阻后的最大转矩 T_m 不变，但临界转差率 s_m 随 R_P 的增大而增大（或临界转速 n_m 随 R_P 的增大而减小）。

转子电路串不同电阻 R_P 时的人为机械特性的变化规律如图 3－25 所示。

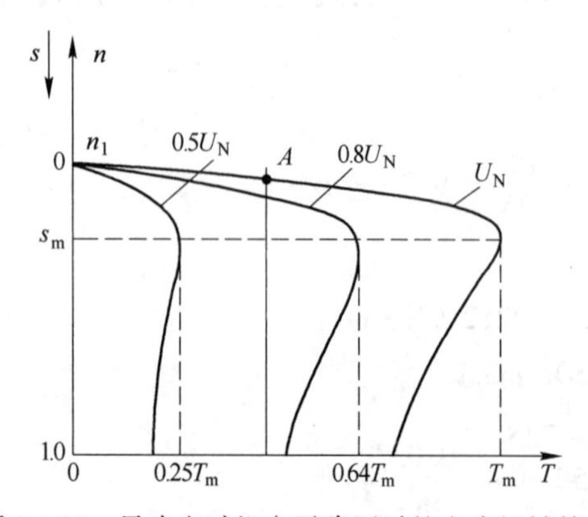

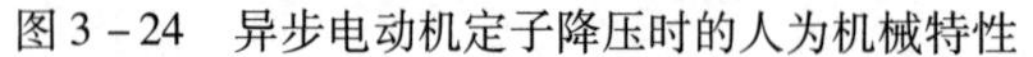
图 3－24　异步电动机定子降压时的人为机械特性

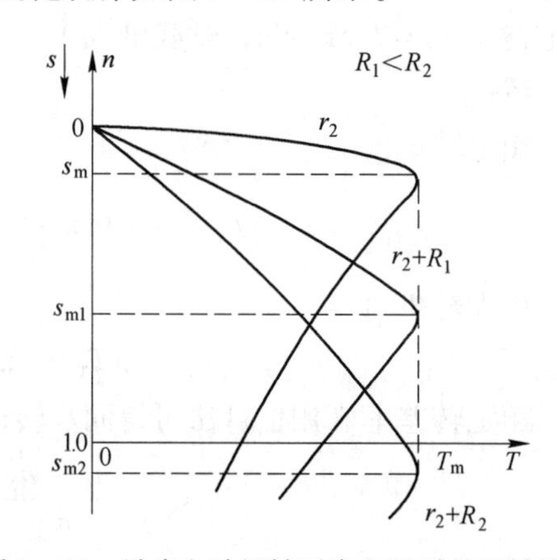

图 3－25　异步电动机转子串电阻时的机械特性

由图 3－25 可知，绕线转子异步电动机转子电路串电阻，可以改变转速而应用于调速，也可以改变启动转矩，从而应用于改善异步电动机的启动性能。

（3）定子电路串三相对称电阻或电抗时的人为机械特性。

对于鼠笼型三相异步电动机，如果其他条件都与固有特性时的一样，仅在定子电路串三相对称电阻或电抗时得到的人为机械特性，由前面介绍可知

1）因为 $n_1 = \dfrac{60f_1}{p}$，所以定子电路串电阻或电抗后，同步转速 n_1 不变。

2）串入电阻（r_P）或电抗（x_P）后的最大转矩 T_m 及临界转差率 s_m 都随 x_P 的增大而减小。

3）串入电阻或电抗后的启动转矩 T_S 随 x_P 的增大而减小。定子电路串不同电阻时的人为机械特性的变化规律如图 3－26 所示。此外，还有改变极对数 p 以及改变电源频率 f_1 时的人为机械特性，这些将在后面结合调速原理一起介绍。

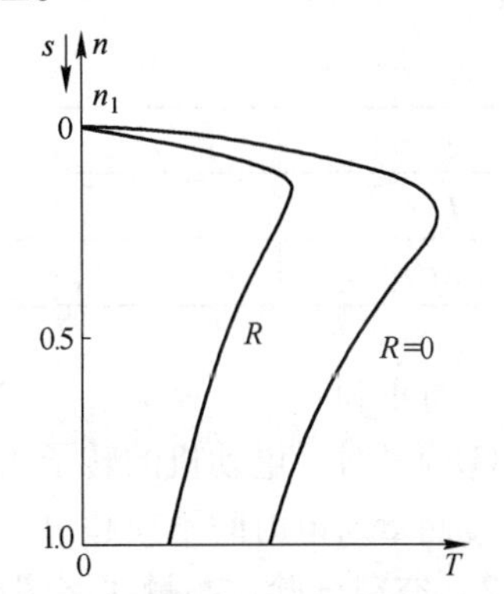

图 3－26　定子电路串不同电阻时的人为机械特性

3.1.3　技能训练

题目：三相异步电动机参数测定

（1）目的：

1）掌握异步电动机的空载、短路实验方法。

2）求异步电动机的损耗。

3）测定三相笼型异步电动机的参数。

（2）仪器及设备：

1）MCL－Ⅱ型实验台主控制屏。

2）电机导轨及测功机。

3）波形测试及开关板 MEL－05。

4）直流电压电流表 MEL－06。

（3）内容与步骤：

1）测量定子绕组的冷态直流电阻。将电机在室内放置一段时间，电机铁芯与环境温差不超过 2K，由实验室给出环境温度作为铁芯温度。此时测量定子绕组的直流电阻，此阻值即为冷态直流电阻。

测量线路如图 3－27 所示。量程的选择：测量时通过的最大测量电流约为电机额定电流的 10%，即约为 50 毫安，因而直流电流表的量程用 200mA 档。三相笼型异步电动机定子一相绕组的电阻约为 50Ω，因而当流过的电流为 50mA 时两端电压约为 2.5V，所以直流电压表量程用 20V 档。

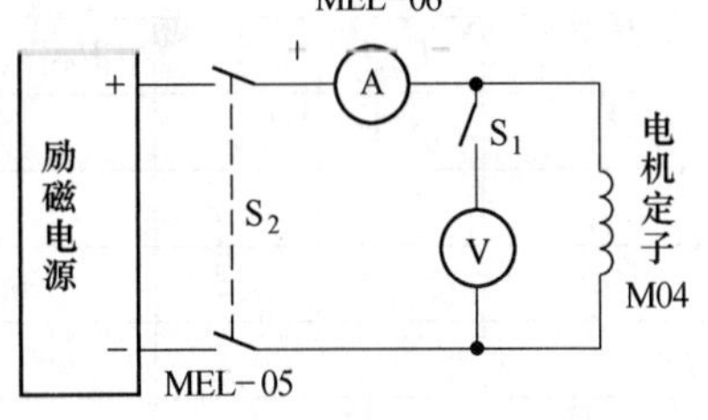

图 3－27　三相交流绕组电阻测定

按图 3－27 接线电机定子。接通开关 S_2，将励磁电流源调至 25mA。调节励磁电流源使实验电流不超过电机额定电流的 10%（为了防止因试验电流过大而引起绕组的温度上升），读取电流值，再接通开关 S_1，读取电压值。读完后，先打开开关 S_1，再打开开关 S_2。每一电阻测量三次，取其平均值，测量定子三相绕组

的电阻，记录于表 3 – 2 中。

表 3 – 2　数据记录　　$T=$　　℃

I/A						
U/V						
R/Ω						

注意事项：

①测量时，电动机的转子须静止不动。

②测量通电时间不应超过 1min。

2）空载试验。测量线路图如图 3 – 28 所示，电机绕组△接法（额定电压 220V）。

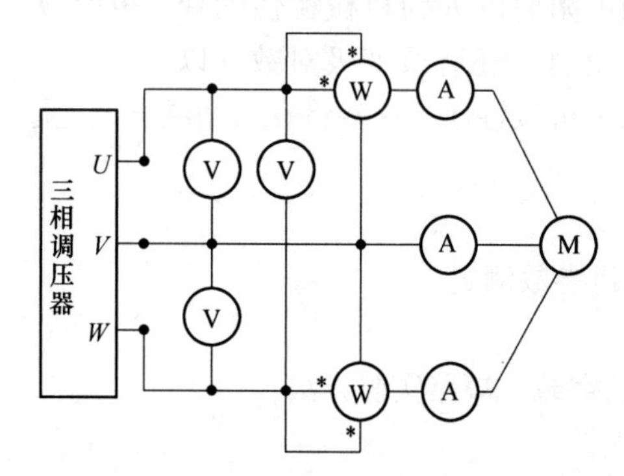

图 3 – 28　三相笼型异步电动机实验接线图

首先把交流调压器退到零位，然后接通电源，逐渐升高电压，使电机启动旋转，观察电机旋转方向。并使电机旋转方向符合要求。

注意：调整相序时，必须切断电源。保持电动机在额定电压下空载运行数分钟，使机械损耗达到稳定后再进行试验。调节电压由 1.2 倍额定电压开始逐渐降低，直至电流或功率显著增大为止。在这范围内读取空载电压、空载电流、空载功率，共读取 5 ~ 6 组数据，记录于表 3 – 3 中。

表 3 – 3　数据记录

序号	U/V			I/A			P/W			$\cos\phi$
	U_{UV}	U_{VW}	U_{WU}	I_U	I_V	I_W	P_{I}	P_{II}	P_0	$\cos\phi_0$

注意：空载试验读取数据时，在额定电压附近应多测几点。

3）短路试验。测量接线图同图 3 – 28。

由测功机上端小孔插入一金属棒使转子堵转，调压器退至零，台上交流电源，调节调压器使之逐渐升压至短路电流到 1.2 倍额定电流，再逐渐降压至 0.3 倍额定电流为止。在这范围内读取短路电压、短路电流、短路功率共读取 4～5 组数据，记录于表 3－4 中。

表 3－4　数据记录　　　　$U_N =$　　V

序号	U/V			I/A			P/W			$\cos\phi$
	U_{UV}	U_{VW}	U_{WU}	I_U	I_V	I_W	P_{I}	P_{II}	P_K	$\cos\phi_K$

注意：先观察电机的转向，再堵住转子，防止制动工具抛出伤害周围人员。

（4）结论：

1）计算基准工作温度时的相电阻。由实验直接测得每相电阻值，此值为实际冷态电阻值。冷态温度为室温。按下式换算到基准工作温度时的定子绕组相电阻：

$$r_{lef} = r_{lc}\frac{235 + \theta_{ref}}{235 + \theta_C}$$

式中　r_{lef}——换算到基准工作温度时定子绕组的相电阻，Ω；

r_{lc}——定子绕组的实际冷态相电阻，Ω；

θ_{ref}——基准工作温度，对于 E 级绝缘为 75℃；

θ_C——实际冷态时定子绕组的温度，℃。

2）作空载特性曲线：I_0、P_0、$\cos\phi = f(U_0)$。注意：计算时电压采用三相电压平均值，电流采用三相电流平均值，功率采用两功率表示数的代数和。

3）作短路特性曲线：I_K、$P_K = f(U_K)$。

4）由空载、短路试验的数据求异步电机等效电路的参数。

①由短路试验数据求短路参数。

短路阻抗：
$$Z_K = \frac{U_K}{I_K}$$

短路电阻：
$$r_K = \frac{P_K}{3I_K^2}$$

短路电抗：
$$X_K = \sqrt{Z_K^2 - r_K^2}$$

式中　U_K，I_K，P_K——由短路特性曲线上查得，相应于 I_K 为额定电流时的相电压、相电流、三相短路功率。

转子电阻的折合值
$$r'_2 \approx r_K - r_1$$

定、转子漏抗
$$X'_{1\sigma} \approx X'_{2\sigma} \approx \frac{X_K}{2}$$

②由空载试验数据求激磁回路参数。

空载阻抗：$$Z_0 = \frac{U_0}{I_0}$$

空载电阻：$$r_0 = \frac{P_0}{3I_0^2}$$

空载电抗：$$X_0 = \sqrt{Z_0^2 - r_0^2}$$

式中　U_0，I_0，P_0——相应于 U_0 为额定电压时的相电压、相电流、三相空载功率。

激磁电抗：$$X_m = X_0 - X_{1\sigma}$$

激磁电阻：$$r_m = \frac{p_{Fe}}{3I_0^2}$$

式中，p_{Fe}为额定电压时的铁耗，由图3－29确定。

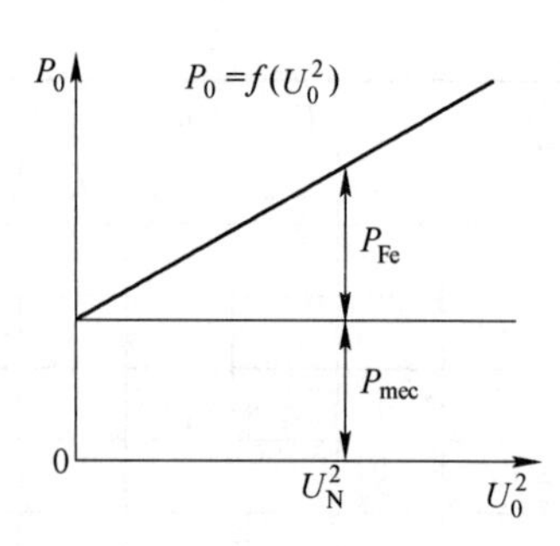

图3－29　电机中铁耗和机械损耗

练习题

3－1－1　简述三相异步电动机的基本结构和各部分的主要功能。

3－1－2　三相绕组中通入三相负序电流时，与通入幅值相同的三相正序电流时相比较，磁通势有何不同。

3－1－3　三相异步电动机的旋转磁场是怎样产生的？旋转磁场的转向和转速各由什么因素决定？

3－1－4　试述三相异步电动机的转动原理，并解释"异步"的含义。异步电动机为什么又称为感应电动机？

3－1－5　一台三相感应电动机，$P_N=75kW$，$n_N=975r/min$，$U_N=3000V$，$I_N=18.5A$。试问：

（1）电动机的极数是多少？

（2）额定负载下的转差率 s 是多少？

（3）额定负载下的效率 η 是多少？

3－1－6　异步电动机理想空载时，空载电流等于零吗？为什么？

3－1－7　一台三角形连接、型号为Y132M－4的三相异步电机，$P_N=7.5kW$，$U_N=380V$，$n_N=1440r/min$，$\eta_N=87\%$。求其额定电流和对应的相电流。

3－1－8　说明异步电动机工作时的能量传递过程。为什么负载增加时，定子电流和输入功率会自动增加？从空载到额定负载，电动机的主磁通有无变化？为什么？

3－1－9　感应电动机转速变化时，为什么定子和转子磁势之间没有相对运动？

3－1－10　一台三相异步电动机，定子绕组为Y形连接，若定子绕组有一相断线，仍接三相对称电源时，绕组内将产生什么性质的磁动势？

3－1－11　一台三相异步电动机接于电网工作时，其每相感应电动势 $E_1=350V$，定子绕组的每相串联匝数 $N_1=132$ 匝，绕组因数 $k_{W1}=0.96$，试问每极磁通 Φ_1 为多大？

3－1－12　导出三相异步电动机的等效电路时，转子边要进行哪些归算？归算的原则是什么？如何归算？

3－1－13　异步电动机等效电路中的 Z_m 反映什么物理量？在额定电压下电动机由空载到满载，Z_m 的大小是否变化？若有变化，是怎样变化的？

3－1－14　异步电动机的等效电路有哪几种？试说明T形等效电路中各个参数的物理意义？

3－1－15　用等效静止的转子来代替实际旋转的转子，为什么不会影响定子边的各种量？定子边的电磁过程和功率传递关系会改变吗？

3-1-16　异步电机等效电路中 $\frac{(1-s)r_2'}{s}$ 代表什么意义？能不能不用电阻而用一个电感或电容来表示？为什么？

3-1-17　一台三相四极异步电动机，已知其额定数据和每相参数 $P_N=10kW$，$U_N=380V$，$f_N=50Hz$，$n_N=1455r/min$，$r_1=1.375\Omega$，$x_1=2.43\Omega$，$r_2'=1.04\Omega$，$x_2'=4.4\Omega$，$r_m=8.34\Omega$，$x_m=82.6\Omega$，定子绕组为△形接法。求额定转速时的定子电流、功率因数、输入功率及效率（用近似等效电路计算）。

3-1-18　什么是三相异步电动机的固有机械特性和人为机械特性？

3-1-19　定性画人为机械特性时，应该怎样分析？定性判断哪些点是否变化，根据什么公式？

3-1-20　当三相异步电动机的电源电压，电源频率，定、转子的电阻和电抗发生变化时，对同步转速、临界转差率和启动转矩有何影响？

3-1-21　异步电动机拖动额定负载运行时，若电网电压过高或过低，会产生什么后果？为什么？

3-1-22　试写出三相异步电动机电磁转矩的三种表达式。

3-1-23　已知一台三相四极异步电动机的额定数据 $P_N=10kW$，$U_N=380V$，$f_N=50Hz$，定子绕组为Y形接法，额定运行时 $p_{Cu1}=557W$，$p_{Cu2}=314W$，$p_{Fe}=276W$，$p_m=77W$，$p_s=200W$。试求：

（1）额定转速。

（2）空载转矩。

（3）电磁转矩。

（4）电动机轴上的输出转矩。

3-1-24　三相异步电动机的工作特性曲线有哪些？是在什么条件下作出的？

任务 3.2　三相异步电动机的启动、调速

【任务要点】

（1）三相异步电动机启动和调速原理。

（2）三相异步电动机启动和调速实现方法、要求。

（3）三相异步电动机启动和调速应用情况。

（4）三相异步电动机启动和调速外接线。

3.2.1　任务描述与分析

3.2.1.1　任务描述

三相异步电动机常常要根据生产机械的要求进行启动、调速等，而电动机的启动、调速等的性能直接影响生产机械的工作情况，因此对三相异步电动机的启动、调速原理、要求及特性的掌握，是正确选择合适方式控制电动机的启动和调速前提。

3.2.1.2　任务分析

本任务介绍了三相异步电动机启动和调速实现的具体方法和手段及特点，掌握三相异步电动机启动和调速控制线路的外接线要求的方法以及各种启动和调速的应用情况。

3.2.2　相关知识

3.2.2.1　三相异步电动机的启动

电动机从静止状态一直加速到稳定转速的过程，称为启动过程。电动机带动生产机械的启动过程中，不同的生产机械有不同的启动情况。有些生产机械在启动时负载转矩很小，但负载转矩随着转速增加近似地与转速平方成正比地增加，例如鼓风机负载；有些生产机械在启动时的负载转矩与正常运行时的一样大，例如电梯、起重机和皮带运输机等；有些生产机械在启动过程中接近空载，待转速上升至接近稳定转速时才加负载，例如机床、破碎机等；此外，还有频繁启动的机械设备等。以上这些因素都将对电动机的启动性能提出不同的要求。

如图3－30所示为定子电路串电阻时的人为机械特性。

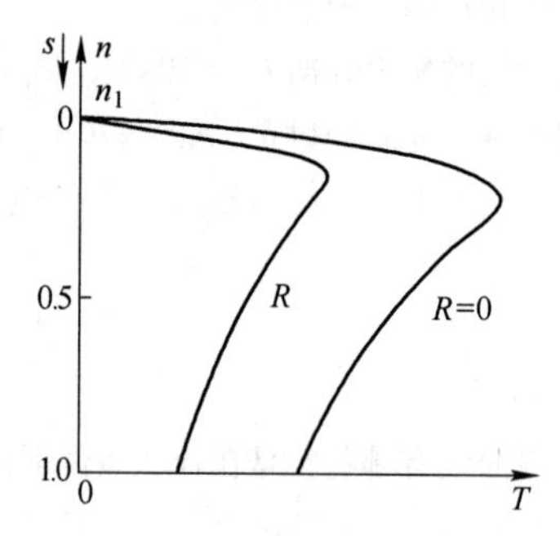

图3－30　定子电路串电阻时的人为机械特性

故总体对三相异步电动机对启动的要求为：

（1）启动转矩要大，以便加快启动过程，保证其能在一定负载下启动。

（2）启动电流要小，以避免启动电流在电网上引起较大的电压降落，影响到接在同一电网上其他电器设备的正常工作。

（3）启动时所需的控制设备应尽量简单，力求操作和维护方便。

（4）启动过程中的能量损耗尽量小。

A　三相鼠笼式异步电动机的全压启动

全压启动指在额定电压下，将电动机三相定子绕组直接接到额定电压的电网上来启动电动机，因此又称直接启动。这是一种最简单的启动方式。这种方法的优点是简单易行，但缺点是启动电流很大。启动转矩 T_S 不大。一般笼型感应电动机的最初启动电流为（4～7）I_N，最初启动转矩为（1.5～2）I_N。这样的启动性能是不理想的。过大的启动电流对电网电压的波动及电动机本身均会带来不利影响。因此，直接启动一般只在小容量电动机中使用，一般电网7.5kW以下或用户由专用变压器供电时，电动机的容量小于变压器容量的20%。电动机可采用直接启动。若电动机的启动电流倍数 K_i、容量与电网容量满足下列经验公式（3－59）可以直接启动。如果不能满足上式的要求，则必须采用减压启动的方法，通过减压，把启动电流限制到允许的范围内。

$$K_i = \frac{I_S}{I_N} \leqslant \frac{3}{4} + \frac{P_S}{4 \times P_N} \tag{3-58}$$

B　鼠笼式异步电动机启动

由于鼠笼式异步电动机转子绕组不能串电阻，故只能采用降压启动。减压启动是通过降低直接加在电动机定子绕组的端电压来减小启动电流的。由于启动转矩 T_S 与定子端电压 U_1 的平方成正比，因此减压启动时，启动转矩将大大减小。所以减压启动只适用于对启动转矩要求不高的设备，如离心泵、通风机械等。

常用的减压启动方法有以下几种。

a　三相鼠笼式异步电动机定子回路串电阻器降压启动

定子串电阻或电抗减压启动是利用电阻或电抗的分压作用降低加到电动机定子绕组的电压，其定子回路串电阻器降压启动的线路如图 3－31 所示。

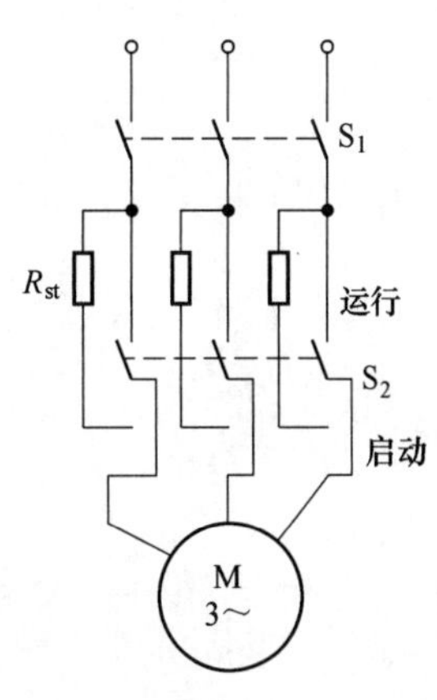

图 3－31　电阻降压启动的原理图

在图中，R_{st} 为电阻器。启动时，首先合上开关 S_1，然后把转换开关 S_2 合在启动位置，此时启动电阻器便接入定子回路中，电机开始启动。待电动机接近额定转速时，再迅速地把转换开关 S_2 转换到运行位置，此时电网电压全部施加于定子绕组，启动过程完成。有时为了减小能量损耗，电阻也可以用电抗器代替。

采用定子串电阻降压启动时，虽然降低了启动电流，但也使启动转矩大大减小。当电动机的启动电压减少到 $1/K$ 时，由电网所供给的启动电流也减少到 $1/K$。由于启动转矩正比于电流平方，因此启动转矩便减少到 $1/K^2$。此法通常用于高压电动机。

定子串电阻或电抗减压启动的优点是：启动较平稳，运行可靠，设备简单。缺点是：定子串电阻启动时电能损耗较大；启动转矩随电压的平方降低，只适合轻载启动。

b　三相鼠笼式异步电动机星－三角（Y－△）转换降压启动

Y－△转换降压启动只适用于定子绕组在正常工作时是△形接法的电动机，其启动线路如图 3－32 所示。

启动时，首先合上开关 S_1，然后将开关 S_2 合在启动位置，此时定子绕组接成Y形，定子每相的电压为 $U_1/\sqrt{3}$，其中 U_1 为电网的额定线电压。待电动机接近额定转速时，再迅速地把转换开关 S_2 换接到运行位置，这时定子绕组改接成△形，定子每相承受的电压便为 U_1，于是启动过程结束。另外，也可利用接触器、时间继电器等电器元件组成自动控制系统，实现电机的Y－△转换降压启动过程。

设电动机额定电压为 U_N，每相漏阻抗为 Z，由图 3－33 所示可得Y连接时的启动电流为

$$I_{SY} = \frac{U_N/\sqrt{3}}{Z}$$

△连接时的启动电流（线电流）即直接启动电流为

$$I_{S\triangle} = \sqrt{3}I_{相} = \sqrt{3}\frac{U_N}{Z}$$

于是得到启动电流减小的倍数为

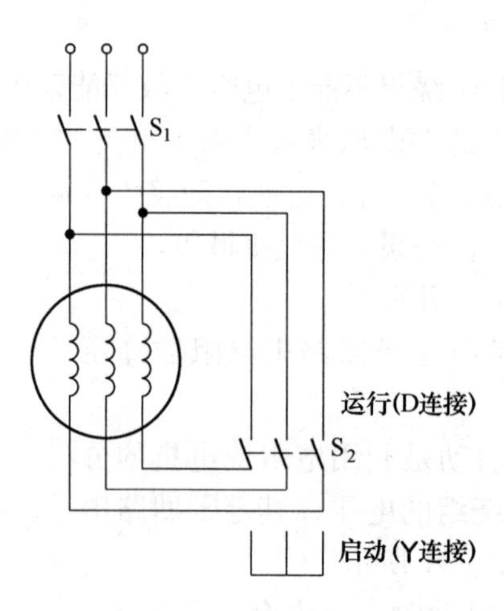

图 3 – 32　Y – △降压启动原理图

$$\frac{I_{\mathrm{stY}}}{I_{\mathrm{stD}}}=\frac{1}{3}$$

即
$$I_{\mathrm{SY}}=\frac{1}{3}I_{\mathrm{S}\triangle} \tag{3-59}$$

根据 $T_{\mathrm{S}}\propto U_1^2$，可得启动转矩的倍数为

$$\frac{T_{\mathrm{SY}}}{T_{\mathrm{S}\triangle}}=\left(\frac{U_{\mathrm{N}}/\sqrt{3}}{U_{\mathrm{N}}}\right)^2=\frac{1}{3}$$

即
$$T_{\mathrm{stY}}=\frac{1}{3}T_{\mathrm{stD}} \tag{3-60}$$

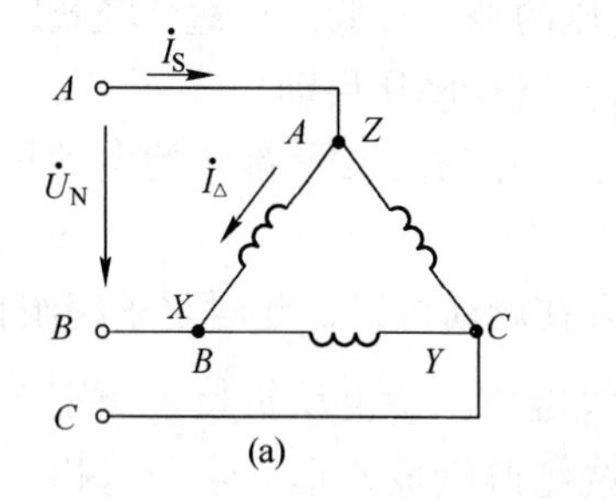

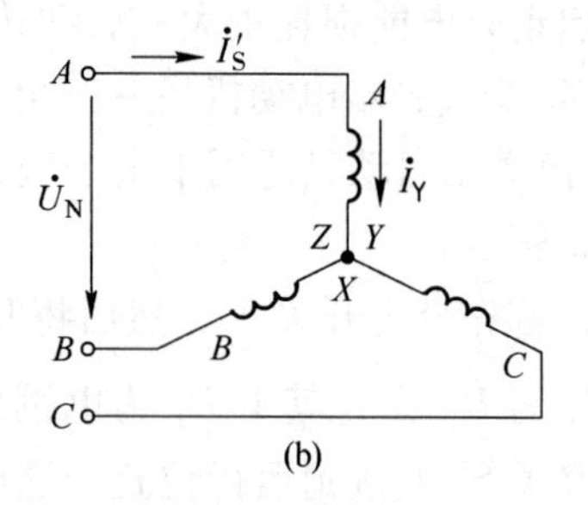

图 3 – 33　Y形连接启动和△形连接启动原理图

（a）△形连接全压启动；（b）Y形连接减压启动

可见，Y/△降压启动时，启动电流和启动转矩都降为直接启动时的 1/3。

Y/△减压启动的优点是：设备简单，成本低，运行可靠，体积小，重量轻，且检修方便，可谓物美价廉，所以 Y 系列容量等级在 4kW 以上的小型三相笼型异步电动机都设计成△形连接，以便采用Y/△启动。其缺点是：只适用于正常运行时定子绕组为△形连接的电动机，并且只有一种固定的降压比；启动转矩随电压的平方降低，只适合轻载启动。

c　三相鼠笼式异步电动机自耦变压器降压启动

这种启动方法利用自耦变压器降低加到电动机定子绕组上的电压以减小启动电流，图 3 – 34 为自耦变压器启动的原理图。

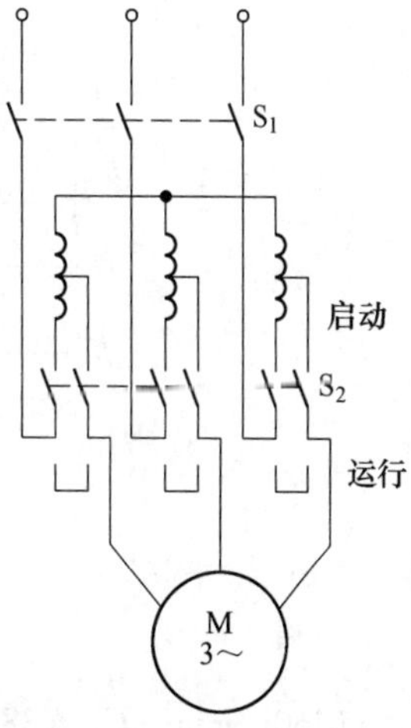

启动时开关投向“启动”位置，这时自耦变压器的一次绕组加全电压，降压后的二次电压加在定子绕组上，电动机降压启动。当电动机转速接近稳定值时，把开关投向“运行”位置，自耦变压器被切除，电动机全压运行，启动过程结束。

设自耦变压器的变比为 K，经过自耦变压器降压后，加在电动机端点上的电压便为 U_1/K。此时电动机的最初启动电流 I'_{1S}便与电压成比例地减小，为额定电压下直接启动时电流 I_S 的 $1/K$，即由于电动机接在自耦变压器的低压侧，自耦变压器的高压侧接在电网，故电网所供给的最初启动电流 I'_S为

$$I'_S = \frac{1}{K}I_S = \frac{1}{K^2}I_{st} \qquad (3-61)$$

$$I'_{1S} = \frac{1}{K}I_S$$

图 3－34　自耦变压器启动原理图

直接启动转矩 T_S 与自耦变压器降压后的启动转矩 T'_S的关系为

$$\frac{T'_S}{T_S} = \left(\frac{U'_1}{U_N}\right)^2 = \frac{1}{K^2}$$

即

$$T'_S = \frac{1}{K^2}T_S \qquad (3-62)$$

由式（3－62）、式（3－63）可知，电网提供的启动电流减小倍数和启动转矩减小倍数均为 $1/K^2$。

自耦变压器减压启动的优点是：电网限制的启动电流相同时，用自耦变压器减压启动将比用其他减压启动方法获得较大的启动转矩；启动用自耦变压器的二次绕组一般有三个抽头（二次侧电压分别为 80%、60%、40% 的电源电压），用户可根据电网允许的启动电流和机械负载所需的启动转矩进行选配。缺点是：自耦变压器体积大、质量大、价格高、需维护检修；启动转矩随电压的平方降低，只适合轻载启动。

自耦变压器减压启动适用于容量较大的低压电动机作减压启动用，有手动及自动控制线路，应用很广泛。

d　三相鼠笼式异步电动机延边三角形降压启动

延边三角形启动是在启动时，把定子绕组的一部分接成三角形，剩下的一部分接成星形，如图 3－35(b) 所示。

从图形上看就是一个三角形三条边的延长，因此称为延边三角形。当启动完毕，再把绕组改接为原来的三角形接法，如图 3－35(a) 所示。延边三角形接法实际上就是把星形接法和三角形接法结合在一起，因此它每相绕组所承受的电压小于三角形接法时的线电压，大于星形接法时的 $1/\sqrt{3}$线电压，介于此二者之间，而究竟是多少，则取决于相绕组中星形部分的匝数和三角形部分的匝数之比。当抽头在每相绕组中心时，启动电流 $I'_S = 0.5I_S$，启动转矩 $T'_S = 0.45T_S$，改变抽头的位置，抽头越靠近尾端，启动电流与启动转矩降低得越多。该启动法的缺点是定子绕组比较复杂。

【例 3－2－1】 有一台三相鼠笼式异步电动机，其额定数据为：$P_{2N} = 10\text{kW}$，△接法，

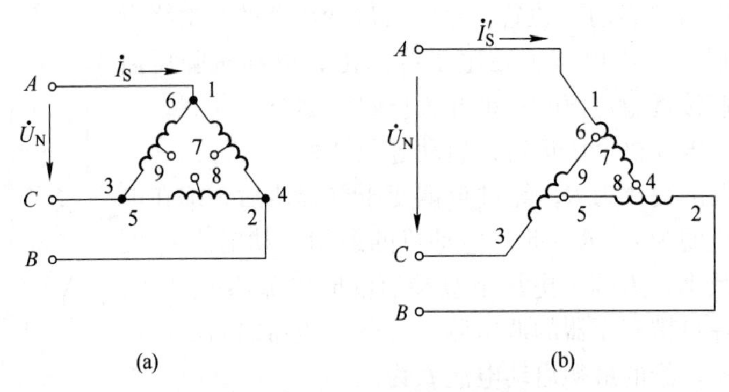

图3－35　延边三角形启动原理图

（a）运行时接法；（b）启动时接法

$n_N=1460\text{r/min}$，$U_N=380\text{V}$，$\eta_N=0.868$，$\cos\varphi_N=0.88$，$T_{st}/T_N=1.5$，$I_{st}/I_N=6.5$。试求：（1）额定输入功率P_{1N}；（2）额定转差率S_N；（3）额定电流I_N；（4）输出的额定转矩T_N；（5）采用Y－△换接启动时的启动电流和启动转矩。

解：

$$(1)\ P_{1N}=\frac{P_N}{\eta_N}=\frac{10}{0.868}=11.52\text{kW}$$

$$(2)\ S_N=\frac{n_0-n_N}{n_0}=\frac{1500-1460}{1500}=0.027$$

$$(3)\ I_N=\frac{P_{1N}}{\sqrt{3}U_N\cos\varphi}=\frac{11.52}{\sqrt{3}\times380\times0.88}=20\text{A}$$

$$(4)\ T_N=9.55\frac{P_N}{n_N}=9.55\times\frac{10\times10^3}{1460}=65.4\text{N}\cdot\text{m}$$

$$(5)\ I_{stY}=\frac{I_{st}}{3}=\frac{6.5I_N}{3}=43.3\text{A}$$

$$T_{stY}=\frac{T_{st}}{3}=\frac{1.5T_N}{3}=32.7\text{N}\cdot\text{m}$$

C　三相绕线式异步电动机启动

a　三相绕线式异步电动机转子回路中串入电阻启动

三相笼型异步电动机直接启动时，启动电流大，启动转矩不大。降压启动时，虽然减小了启动电流，但启动转矩也随着减小，因此笼型异步电动机只能用于空载或轻载启动。

绕线转子异步电动机，若转子回路串入适当的电阻，则既能限制启动电流，又能增大启动转矩，同时克服了笼型异步电动机启动电流大、启动转矩不大的缺点，这种启动方法适用于大、中容量异步电动机重载启动。

为了在整个启动过程中得到较大的加速转矩，并使启动过程比较平滑，应在转子回路中串入多级对称电阻。启动时，随着转速的升高，逐段切除启动电阻，这与直流电动机电枢串电阻启动类似，称为电阻分级启动。图3－36所示为三相绕线式异步电动机转子串接对称电阻分级启动的接线图和对应三级启动时的机械特性。

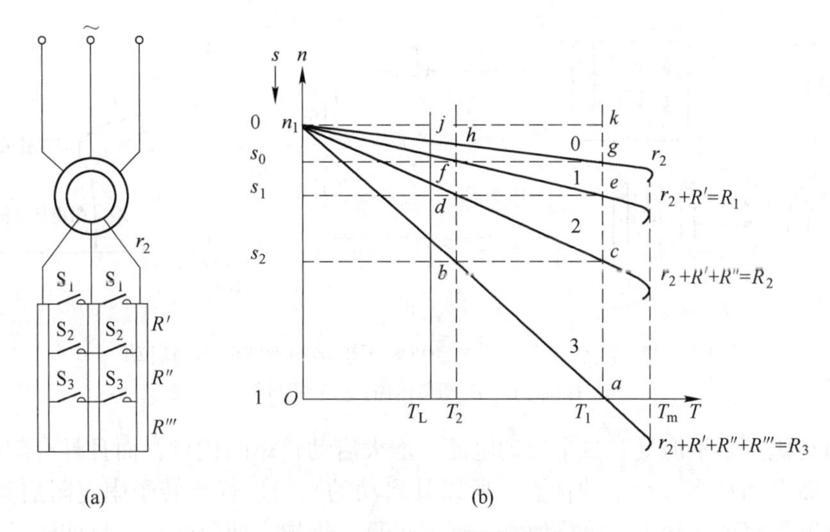

图 3－36　串电阻启动

（a）接线图；（b）机械特性

启动时，三个接触器触头 S_1，S_2、S_3 都断开，电动机转子电路总电阻为

$$R_3 = r + R' + R'' + R'''$$

与此相对应，电动机转速处于人为机械特性曲线 Oa 的 a 点，如图 3－36(b) 所示启动瞬间，转速 $n=0$，于是电动机从 a 点沿曲线 3 开始加速。随着 n 上升，T 逐渐减小，当减小到 T_2 时（对应于 b 点），触点 S_3 闭合，切除 R'''，切换电阻时的转矩值 T_2 称为切换转矩。切除后，转子每相电阻变为 $R_2=r+R'+R''$，对应的机械特性变为曲线 2。

切换瞬间，转速 n 不突变，电动机的运行点由 b 点跃变到 c 点，T 由 T_2 跃升为 T_1。此后，工作点 $c(n,\ T)$ 沿曲线 2 变化，待 T 又减小到 T_2 时（对应 d 点），触点 S_2 闭合，切除 R''。此后转子每相电阻变为 $R_3=r+R'$，电动机运行点由 d 点跃变到 e 点，工作点 $e(n、T)$ 沿曲线 1 变化。最后在 f 点触点 S_1 闭合，切除 R'，转子绕组直接短路，电动机运行点由 f 点变到 g 点后沿固有特性加速到负载点 h 稳定运行，启动结束。

启动过程中，一般取最大加速转矩 $T_1 = (0.6 \sim 0.85)T_m$，切换转矩 $T_2 = (1.1 \sim 1.2)T_N$。

b　三相绕线异步电动机转子串频敏变阻器启动

绕线转子感应电动机采用转子串接电阻启动时，若想在启动过程中保持有较大的启动转矩且启动平稳，则必须采用较多的启动级数，这必然导致启动设备复杂化。而且在每切除一段电阻的瞬间，启动电流和启动转矩会突然增大，造成电气和机械冲击。为了克服这个缺点，可采用转子电路串频敏变阻器启动。

频敏变阻器是一个铁耗很大的三相电抗器，从结构上看，相当于一个没有二次绕组的三相心式变压器，铁芯由较厚的钢板叠成，其等效电阻 r_m 随着通过其中的电流频率 f_2 的变化而自动变化，因此称为频敏变阻器，它相当于一种无触点的变阻器。见图 3－37。

在启动过程中，频敏变阻器能自动、无级地减小电阻，如果参数选择适当，可以在启动过程中保持转矩近似不变，使启动过程平稳、快速。转子串接频敏变阻器启动时电动机的机械特性如图 3－37(c) 中的曲线 2 所示，曲线 1 是电动机的固有机械特性。转子串频

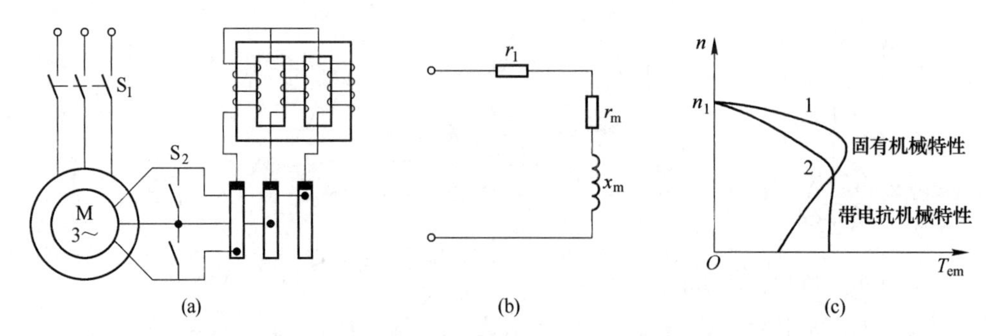

图3－37　绕线转子异步电动机转子串接频敏变阻器的启动
（a）接线图；（b）等效电路；（c）机械特性

敏变阻器启动优点是不但具有减小启动电流、增大启动转矩的优点，而且具有等效启动电阻随转速升高自动且连续减小的优点，所以其启动的平滑性优于转子串电阻启动。此外，频敏变阻器还具有结构简单、价格便宜、运行可靠、维护方便等优点。目前转子串频敏变阻器启动已被大量推广与应用。

3.2.2.2　三相异步电动机的调速

从直流电力拖动系统的分析中，已经知道直流电动机具有优良的调速性能，特别是在调速要求高和快速可逆的电力拖动系统中，大都采用直流调速方案。但是直流电动机由于有换向器，维护检修复杂，且价格高，使用环境也受到限制，不宜在易爆场合使用，而交流电动机没有换向器，具有结构简单、运行可靠、维护方便、价格便宜等优点，而且随着电力电子技术、计算机技术和自动控制技术的发展，交流电动机的调速技术日趋完善，因此交流调速大有取代直流调速的趋势。

根据异步电动机的转速公式

$$n = n_1(1 - s) = \frac{60f_1}{p}(1 - s) \tag{3-63}$$

从上式可以看出，要改变电动机的转速，可以通过以下方法来实现：

（1）改变定子绕组的极对数 P，通过改变定子绕组的极对数 P 来改变同步转速 n_1，以进行调速，即变极调速。

（2）改变电源的频率 f_1，通过改变电源频率 f_1 来改变同步转速 n_1，以进行调速，即变频调速。

（3）改变电动机的转差率 s，保持同步转速 n_1 不变，改变转差率 s 进行调速，改变转差率 s 又有很多方法，其中主要有：

1）改变定子端电压 U_1，即变压调速；

2）改变转子回路中串入的附加电阻，即串变阻器调速；

3）改变转子回路中串入的附加电势，即串极调速。

A　变压调速

当改变施加于定子绕组上的端电压进行调速时，如负载转矩不变，电动机的转速将发生变化，如图3－38所示，A 点为固有机械特性上的运行点，B 点为降低电压后的运行点，分别对应的转速为 n_A 与 n_B，可见，$n_B < n_A$。降压调速方法比较简单，但是，对于一般的

鼠笼式感应电动机，降压调速范围很窄，没有多大实用价值。

若电动机拖动泵类负载，如通风机，降压调速有较好的调速效果，如图 3－38(a) 所示，C、D、E 三个运行点转速相差很大。但是应注意电动机在低速运行时存在的过电流及功率因数低的问题。

若要求电动机拖动恒转矩负载并且有较宽的调速范围，则应选用转子电阻较大的高转差率笼型异步电动机，其降低定子电压时的人为机械特性如图 3－38(b) 所示，但此时电动机的机械特性很软，其静差率常不能满足生产机械的要求，而且低压时的过载能力较低，一旦负载转矩或电源电压稍有波动，都会引起电动机转速的较大变化甚至停转，如图中的 C 点。

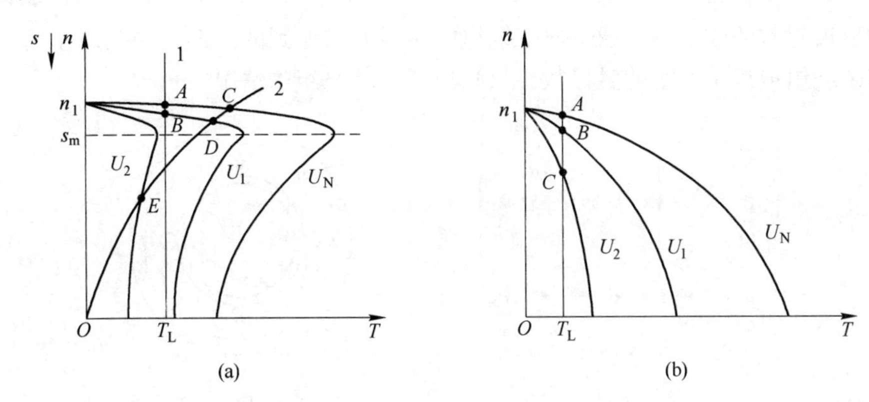

图 3－38　异步电动机降压调速

(a) 转子电阻为正常值时；(b) 转子电阻大时

1—恒转矩负载；2—泵类负载

B　绕线式异步电动机转子回路中串变阻器调速

在电动机转子回路中串入电阻后，使电动机的机械特性发生变化，最大转矩不变，但最大转矩时的临界转差率 s 改变，如图 3－39 所示。

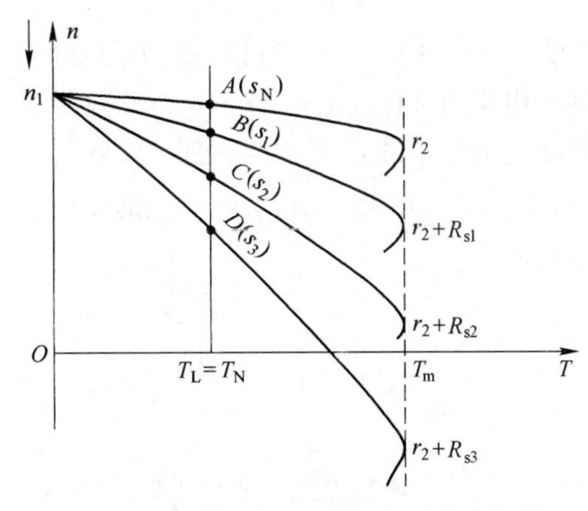

图 3－39　绕线式异步电动机转子串电阻调速

改变转子回路串入的电阻值大小，转子绕组本身电阻为 r_2，分别串入电阻 R_{s1}、R_{s2}、R_{s3}时，其机械特性如图 3－39 所示。当拖动恒转矩负载，且为额定负载转矩，即 $T_L=T_N$，

电动机的转差率由 s_N 分别变为 s_1、s_2、s_3，图 3－39 所示。显然，所串入电阻越大，转速越低。

这种方法的优点是方法简单，易于实现；缺点是调速电阻中要消耗一定的能量，调速是有级的，不平滑。由于转子回路的铜耗 $P_{Cu2}=sP_M$，故转速调得越低，转差率越大，铜耗就越多，效率就越低。同时转子加入电阻后，电动机的机械特性变软，于是负载变化时电动机的转速将发生显著变化。这种方法主要用在中、小容量的异步电机中，例如交流供电的桥式起重机，目前大部分采用此法调速。

C　鼠笼式三相异步电动机变极调速

通过改变定子绕组的极对数 P 来改变同步转速 n_1，以进行调速。即变极调速；定子绕组产生的磁极对数的改变，是通过改变绕组的接线方式得到的。图 3－40 所示为三相异步电动机定子绕组接线及产生的磁极数，只画出了 A 相绕组的情况。

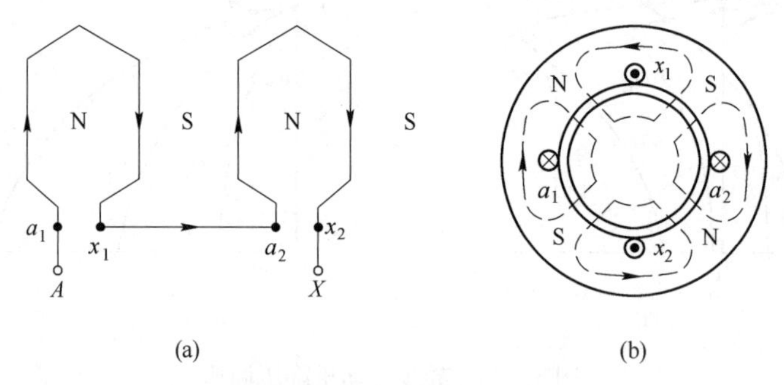

图 3－40　四极异步电动机定子 A 相绕组连接原理
（a）定子绕组接线；（b）磁极数

改变定子绕组极对数的方法，是将一相绕组中一半线圈的电流方向反过来。例如，AX 绕组为 a_1x_1 与 a_2x_2 头尾串联，如图 3－40(a) 所示。因此由 AX 绕组产生的磁极数便是四极，如图 3－40(b) 所示。可以更直观地看出三相绕组的磁极数为四极的，即为四极异步电动机。

如果把图 3－40 中的接线方式改变一下，每相绕组不再是两个线圈头尾串联，而变成为两个线圈尾尾串联，即 A 相绕组 AX 为 a_1x_1 与 a_2x_2。反向串联，如图 3－41(a) 所示。或者每相绕组两个线圈变成为头尾串联后再并联，即 AX 为 a_1x_1 与 a_2x_2 反向并联，如图 3－41(b) 所示。改变后的两种接线方式，A 相绕组产生的磁极数都是二极的，如图 3－41(c) 所示，即为二极感应电动机。

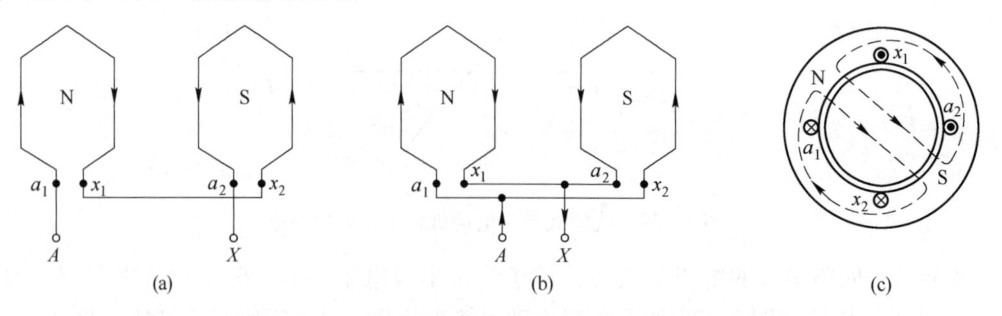

图 3－41　二极异步电动机定子 A 相绕组连接原理图

从上面分析可以看出，三相鼠笼式异步电动机的定子绕组，若把每相绕组中一半线圈的电流改变方向，即半相绕组反向，则电动机的极对数便成倍变化。因此，同步转速 n_1 也成倍变化，对拖动恒转矩负载运行的电动机来讲，运行的转速也接近成倍改变。

绕线式感应电动机转子极对数不能自动随定子极对数变化，如果同时改变定、转子绕组极对数又比较麻烦，因此不采用变极调速。

需要说明的是，如果外部电源相序不变，则变极后，不仅电动机的运行转速发生了变化，而且因三相绕组空间相序的改变而引起旋转磁场转向的改变，从而引起转子转向的改变。所以为了保证变极调速前后电动机的转向不变，在改变定子绕组接线的同时，必须把 V、W 两相出线端对调，使接入电动机的电源相序改变，这是在工程实践中必须注意的问题。

a　变极调速的常用接线方法

能够实现上述变极原理的线路很多。但是，不管三相绕组的接法如何，其极对数仅能改变一次。下面介绍变极调速的典型两种方案：一种是Y/YY方式，Y接是低速，YY接是高速，如图 3－42(a) 所示；另一种是△/YY方式，△接是低速，YY接是高速，如图 3－42 (b) 所示。由图可见，这两种接线方式都是使每相的一半绕组内的电流改变了方向，因而定子磁场的极对数减少一半。

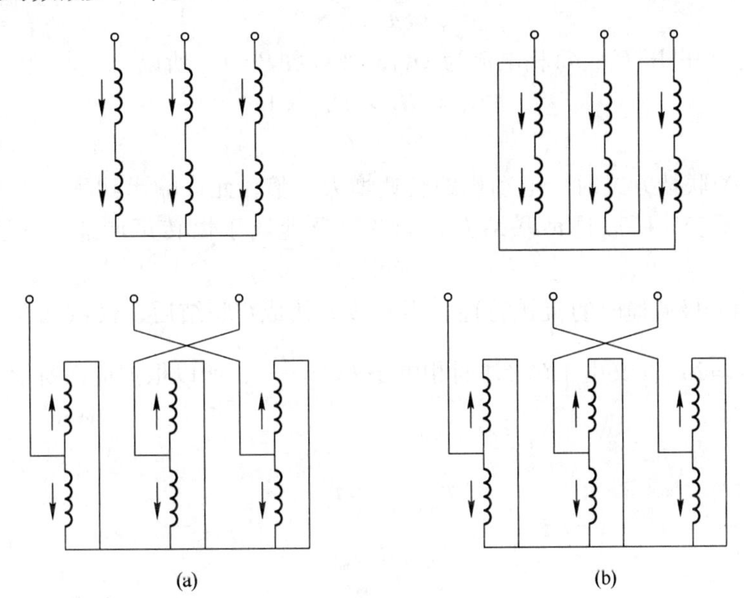

图 3－42　双速电动机变极接线方式

b　变极调速时的机械特性。

(1) Y/YY变极调速时的机械特性。

由于Y形连接时的极对数是YY形连接时的两倍，因此 $n_{1YY}=2n_{1Y}$。又因为Y形连接和YY形连接时每相绕组的电压相等，所以根据前面所学的知识可得出以下结论：

$$T_{mYY} = 2T_{mY}$$

$$s_{mYY} = s_{mY}$$

$$T_{SYY} = 2T_{SY}$$

根据以上结果，可定性画出Y/YY变极调速时的机械特性，如图 3 -43(a) 所示。

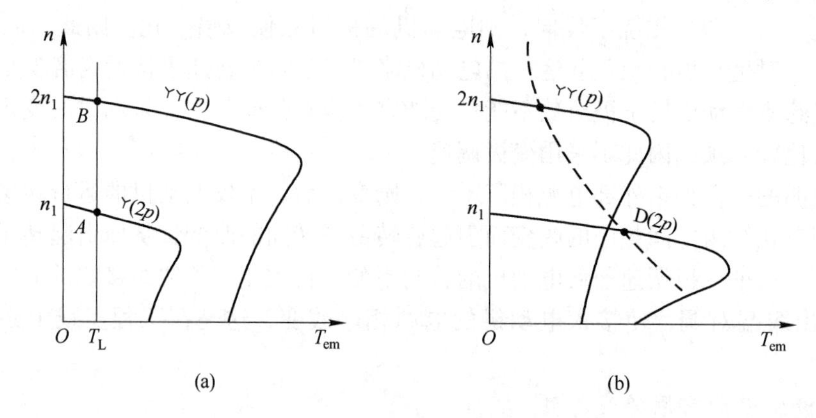

图 3 -43　变极调速时的机械特性

(a) Y/YY变极调速时的机械特性；(b) △/YY变极调速时的机械特性

为了使电机得到充分利用，假定改接前后使电动机绕组内流过额定电流，效率和功率因数近似不变，则输出功率和转矩为：

Y接法时：相电压 U_1；相电流为 I_{1N}，极对数 $P=2$；所以

$$T_{Y} \propto U_1 I_{1N} \times 2$$

YY接法时：相电压 U_1；每相电流为 $2I_{1N}$，极对数 $P=1$；所以

$$T_{YY} \propto U_1 \times 2I_{1N} \times 1$$

故

$$T_{Y} = Y_{YY} \tag{3-64}$$

可见，Y→YY联结方式时，电动机的转速增大一倍，允许输出功率增大一倍，而允许输出转矩保持不变，所以这种联结方式的变极调速属于恒转矩调速，它适用于恒转矩负载。

(2) △/YY变极调速时的机械特性。当△接改接成YY联结后，极数减少一半，转速增大一倍，即 $n_{YY}=2n_{\triangle}$。又由于YY接法时相电压 $U_{YY}=\dfrac{U_{1\triangle}}{\sqrt{3}}$，所以根据前面所学的知识可得出以下结论：

$$T_{mYY} = \frac{2}{3}T_{m\triangle}$$

$$s_{mYY} = s_{m\triangle}$$

$$T_{SYY} = \frac{2}{3}T_{S\triangle}$$

根据以上结果，可定性画出△/YY变极调速时的机械特性，如图 3 -43(b) 所示。

为了使电机得到充分利用，假定改接前后使电动机绕组内流过额定电流，效率和功率因数近似不变，则输出功率和转矩为：

△接法时：相电压等于线电压为$\sqrt{3}U_1$；相电流为 I_{1N}；极对数 $P=2$；所以

$$T_{\triangle} \propto \sqrt{3}U_1 I_{1N} \times 2$$

$$\frac{T_{YY}}{T_{\triangle}} = \frac{U_1 \times 2I_{1N} \times 1}{\sqrt{3}U_1 I_{1N} \times 2} = 0.577$$

$$\frac{P_{YY}}{P_{\triangle}}=\frac{U_1\times 2I_{1N}}{\sqrt{3}U_1I_{1N}}=1.15 \tag{3-65}$$

可见，从△形连接变成YY形连接后，极对数减少一半，转速增加一倍，输出转矩近似减小一半，而输出功率近似保持不变，所以这种变极调速属于恒转矩调速方式，适用于车床切削等恒功率负载，如粗车时，进刀量大、转速低；精车时，进刀量小、转速高，但两者的功率近似不变。

综上所述，变极调速的优点是：操作简单，运行可靠，机械特性硬、效率高，而且采用不同的接线方式既可实现恒转矩调速，也可实现恒功率调速，以适应不同负载的需要。变极调速的缺点是：转速只能成倍变化，为有级调速。

除了利用上述倍极比变极方法获得双速电动机外，还可利用改变定子绕组接法达到非倍极比变极的目的，如4/6极等。

D　变频调速

a　变频调速原理

改变电源的频率 f_1，可使旋转磁场的同步转速发生变化，电动机的转速亦随之而变化。电源频率提高，电动机转速提高；频率下降，则转速下降。若电源频率可以做到均匀调节，则电动机的转速就能平滑地改变。这是一种较为理想的调速方法，能满足无级调速的要求，且调速范围大，调速性能与直流电动机相近。

变频调速时，当频率增高，如果保持电源电压不变，则主磁通 Φ_m 将减小，不会引起磁路饱和。但是，如将频率降低，则主磁通 Φ_m 增大，会引起磁路饱和，使空载电流增大很多，损耗增大，电动机甚至不能运行。因此，当 f_1 下降时总希望主磁通保持不变，这时可使端电压 U_1 随频率下降而同时下降。这是因为当略去定子漏阻抗电降时

$$U_1\approx E_1=4.44f_1N_1k_{W1}\Phi_m$$

其中，N_1、k_{W1}不变，如果 U_1、E_1 不变，f_1 下降，则 Φ_m 升高，如要维持 Φ_m 不变，则要求

$$\frac{U_1}{f_1}\approx\frac{E_1}{f_1}=4.44N_1k_{W1}\Phi_m=常数$$

因此，为了使电动机能保持较好的运行性能，要求在调节 f_1 的同时，改变定子电压 U_1，以维持 Φ_m 不变，或者保持电动机的过载能力不变。

电动机的额定频率 f_N 为基准频率，简称基频，在生产实践中，变频调速时电压随频率的调节规律是以基频为分界线的，于是分以下两种情况：

（1）从基频以下调速。在基频以下调速时，保持 U_1/f_1 常数，即恒转矩调速。由前面所学公式可知，当 f_1 减小时，最大转矩 T_m 不变，启动转矩 T_s 增大，临界点转速降不变。因此，机械特性随频率的降低而向下平移，如图3－44中虚线所示。实际上，由于定子电阻的存在，随着 f_1 的降低（$U_1/f_1=$常数），T_m 将减小，当 f_1 很低时，T_m 减小很多，如图3－44中实线所示。为保证电动机在低速时有足够大的 T_m 值，U_1 应比 f_1 降低的比例小一些，使 U_1/f_1 的值随 f_1 的降低而增加，这样才能获得图3－44中虚线所示的机械特性。

（2）从基频以上调速。从基频向上变频调速时，由于升高电源电压是不允许的，因此从基频向上变频调速时，电压 U_1 不变，调速过程中随着频率 f_1 的升高，主磁通 Φ_1 减小，导致电磁转矩减小，电磁功率

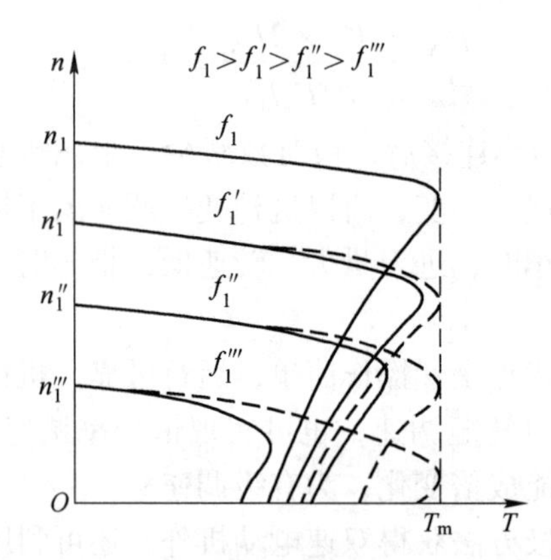

图3－44　基频向下变频调速时的机械特性

$$P_M = T\Omega_1 = \frac{m_1 U_1^2\left(\frac{r_2'}{s}\right)}{\left[r_1 + \left(\frac{r_2'}{s}\right)\right]^2 + (x_1 + x_2')^2} \approx \frac{m_1 U_1^2}{r_2'}s$$

P_M 近似不变。如图3－45所示。由此可见，基频以上的变频调速为近似恒功率调速方式，适宜带恒功率负载。

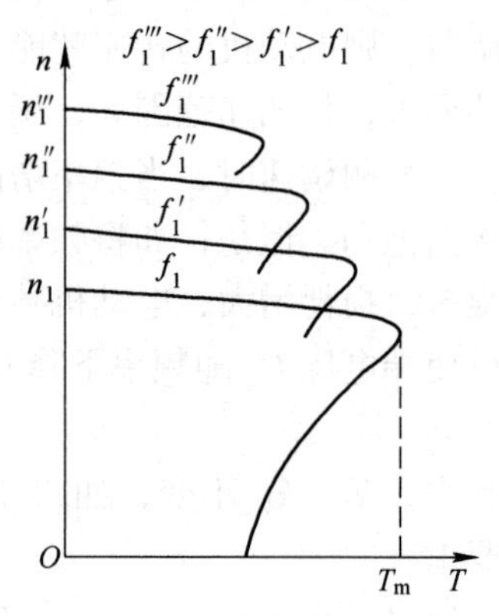

图3－45　基频向上变频调速时的机械特性

综上所述，三相异步电动机变频调速具有以下几个特点：

（1）从基频向下变频调速，为恒转矩调速方式；从基频向上变频调速，近似为恒功率调速方式。

（2）调速范围大。

（3）机械特性硬，转速稳定性好。

（4）运行时 s 小，效率高。

（5）频率 f_1 可以连续调节，变频调速为无级调速。

变频调速的缺点是：必须有专用的变频电源；恒转矩调速时，低速段电动机的过载能力大为降低，甚至不能带动负载。所以变频调速具有优越的调速性能，尤其对鼠笼型异步电动机，它是最有发展前途的一种调速方法。

b　变频装置简介

由变频调速原理可知，要实现异步电动机的变频调速，必须有能够同时改变电压和频率的供电电源。由于电网提供的是频率为50Hz的工频电，频率无法改变，因此要得到频率可平滑调节的变频电源，必须采用专门的变频装置。

变频装置可分为间接变频和直接变频两类。间接变频装置是先将工频交流电通过整流器变成直流，然后再经过逆变器将直流变成为可控频率的交流电，通常称为交—直—交变频装置。直接变频装置是将工频交流电一次变换成可控频率的交流电，没有中间直流环节，也称为交—交变频装置。目前应用较多的是间接变频装置。

E　串级调速

为了改善绕线转子异步电动机转子串电阻调速的性能，如克服上述低速时效率低的缺点，设法将消耗在外串电阻上的大部分转差功率送回到电网中去，或者由另一台电动机吸收后转换成机械功率去拖动负载，这样达到的效果与转子串电阻相同，还可以提高系统的运行效率。串级调速就是根据这一指导思想而设计出来的。

a　串级调速的原理

串级调速是指在绕线转子异步电动机的转子电路串入一个与转子同频率的附加电动势以实现调速，该附加电动势 E_{ad} 可与转子电动势 E_2 的相位同相，也可反相。

假设调速前后电源的电压大小与频率不变，则主磁通也基本不变。

当 E_{ad} 还未引入，电动机在固有特性上稳定运行时，转子电流的有效值为

$$I_2 = \frac{sE_2}{\sqrt{r_2^2 + (sx_2)^2}}$$

当 E_{ad} 引入后，电动机转子电流的有效值为

$$I_{2ad} = \frac{sE_2 \pm E_{ad}}{\sqrt{r_2^2 + (sx_2)^2}}$$

若 E_{ad} 与 E_2 反相，上式中 E_{ad} 前取“－”号，则串入 E_{ad} 的瞬间，由于机械惯性使电动机的转速来不及变化，sE_2 不变，使 $I_{2ad} < I_2$，对应的 $T < T_L$（因为主磁通 Φ_1 和功率因数 $\cos\varphi_1$ 不变），因此 n 下降，s 上升，sE_2 上升，转子电流 I_{2ad} 开始上升，电磁转矩 T 也开始上升，直至 $T = T_L$ 时，电动机在较以前低的转速下稳定运行。串入的电势 E_{ad} 值越大，电动机稳定运行的转速越低。

若 E_{ad} 与 E_2 同相，上式中 E_{ad} 前取“＋”号，则串入 E_{ad} 的瞬间，sE_2 不变，使 $I_{2ad} > I_2$ 对应的 $T > T_L$。因此 n 上升，s 下降，sE_2 下降，转子电流 I_{2ad} 开始下降，电磁转矩 T 也开始下降，直至 $T = T_L$ 时，电动机在较以前高的转速下稳定运行。如果 E_{ad} 足够大，则转速可以达到甚至超过同步转速。串级调速的机械特性如图 3－46 所示。

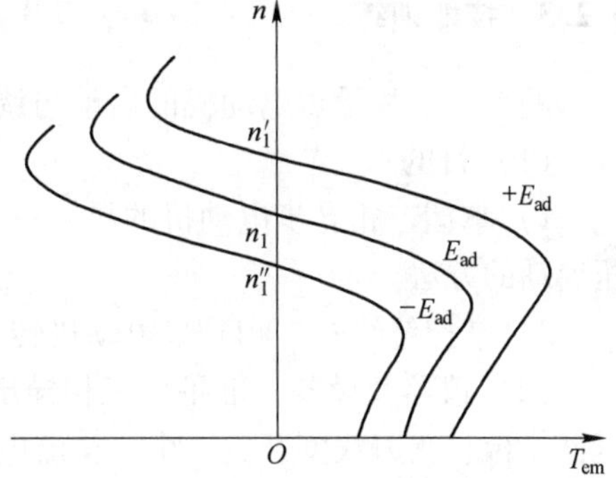

图 3－46　串级调速时的机械特性

b　串级调速的实现

实现串级调速的关键是在绕线转子异步电动机的转子电路中串入一个大小、相位可以自由调节，其频率能自动随转速变化而变化，始终等于转子频率的附加电动势。要获得这样一个变频电源不是一件容易的事。因此，在工程上往往是先将转子电动势通过整流装置变成直流电动势，然后串入一个可控的附加直流电动势去和它作用，从而避免了随时变频的麻烦。

根据附加直流电动势作用而吸收转子转差功率后回馈方式的不同，可将串级调速方法分为电动机回馈式串级调速和晶闸管串级调速两种类型。下面我们只简单介绍最常用的晶闸管串级调速。

总之，若平滑地调节附加电动势 E_f 的大小，就能够平滑地调高或调低转速。

图 3－47 所示为晶闸管串级调速系统的原理示意图。系统工作时将异步电动机 M 的转子电动势 E_{2S} 经整流装置整流后变为直流电压 U_d，再由晶闸管逆变器将直流电压 U_B 逆变为工频交流电压，然后经变压器 T 变压与电网电压相匹配，从而使转差功率 sP_M 反馈回交

流电网。这里的逆变电压 U_B 可视为加在异步电动机转子电路中的附加电动势 E_{ad}，改变逆变角 β 就可以改变 U_B 的数值，从而实现异步电动机的串级调速。

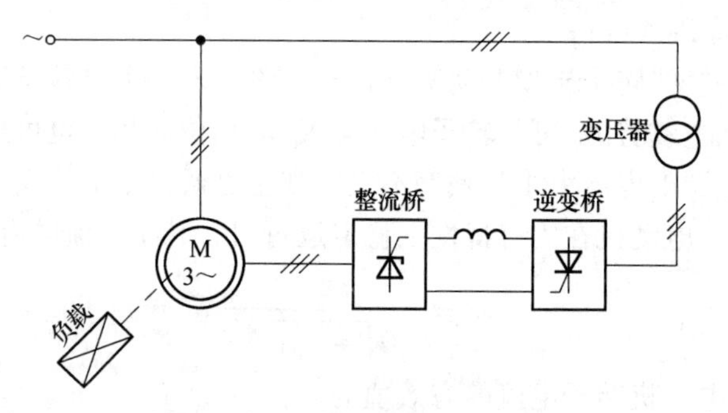

图 3 - 47　串级调速系统的组成

晶闸管串级调速具有机械特性硬，调速范围大，平滑性好，效率高，便于向大容量发展等优点，对绕线转子异步电动机，它是很有发展前途的一种调速方法。其缺点是功率因数较低，但采用电容补偿等措施，可使功率因数有所提高。

晶闸管串级调速的应用范围很广，既可适用于通风机型负载，也可适用于恒转矩负载。

3.2.3　技能训练

题目：三相异步电动机的启动与调速

（1）目的：

1）掌握三相异步电动机的星 - 三角形降压启动、串自耦变压器降压启动和串电阻降压启动的方法。

2）掌握绕线式三相异步电动机转子绕组串入可变电阻器的调速方法。

（2）仪器及设备：准备好三相异步电动机一台、三相绕线式异步电动机一台、三相调压器一台、三刀双掷开关一个、交流电压表一个、交流电流表三个、导线若干。

（3）内容与步骤：

1）三相笼型异步电机直接启动。按图 3 - 48 接线，电机绕组为△接法。

首先，先把交流调压器退到零位，然后接通电源。增加电压使电机启动旋转。观察电机旋转方向。调整电机相序，使电机旋转方向符合要求。调整相序时，必须切断电源。

调节调压器，使输出电压达电机额定电压 220V，打开开关，等电机完全停止旋转后，再合上开关，使电机全压启动，电流表受启动电流冲击，电流表显示的最大值虽不能完全代表启动电流的读数，但用它可和下面几种启动方法的启动电流作定性的比较。断开开关，将调压器退到零位，把电机堵住，合上开关，调节调压器，使电机电流达 2 ~ 3 倍额定电流，读取电压值 UK、电流值 IK，转矩值 TK，通电时间不应超过 10s，以免绕组过热。

2）星 - 三角形（Y - △）启动。线路原理图如图 3 - 49 所示。把调压器退到零位，合上电源开关，三相双掷开关合向右边（Y接法），调节调压器使逐渐升压至电机额定电压 220V，打开电源开关，待电机停转后，再合上电源开关，再把 S 合向左边，（△接法）正常运行，整个启动过程结束。观察启动过程中电流表的最大显示值以与其他启动方法作定性比较。

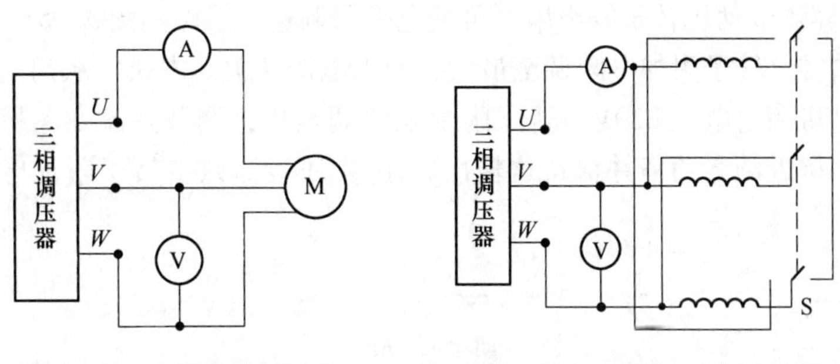

图 3－48　电机启动试验图　　　　图 3－49　电机Y－△启动试验

3）自耦变压器启动。线路原理图如图 3－50 所示，电机绕组△接法。先把 S 合向右边，把调压器退到零位，合上电源开关，调节调压器使输出电压达电机额定电压 220V，打开电源开关，待电机停转后，再合上电源开关，使电机就自耦变压器降压启动并经一定时间把 S 合向左边，额定电压正常运行，整个启动过程结束。观察启动过程电流以作定性的比较。

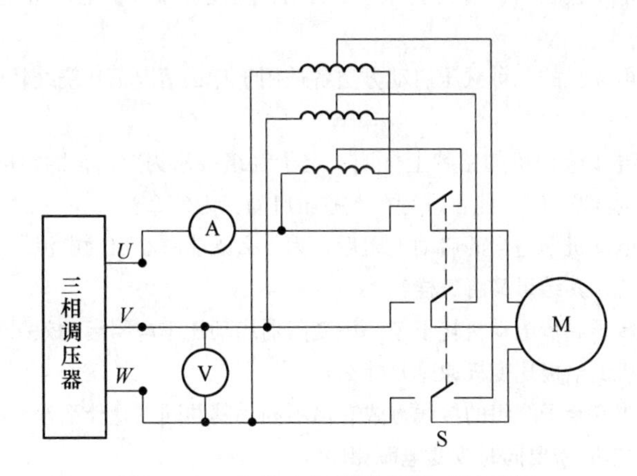

图 3－50　自耦变压器降压启动试验图

4）绕线式异步电动机转子绕组串入可变电阻器启动。线路图如图 3－51 所示，电机定子绕组Y形接法。

调整相序使电机旋转方向符合要求，把调压器退到零位，用弹簧秤把电机堵住，定子加电压为 180V，转子绕组串入不同电阻时，测定子电流和转矩。注意：试验时通电时间不应超过 10s 以免绕组过热。

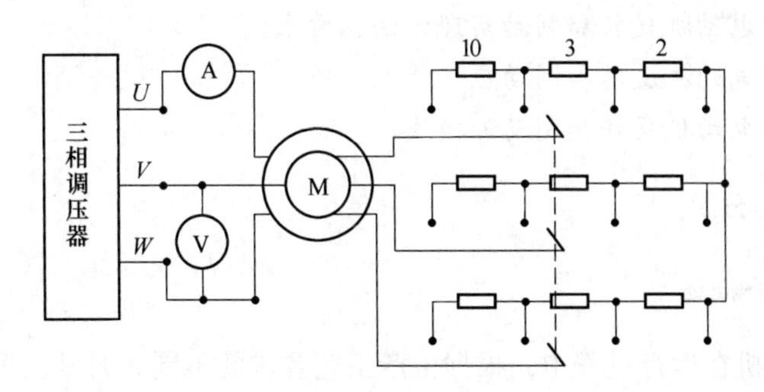

图 3－51　绕线式异步电动机转子绕组串电阻启动

5）绕线式异步电动机转子绕组串入可变电阻器调速。线路同图 3 - 51 所示。

使电机不堵转。转子附加电阻调至最大，合上电源开关，电机空载启动，保持调压器的输出电压为电机额定电压 220V，转子附加电阻调至零，调节直流发电机负载电流，使电动机输出功率接近额定功率并保持这输出转矩 T_2 不变，改变转子附加电阻，测相应的转速。

练 习 题

3 - 2 - 1　为什么三相异步电动机全压启动时的启动电流可达额定电流的 4 ~ 7 倍，而启动转矩仅为额定转矩的 0.8 ~ 1.2 倍?

3 - 2 - 2　三相异步电动机拖动的负载越大，是否启动电流就越大? 为什么? 负载转矩的大小对电动机启动的影响表现在什么地方?

3 - 2 - 3　三相笼型异步电动机在何种情况下可全压启动? 绕线转子异步电动机是否也可进行全压启动? 为什么?

3 - 2 - 4　三相笼型异步电动机的几种减压启动方法各适用于什么情况下? 绕线转子异步电动机为何不采用减压启动?

3 - 2 - 5　一台三相笼型异步电动机的铭牌上标明：定子绕组接法为Y/△，额定电压为 380/220V，则当三相交流电源为 380V 时，能否进行Y/△减压启动? 为什么?

3 - 2 - 6　绕线转子异步电动机串适当的启动电阻后，为什么既能减小启动电流，又能增大启动转矩? 如把电阻改为电抗，其结果又将怎样?

3 - 2 - 7　为什么说绕线转子异步电动机转子串频敏变阻器启动比串电阻启动效果更好?

3 - 2 - 8　三相异步电动机的倍极比变极原理是什么?

3 - 2 - 9　变极调速时，改变定子绕组的接线方式有何不同，其共同点是什么?

3 - 2 - 10　为什么变极调速时需要同时改变电源相序?

任务 3.3　三相异步电动机的反转与制动

【任务要点】

（1）三相异步电动机反转和制动原理。

（2）三相异步电动机反转和制动实现方法、要求。

（3）三相异步电动机反转和制动应用情况。

（4）三相异步电动机反转和制动外接线。

3.3.1　任务描述与分析

3.3.1.1　任务描述

三相异步电动机在运行过程中，根据生产工艺要求的不同，时常会要求电动机工作于反转或制动工作状态，弄清三相异步电动机的反转与制动的原理及实现的方法、特点，从而更好地运用三相异步电动机就十分必要了。

3.3.1.2　任务分析

本任务介绍了三相异步电动机反转及几种制动方法的原理、特点、特性，掌握三相异步电动机的反转、制动的原理与方法。

3.3.2　相关知识

三相异步电动机的制动：

与直流电动机相同，三相异步电动机既可工作于电动状态，也可工作于制动状态。电动状态的特点是：电动机的电磁转矩 T 与转速 n 方向相同，机械特性位于第一、三象限，如图3-52所示，而且电动机从电网吸取电能，并把电能转换成机械能输出。制动状态的特点是：电动机的电磁转矩 T 与转速 n 方向相反，机械特性必然位于第二、四象限。

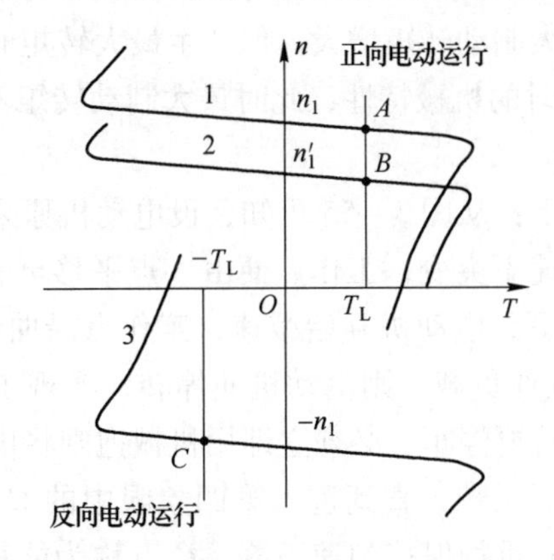

图3-52　电动状态的异步电动机

1—固有机械特性；2—降低电源频率的人为机械特性；

3—电源相序为负序（$A-B-C$）时的固有机械特性

A　能耗制动

实现能耗制动的方法是将定子绕组从三相交流电源断开，然后在它的定子绕组上立即加上直流励磁电源，同时在转子电路串入制动电阻。其接线图如图3-53所示，因此能产生一个在空间不动的磁场，因惯性作用，转子还未停止转动，运动的转子导体切割此恒定磁场，在其中便产生感应电势，由于转子是闭合绕组，因此能产生电流，从而产生电磁转矩，此转矩与转子因惯性作用而旋转的方向相反，起制动作用，迫使转子迅速停下来。这时贮存在转子中的动能转变为转子铜损耗，以达到迅速停车的目的，故称这种制动方法为能耗制动。

处于能耗制动状态的异步电动机实质上变成了一台交流发电机，其输入是电动机所储存的机械能，其负载是转子电路中的电阻，因此能耗制动状态时的机械特性与发电机状态时的机械特性一样，处于第二象限（由图3-54知），而且由于制动到 $n=0$ 时，$T=0$，因此能耗制动时的机械特性是一条经过原点且形状与发电机状态机械特性相似的曲线，如图3-54所示（具体推导过程见有关参考书）。

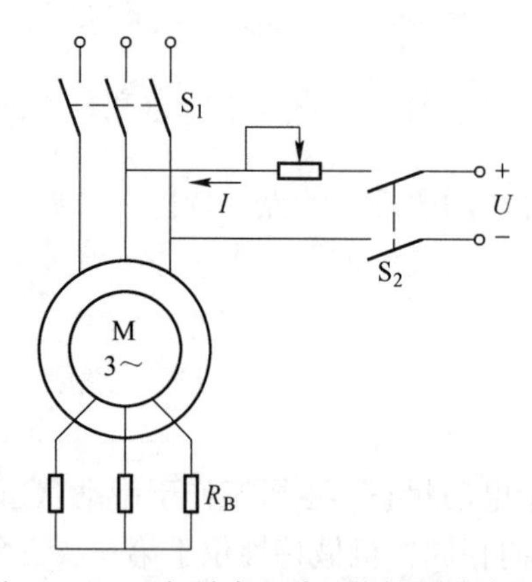

图 3-53　三相异步电动机能耗制动接线图

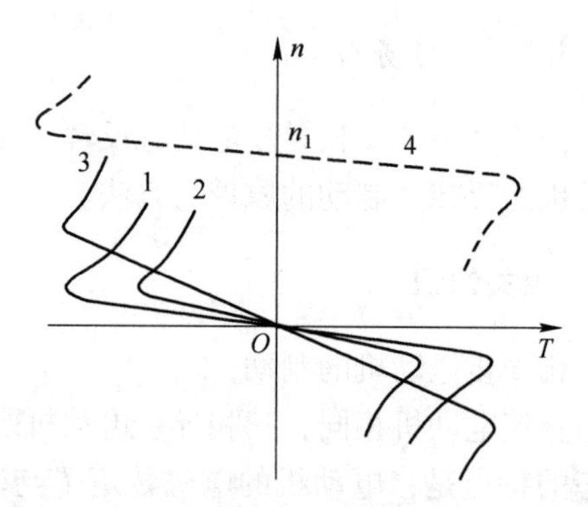

图 3-54　三相异步电动机的能耗制动机械特性

其中曲线 4 为转子不串电阻时的固有机械特性；曲线 1 为增大励磁电流 I_f 而转子不串电阻时的机械特性，此时最大制动转矩增大，但产生最大转矩时的转速不变；曲线 3 为励磁电流 I_f 不变而转子串电阻时的机械特性，此时最大制动转矩不变，但产生最大转矩时的转速增大。

能耗制动过程可分析如下：从图 3-55 可知，设电动机原来工作在固有机械特性曲线上的 A 点，制动瞬间，因转速不突变，工作点便由 A 点平移至能耗制动特性（曲线2）上的 B 点，在制动转矩的作用下，电动机开始减速，工作点沿曲线 2 变化，直到原点，$n=0$，$T=0$。如果拖动的是反抗性负载，则电动机便停转，实现了快速制动停车；如果是位能性负载，当转速过零时，若要停车，必须立即用机械抱闸将电动机轴刹住，否则电动机将在位能性负载转矩的倒拉下反转，直到进入第四象限中的 C 点（$T=T_L$），系统处于稳定的能耗制动运行状态，这时重物保持匀速下降。C 点称为能耗制动运行点。由图 3-54 可见，改变制动电阻 R_B 或直流励磁电流的大小，可以获得不同的稳定下降速度。

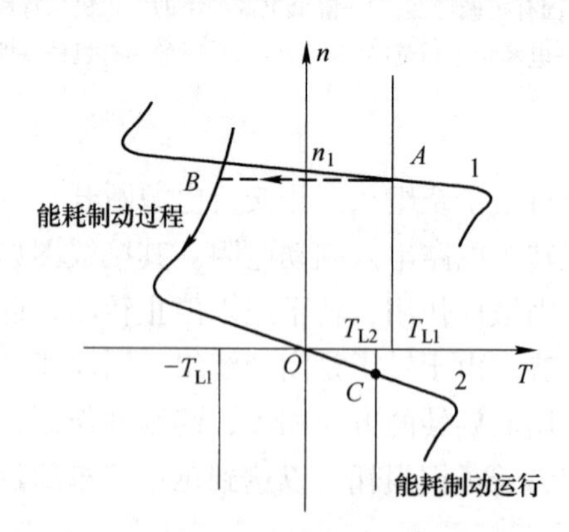

图 3-55　能耗制动

1—固有机械特性；2—能耗制动机械特性

当绕线转子感应电动机采用能耗制动时，最大制动转矩取 $(1.25\sim2.2)T_N$。可用下列两式计算直流励磁电流和转子应串接电阻的大小：

$$I_{-}=(2\sim3)I_0 \tag{3-66}$$

$$R_B = (0.2 \sim 0.4)\frac{E_{2N}}{\sqrt{3}I_{2N}} \tag{3-67}$$

式中　I_0——异步电动机的空载电流。一般取 $I_0 = (0.2 \sim 0.5)I_{1N}$；

E_{2N}——转子堵转时的额定线电动势；

I_{2N}——转子额定电流。

由以上分析可知，三相异步电动机的能耗制动具有以下特点：

（1）能够使反抗性恒转矩负载准确停车。

（2）制动平稳，但制动至转速较低时，制动转矩也较小，制动效果不理想。

（3）由于制动时电动机不从电网吸取交流电能，只吸取少量的直流电能，因此制动比较经济。

B　反接制动

当异步电动机转子的旋转方向与定子旋转磁场的方向相反时，电动机便处于反接制动状态。反接制动分为两种情况：一是在电动状态下突然将电源两相反接，使定子旋转磁场的方向由原来的顺转子转向改为逆转子转向，这种情况下的制动称为电源两相反接的反接制动；二是保持定子磁场的转向不变，而转子在位能负载作用下进入倒拉反转，这种情况下的制动称为倒拉反转的反接制动。

a　电源反接制动

实现电源反接制动的方法是将三相异步电动机任意两相定子绕组的电源进线对调，同时在转子电路串入制动电阻。这种制动类似于他励直流电动机的电压反接制动。其接线图如图 3－56(a) 所示，反接制动前，电动机处于正向电动状态（KM1 闭合），以转速 n 逆时针旋转。电源反接制动时（KM2 闭合），把定子绕组的两相电源进线对调，同时在转子电路串入制动电阻 R，使电机气隙旋转磁场方向反转，这时的电磁转矩方向与电机惯性转矩方向相反，成为制动转矩，使电动机转速迅速下降。故称这种制动方法为能耗制动。

电源反接制动过程可分析如下：从图 3－56(b) 可知，设反接制动前，电动机拖动恒转矩负载稳定运行于固有机械特性曲线 1 的 A 点。电源反接后，旋转磁场的转向改变，电机转速来不及变化，工作点由 A 点平移到 B 点，这时系统在制动的电磁转矩和负载转矩共同作用下迅速减速，工作点沿曲线 2 移动，当到达 C 点时，转速为零。对于反抗性恒转矩负载，若要停车，制动到接近 $n=0$ 时应快速切断电源，否则电动机可能会反向启动。如制动仅是为了迅速停车，则当转速接近零时，一般应采用速度继电器或时间继电器控制，以便电机速度为零或接近零时立即切断电源，防止电机反转。

对于绕线式异步电动机在采用电源反接制动时，为限制制动瞬间的电流及增大制动转矩，在转子回路中串接制动电阻 R，这时的机械特性见图 3－56(b) 中的曲线 3。

可见上述过程是一个电源反接制动过程，机械特性位于第二象限，实际上就是反向电动状态的机械特性在第二象限的延长部分。

定子两相反接制动时 n_1 为负，n 为正；所以电动机的转差率为

$$s = \frac{-n_1 - n}{-n_1} = \frac{n_1 + n}{n_1} > 1$$

可用下列式计算转子应串接电阻的大小：

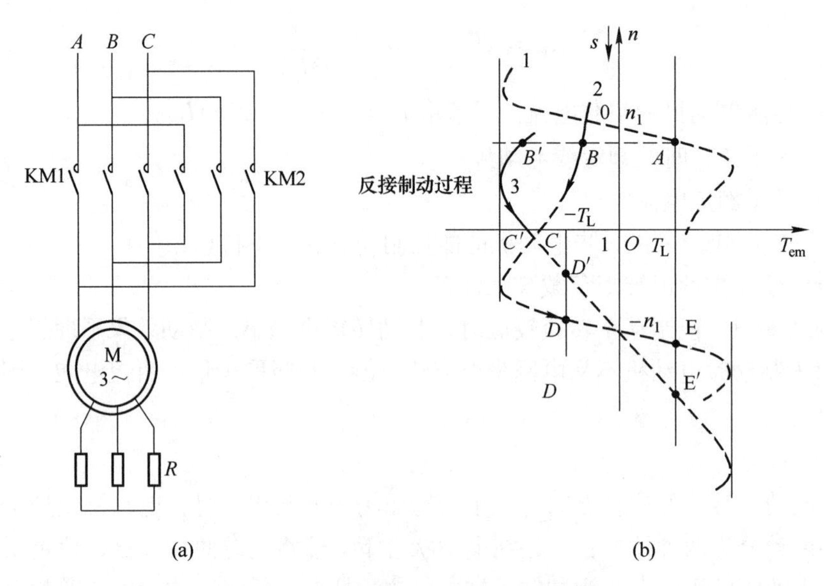

图 3－56　电源两相反接的反接制动

（a）反接制动原理；（b）反接制动机械特性

$$\frac{r_2}{s'} = \frac{r_2 + R}{s}$$

由上式可推得求制动电阻的公式，即

$$R = \left(\frac{s}{s'} - 1\right) r_2 \tag{3-68}$$

式中　s'——固有机械特性线性段上对应任意给定转矩 T 的转差率，$s' = \frac{s_N}{T_N}T$；

s——转子串电阻 R 的人为机械特性线性段上与 s' 对应相同转矩 T 的转差率；

r_2——转子每相绕组的电阻。

由以上分析可知，三相异步电动机的电源反接制动具有以下特点：

（1）制动转矩即使在转速降至很低时仍较大，因此制动强烈而迅速。

（2）能够使反抗性恒转矩负载快速实现正反转，若要停车，需在制动到转速为零时立即切断电源。

（3）由于电源反接制动时 $s>1$，从电源输入的电功率 $P_1 \approx P_M \frac{m_1 I_2'^2 r_2'}{s} > 0$，从电动机轴上输出的机械功率 $P_2 \approx P_M = T\Omega < 0$。这说明制动时，电动机既要从电网吸取电能，又要从轴上吸取机械能并转换为电能，这些电能全部消耗在转子电路的电阻上，因此制动时能耗大、经济性差。

b　倒拉反接制动

这种制动是由外力使电动机转子的转向倒转，而电源的相序不变，这时产生的电磁转矩方向亦不变，但与转子实际转向相反，故电磁转矩将使转子减速。这种制动方式主要用于以绕线式异步电动机为动力的起重机械拖动系统。其机械特性如图 3－57 所示。

实现倒拉反接制动的方法是在转子电路串一足够大的电阻。这种制动类似于直流电动机的倒拉反接制动。

能耗制动过程可分析如下：在图 3－57 中，设电动机原来工作在固有特性曲线上的 A 点提升重物，当在转子回路串入电阻 R 时，其机械特性变为曲线 2。串入 R 瞬间，转速来不及变化，工作点由 A 点平移到 0 点，此时电动机的提升转矩 T 小于位能负载转矩 T_L，因此提升速度减小，工作点沿曲线 2 由 O 点向 0 点移动。在减速过程中，电机仍运行在电动状态。当转速降为零，但此时仍然有 $T<T_L$，因此位能性负载（重物）便迫使电动机转子反转，电动机开始进入倒拉反接制动状态。在重物的作用下，电动机反向加速，电磁转矩逐渐增大，直到 B 点，$T=T_L$ 时为止，电动机处于稳定的倒拉反接制动运行状态，电动机以较低的速度匀速下放重物。

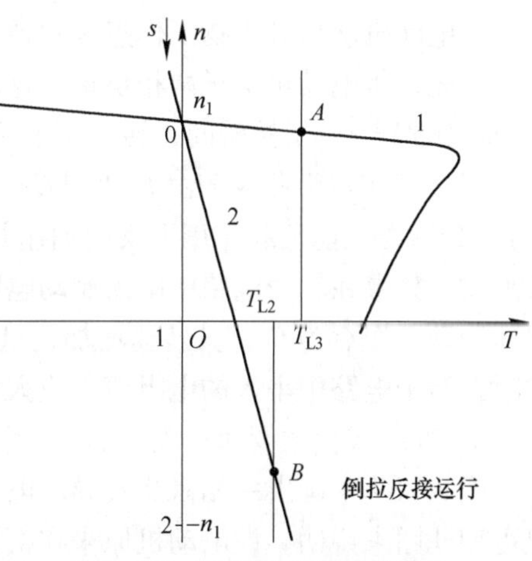

图 3－57　三相异步电动机倒拉反接制动的机械特性

倒拉反接制动时的转差率为：

$$s=\frac{n_1-(-n)}{n_1}=\frac{n_1+n}{n_1}>1$$

这一点与电源反接制动一样，所以 $s>1$ 是反接制动的共同特点。

当电动机工作在机械特性的线性段时，制动电阻 R 的近似计算仍然采用式（3－68）。由以上分析可知，倒拉反接制动具有以下特点：

（1）能够低速下放重物，安全性好。

（2）由于制动时 $s>1$，因此与电源反接制动一样，$P_1>0$，$P_2>0$。这说明制动时，电动机既要从电网吸取电能，又要从轴上吸取机械能并转换为电能，这些电能全部消耗在转子电路的电阻上，因此制动时能耗大、经济性差。

C　回馈制动

若异步电动机在电动状态运行时，由于某种原因，使电动机的转速超过了同步转速（转向不变），电动机转子绕组切割旋转磁场的方向将与电动运行状态时相反，因此转子电动势 E_{2S}、转子电流 I_2 和电磁转矩 T 的方向也与电动状态时相反，即 T 与 n 反向，T 成为制动转矩，电动机便处于制动状态，这时电磁转矩由原来的驱动作用转为制动作用，电机转速便减慢下来。同时，由于电流方向反向，电磁功率回送至电网，故称回馈制动。其机械特性如图 3－58 所示。

回馈制动常用来限制转速，例如当电车下坡时，重力的作用使电车转速增大，当 $n>n_1$ 时，电机自动进行回馈制动。回馈制动可以向电网回输电能，所以经济性能好，但只有在特定状态下才能实现制动，而且只能限制电动机的转速不能停转。

此时电动机的转差率为：

$$s=\frac{n_1-n}{n_1}<0 \quad（正向运转，n>0）$$

a　下放重物时的回馈制动

在图 3－58 中，设 A 点是电动状态提升重物工作点，D 点是回馈制动状态下放重物工作点。电动机从提升重物工作点 A 过渡到下放重物工作点 D 的过程如下：

首先，将电动机定子两相反接，这时定子旋转磁场的同步转速为 $-n_1$，机械特性如图 3 – 58 中曲线 2。反接瞬间，转速不能突变，工作点由 A 平移到 B，然后电机经过反接制动过程（工作点沿曲线 2 由 B 变到 C）、反向电动加速过程（工作点由 C 向同步点 $-n_1$ 变化），最后在位能负载作用下反向加速并超过同步速，直到 D 点保持稳定运行，即匀速下放重物。如果在转子电路中串入制动电阻，对应的机械特性如图 3 – 58 中曲线 3，这时的回馈制动工作点为 D'，其转速增加，重物下放的速度增大。为了限制电机的转速，回馈制动时在转子电路中串入的电阻值不应太大。

b　变级或变频调速过程中的回馈制动

图 3 – 59 中画出一相鼠笼式异步电动机的YY – △变级调速时的机械特性。这种制动情况可用此图来说明。设电动机原来在机械特性曲线YY上的 A 点稳定运行，当电动机采用变极（如增加级数）或变频（如降低频率）进行调速时，其机械特性变为曲线△，同步转速变为 n_1'。在调速瞬间，转速不能突变，工作点由 A 变到 B。在 B 点，转速，$n_B>0$，电磁转矩 $T_B<0$，为制动转矩，且因为 $n_B>n_1$，故电机处于回馈制动状态。工作点沿曲线 2 的 B 点到 n_1'点，这一段变化过程为回馈制动过程，在此过程中，电机吸收系统释放的动能，并转换成电能回馈到电网。电机沿曲线△的 n_1'点到 D 点的变化过程为电动状态的减速过程，D 点为调速后的稳态工作点。

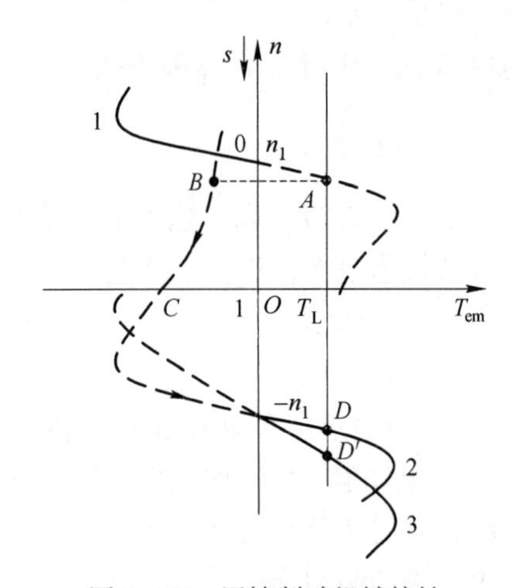

图 3 – 58　回馈制动机械特性

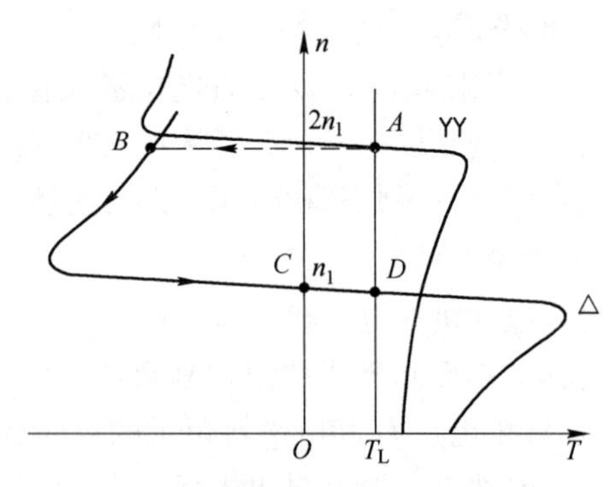

图 3 – 59　变级调速时回馈制动过程

由以上分析可知，回馈制动具有以下特点：

（1）电动机转子的转速高于同步转速，即 $|n|>n_1$。

（2）只能高速下放重物，安全性差。

（3）制动时电动机不从电网吸取有功功率，反而向电网回馈有功功率，制动很经济。

综上所述，三相异步电动机的各种运转状态所对应的机械特性画在一起，如图 3 – 60 所示。

D　三相异步电动机的反转

由三相异步电动机的工作原理可知：三相异步电动机的转动的方向始终与定子绕组所产生的旋转磁场方向相同，而旋转磁场方向是由通入定子绕组的电流相序有关。故要改变

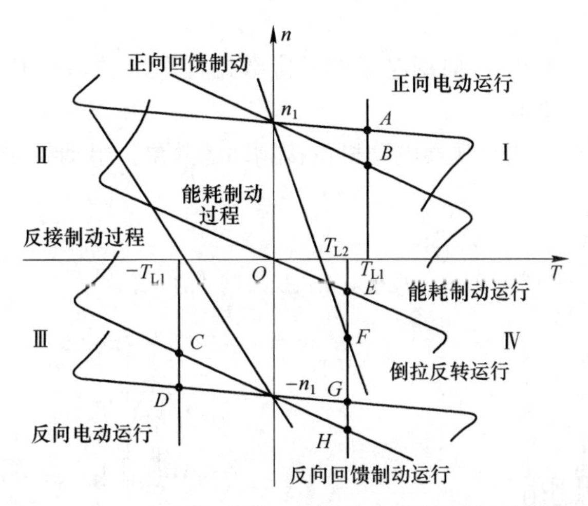

图 3－60　三相异步电动机的各种运行状态的机械特性

异步电动机的转动方向只需改变通入定子绕组的电流相序。

3.3.3　技能训练

题目：三相异步电动机的制动与反转

（1）目的：

1）掌握三相异步电动机反接制动的工作原理和接线方法，并了解制动控制的制动效果和能耗制动的原理。

2）掌握三相异步电动机能耗制动的工作原理和接线方法，并了解制动控制的制动效果。

（2）仪器及设备：在实验前准备好三相异步电动机一台、三相调压器一台、三刀双掷开关一个、交流电压表一个、可调电阻箱一个、导线若干。

（3）内容与步骤：

1）单向运转反接制动控制线路：

①单向运转反接制动控制线路按图 3－61 接线，经检查确认无误后，方可进行操作。

②将 QS_2 拨至左侧，接通 QS_1，调节调压器使其输出电压 $U_{UV}=U_{VW}=U_{WU}=220V$，电动机正常启动。

③根据电机的额定数据计算出制动电阻的大小，调节 R 使其大于或等于制动电阻理论值。

④快速将 QS_2 拨至右侧，观察电动机反接制动的效果（电机转速降至零时应及时切断电源，否则电动机会反转）。

⑤重做①～④步。

注：做第③步时，R 的值要大一些，观察电动机反接制动的效果。

2）能耗制动控制线路：

①单向运转反接制动控制线路按图 3－62 接线，经检查确认无误后，方可进行操作。

②将 QS_2 拨至左侧，接通 QS_1，调节调压器使其输出电压 $U_{UV}=U_{VW}=U_{WU}=220V$，电

动机正常启动。

③调低直流电压至100V，根据电机的额定数据计算出制动电阻的大小，调节 R 使其大于或等于制动电阻理论值。

④快速将 QS_2 拨至右侧，观察电动机反接制动的效果。电动机在停机后能及时切断直流电源。

⑤重做①～④步。

注：做第③步时，R 的值要大一些，观察电动机反接制动的效果。

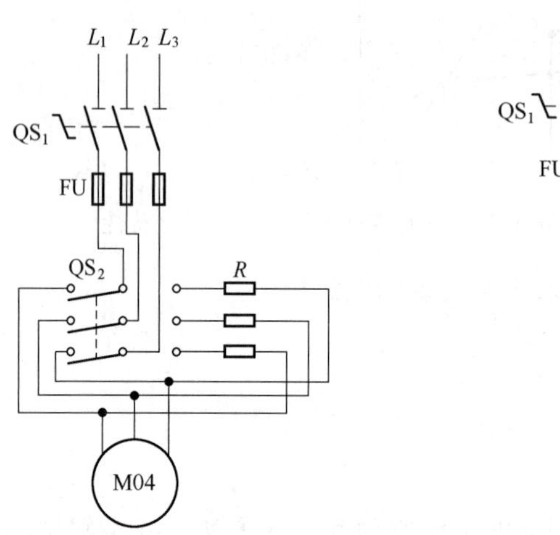

图3－61　单向运转反接制动线路图

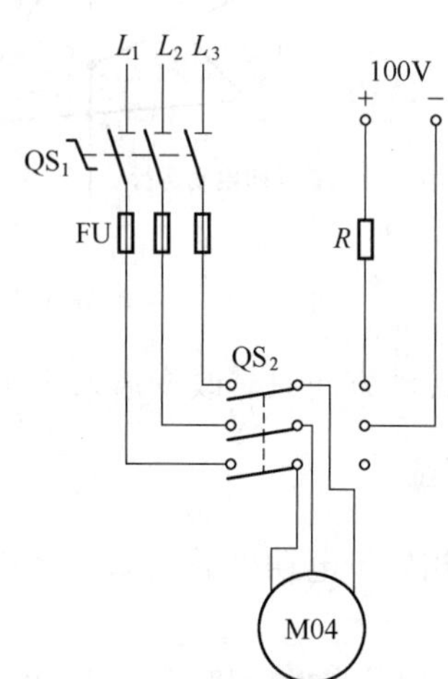

图3－62　单向运转能耗制动线路图

练 习 题

3－3－1　三相异步电动机有哪几种电磁制动方法？如何使电动运行状态的三相异步电动机转变到各种制动状态运行？

3－3－2　三相异步电动机能耗制动时的制动转矩大小与哪些因素有关？

3－3－3　三相绕线转子异步电动机反接制动时，为什么要在转子电路中串入比启动电阻还要大的电阻？

3－3－4　异步电动机在回馈制动时，它将拖动系统的动能或位能转换成电能送回电网的同时，为什么还必须从电网吸取滞后的无功功率？

3－3－5　三相异步电动机的各种电磁制动方法各有什么优、缺点？分别应用在什么场合？

任务3.4　交流电动机及拖动知识拓展

【任务要点】

(1) 三相异步电动机的常见故障分析。

(2) 三相异步电动机的常见故障维修方法及手段。

3.4.1　任务描述与分析

3.4.1.1　任务描述

对于新安装或维修后的电动机，要做好认真的检查，特别是对其绝缘、电源及启动保护作必要的测试，一切正常方可通电试机。

在三相异步电动机运行过程中要时时监视运行中的异常状况，对出现的异常声响与气味要作认真分析，找出原因，做出正确的处理措施。对于严重的振动、冒烟、剧烈温升，应立即停机维修。另外在日常也要对电动机进行必要的维护。

3.4.1.2　任务分析

本任务主要是以三相异步电动机定期检修项目、方法和运行中常见故障的诊断、检查及处理方法、手段的掌握，弄清三相异步电动机的维护项目、常见故障的检测、维修方法。学会一些常规维修手段。为电动机的操作和维护人员实践故障处理提供必备技能和一定的帮助。从而对电动机的正常运行提供必要的保证。

3.4.2　相关知识

3.4.2.1　三相异步电动机常规维护

三相异步电动机常规维护主要包括运行监视及现场异常的分析处理，基本装卸方法及常规维修技术。

A　启动检查及运行维护

a　启动准备

对新安装或较长时间未使用的电动机，在启动前必须作认真检查，以确定电机是否可以通电。

(1) 安装检查。

要求电动机装配灵活、螺栓拧紧、轴承运行无阻，联轴器中心无偏移。

(2) 绝缘电阻检查。

要求用兆欧表检查电动机的绝缘电阻，包括三相相间绝缘电阻和三相定子绕组对地绝缘电阻。

对于500V以下的三相异步电动机可用500～1000V兆欧表测量，其绝缘电阻不应小于0.5MΩ。对于1000V以上的电动机，可用1000～2500V兆欧测量，定子每千伏不小于1MΩ。绕线式电机转子绕组绝缘电阻不小于0.5MΩ。

(3) 测量各相直流电阻。

对于40kW以上的电机，各相绕组的电阻值互差不超过2%。如果超过上述值，绕组可能出现问题（绕组断线、匝间短路、接线错误、线头接触不良），应查明并排除。

(4) 电源检查。

一般要求电源波动电压不超过±10%，否则应改善电源电压后再投入。

(5) 启动、保护措施检查。

要求启动设备接线正确，电动机所配熔丝的型号合适。

（6）清理电机周围异物，准备好后方可合闸启动。

b　启动监视

（1）合闸后，若电机不转，应迅速、果断地拉闸，以避免烧毁电机。

（2）电机启动后，应实时观察电机状态，若有异常情况，应立即停机，待查明故障并排除后，才能重新合闸启动。

（3）鼠笼型电机采用全压启动时，次数不宜过于频繁，对于功率过大的电机要随时注意电动机的温升。

（4）绕线转子电动机启动前，应注意检查启动电阻，必须保证接入。接通电源后，随着启动，电机转速增加，应逐步切除各级启动电阻。

（5）当多台电动机由同一台变压器供电时，尽量不要同时启动，在必须首先满足工艺启动顺序要求的情况下，最好是从大到小逐台启动。

c　运行监视

对于运行中的电动机应经常检查它的外壳有无裂纹，螺钉是否有脱落或松动，电动机有无异响或振动等。监视时，要特别注意电动机有无冒烟和异味出现，若嗅到焦煳味或看到冒烟，必须立即停车检查处理。

对轴承部位，要注意它的温度和响度。温度升高，温度升高响声异常则表征缺油或磨损。

用联轴器传动的电动机，若联轴器与电动机中心校正不好，会在运行中发出响声，并伴随发生电动机振动和联轴节螺栓胶垫的磨损。必须停车重新校正中心线。用皮带传动的电动机，应注意皮带不能松动或打滑，但也不能过紧而使电机轴承过热。

发生以下严重故障时，应立即停车处理：

（1）人员触电事故。

（2）电动机冒烟。

（3）电动机剧烈振动。

（4）电动机轴承剧烈发热。

（5）电动机转速迅速下降，温度迅速升高。

B　三相异步电动机的定期维修

异步电动机定期维修是消除故障隐患、防止故障发生的重要措施。电动机维修分月维修和年维修，俗称小修和大修。前者不用拆开电动机，后者需要将电动机全部拆开进行维修。

a　异步电动机拆卸

进行定子绕组的故障检修和修理，必须将电机局部拆卸，或整机解体，基本步骤如图3－63所示。

图3－63为对于一般异步电机拆卸的基本步骤示意图，大体可按以下步骤进行：

（1）卸下前轴承外盖。

（2）卸下前端盖。

（3）卸下风罩。

（4）卸下外风扇。

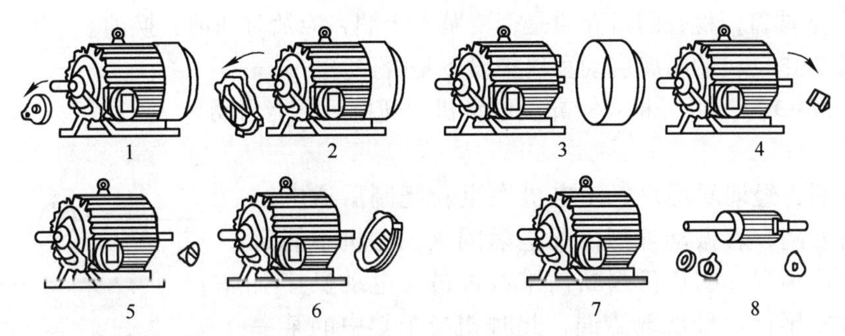

图 3 – 63　异步电动机解体示意图

（5）卸下后轴承处盖。

（6）卸下后端盖。

（7）抽出转子。对于大中型电机抽转子时应两人操作，不应划伤定子，特别注意不应损伤定子绕组端口。应采用两人将转子稍抬起，平稳将转子抽出。

（8）卸下轴承及轴承内盖。

b　定期大修的主要内容

三相异步电动机定期大修应结合负载机械的大修进行。大修时，拆开电动机进行的检修项目：

（1）检查电动机各部件有无机械损伤，按损伤程度做出相应的修理方案。

（2）对拆开的电机和启动设备，进行清理，清除所有的油泥、污垢。清理过程中应注意观察绕组的绝缘状况。若绝缘呈现暗褐色，说明绝缘已老化，对这种绝缘要特别注意不要碰撞使它脱落。若发现脱落就应进行修复和刷漆。

（3）拆下轴承，浸在柴油或汽油清洗一遍。清洗后的轴承应转动灵活，不松动。若轴承表面粗糙说明油脂不合格；若轴承表面发蓝，则表明已经退火。根据检查结果，对油脂或轴承进行更换，并消除故障原因（清除油中砂、铁屑等杂物；正确安装电机等）。

轴承新安装时，加油应从一侧加入。油脂占轴承同容积 1/3 ~2/3 即可。

（4）检查定、转子有无变形和磨损，若观察到有磨损处和发亮点，说明可能存在定、转子铁芯擦损，应使用锉刀或刮刀把亮点刮低。

（5）用兆欧表测定子绕组有无短路与绝缘损坏，根据故障程度作相应处理。

（6）对各项检查修复后，对电机进行装配。

（7）装配完毕的电动机，应进行必要的测试，各项指标符合要求后，就可启动试运行观察。

（8）各项运行记录都表明达到技术要求，方可带负载投入使用。

c　定期小修

定期小修是对电机的一般性清理与检查，应经常进行。基本内容包括：

（1）清擦电动机外壳，除却运行中积累的污垢。

（2）测量电动机绝缘电阻，测量后应注意重新接好线，拧紧接线头螺钉。

（3）检查电动机与接地是否坚固。

（4）检查电动机盖、地脚螺丝是否坚固。

（5）检查与负载机械之间的传动装置是否良好。

（6）拆下端盖，检查润滑介质是否变脏、干涸，应及时加油、换油。

（7）检查电动机的附属启动和保护设备是否完好。

【例3－4－1】一台三相4极异步电动机，通电后不能启动。

解：

检查诊断：经询问用户，该电机在重新绕制后通电试机时，声音发闷，表振动强烈，配电盘闪火，电机不能启动。根据上述情况，初步可判断前维修人员在电动机接引出线时，首、尾标记号出现错误，此时相当于其中的某一相的首尾接反，从而引发故障。

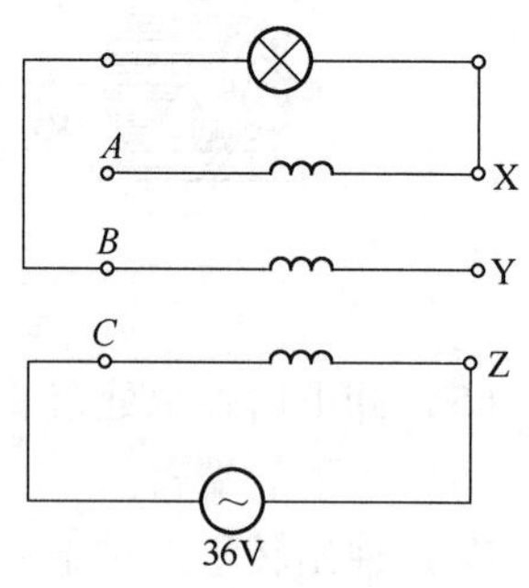

图3－64　三相电动机首尾接错故障检测

检测方式：如图3－64所示，将一相接于36V交流电源，另两相按原先首尾串联后接入低压灯泡上，或发现灯不亮，将串联的某一相绕组端子倒接后，测试灯亮。三相依次试验。

检测结果说明，灯不亮的一次测试中的串联相首尾接错，两相感应电势相减，灯上的电压极小，所以灯不亮。倒接以后，感应电势相加，灯上电压变大，故灯亮。

处理方法：交接错的相绕组首尾对调后，三相定子绕组故障分析及维修试验正确，接入三相交流电源，试机正常，故障排除。

3.4.2.2　三相异步电动机绕组故障及维修

三相异步电动机定子绕组是电机工作的核心，它不但要产生工作的旋转磁场，还要负责提供能量交换过程中的交流电能。其性能、工作状态的变化都将影响电机的工作。本节重点分析定子绕组的故障原因，诊断方法及处理，同时介绍鼠笼转子的断条诊断及维修。

A　鼠笼式转子的断笼故障及检修

铸铝鼠笼型转子常见的故障是断笼，其中包括断条与断环。断条是指鼠笼式电机中的转子的一根或数根导条断裂，断环是指端环一处或几处断开。

a　断笼故障现象分析

转子断笼后，负载运行时其转速比正常低，机身振动且伴有噪声，随着负载的增大，情况越严重，同时启动转矩和额定转矩降低。主要是由于断笼引起转子电阻增大，电流减小；同时也使得转子电磁力矩不对称造成。

断笼运行时，若用三相电流表检测定子电流时，会发现有周期性的摆动，三相电流交替变化，变化的最大值与最小值基本相同。短路试验时，三相电流明显不等。

b　检测基本方法

（1）先进行目测，若端环开裂，一般可以看出，若断笼严重，在断条槽口处可能发现小黑洞或焦黑痕迹。若目测不能发现，可用断笼侦察器检查。

（2）断笼侦察器如图3－65所示。

将开口变铁芯加交流电压，并紧贴切转子铁芯，形成磁场回路，则在闭合转子回路中就会产生感应电流，利用检测头依次探测各个鼠笼导体条，若导体条未断，则有较大的电流流过，指针偏转，若断条或裂损则无电流或电流减小，则表的读数减小。

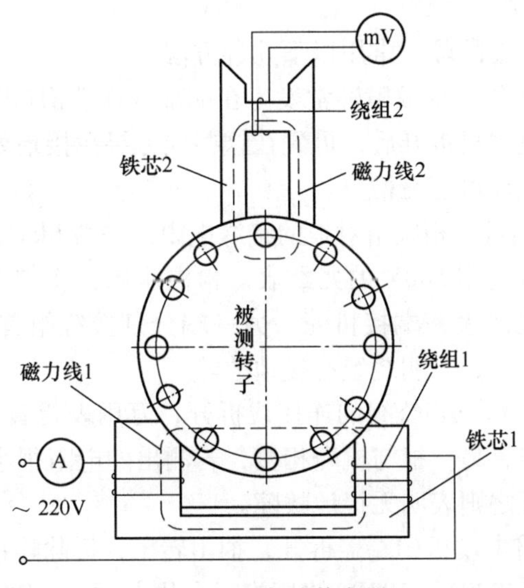

图 3-65　断笼侦察器

c　断条的维修

(1) 焊接法。将鼠笼导体条或端环开出坡口，然后将转子加热到450℃左右，用专用钎料补焊。

(2) 冷接法。在裂口处用一只比槽口宽度略小的钻头钻孔并攻螺纹，然后拧上铝螺钉，再用车床或铲刀，除掉多余部分，保持平整。

(3) 重新铸铝法。对于断条较多，可将转子笼条全部清除，重新铸铝。

(4) 换条法。可选取直径略小于槽孔的小钻头，沿断裂导体条纵向钻孔，直到钻穿，再嵌入制好的铝条，最后用钎焊或氩弧焊将两端牢牢固定在环上，打磨平整方可使用。

B　三相定子绕组故障分析及维修

a　三相异步电动机定子绕组接地原因

异步电动机定子绕组接地，是指绕组与铁芯或绕组与机壳的绝缘破坏而引起接地现象。绕组接地后，会使机壳带电，绕组发热，甚至引起绕组短路，使电动机无法正常运行。

绕组接地主要由以下几种原因造成：

(1) 绕组受潮，长期备用的电动机常常由于受潮而使绝缘电阻值降低，甚至失去绝缘作用。

(2) 绝缘老化，电机使用过久或长期过载运行，使绕组绝缘长期受热焦脆，以致开裂、分层、脱落。

(3) 绕组工艺缺陷或由于操作疏忽，使绕组绝缘擦伤破裂，导致导线与铁芯接触。

(4) 铁芯硅钢片凸出，或有尖刺等损坏绕组绝缘。

(5) 转子扫膛，即转子与定子相擦，使铁芯局部过热，烧毁槽楔和绝缘。

(6) 绕组端部过长或线圈在槽内松动，绕组端部绑扎不良，使绝缘磨损或折断。

(7) 引出线绝缘损坏，与机壳相碰。

(8) 绕组绝缘因受雷击或电力系统过电压击穿而损坏等。

b　定子绕组接地检测

检查三相定子绕组接地故障，常用以下几种方法：

（1）观察法。由于绕组接地故障经常发生在端部或铁芯槽口部分，而且绝缘常有破裂和烧伤痕迹。所以，当电动机拆开后，可先在这些地方寻找接地处。如果引出线和这些地方没有接地的迹象，则接地可能在槽里。

（2）兆欧表检查。测量三相绕组对地的绝缘电阻。一般 6kV 以上的电动机采用 2500V 的兆欧表，其他低压电机选用 500V 的兆欧表。检测步骤：将“Y”形接法或“△”接法的各相绕组连接拆开；兆欧表一端接机壳，另一端分别接绕组首尾端；以约 120r/min 转速摇动手柄，若指针指向零，表明绕组有接地故障。

（3）用万用表检查。将三相绕组的连接线拆开，万用表置簸箕 R×10k 量程上，测试棒一根与绕组的一端相接，另一根与机壳相接，若测出的电阻很小或为零，则表明该相绕组的引线有接地故障，反之则表明无接地故障。

（4）试验灯测验。将电动机的端盖拆开，抽出转子，拆除连接片。用测试灯的一端接机壳上，火线上串接一个 220V、100W 的灯泡，分别与每一相的引出线相接，若灯泡发亮，表明该相绕组无接地故障。若接触某一相后灯亮了，则表明该相绕组存在接地故障。为了继续找到该相接地具体位置，可将试验灯火线与故障相绕组固定相接，而将另一端与机壳断续碰接，这样在故障点的铁芯槽口可能发生火花或冒烟，表明该处正是接地点；若测试灯暗红，则表明绕组受潮，绝缘等级降低。

采用此法时，要特别注意安全，操作人员必须穿绝缘鞋，戴绝缘手套，人体不要接触铁芯。试验检测完后要立即拆除电源。

c　定子绕组接地一般处理

只要绕组接地故障程度较轻，又便于查找和修理时，都可进行局部修理。

（1）接地点在槽口的一般处理。只要没有严重烧伤处，则可以按下述步骤进行处理：

在接地的绕组中，通入低压电流加热，在绝缘软化后打出槽楔。

用划线板把槽口的接地点撬开，使导线与铁芯之间产生间隙，再将与电动机绝缘材料相同的绝缘材料（E 级电动机可用 0.3mm 厚的环氧酚醛玻璃布板 3240，B 级电动机可以用天然支母板等）剪成适当尺寸，插入接地处的导线与铁芯之间，再用小锤轻轻打入。

在接地位置垫放绝缘后，再将绝缘纸对折起来，最后打入槽楔。

（2）槽内线圈边接地的一般处理步骤。在接地的线圈边通入低压电流加热，待绝缘软化后，再打出槽楔。

用划线板将槽绝缘分开，在接地的一侧，按线圈排列的顺序，从槽内翻出其中的一半线圈，用相同的绝缘等级的绝缘材料垫放在槽内接地位置上。

接排列顺序，将翻出槽的线圈再嵌入槽内。

滴入绝缘漆，并通入低压电流加热，烘干。

将槽绝缘对折起来，放上对折的绝缘纸，再打入槽楔。

（3）绕组端部接地处理步骤。先把损坏的绝缘物刮掉并清理干净。

将电动机定子放进电热鼓风干燥箱进行加热，使绝缘软化。

用硬木做成打板对绕组端部进行整形处理。整形时，用力要适当，以免损坏绕组的绝缘。

在故障处包扎新的同等级的绝缘物，再涂刷一些绝缘漆，并进行干燥处理。

d　定子绕组断路诊断

（1）用万用表检测。拆掉三相连接线，将万用表两根测试棒与各相绕组两端相接，将选择开关置电阻挡，然后检测各相绕组是否通路，若有一相不通，则表明该相绕组开路。

（2）用试验灯进行检查。与万用表的接线相同，灯泡发亮表示绕组完整；不亮，则说明绕组开路。

3.4.2.3　三相异步电机运行故障及维修

三相异步电动机的运行故障可分为两大类，电气故障与机械故障。一旦运行出现异常，则应根据故障现象，分析原因，做出检测诊断，找出故障，制出维修方案，组织故障处理。

A　电动机不能启动

理论基础：电动机的启动必须要有启动转矩，而且启动转矩要大于启动时的负载总转矩，才能产生足够的加速度，电机方可正常启动。无论是何种原因，造成电动机启动转矩、负载总转矩的异常，都将使启动异常。

故障原因：

（1）三相供电线路断路。

（2）定子绕组中有一相或两相断路。

（3）开关或启动装置的触点接触不良。

（4）电源电压过低。

（5）负载过大或传动机械有故障。

（6）轴承过度磨损，转轴弯曲，定子铁芯松动。

（7）定子绕组重新绕制后短路。

（8）定子绕组接法与规定不合。

处理方法：

（1）检测供电回路的开关、熔断器，恢复供电。

（2）测量三相绕组电压，若不对称，确定断路点，修复断路相。

（3）三相电压过低，则应分析原因，判断是否有接线错误；若是由于供电绝缘线太细制成的电压降过大，则应更换粗线。

（4）减轻启动负载。

（5）检查传动部位有无堵塞阻碍，应排除。

（6）若有短路迹象，应检测出短路点，作绝缘处理或更换绕组。

B　运行中的声音异常与振动

理论基础：电动机运行过程中的异常声音与振动主要来自于电磁振动与机械振动。电磁原因主要为电动机产生的电磁转矩不对称，转矩分布不平衡；机械原因主要为结构部件松动、摩擦系数加剧等。

故障原因：

（1）电动机安装基础不平。

（2）转子与定子摩擦。

（3）转子不平衡。

（4）轴承严重磨损。

（5）轴承缺油。

（6）电动机缺相运行。

（7）定子绕组接触不良。

（8）转子风叶碰壳、松动、摩擦。

处理方法：

（1）检查紧固安装螺栓及其他部件，保持平衡。

（2）校正转子中心线。

（3）检查定子绕组供电回路中的开关、接触器触点、熔丝、定子绕组等，查出缺相原因，作相应的处理。

（4）更换磨损的轴承。

（5）清洗轴承，重新加润滑脂或更换轴承。

（6）清除风扇污染，校正风叶，旋紧螺栓。

（7）查找电动机短路或断路的原因，做出相应的处理。

C 温升过高或冒烟

理论基础：电动机温升超过正常值，主要是由于电流增大，各种损耗增加，与散热失去平衡，温度过高时，将使绝缘材料燃烧冒烟。

故障原因：

（1）电源电压过高或过低。

（2）电动机过载。

（3）电动机的通风不畅或积尘太多。

（4）环境温度过高。

（5）定子绕组有短路或断路故障。

（6）定子缺相运行。

（7）定、转子摩擦，轴承摩擦等引起气隙不均匀。

（8）电动机受潮或浸漆后烘干不够。

（9）铁芯硅钢片间的绝缘损坏，使铁芯涡流增大，损耗增大。

处理方法：

（1）检查调整电源电压值，是否将三角形接法的电动机误接成星形或将星形接法的电动机误接成三角形，应查明纠正。

（2）对于过载原因引起的温升，应降低负载或更换容量较大的电动机。

（3）检查风扇是否脱落，移开堵塞的异物，使空气流通，清理电动机内部的粉尘，改善散热条件。

（4）采取降温措施，避免阳光直晒或更换绕组。

（5）检查三相熔断器的熔丝有无熔断及启动装置的三相触点是否接触良好，排除故障或更换。

（6）检查定子绕组的断路点，进行局部修复或更换绕组。

（7）更换磨损的轴承。

(8) 校正转子轴。

(9) 检查绕组的受潮情况，必要时进行烘干处理。

D　运行中的其他异常

a　电动机转速不稳定

理论基础：一方面来自控制原因造成的电源不稳定，如反馈控制线松动；另一方面为电动机本身缺陷引起的电磁转矩不平衡。

故障原因：

(1) 鼠笼电动机的转子断笼或脱焊。

(2) 绕线转子绕组中断相或某一相接触不良。

(3) 绕线转子的滑环短路装置接触不良。

(4) 控制单元接线松动。

处理方法：

(1) 查找并修补鼠笼电机的转子断裂导条。

(2) 对于断路或短路的转子绕组要进行故障分析与处理，正常后投入运行。

(3) 调整电刷压力，改善电刷与滑环的接触面。

(4) 检查控制回路的接线，特别是给定端与反馈接头的接线。保证接线正确可靠。

(5) 对于绕组电动机滑环接触不良，应及时修理与更换。

b　电动机外壳带电

理论基础：机壳带电表明机壳与电源回路中的某一部件有了不同程度的接触。这是一严重故障的预兆，必须仔细检测分析，找出故障原因，确定合适的维修方法。排除故障后方可投入运行。

故障原因：

(1) 误将电源线与接地线搞错。

(2) 电动机的引出线破损。

(3) 电动机绕组绝缘老化或损坏，对机壳短路。

(4) 电动机受潮，绝缘能力降低。

处理方法：

(1) 检测电源线与接地，纠正接线。

(2) 修复引出线端口的绝缘。

(3) 用兆欧表测量绝缘电阻是否正常，决定受潮程度。若较严重，则应进行干燥处理。

(4) 对绕组绝缘严重损坏情况应及时更换。

c　运行轴承过热

理论基础：电动机轴承过热是由于摩擦增大，机械损耗增加引起。

故障原因：

(1) 轴承损坏。

(2) 转轴弯曲，使轴承受外力。

(3) 缺润滑油。

(4) 润滑油污染或混入铁屑。

（5）电动机两侧端盖或轴承未装平。

（6）传动皮带过紧。

（7）联轴器装配不良。

处理方法：

（1）更换轴承。

（2）校正轴承，调整润滑油，使其容量不超过轴承润滑室容积的 2/3。

（3）对于轴承装配不正，应将端盖或轴承盖的止口装平，旋紧螺栓。

d　负载运行转速低于额定值

理论基础：在额定负载时的运行转速低于标定额定转速，说明电动机在此时并没有运行在固有特性曲线上，输出的功率低于额定功率。

故障原因：

（1）电源电压过低（低于额定电压）。

（2）三角形接法的电机误接成了星形。

（3）鼠笼电动机笼条断裂或脱焊。

（4）绕线电动机的集电环与电刷接触不良，从而使接触电阻增大损耗增大，输出功率减少。

（5）电源缺相。

（6）定子绕组的并联支路或并绕导体断路。

（7）绕线电动机转子回路串电阻过大。

（8）机械损耗增加，从而使总负载转矩增大。

处理方法：

（1）检测接线方式，纠正接线错误。

（2）采用焊接法或冷接法修补鼠笼电动机的转子断条。

（3）对于有转子绕组短路或断路的，应检测修复或更换绕组。

（4）调整电刷压力，用细砂布磨好电刷与滑环的接触面。

（5）对于由于熔断器断路出现的断相运行，应检出原因，处理所更换熔断器熔丝。

（6）对于机械损耗过大的电动机，应检查损耗原因，处理故障。

（7）减轻负载。

（8）适当减小转子回路串接的变阻器阻值。

3.4.2.4　三相异步电动机基本检测方法

三相异步电动机的基本检测是电工维护技术人员必须具备的基本技能。

A　三相异步电动机首尾端测定

在维修电机时，常常会遇到线端标记已丢失或标记模糊不清，从而无法辨识。为了正确接线，就必须重新确定定子绕组的首尾端。常用的方法有直流法、交流法与灯泡检测法。

a　直流法

按图 3－66(a) 接线，先任意指定某一相绕组的始端为 A，末端为 X，A 端接直流电源“＋”极，X 端接“－”极。C 相绕组接毫安表。合开关 QS 时，毫安表正指，则毫安表

“ - ”端所接的出线端 C 也为首端；毫安表反指，则毫安表“ - ”端所连接的变末端。反之，拉开 QS 开关时，毫安表反指，则毫安表“ - ”端接的是始端。用同样的方法可以判断 B 相绕组的始、末端。这是由于三相绕组在定子上是对称布置的，如图 3 - 66(b) 所示，根据楞次定律，A 相电流变化，引起磁场变化，而另两相感应电流产生的附加磁场总是要阻碍原磁场的变化。即可确定各绕组的始末端。

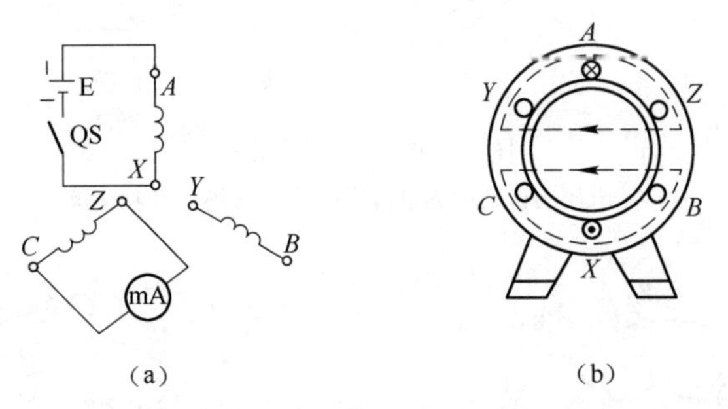

（a）　　（b）

图 3 - 66　直流法测定定子绕组首尾端

b　交流法

首先任指定某一相绕组的始端 A 和末端 X，然后将这一相和另一相 B 绕组串联，接上交流电源 u(60V)，并测量 C 相绕组的电压，若测定电压接近零，则两相是始 - 始或末 - 末连接，如图 3 - 67 所示，说明合成磁场并不穿过 C 相绕组。

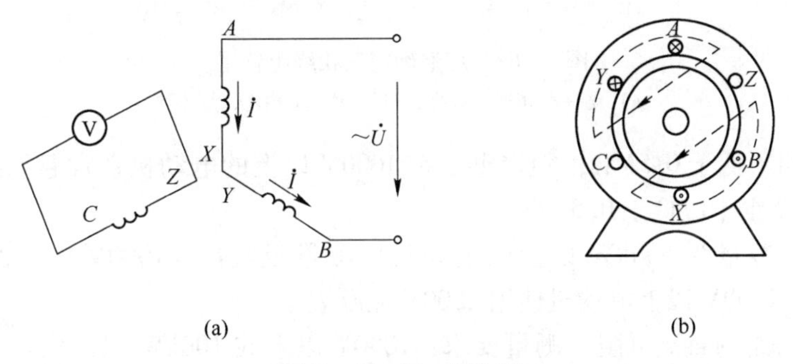

(a)　　(b)

图 3 - 67　尾 - 尾相接

（a）电压表读数为零；（b）C 相绕组无磁场交链

若测定电压读数接近电源电压，说明串联两相属于首 - 末相连，如图 3 - 68 所示，说明合成磁场与 C 相交链。

用同样的方法也可以判断 C 相的首尾端。

c　灯泡法

先用兆欧表判定三相的端子，再将任意两相（如 U、V）串联到 220V 交流电源上在第三相（W）两端接上 36V 灯泡。如果灯亮表示 U 相末端与 V 相首端相连接，如图 3 - 69 (a) 所示。如果灯不亮，表示 U 相末端与 V 相末端相连，如图 3 - 69(b) 所示。如同样的办法，可以确定 W 相的首尾。

B　基本测试项目及要求

为了保证检修质量，三相异步电动机检修后可参考 GB 755—87 进行相关项目的测试。

(1) 测量绕组的绝缘电阻和吸收比。测量要求：额定电压在 1000V 以下的电动机，

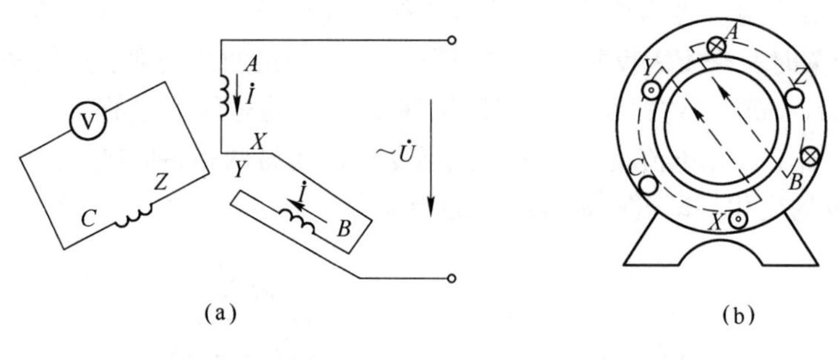

图3－68　首－尾相连
(a) 电压表读数接近电源值；(b) 磁场与 C 相交链

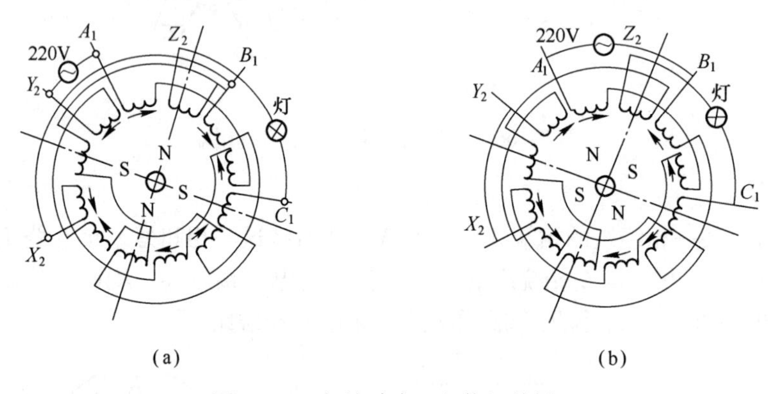

图3－69　灯泡确定三相绕组首尾
(a) 尾－首相连，灯亮；(b) 尾－尾相连，灯不亮

常温下绝缘电阻不低于0.5MΩ；额定电压在1000V以上的电动机，常温下绝缘电阻不低于1MΩ；转子绕组不应低于0.5MΩ。

测量说明：容量为500kW以上的电动机应测量吸收比。1000V以下的电动机使用1000V兆欧表。1000V以上电动机使用2500V兆欧表。

（2）测量绕组的直流电阻。测量要求：1000V以上或100kW以上的电动机，各相绕组直流电阻互差不应超过2%，并要注意相间差别的历年相对变化，变化过大则说明绝缘老化加快。

测量说明：对于中性点无抽头不能测量各相绕组的直流电阻，可测量线间电阻，1000V以上或100kW以上的电动机直流电阻的差别不应超过1%。

（3）直流耐压试验。测量要求：1000V以上且容量在500kW以上的电动机，要作定子绕组直流耐压试验。其试验电压的标准为：对于全更换后绕组，应为3.0倍额定电压；局部更换绕组电压，应为2.5倍额定电压；对于小修后，试验电压应为2.0倍额定电压。

（4）定子绕组交流耐压试验。测量要求：额定电压在0.4kV以下电动机，试验电压1kV；额定电压在0.5kV以下电动机，试验电压1.5kV；额定电压在2kV以下电动机，试验电压4kV；额定电压在3kV以下电动机，试验电压5kV；额定电压在6kV以下电动机，试验电压10kV；额定电压在10kV以下电动机，试验电压16kV。

测量说明：大修中不更换定子绕组和局部更换绕组后，一般取1.5倍额定电压，但不低于1000V。全部更换定子绕组后，试验电压＝2倍额定电压＋1000V，但不应低于 1500V。

（5）绕线型电动机转子绕组耐压试验。测量要求：局部更换转子绕组后，不可逆运行电动机，选取试验电压值为 1.5 倍 U_K，但不小于 1000V；可逆运行电动机，选取试验电压为 3.0 倍 U_K，但不小于 2000V。对于转子绕组全部更换后，试验电压取值标准：对于不可逆运行电动机，试验电压 $=2U_K+1000V$；对于可逆运行电动机，试验电压 $=4U_K+1000V$。

测量说明：U_K 为转子开路并静止时，在定子绕组上加额定电压时，于滑环上测得的转子绕组电压。

（6）定子绕组极性（首尾）的确定（前已叙述）。

（7）测定电动机的振动。测量要求：同步速度为 3000r/min，振动值（双振幅）0.06mm；同步速度为 1500r/min；振动值（双振幅）0.10mm；同步速度为 1000r/min，振动值（双振幅）0.13mm；同步速度为 750r/min 以下；振动值（双振幅）0.16mm。

（8）空载试验（前已叙述），确定励磁阻抗值。

（9）短路试验（前已叙述），确定短路阻抗值。

【例 3-4-2】 JO61-8 型 7.5kW 电动机，工作时机壳带电，温升快，无法正常运行。

解：

检修询问：该电动机与小型提升绞车配用。长期过载运行，很可能导致绝缘性能降低，从而引起接地故障。

检修方法：拆开各相绕组连线端子，用 500V 兆欧表测绕组与机壳的绝缘电阻，观察指针接近于“0”位，说明该相绕组存在接地故障。经仔细检查，发现当兆欧表摇动时，线圈伸出槽口位置有微弱放电闪烁，并伴有“吱吱”声，由此可判断该处为接地点。

处理方案：该点接地不严重，故可用增加绝缘的方法进行修复。具体作法：

（1）用电烙铁对接地线圈加热软化。

（2）在接地线圈与铁芯之间插入绝缘材料。

（3）在接地点涂上绝缘漆，并用耐温等级相同的漆绸带包扎好。

（4）涂上绝缘漆干燥后，装机试验，故障排除。

练 习 题

3-4-1　鼠笼型电机出现转子笼条有断裂后有何特征？如何诊断？

3-4-2　三相异步电动机运行中某一相断路后，会表现出什么故障现象？

3-4-3　怎样检查三相异步电动机定子绕组的接地故障？

3-4-4　如何通过测试来鉴别三相异步电动机的好坏？

3-4-5　如何测定三相异步电动机的首尾端？

学习情境 4　特殊电动机

【知识要点】

（1）单相异步电动机基本结构及工作原理。
（2）单相异步电动机的启动和调速。
（3）三相同步电动机的结构及工作原理。
（4）三相同步电动机的启动、特性和 V 形曲线。
（5）其他特殊电动机简介。

任务 4.1　单相异步电动机

【任务要点】

（1）了解单相异步电动机基本结构、工作原理。
（2）掌握单相异步电动机的机械特性和特点。
（3）掌握单相异步电动机的启动方法。
（4）掌握单相异步电动机的调速方法。

4.1.1　任务描述与分析

4.1.1.1　任务描述

单相异步电动机是由单相电源供电、其转速随其负载变化稍有变化的一种小容量交流电机。单相异步电动机以其结构简单、成本低廉、运行可靠、维修方便的特点，得到了广泛的应用。如电风扇、电冰箱、洗衣机、空调设备、小型鼓风机、小型车床等均都用单相异步电动机作为原动机。

4.1.1.2　任务分析

本任务介绍了单相异步电动机的基本结构、原理，分析了机械特性，总结了单相异步电动机的特点，分析了单相异步电动机的启动方法和调速方法。

4.1.2　相关知识

4.1.2.1　单相异步电动机的结构

从结构上看，单相异步电动机与三相笼型异步电动机相似，其转子也为笼型，只是定子绕组为一单相工作绕组，但通常为启动的需要，定子上还设有产生启动转矩的启动绕组，一般只是在启动时接入，当转速接近同步转速时，由离心开关将其从电源自动切除，所以正常工作时只有工作绕组在电源上运行。但也有一些电动机，在运行时将启动绕组接于电源上，如电容运行单相异步电动机。单相异步电动机结构如图 4－1 所示。

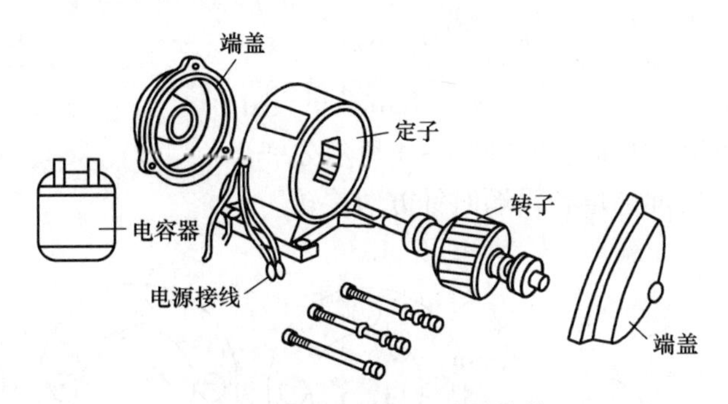

图 4－1 单相异步电动机结构

4.1.2.2 单相异步电动机工作原理

A 单相绕组的脉动磁场

如图 4－2(a) 所示在单相定子绕组中通入单相交流电流，假设在交流电的正半周，电流从单相定子绕组的左半侧流入，从右半侧流出，则由电流产生的磁场如图 4－2(b) 所示，该磁场的大小随电流的大小而变化，方向则保持不变。当电流过零时，磁场也为零。当电流变为负半周时，产生的磁场方向也随之发生变化，如图 4－2(c) 所示。

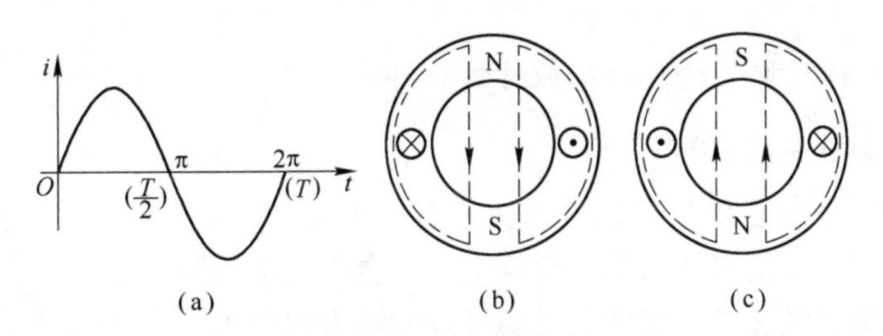

图 4－2 单相脉动磁场的产生

(a) 交流电流波形；(b) 电流正半周产生的磁场；(c) 电流负半周产生的磁场

可见，向单相异步电动机定子绕组通入单相交流电后，产生的磁场大小及方向在不断变化，但磁场的轴线却固定不动，这种磁场空间位置固定，只是幅值和方向随时间变化而变化，即只脉动而不旋转，称为脉动磁场。脉动磁场可以分解为两个大小相等、方向相反的旋转磁场，而这两个磁场在任一时刻所产生的合成电磁转矩为零，所以单相异步电动机如果原来静止不动时，在脉动磁场的作用下，由于转子导体与磁场之间没有相对运动，不会产生磁场力的作用，转子仍然是静止不动，即单相异步电动机没有启动转矩，不能自行启动。这是单相异步电动机的一个主要缺点。若用外力去拨动一下电动机的转子，则转子导体就切割定子脉动磁场，产生电流，从而受到电磁力的作用，转子将顺着拨动的方向转动起来。因此，必须解决单相异步电动机的启动问题。

B　两相绕组的旋转磁场

可以证明，具有90°相位差的两个电流通过空间位置相差90°的两相绕组时，产生的合成磁场为旋转磁场。图4－3和图4－4说明了产生旋转磁场的过程。

两相电流

$$
\begin{aligned}
i_1 &= \sqrt{2}I_1\sin\omega t \\
i_2 &= \sqrt{2}I_2\sin(\omega t + 90^\circ)
\end{aligned}
\tag{4-1}
$$

图4－3所示为两相对称电流，图4－4所示分别为 $\omega t = 0^\circ$、45°、90°时合成磁场的方向。可见该磁场随着时间的增长沿顺时针方向旋转。

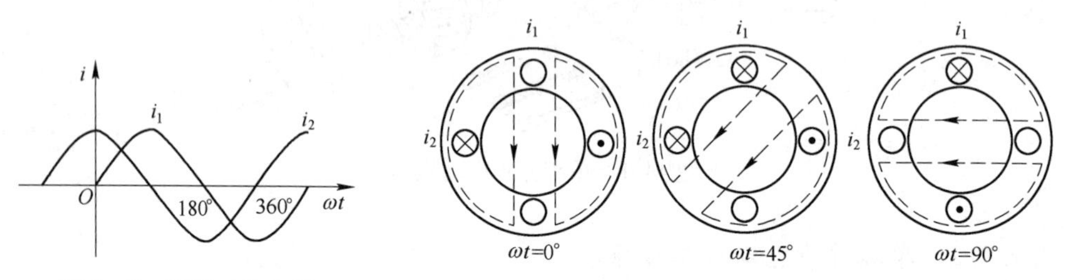

图4－3　两相对称电流　　　图4－4　旋转磁场

由此可知，在单相异步电动机定子上放置两相空间位置相差90°的定子绕组，向绕组中分别通入具有一定相位差的两相交流电流，就可以产生沿定子和转子空间气隙旋转的旋转磁场，从而解决了单相异步电动机的启动问题。

根据启动方法的不同，单相异步电动机一般可分为电容分相式、电阻分相式和罩极式。

4.1.2.3　单相异步电动机的机械特性和特点

A　单相异步电动机的机械特性

由前面分析可知，若单相异步电动机只有一个工作绕组，向单相异步电动机工作绕组通入单相交流电后，会产生幅值和方向随时间变化的脉动磁场。该脉动磁场可以分解为两个大小相等、方向相反的旋转磁场。这两个磁场在转子中分别产生两个正向和反向的电磁转矩 T^+、T^-，它们企图使转子分别正转和反转，这两个转矩叠加起来就是使电动机转动的合成转矩 T。不论是正向还是反向转矩，它们的大小与转差率的关系和三相异步电动机的情况是一样的。图4－5是单相异步电动机的转矩特性曲线。

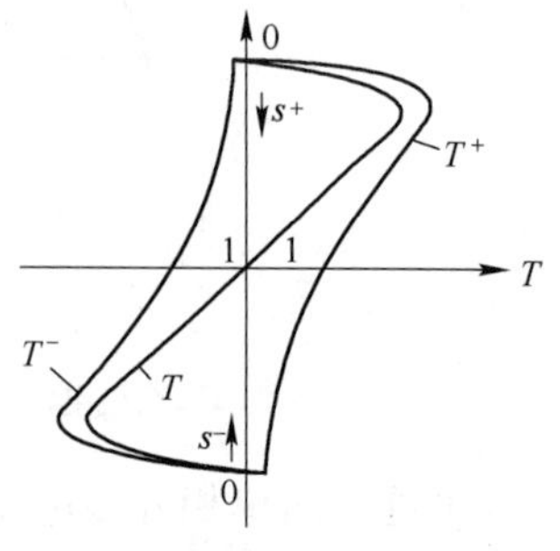

图4－5　单相异步电动机的转矩特性曲线

B　单相异步电动机的特点

由图4－5可见，单相异步电动机有以下几个特点：

（1）单相异步电动机只有工作绕组时，启动时的合成转矩为零。刚启动时，$n=0$，$s=0$，由于正方向的电磁转矩和反方向的电磁转矩大小相等，方向相反，合成转矩 $T=T^+ + T^- = 0$，电机没有相应的驱动转矩而不能自行启动。

（2）在 $s=1$ 的两边，合成转矩曲线是对称的。因此，单相异步电动机没有固定的旋转方向。当外力驱动电机正向旋转时，合成转矩为正，该转矩能维持电机继续正向旋转；反之，当外力驱动电机反向旋转时，合成转矩为负，该转矩能维持电机继续反向旋转。由此可见，对电机的旋转方向取决于电动机启动时的方向。

（3）由于反向转矩的存在，使合成转矩减小，最大转矩也随之减小，致使电动机过载能力降低。

（4）反向旋转磁场在转子中引起的感应电流，增加了转了铜耗，降低了电动机的效率。单相异步电动机的效率为同容量三相异步电动机效率的 75% ~90%。

4.1.2.4　单相异步电动机的启动

为了使单相异步电动机能够产生启动转矩，通常的解决办法是在其定子铁芯内放置两个有空间角度差的绕组（工作绕组和启动绕组），并且使这两个绕组中流过的电流不同相位（即分相），这样就可以在电机气隙内产生一个旋转磁场，单相异步电动机就可以启动运行。工程实践中，单相异步电动机常采用分相式和罩极式两种启动方法。

A　分相启动电动机

分相启动包括电容启动电动机、电容运转电动机、电容启动运转电动机、电阻启动电动机。

a　电容启动电动机

定子上有两个绕组，一个称为主绕组（或称为工作绕组），用 1 表示，另一个称为辅助绕组（或称为启动绕组），用 2 表示。两绕组在空间相差 90°在启动绕组回路中串接启动电容 C 作电流分相用，并通过离心开关 S 或继电器触点 S 与工作绕组并联在同一单相电源上，如图 4－6(a) 所示。因工作绕组呈电感性，I_1 滞后于 U。若适当选择电容 C，使流过启动绕组的电流 I_{st} 超前 I_1 90°。如图 4－6(b) 所示，这就相当于在时间相位上互差 90°的两相电流流入在空间相差 90°的两相绕组中，便在气隙中产生旋转磁场，并在该磁场作用下产生电磁转矩使电动机转动。

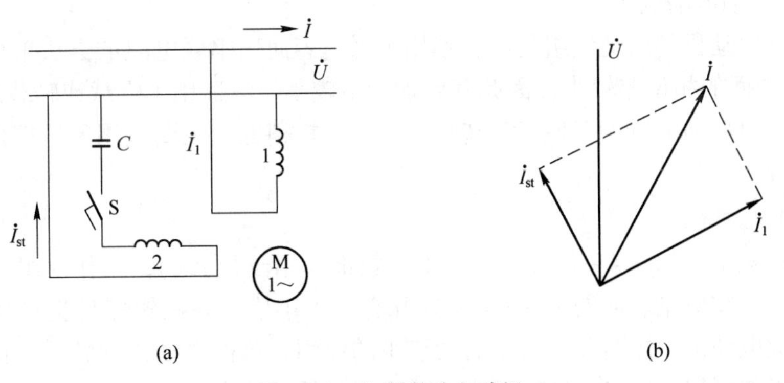

图 4－6　电容启动电动机

（a）电路图；（b）相量图

这种电动机的启动绕组是按短时工作设计的，所以当电动机转速达 70% ~85% 同步转速时，启动绕组和启动电容器 C 就在离心开关 S 作用下自动退出工作，这时电动机就在工作绕组单独作用下运行。

此类电动机启动电流及启动转矩均大，但价格稍贵。主要应用于电冰箱、洗衣机、压缩机、小型水泵等。

b　电容运转电动机

在启动绕组中串入电容后，不仅能产生较大的启动转矩，而且运行时还能改善电动机的功率因数和提高过载能力。为了改善单相异步电动机的运行性能。电动机启动后，可不切除串有电容器的启动绕组。这种电动机称为电容运转电动机，如图4－7所示。

电容运转电动机实质上是一台两相异步电动机，因此启动绕组应按长期工作方式设计。

此类电动机无启动装置价格低，功率因数高。主要应用于电扇、排气扇、洗衣机、复印机等。

c　电容启动运转电动机

电容运转电动机虽然能改善单相异步电动机的运行性能，但由于电动机工作时比启动时所需的电容量小，为了进一步提高电动机的功率因数、效率、过载能力，常采用图4－8所示的电容启动运转电动机接线方式，在电动机启动结束后，必须利用离心开关S把启动电容切除，而工作电容仍串在启动绕组中。

此类电动机启动电流及启动转矩均较大，功率因数高，但价格较贵。主要应用于电冰箱、洗衣机、水泵、小型机床等。

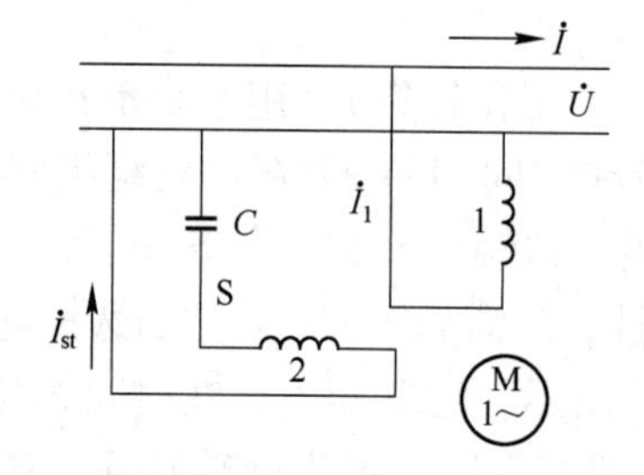

图4－7　电容运转电动机

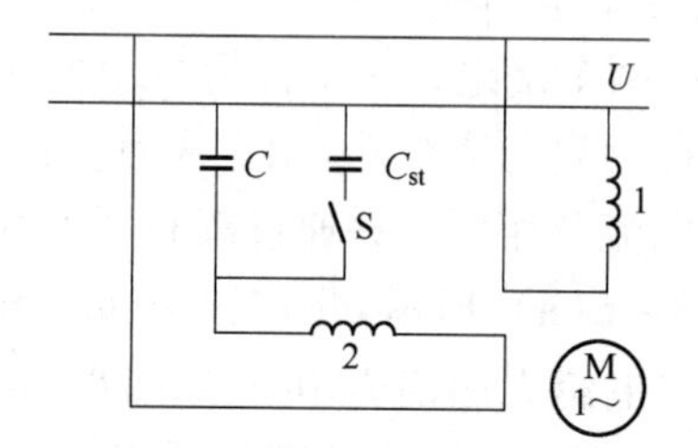

图4－8　电容启动运转电动机

d　电阻启动电动机

电阻启动电动机的启动绕组的电流不用串联电容而用串联电阻的方法来分相，但由于此时I_1与I_{st}之间的相位差较小，因此其启动转矩较小，只适用于空载或轻载启动的场合。

此类电动机启动电流大，但启动转矩不大，价格稍低。主要应用于搅拌机、小型鼓风机、研磨机等。

B　罩极电动机

罩极电动机结构如图4－9所示。定子一般都采用凸极式的，工作绕组集中绕制，套在定子磁极上。在极靴表面的1/3～1/4处开有一个小槽，并用短路环把这部分磁极罩起来，故称罩极电动机，短路环还起了启动绕组的作用。罩极电动机的转子仍做成笼型。它结构简单，工作可靠，但启动转矩较小，功率因数低。此类电动机价格低，主要应用于小型风扇、仪器仪表电动机、电唱机等。

在罩极电动机的移动磁场图中，Φ_1是励磁电流产生的磁通，Φ_2是励磁电流产生的一部分磁通（穿过短路铜环的磁通）和短路铜环中感应电流所产生的磁通的合成磁通。由于短路铜环中感应电流阻碍穿过短路环的磁通的变化，使Φ_1和Φ_2之间产生相位差，Φ_2滞

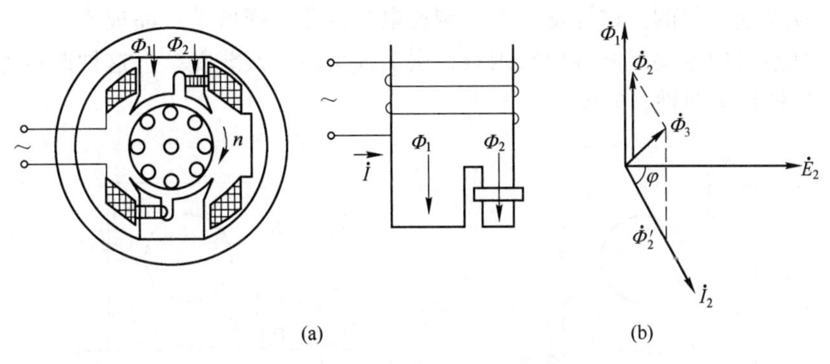

图 4－9　罩极电动机原理图
（a）接线图；（b）相量图

后于 $\boldsymbol{\Phi}_1$，当 $\boldsymbol{\Phi}_1$ 达到最大时，$\boldsymbol{\Phi}_2$ 尚小；而 $\boldsymbol{\Phi}_1$ 减小时，$\boldsymbol{\Phi}_2$ 才增大到最大，这相当于在电动机内形成一个向被罩部分移动的磁场，它使笼型转子产生启动转矩而启动。

4.1.2.5　单相异步电动机的调速

单相异步电动机与三相异步电动机相比，其单位容量的体积大，且效率及功率因数均较低，过载能力也较差。因此，单相异步电动机只做成微型的，功率一般在几十瓦至几百瓦之间。单相异步电动机一般要求能调速，其调速方法有变频调速、降压调速和变极调速。常用的降压调速又分为串电抗器调速、自耦变压器调速、串电容调速、绕组抽头调速、晶闸管调压调速等多种，下面分别介绍。

A　串电抗器调速

这种调速方法将电抗器与电动机定子绕组串联，通电时，利用在电抗器上产生的电压降使加到电动机定子绕组上的电压低于电源电压，从而达到降压调速的目的。因此用串电抗器调速法时，电动机的转速只能由额定转速向低速调速。图 4－10 是电风扇的串电抗器调速电路。

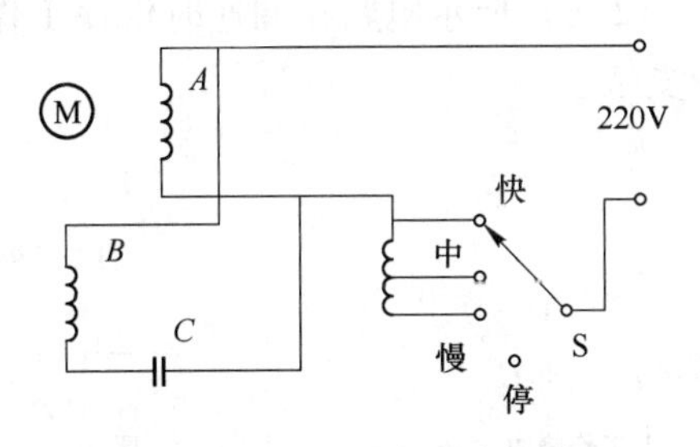

图 4－10　电风扇调速电路

这种调速方法的优点是线路简单、操作方便；缺点是电压降低后，电动机的输出转矩和功率明显降低，因此只适用于转矩及功率都允许随转速降低而降低的场合。

B　绕组抽头调速

电容运转电动机在调速范围不大时，普遍采用定子绕组抽头调速。这种调速方法是在定子铁芯上再放一个调速绕组（又称中间绕组）D_1D_2，它与工作绕组及启动绕组连接后引出几个抽头，通过改变调速绕组与工作绕组、动绕组的连接方式，调节气隙磁场大小及椭圆度来实现调速的目的。这样就省去了调速电抗铁芯，降低了产品成本，节约了电抗器的能耗。其缺点是使电动机嵌线比较困难，引出线头多，接线复杂。这种调速方法通常有 L 形接法和 T 形接法两种，如图 4 - 11 所示。

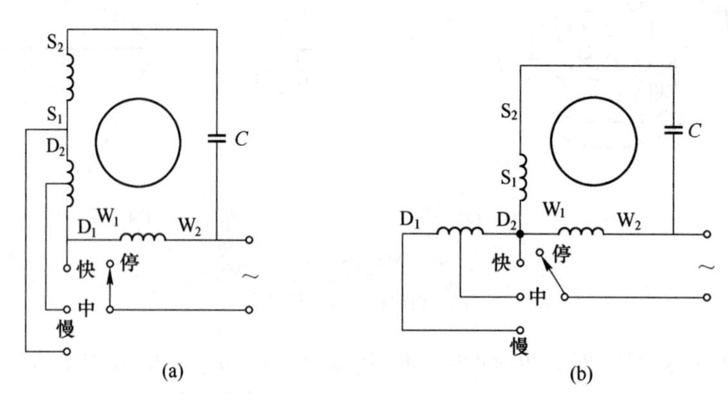

图 4 - 11　电容电动机绕组抽头调速接线图

（a）L 形接法；（b）T 形接法

C　串电容调速

将不同容量的电容器串入单相异步电动机电路中，也可调节电动机的转速。电容器容抗与电容量成反比，故电容量越小，容抗就越大，相应的电压降就大，电动机转速就低；反之电容量越大，容抗就越小，相应的电压降就小，电动机转速就高。

由于电容器具有两端电压不能突变的特点，因此，启动瞬间，调速电容器两端的电压为零，即电动机的电压为电源电压，因此，电动机启动性能好。正常运行时电容器上无功率损耗，故效率较高。

D　自耦变压器调速

可以通过调节自耦变压器来调节加在单相异步电动机上的电压，从而实现电动机的调速，如图 4 - 12 所示。图 4 - 12(a) 所示电路在调速时是使整台电动机降压运行，因此低速挡时启动性能较差。图 4 - 12(b) 所示电路在调速时仅使工作绕组降压运行，因此低速挡时启动性能好，但接线较复杂。

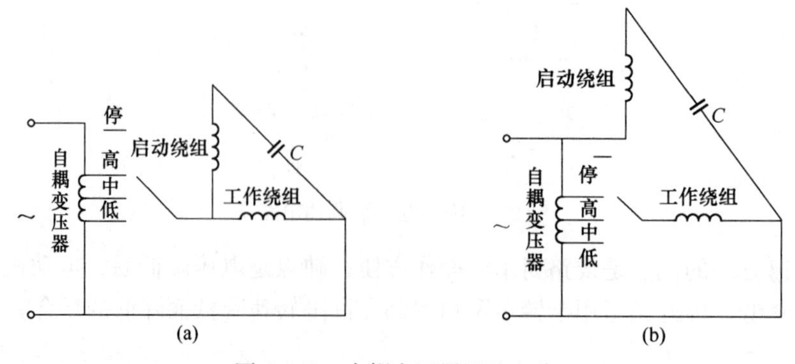

图 4 - 12　自耦变压器调速电路

E　晶闸管调压调速

前面介绍的各种调速电路都是有级调速，目前采用晶闸管调压的无级调速已越来越多，如图 4－13 所示，整个电路只用了双向晶闸管、双向二极管、带电源开关的电位器、电容和电阻等 5 个元件，电路结构简单，调速效果好。

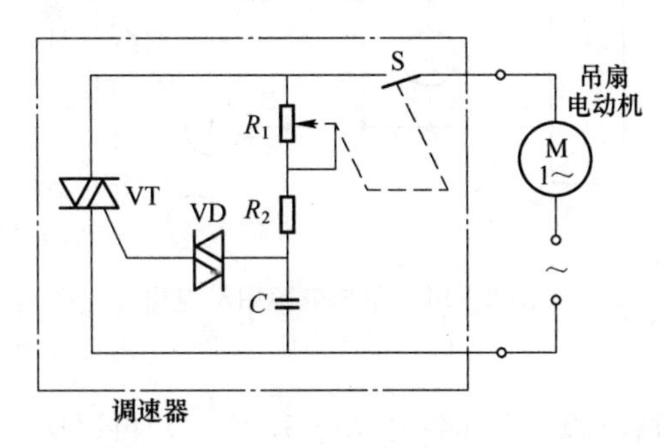

图 4－13　吊扇晶闸管调压调速电路

4.1.2.6　单相异步电动机的反转

欲改变单相异步电动机的转向，只需改变启动时旋转磁场的旋转方向反向即可，根据单相异步电动机的原理可知，不同的电机反转方法也不相同。

分相电机的反转：只需将工作绕组或启动绕组的两个出线端对调，也就是改变启动时旋转磁场的旋转方向，即可改变电机的启动转矩方向从而改变电机的旋转方向。

罩极电机的反转：从理论上看改变罩极与主极的相对位置关系即可实现反转，但这在凸极式电机中不能实现；在隐极式电机中，可采用与主绕组相对位置不同的两套罩极绕组来实现反转（正、反转时各用一套）。

4.1.3　技能训练

题目：单相电容启动异步电动机

（1）目的：

1）学习单相电容的基本接线方法。

2）观察单相电容，启动电机的启动方法。

3）用实验方法测定单相电容启动异步电动机的技术指标和参数。

（2）仪器及设备：

1）电机多功能实验台；

2）M05 电机；

3）35μF 电容；

4）交流电流表、电压表、功率表、开关组件；

5）导线。

（3）线路。单相电容启动电机，如图 4－14 所示。

（4）步骤：

1）按线路图接线，请教师检查线路。

2）接通电源，调节调压器让电机降压空载启动，在额定电压下空载运转使机械损耗达到稳定，从 1.1 倍额定电压开始逐步降低直至可能达到的最低电压值，即功率和电流出现回升时为止，其间测取 7～9 组数据，记录每组的电压 U_0、电流 I_0、功率 P_0 于表 4－1

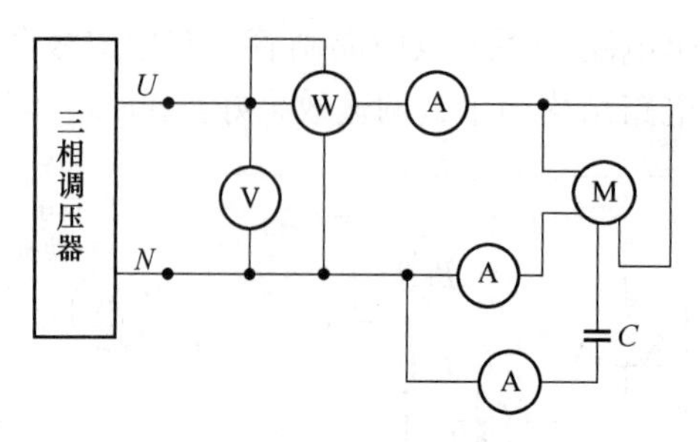

图 4-14　单相电容启动电机

中，并计算电机参数。

3）把电机堵转，接通电源，升压约 0.95～1.02U_N，再逐次降压至短路电流接近额定电流为止。其间测取 5～7 组 U_K、I_K、T_K 等数据记录于表 4-2 中。注意：在做此实验测取数据时，通电持续时间不应超过 5s，以免绕组过热。

（5）测试数据，见表 4-1 和表 4-2。

表 4-1　测试数据表

序　号									
U_0/V									
I_0/A									
P_0/W									

表 4-2　测试数据表

序　号							
U_K/V							
I_K/A							
T_K/N · m							

练 习 题

4-1-1　单相异步电动机与三相异步电动机相比有哪些主要的不同之处？

4-1-2　单相异步电动机按启动及运行原理与方式不同可分为哪几类？它们各有什么特点及各自的应用范围？

4-1-3　什么叫脉动磁场？它是如何产生的？

4-1-4　如何改变单相异步电动机的旋转方向？

任务 4.2　三相同步电动机

【任务要点】

（1）了解三相同步电动机的工作原理。

（2）掌握功（矩）角特性。

（3）掌握有功调节、无功调节和 V 形曲线。

（4）掌握同步电动机的启动。

4.2.1　任务描述与分析

4.2.1.1　任务描述

三相同步电动机与三相异步电动机对应，也属一种交流电动机，只是由于其转速与定子旋转磁场的转速相同，即同步，所以称为同步电动机。同步电机具有可逆性，通入三相电源，电机做电动运行状态，就是同步电动机；若用原动机（水轮机、汽轮机）拖动转子转动时，电机做发电运行状态，就是同步发电机。

4.2.1.2　任务分析

本任务介绍了三相同步电动机的基本结构、原理，分析了功（矩）角特性、有功调节，详细分析了无功调节，V 形曲线和同步电动机的启动。

4.2.2　相关知识

4.2.2.1　三相同步电动机工作原理

同步电机根据旋转部件分为旋转磁极式和旋转电枢式两种。由于旋转磁极式具有转子重量小、制造工艺较简单、通过电刷和滑环的电流较小等优点，大中容量的同步电动机多采用旋转磁极式结构。根据转子形状的不同，旋转磁极式又可分为凸极式和隐极式两种，如图 4－15 所示。凸极式多用于要求低转速的场合，其转子粗而短，气隙不均匀。隐极式多用于要求高转速的场合，其转子细而长，气隙均匀。

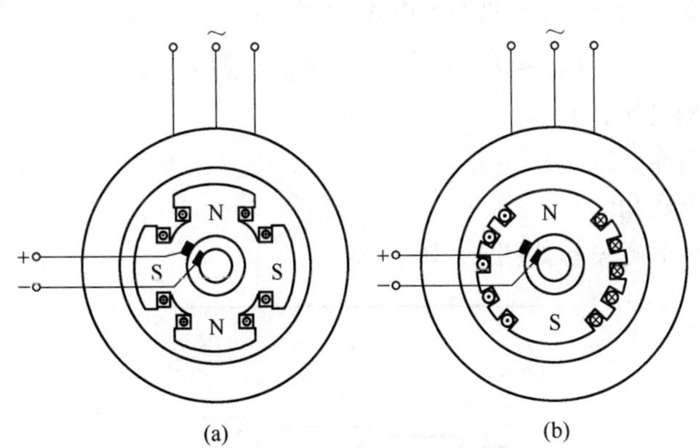

图 4－15　旋转磁极式同步电动机

（a）凸极式；（b）隐极式

同步电机与其他旋转电机一样，由定子和转子两大部分组成。旋转磁极式同步电机的定子主要由机座、铁芯和定子绕组构成。定子铁芯的内表面嵌有在空间上对称的三相绕组。转子主要由转轴、滑环、铁芯和转子绕组构成。转子铁芯采用高强度合金钢锻制而成。转子铁芯上装有励磁绕组，其两个出线端与两个滑环分别相接。为便于启动，凸极式转子磁极的表面还装有用黄铜制成的导条，在磁极的两个端面分别用一个铜环将导条连接起来构成一个笼型启动绕组。

在同步电动机定子三相对称绕组中通入三相交变电流时，将在气隙中产生转速为 n_1 的旋转磁场。当转子的励磁绕组中通入直流电流时，将产生极性恒定的静止磁场，就好像一个“磁铁”。若转子磁场的磁极对数与定子磁场的磁极对数相等，转子“磁铁”因受定子磁场磁拉力作用而随定子旋转磁场同步旋转，即转子以等同于旋转磁场的速度、方向旋转，即

$$n = n_1 = \frac{60f}{p} \tag{4-2}$$

这就是同步电动机的基本工作原理。

由于同步电动机定子的旋转磁场与转子磁场不同极性间的吸引力，产生与定子磁场方向一致的电磁转矩，所以转子转速的大小只由电源频率的大小和定、转子的极对数 p 决定，不会因负载变化而改变。转子的旋转方向决定于通入定子绕组的三相电流相序，改变其相序即可改变同步电动机的旋转方向。

4.2.2.2　三相同步电动机特性

A　同步电动机的功率

同步电动机接到电网运行后，它要从电网吸收电功率 P_1，从轴上输出机械功率 P_2。同步电动机和其他所有电机一样，其内部除了电磁功率 P_M 外，不可避免地存在功率损耗。这些损耗包括定子绕组的铜损耗 Δp_{Cu}、铁损耗 Δp_{Fe} 和机械损耗 Δp_m，其功率平衡关系为：

$$P_M = P_1 - \Delta p_{Cu} - \Delta p_{Fe} \tag{4-3}$$

$$P_2 = P_M - \Delta p_m = P_1 - \Delta p_{Cu} - \Delta p_{Fe} - \Delta p_m \tag{4-4}$$

但是，同步电动机多为大型电动机，其铜损耗、铁损耗相对于输入功率都很小，可以忽略不计。所以，输入功率 P_1 近似等于电磁功率 P_M。

即
$$P_M \approx P_1 = \sqrt{3}U_L I_L \cos\varphi = 3UI\cos\varphi \tag{4-5}$$

式中　U_L——电源相电压；

I_L——电枢电流；

φ——功率因数角。

同步电动机功率平衡关系如图 4-16 所示。

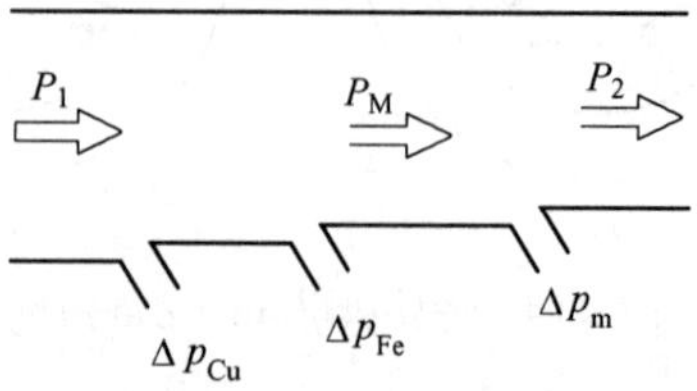

图 4-16　同步电动机功率平衡流程图

B　同步电动机电动势平衡方程式

三相同步电动机稳定运行时，定子和转子都存在磁动势，且都在以同步转速旋转，由于它们和转子绕组没有相对运动，所以不会在转子绕组中产生感应电动势。与之相反，定

子绕组却是静止不动的，所以旋转的磁动势会在定子绕组中产生感应电动势。

转子通入直流电所产生的磁场称为主磁场，用 ϕ_0 表示。定子绕组被旋转磁场 ϕ_0 切割产生感应电动势 E_0，E_0 称为主电动势，它滞后于 $\phi_0$90°电角度。若不计定子绕组电阻压降，同步电动机（凸极式）定子每相绕组的电压方程式为：

$$\dot{U} = \dot{E}_0 + jX_d\dot{I}_d + jX_q\dot{I}_q \tag{4-6}$$

式中　$\dot{U}$——定子外加电源电压；

$\dot{E}_0$——定子感应的相对动势；

$\dot{I}_d$——定子输入相电流的直轴分量；

$\dot{I}_q$——定子输入相电流的交轴分量；

X_d——直轴同步电抗；

X_q——交轴同步电抗。

图 4-17 为同步电动机相量图。图中，θ 是功率角，φ 是功率因数角。

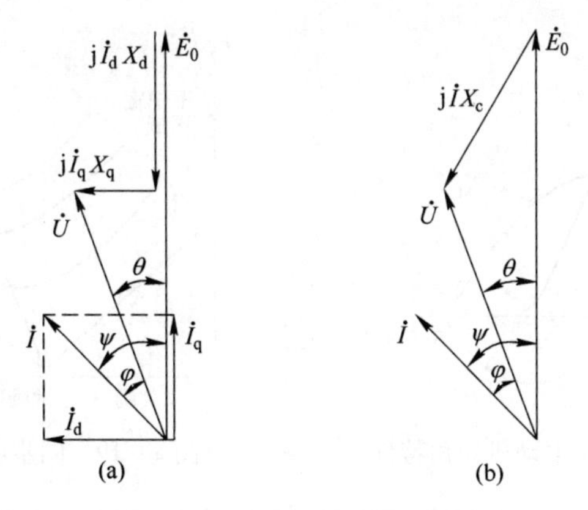

图 4-17　同步电动机相量图

(a) 凸极式；(b) 隐极式

C　同步电动机功角特性

电磁功率究竟和哪些因数有关呢？下面介绍同步电动机的电磁功率表达式：

$$P_M = P_1 = 3UI\cos\varphi \tag{4-7}$$

$$\varphi_1 = \psi - \theta \tag{4-8}$$

$$P_M = 3UI\cos\psi\cos\theta + 3UI\sin\psi\sin\theta \tag{4-9}$$

$$\left.\begin{aligned} I_d &= I\sin\psi \\ I_q &= I\cos\psi \\ I_dX_d &= E_0 - U\cos\theta \\ I_qX_q &= U\sin\theta \end{aligned}\right\} \tag{4-10}$$

所以，电磁功率表达式为：

$$P_M = 3\frac{E_0U}{X_d}\sin\theta + \frac{3U^2(X_d - X_q)}{2X_dX_q}\sin2\theta = P'_M + P''_M \tag{4-11}$$

对于隐极式同步电动机，$P''_M = 0$。

上式除以同步角速度，便得到同步电动机的电磁转矩表达式：

$$T = 3\frac{E_0 U}{\omega X_d}\sin\theta + \frac{3U^2(X_d - X_q)}{2\omega X_d X_q}\sin 2\theta \qquad (4-12)$$

可见，电动机的电磁功率的大小与功率角 θ 有直接的关系。

P_M 和 θ 的关系就称为功角特性，如图 4－18 所示。

D　同步电动机 V 形曲线

当电源电压 U、频率 f 为额定值，在某一恒定负载条件下，电动机的输出功率就为恒定值，若忽略各种铜损耗、铁损耗及附加损耗，则输入功率与电磁功率相等。分析推导 V 形曲线时，忽略定子电阻，并且设 $X_d = X_q$ 忽略凸极效应，即看作隐极电动机处理。

同步电动机的 V 形曲线是指当电源电压和电源的频率均为额定值时，在输出功率不变的条件下，调节励磁电流 I_f 时定子电流 I 也会相应变化。以励磁电流 I_f 为横坐标，定子电流 I 为纵坐标，将两个电流数值变化关系绘制成曲线，由于其形状像英文字母“V”，故称其为 V 形曲线。如图 4－19 所示。

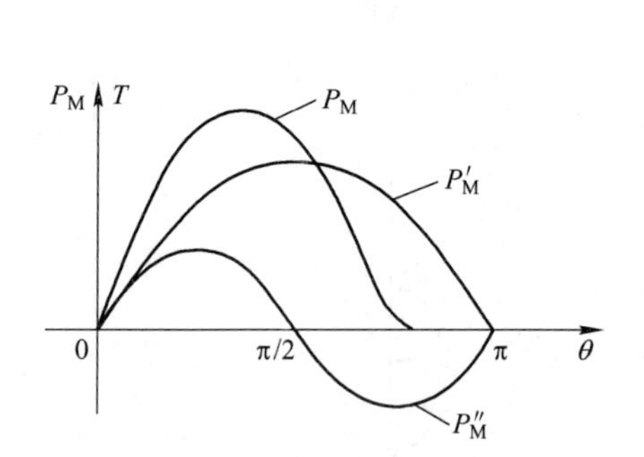

图 4－18　凸极同步电动机功角特性

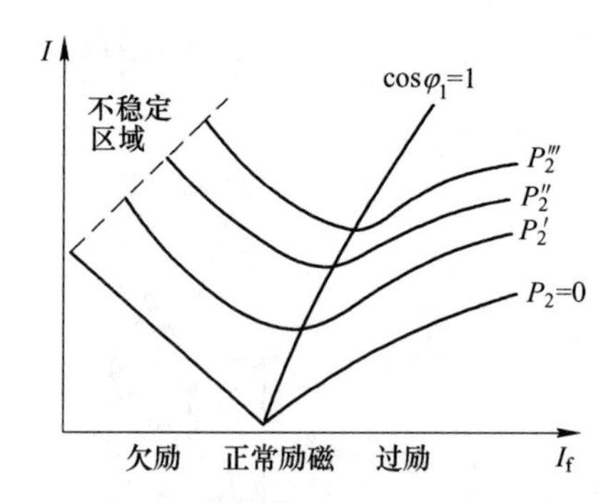

图 4－19　同步电动机 V 形曲线

当改变同步电动机的励磁电流时，能够改变同步电动机的功率因数，这点是三相异步电动机所不具备的。当改变励磁电流时，同步电动机功率因数变化的规律可以分为三种情况，即正常励磁状态、欠励状态和过励状态。同步电动机拖动负载运行时，一般要过励，至少运行在正常励磁状态，不要让它运行在欠励状态。

4.2.2.3　三相同步电动机的启动

同步电动机运行时，只有当转子磁场和定子磁场同步旋转，即两者相对静止，才能产生平均电磁转矩带动负载旋转。但在同步电动机启动时，在定子三相绕组中通入频率为 50Hz 的三相对称电流时，气隙中所产生的旋转磁场以同步转速 $n_1 = \frac{60f}{p}$（例如，$n_1 = 3000\text{r/min}$）旋转，旋转磁场与静止的转子磁极之间有很大的转差。如图 4－20(a) 所示启动瞬间，转子初速度为零，由于惯性的作用，即使此时转子磁极已受到定子磁场的吸引力（异性磁极相吸引），转子也要在半个周期以后（即 0.01s）磁场才开始转动，而此时高速旋转的定子磁极已经向前转动了一个极距，到达图 4－20(b) 所示的位置，定子磁极对转子磁极的作用力变成了排斥力（同性磁极相排斥），对转子的转动起到了阻碍作用。这样旋转磁极与转子磁极之间的吸引和排斥频繁交替，使平均转矩为零，不可能产生稳定的磁拉力使转子以同步转速 n_1 旋转。所以同步电动机的启动必须借助其他方法。

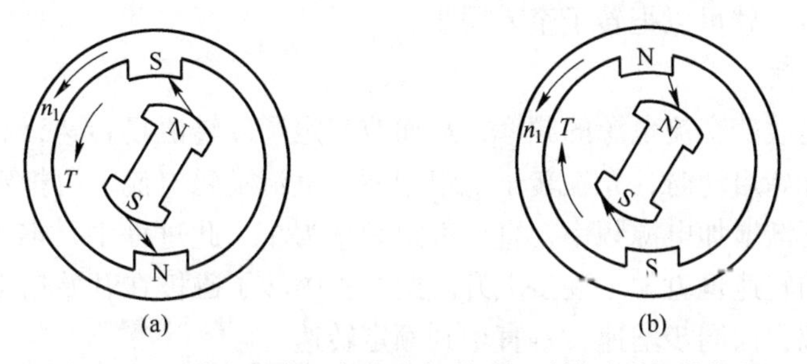

图4-20　同步电动机启动时定子磁场对转子磁场的作用

常用的同步电动机启动方法为辅助电动机启动法、异步启动法、变频启动法如下。

A　辅助电动机启动法

所谓辅助电动机启动法，是借助一台与待启动的同步电动机同磁极数的异步电动机来辅助启动同步电动机。先用辅助电动机将同步电动机拖到接近同步转速，则定子磁场对转子的相对运动速度趋于零，然后接通转子的励磁电路，给予恰当的励磁，产生推动转子转动的同步转矩，把转子拖入同步。此后，电磁转矩的方向将不再改变，电动机进入稳定的同步运转状态。

此法的缺点是不能带负荷启动，否则会增加辅助电动机的容量而加大机组设备的投资。

B　异步启动法

异步启动法是凸极式同步电动机特有的启动法，其方法是在转子极靴上安装与笼型异步电动机相似的笼型绕组（称阻尼绕组或启动绕组）来启动同步电动机。如图4-21所示。

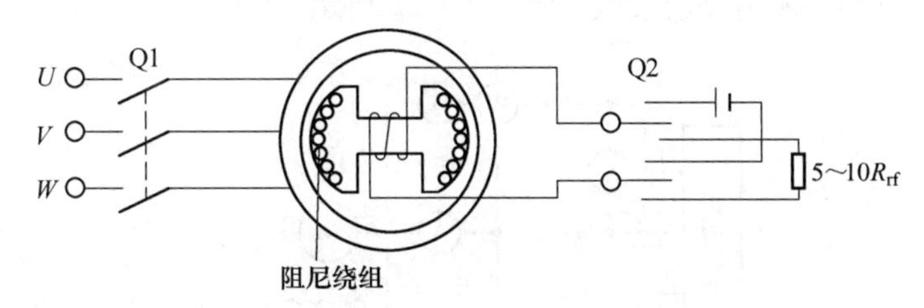

图4-21　同步电动机异步启动

异步启动法分两个阶段：

（1）异步启动。启动前，转子绕组不能直接短接、也不能开路，应串接一定阻值（通常为转子绕组电阻值的5~10倍）的电阻后可靠闭合，以防止启动失败或损坏转子绕组的绝缘。如图4-20中将开关Q2合向下。因为转子绕组匝数很多，若启动时转子绕组开路，定子旋转磁场将在该绕组中感应很高的电压，可能损坏转子绕组的绝缘。然后将定子绕组接通三相交流电源。这时阻尼绕组将切割定子旋转磁场，产生感应电流，此电流与定子磁场相互作用产生异步电磁转矩，这样同步电动机将作为异步电动机而启动。

（2）牵入同步。同步电动机启动后，同步电动机将加速运转，当加速到接近同步转速时，通入励磁电流，如图4－20中将开关Q2合向上，依靠同步电机定、转子磁场的磁拉力而产生电磁转矩，就可以把转子牵入同步。

C　变频启动法

变频启动法是改变交流电源的频率，从而改变定子旋转磁场转速，利用同步转矩来启动同步电动机。开始启动时，先在转子绕组中通入直流励磁电流，再把定子三相电源频率调得很低，然后逐渐增加电源频率，直至额定频率为止。此过程中，定子旋转磁场的转速逐步上升，转子的转速也就随之逐步上升。此过程中转子磁极在开始启动时就与旋转磁场建立起稳定的磁拉力而同步增速，一直增到额定转速。

变频启动法可以实现平滑启动，变频启动法的应用越来越广泛。

4.2.3　技能训练

题目：三相同步电动机的启动和V形曲线的测定

（1）目的：

1）学习基本接线方法。

2）掌握同步电动机的异步启动方法。

3）测取V形曲线。

（2）仪器及设备：

1）电机多功能实验台；

2）三相同步电动机一台；

3）交流电流表、电压表、功率表、同步电动机励磁电源；

4）可调电阻（90Ω）、双刀双掷开关；

5）导线。

（3）线路。三相同步电动机接线，如图4－22所示。

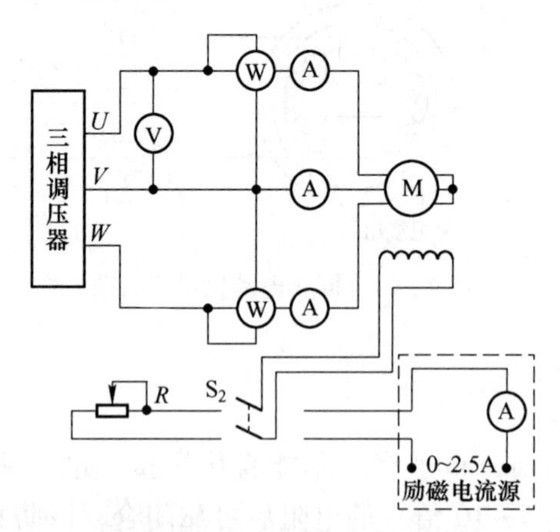

图4－22　三相同步电动机接线

（4）步骤：

1）按线路图接线，请教师检查线路。

2）把功率表电流线圈短接，交流电流表短接，并将开关S闭合于励磁电流源端，启动励磁电流源调节励磁电流源输出大约0.7A左右，将开关S闭合于可变电阻器 R 后把调压器退到零位。

3）合上电源开关调节调压器使升压至同步电动机额定电压 220V，观察电机旋转方向，若不符合则应调整相序使电机旋转方向符合要求。

4）当转速接近同步转速时，把开关 S 迅速从左端切换闭合到右端，让同步电动机励磁绕组加直流励磁而强制拉入同步运行，同步电动机整个启动过程完毕，接通功率表、功率因数表、交流电流表。

5）调节同步电动机的励磁电流 I_f 并使 I_f 增加，这时同步电动机的电流亦随之增加直至达同步电动机的额定值，记录电流和相应的励磁电流、功率因数、输入功率，调节同步电动机的励磁电流 I_f，使 I_f 逐渐减小，这时电流亦随之减小电流达最小值，记录这时的相应数据，继续调小同步电动机的励磁电流，这时同步电动机的电枢电流反而增大直到电枢电流达额定值，在这过励和欠励范围内读取 9 ~ 11 组数据。

（5）测试数据见表 4 – 3。

表 4 – 3　测试数据表

序号	三相电流/A				励磁电流/A	功率因数	输入功率/W		
	I_A	I_B	I_C	I	I_f	$\cos\phi$	P_I	P_{II}	P

练　习　题

4 – 2 – 1　同步电动机为什么要借助其他方法启动？试述同步电动机常用的启动方法。

4 – 2 – 2　什么叫同步电动机的功角特性？什么叫同步电动机的 V 形曲线？

任务 4.3　其他特殊电动机

【任务要点】

（1）直流伺服电动机的基本结构、工作原理、机械特性和应用。

（2）交流伺服电动机的基本结构、工作原理、特性和应用。

（3）步进电动机的结构、分类、工作原理。

4.3.1　任务描述与分析

4.3.1.1　任务描述

特殊电机还有很多，在这里主要介绍常见的伺服电动机和步进电动机，伺服电动机可以将输入的电压信号转换为转矩和转速输出，在自动控制系统中常作为执行元件。由于伺服电机的精度高，转速平稳，过载能力强，噪声温升低等特点，一般应用于机床、印刷设备、包装设备、纺织设备、激光加工设备、机器人、自动化生产线等对工艺精度、加工效率和工作可靠性等要求相对较高的场合。

步进电动机是一种将电脉冲转化为角位移的执行机构。当步进驱动器接收到一个脉冲信号，它就驱动步进电机按设定的方向转动一个固定的角度，它的旋转是以固定的角度一步一步运行的。可以通过控制脉冲个数来控制角位移量，从而达到准确定位的目的；同时可以通过控制脉冲频率来控制电机转动的速度和加速度，从而达到调速的目的，广泛应用在各种自动化控制系统中。

4.3.1.2　任务分析

本任务介绍交、直流伺服电机的基本结构，分析其基本工作原理，机械特性，介绍其应用范围，步进电动机的结构和分类，详细地分析步进电动机的工作原理。

4.3.2　相关知识

4.3.2.1　伺服电动机

伺服电动机的功能是将输入的电压信号（控制电压）转换成轴上的角位移或角速度输出，在自动控制系统中常作为执行元件，所以又称为控制电动机或执行电动机。它的工作特点是有控制电压时转子立即旋转，无控制电压时转子立即停转，工作状态受控于控制电压。转轴转向和转速是由控制电压的方向和大小决定的，伺服电动机的命名正是由这种工作特点所决定的。

为了达到自动控制系统的要求，伺服电动机应具有以下特点：稳定性能高、响应速度快、可控性能好、调速范围广且无自转现象。

以供电电源是直流还是交流划分，伺服电动机可分为交流伺服电动机和直流伺服电动机两大类。

A　直流伺服电动机

a　基本结构

直流伺服电动机有传统型和低惯量型两类。低惯量型又有圆盘电枢型、空心杯形电枢型、无槽电枢型和无刷型等类型。

（1）传统直流伺服电动机。传统直流伺服电动机就是他励直流电动机，二者结构基本相同，也是由定子和电枢组成。根据励磁方式又可分为电磁式和永磁式两种。电磁式伺服电动机的定子磁极装有励磁绕组，励磁绕组接励磁电压产生磁通，我国生产的 SZ 系列直流伺服电动机就属于这种结构；永磁式伺服电动机的磁极是永久性磁铁，其磁通不可控，我国生产的 SY 系列直流伺服电动机就属于这种结构。传统直流伺服电动机的转子与普通直流电机相同，一般由硅钢片叠压而成，转子外圆有槽，电枢绕组嵌放在槽中，经换向器和电刷引出。

（2）圆盘电枢直流伺服电动机。圆盘电枢直流伺服电动机的结构示意图如图 4－23 所示。它的定子由永久磁铁和前后铁轭组成，其气隙磁力线与普通电动机的径向不同，是轴向的。气隙位于装有电枢绕组的圆盘两边，电枢绕组有绕线绕组和印制绕组两种。绕线绕组沿圆周径向以一定规律排列，再用环氧树脂浇注固定成圆盘形。绕组的径向段为有效部分，弯曲段为端接部分，所以电枢绕组中的电流沿径向流过圆盘表面，与轴向的磁通相互作用产生电磁转矩，使伺服电动机旋转。印制绕组的制作工艺与印刷电路板类似，如图 4－24 所示，可以采用单面或双面印制，也可以是多层印制板重叠在一起，它用电枢的端部（近轴部分）兼做换向器，不用另外设置换向器。

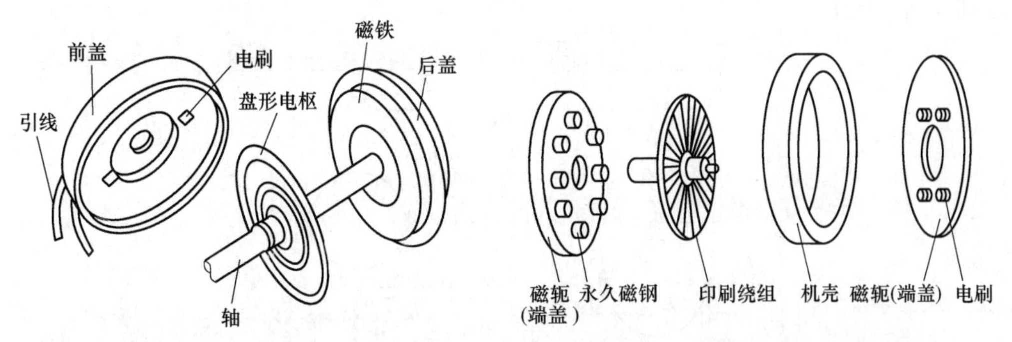

图 4－23 圆盘电枢直流伺服电动机的结构　　图 4－24 印刷绕组直流伺服电动机

（3）空心杯电枢直流伺服电动机。空心杯形电枢直流伺服电动机的定子有两个：一个是内定子，由软磁材料制成，起导磁作用；一个是外定子，由永磁材料制成，产生主磁通。转子由单个成型线圈沿轴向排列成空心杯形，用环氧树脂浇注制成空心杯形圆筒，转子轻，转动惯量小，响应快速，转子在内、外定子之间旋转。气隙较大。图 4－25 是空心杯电枢直流伺服电动机结构图。

（4）无槽电枢直流伺服电动机。无槽电枢直流伺服电动机的电枢铁芯表面不开槽，绕线排列在光滑的铁芯表面，用环氧树脂将绕组和铁芯浇注成一体，其他方面，结构和有槽电枢结构相同。图 4－26 是无槽直流伺服电动机的结构图。

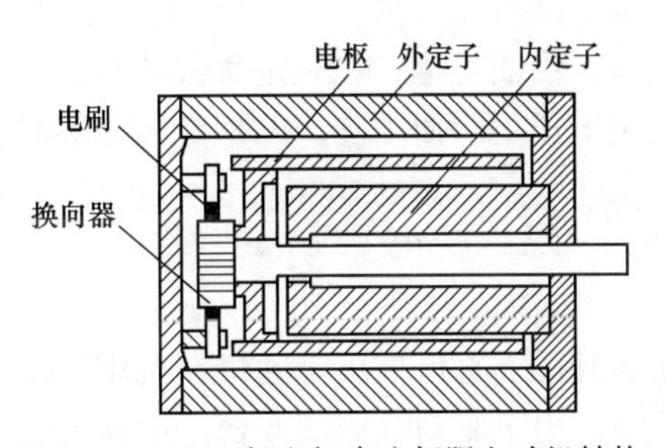

图 4－25 空心杯电枢直流伺服电动机结构

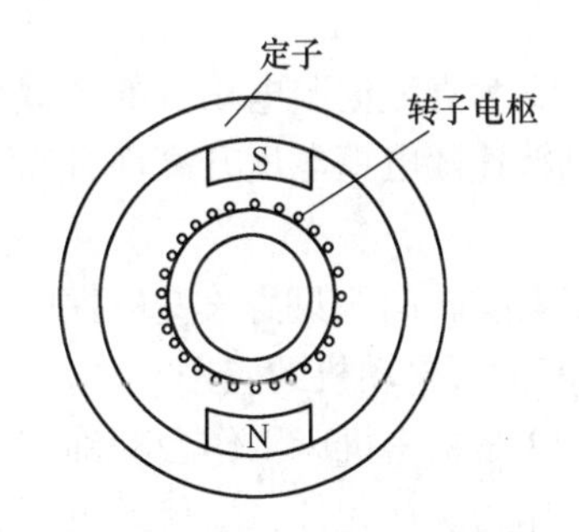

图 4－26 无槽电枢直流伺服电动机

无槽直流伺服电动机的优点是：转动惯量小，启动转矩大，反应快，灵敏度高，换向性能良好，稳定性高。

b 基本工作原理

当励磁绕组和电枢绕组中都通有电流并产生磁通时，它们相互作用而产生电磁转矩，驱动电枢转动，使直流伺服电动机带动负载工作。若两个绕组中任何一个电流为零，电动机马上停转。作为执行元件，直流伺服电动机把输入的控制信号转换为轴上的角位移或角速度输出。电动机的转向及转速随控制电压的改变而改变。

直流伺服电动机的控制有电枢控制和磁极控制两种方式。电枢控制式是将电枢电压作为控制信号来控制电动机的转速，如图4－27(a) 所示。电枢绕组作为控制绕组接控制电压，励磁绕组接到直流电源上产生磁通。当控制电压不为零时，电动机旋转，控制电压为零时，电动机停止转动。磁极控制是将励磁电压作为控制信号来控制电动机转速，如图4－27(b) 所示。此时，电枢绕组起励磁作用，接到励磁电源上，励磁绕组则作为控制绕组接到控制电压上。

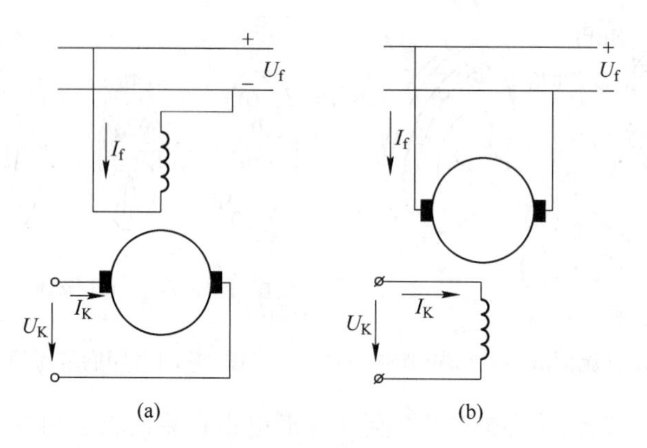

图4－27　直流伺服电动机的控制原理

(a) 电枢控制；(b) 磁极控制

由于励磁绕组进行励磁时，所耗的功率较小，且电枢电路电感小，响应迅速，所以一般直流伺服电动机多采用电枢控制。

c　直流伺服电动机机械特性

直流伺服电动机机械特性与他励电动机一样，可用下式表示：

$$n = \frac{U_a}{C_E\phi} - \frac{R_a}{C_E C_T\phi^2}T \tag{4-13}$$

图4－28为直流伺服电动机的机械特性曲线。由图可见：在一定负载转矩下，磁通不变时，电机转速随电枢电压升高而升高，随电枢电压下降而下降。电枢电压为零时，电机立即停转。

要改变电机转向，只需改变电枢电压极性。

d　直流伺服电动机的应用

图4－29是精密机床工作台精确定位系统原理图。直流伺服电动机在机床工作台精确定位系统中作为执行元件，由偏差电压 ΔU 控制，用于驱动机床工作台。运算控制电路将位置指令转换为电压信号作 U_1 为系统的输入信号电压。输入信号电压 U_1 和位置检测装置的输出电压 U_f 相比较后输出电压 ΔU 通过直流放大器去控制伺服电动机的运转，从而控制机床工作台的移动。工作台经多次自动的前、后移动后，最终精确地停留在指定位置上。

B　交流伺服电动机

a　基本结构

交流伺服电动机一般是两相交流电机，其构造基本上与电容分相式单相异步电动机相似，其定子上装有两个空间位置互差90°电角度的两相绕组。工作时励磁绕组与交流励磁

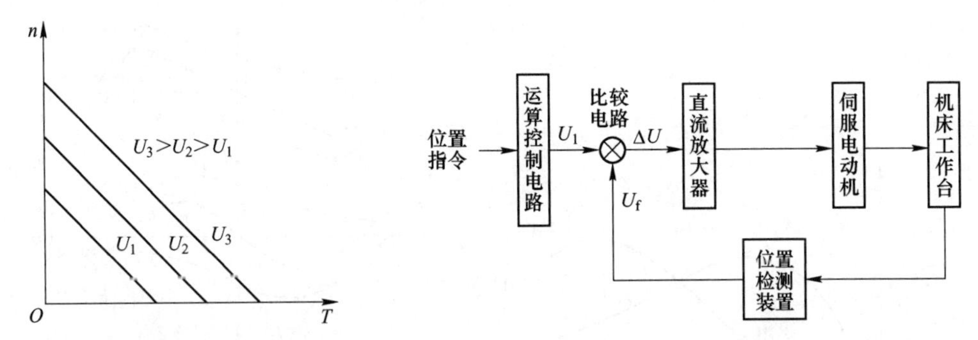

图 4－28　直流伺服电动机的机械特性曲线　　图 4－29　机床工作台精确定位系统原理图

电源相连，控制绕组加控制信号电压。转子的形式有两种：一种是笼式转子，由高电阻率的材料制成，转子结构简单，为减小其转动惯量，一般做得细长；另一种是空心杯转子，由非磁性材料制成，其杯壁很薄，因而转动惯量很小，响应迅速，得到广泛应用。图 4－30 是空心杯形转子交流伺服电动机结构图。

b　工作原理

交流伺服电动机的工作原理和电容分相式单相异步电动机相似。图 4－31 为交流伺服电动机的工作原理图，图中 u_f 为励磁电压，u_c 为控制电压。当无控制电压时，只有励磁产生的脉动磁场，转子无启动转矩，静止不动。有控制电压时，则在气隙中产生一个旋转磁场并产生电磁转矩，使转子沿旋转磁场的方向旋转。

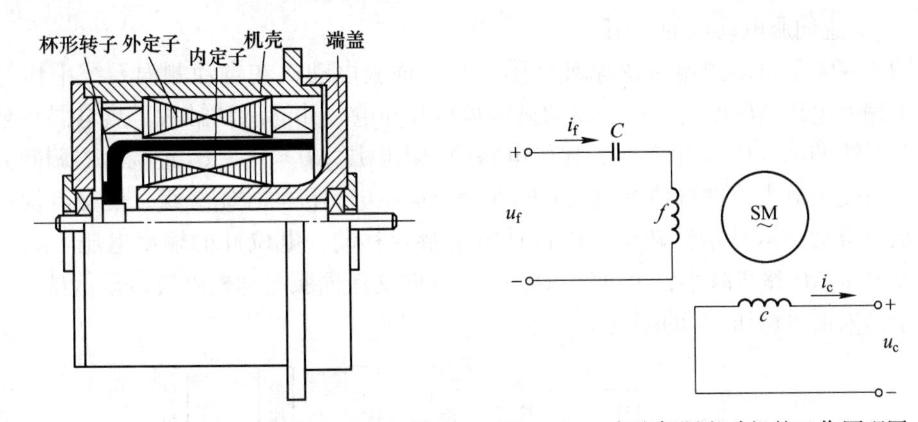

图 4－30　空心杯形转子交流伺服电动机结构　　图 4－31　交流伺服电动机的工作原理图

c　交流伺服电动机特性

图 4－32 中，曲线 2 是交流伺服电动机转矩特性曲线，曲线 1 是普通异步电动机转矩特性曲线。两者相比，有着明显的区别。从图中可以看出：交流伺服电动机的转矩特性（机械特性）更接近于线性；转差率 s 在 0 到 1 的范围（运行范围）较宽；正常运行的伺服电动机，失去控制电压后，就处于单相运行状态，由于转子电阻大，定子中的合成转矩特性是制动转矩，如图 4－33(c) 所示（图 4－33 中，图（a）转子电阻较小，图（b）转子电阻较大，图（c）转子电阻最大），从而使电动机立即停转，消除了电动机的自转现象。

交流伺服电动机的转速及转向的控制方法有三种，它们分别是：

(1) 幅值控制。保持控制电压与励磁电压间的相位差不变，仅改变控制电压的幅值。

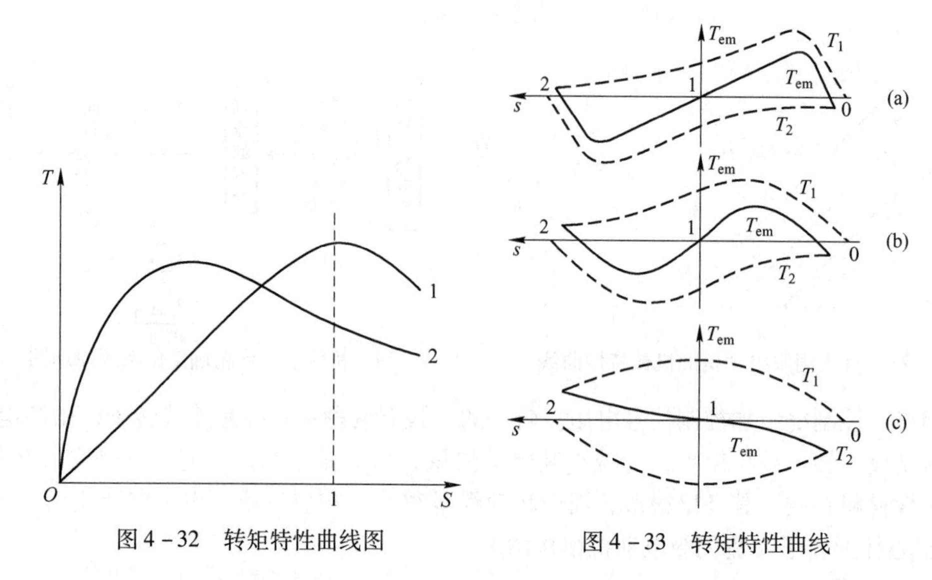

图4－32　转矩特性曲线图　　　图4－33　转矩特性曲线

（2）相位控制。保持控制电压的幅值不变，仅改变控制电压与励磁电压间的相位差。

（3）幅－相控制。同时改变控制电压幅值和相位。

交流伺服电动机运行平稳，噪声小，但控制特性为非线性并且因转子电阻大而使损耗大，效率低。与同容量直流伺服电动机相比体积大，质量大，一般适用于0.5～100W的小功率自动控制系统中。

d　交流伺服电动机的应用

图4－34是自动测温系统原理框图。交流伺服电动机在自动测温系统中作为执行元件，由偏差电压ΔU控制，用于驱动显示盘指针和电位计的滑动触头。热电偶将被测温度转换为系统的输入信号电压U_1；比较电路的输出电压$\Delta U = U_1 - U_f$经调制器调制为交流电压，再由交流放大器进行功率放大后驱动交流伺服电动机的控制绕组，使交流伺服电动机转动从而带动显示盘指针转动、电位计滑动触点移动，电位计的输出电压U_f相应变化，使偏差电压ΔU逐步减小，至$\Delta U = U_1 - U_f = 0$时交流伺服电动机停转，显示盘指针停留在相应于输入信号电压U_1的刻度上。

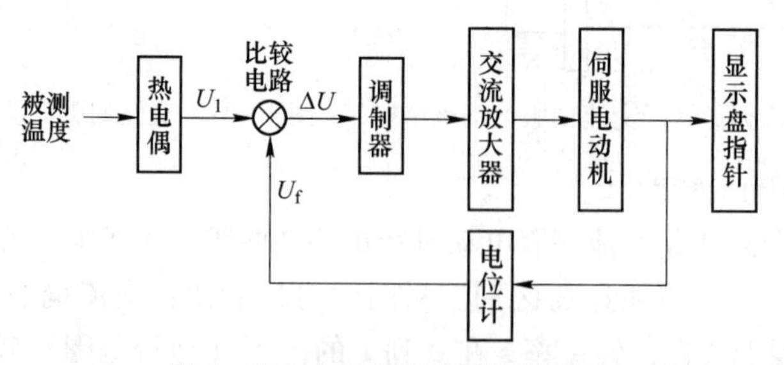

图4－34　自动测温系统原理框图

4.3.2.2　步进电动机

步进电动机是一种将电脉冲信号转换成角位移或直线位移，并用电脉冲信号进行控制的控制电机，常用做数字控制系统中的执行元件。由于其输入信号是脉冲电压，输出角位移是断续的，即每输入一个电脉冲信号，转子就前进一步，因此叫做步进电动机，也称为脉冲电动机。步进电动机的精度高、惯性小，不会因电压波动、负载变化、温度变化等原因而改变输出量与输入量之间的固定关系，其控制性能很好。

图 4－35 是步进电动机驱动电路的构成图。步进电动机广泛用于数控机床、计算机外围设备等控制系统中。

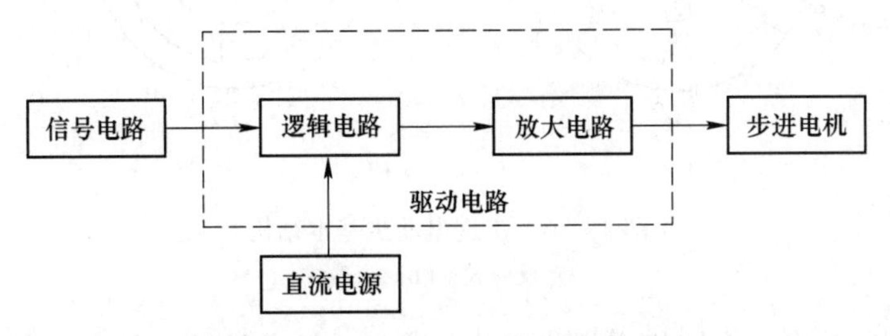

图 4－35　步进电动机驱动电路的构成

A　步进电动机的结构和分类

a　分类

步进电动机根据作用原理和结构，基本可以分为以下三类：

第一类为反应式步进电动机。如图 4－36(a) 所示。反应式步进电动机的转子类似于凸极同步电动机，由软磁材料制成齿状，转子的齿也称显极，这种电机中没有励磁绕组。反应式步进电动机一般为三相，可实现大转矩输出，但噪声及振动都很大，将逐步被淘汰，但在现阶段，这种电机依然得到很多的应用。由于反应式步进电动机依靠变化的磁阻产生磁阻转矩，所以又被称为磁阻式步进电动机。

第二类为永磁式步进电动机。如图 4－36(b) 所示。永磁式步进电动机的转子是用永久磁钢制成，也有通过滑环由直流电源供电的励磁绕组制成的转子。永磁式步进电动机一般为两相，主要依靠永磁体和定子绕组之间所产生的电磁转矩工作，电磁转矩和体积都较小。

第三类为复合式步进电动机。复合式步进电动机则是反应式电动机和永磁式电动机的结合，它综合了二者的优点，应用非常广泛。

从零件的加工过程看，工作机械对步进电动机的基本要求是：

(1) 动态性能好。要求电机对启动、停止、正反转反应迅速。

(2) 加工精度高。要求电机步距角小，步距精度高，对一个输入脉冲对应的输出位移量小，且要均匀、准确。

(3) 调速范围广。由于反应式步进电动机的频率响应快，步进频率高，力矩/惯性比高，可双向旋转，结构简单，寿命长等特点而获得很多应用，下面主要分析常用的单段式三相反应式步进电动机的结构和工作原理。

b　结构

三相反应式步进电动机的结构分成定子和转子两大部分。如图 4－36 模型所示。定子铁芯由硅钢片叠成凸极结构，定子上嵌有三相、四相、五相星形连接的励磁绕组，分别构成三相、四相、五相步进电动机。绕组由专门的电源输入电脉冲信号，绕组的通电顺序称为步进电动机的“相序”。当定子中的绕组在脉冲信号的作用下，有规律的通电、断电工

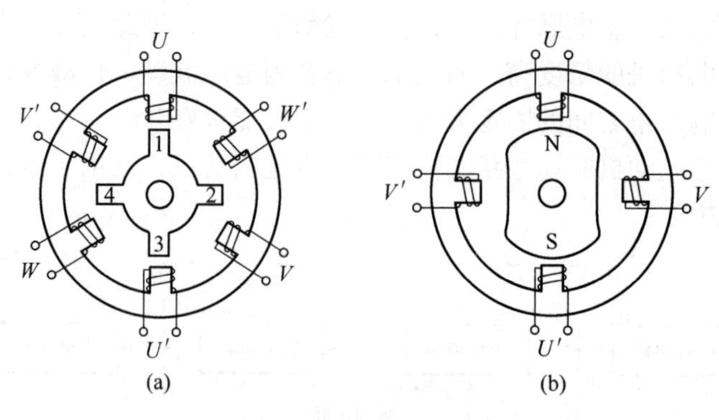

图4-36　步进电动机基本结构

（a）反应式；（b）永磁式

作时，在转子周围就有一个按相序规律变化的磁场。转子铁芯由软磁材料构成凸极结构，凸极就是转子均匀分布的齿，上面没有绕组。转子在定子产生的磁场中形成磁体，具有磁性转轴。

图4-36(a) 为三相反应式步进电动机基本结构图，它的定子具有均匀分布的六个磁极，磁极上有励磁绕组，两个相对的磁极上的绕组组成一组。转子上有四个均匀分布的齿，上面无绕组。

下面就以三相反应式步进电动机为例介绍其工作原理。

B　反应式步进电动机工作原理

根据通电方式的不同，反应式步进电动机分为三相单三拍控制、三相双三拍控制、三相六拍控制等。

a　三相单三拍通电方式的基本原理

如图4-37所示，一般说来，若相数为 m，则定子极数为 $2m$，所以定子有6个齿极。定子相对的两个齿极组成一组，每个齿极上都装有集中控制绕组。同一相的控制绕组可以串联也可以并联，只要它们产生的磁场极性相反。

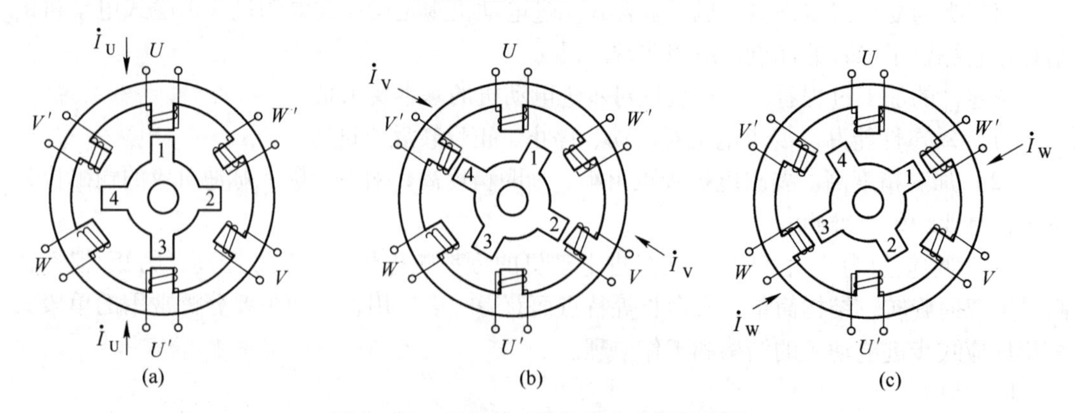

图4-37　三相单三拍步进电动机原理图

（a）U 相通电；（b）V 相通电；（c）W 相通电

步进电动机工作时，定子各相绕组轮流通电，现以 $U \to V \to W \to U$ 的通电顺序，使三相绕组轮流通入直流电流，观察转子的运动情况。设 U 相首先通电，如图4-37(a) 所示。

此时，气隙中产生一个沿 $U-U'$ 轴线方向的磁场。由于磁力线总是要通过磁阻最小的路径闭合，因此会产生磁拉力使转子转到使 1、3 两转子齿与磁极 $U-U'$ 轴线对齐的位置上。如果 U 相绕组不断电，1、3 两转子齿就一直被磁极 $U-U'$ 吸引住而不改变其位置，即转子具有自锁能力。

U 相绕组断电、V 绕组通电时，气隙中生成以 $V-V'$ 为轴线的磁场。同理，在磁拉力的作用下，转子又会转动，使距离磁极 $V-V'$ 最近的 2、4 两转子齿转到与磁极 $V-V'$ 对齐的位置上。

转子转过的角度为：

$$\theta = \frac{360°}{NZ} = \frac{360°}{3 \times 4} = 30° \tag{4-14}$$

式中　θ——步距角；

N——运行的相数，也称运行拍数；

Z——转子齿数。

按同样的分析方法，V 相绕组断电，W 相绕组通电时，会使 3、1 两转子齿与磁极 $W-W'$ 对齐，转子又转过 30°。

可见，以 $U \to V \to W \to U$ 的通电顺序使三个控制绕组不断地轮流通电时，步进电动机的转子就会沿 UVW 的方向一步一步地转动。改变控制绕组的通电顺序，则转子转向相反。

以上通电方式中，通电状态循环一周需要改变三次，即每一循环为 3 拍，每拍只有单独一相控制绕组通电，称之为三相单三拍运行方式。由于单独一相控制绕组，在转子频繁启动、加速、减速的步进过程中，受惯性的影响，容易使转子在平衡位置附近来回摆动——振荡，会使运行不稳定。还有，在电源切换，绕组断、通电的间隙，转子有可能失去自锁能力，容易造成失步，因此实际上很少采用三相单三拍的运行方式，而采用三相双三拍运行方式。

b　三相双三拍控制

三相双三拍运行方式如图 4-38 所示，每个通电状态都有两相控制绕组同时通电。

U、V 两相通电时，两磁场的合成磁场轴线与未通电的 $W-W'$ 相绕组轴线重合，转子在磁阻转矩的作用下，转动到使转子齿 1、2 及齿 3、4 之间的槽轴线与 $W-W'$ 相绕组轴线重合的位置上。如图 4-38(a) 所示。

当 V、W 两相通电时，转子转到使转子齿 1、4 及齿 2、3 之间的槽轴线与 $U-U'$ 相绕组轴线重合的位置，转子转过的角度为 30°。如图 4-38(b) 所示。

同理，W、U 两相通电时，转子又转过 30°。如图 4-38(c) 所示。

可见，双三拍运行方式和单三拍运行方式的原理相同，步距角也相同，但通电状态切换时总有一相绕组通电，所以在一定程度上消除了三相单三拍运行方式中容易造成的振荡和失步现象。

c　三相六拍控制

图 4-38 所示的步进电动机中，如果通电顺序改变为 $U \to UV \to V \to VW \to W \to WU \to U$，即每一循环共六拍，三拍为单相通电，三拍为两相通电。单相通电时与前述的三相单三拍控制一样，而当 UV 两相通电时，转子转到使转子齿 1、2 及齿 3、4 之间的槽轴线与 $W-W'$ 相绕组轴线重合的位置。同理，当 V 相通电时，转子又转过了 15°。可见，通电一拍电

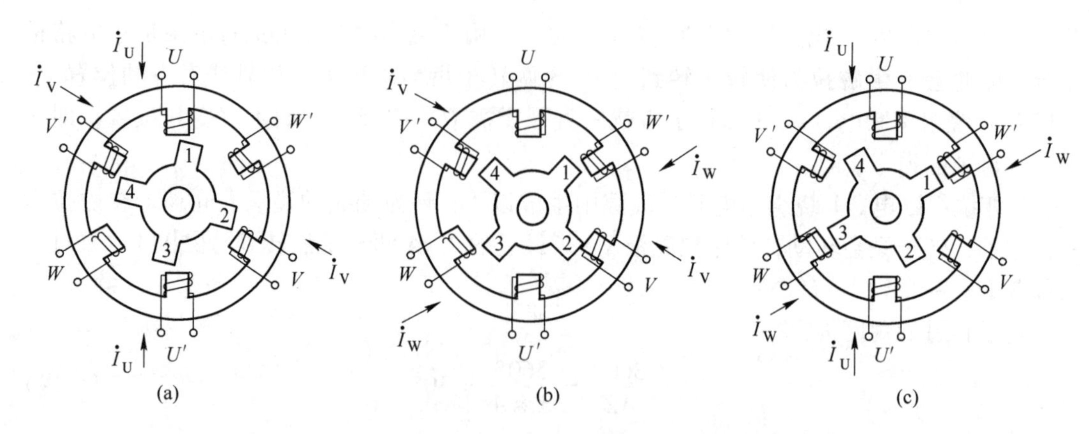

图 4－38　三相双三拍步进电动机原理图

(a) U、V 相通电；(b) V、W 相通电；(c) W、U 相通电

机转过了 15°电角度。即步距角为 15°，是三相单三拍或三相双三拍运行方式的二分之一。

d　小步距角的三相反应式步进电动机

以上所讨论的步进电动机，其步距角都太大，往往不能满足控制精度的要求。为了减小步距角，可以将定、转子加工成多齿结构，如图 4－39 所示。根据步进电动机的工作要求，定、转子的齿宽、齿距必须相等，定、转子齿数要适当配合。即要求 $U-U'$ 相的一对磁极下，定子齿与转子齿一一对齐时，下一相（$V-V'$ 相）所在的一对极的定子齿与转子齿错开一个齿距（t）的相数（N）分之一，即错开 t/N；设脉冲电源的频率为 f，转子齿数为 Z，转子转过一个齿距需要的脉冲数为 N（也就是相数），则每次转过的步距角为：

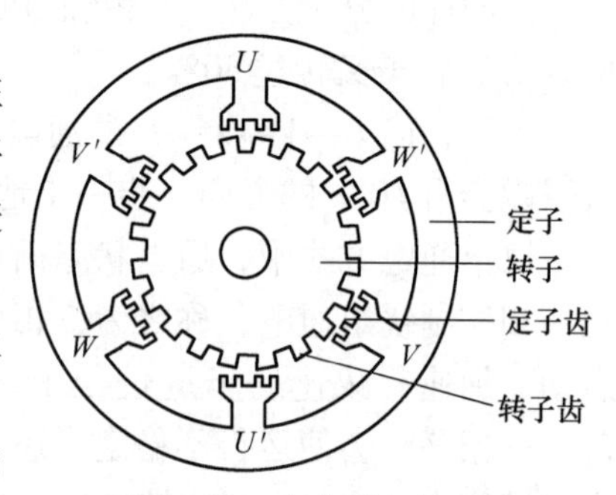

图 4－39　小步距角的三相反应式步进电动机

$$\theta = \frac{360°}{ZN} \tag{4-15}$$

因为步进电动机转子旋转一周所需要的脉冲数为 ZN，所以步进电动机每分钟的转速为：

$$n = \frac{60f}{ZN} \tag{4-16}$$

显然步进电动机的转速正比于脉冲电源的频率。

图 4－40 为数控机床工作台定位系统原理框图。

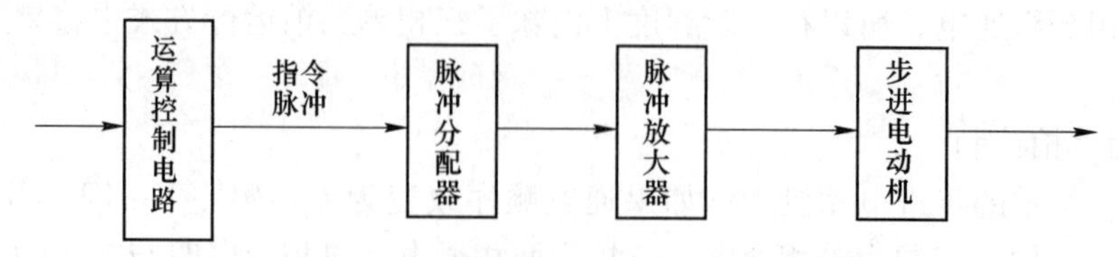

图 4－40　数控机床工作台定位系统原理框图

步进电动机在机床工作台定位系统中作为执行元件，由指令脉冲控制，用于驱动机床

工作台。运算控制电路需要将机床工作台移动到某一位置的信息进行判断和运算后，转换为指令脉冲，脉冲分配器将指令脉冲按通电方式进行分配后输入脉冲放大器，经脉冲放大器放大到足够的功率后驱动步进电动机转过一个步距角，从而带动工作台移动一定距离。这种系统结构简单，可靠性高、成本低，易于调整和维护，在我国获得广泛的应用。

练 习 题

4-3-1　简述直流伺服电动机的两种控制方法。

4-3-2　交流伺服电动机的理想空载转速为何总低于同步转速？当控制电压变化时，电动机的转速为何能发生变化？

4-3-3　什么是自转现象，如何消除？

4-3-4　交流伺服电动机有哪几种控制方式？分别加以说明。

4-3-5　什么是步进电机的步距角？什么是单三拍，双三拍，六拍工作方式？

任务 4.4　特殊电动机知识拓展

【任务要点】

(1) 直流测速发电机的基本结构、工作原理和应用。

(2) 交流测速发电机的基本结构、工作原理。

(3) 自整角机结构、工作原理和应用。

4.4.1　任务描述与分析

4.4.1.1　任务描述

测速发电机是测量转速的一种测量电机，它将输入的机械转速转换为电压信号输出，输出电压与转速成正比。测速发电机分为直流测速发电机和交流测速发电机两类。直流测速发电机可以看成一种微型直流发电机，按定子的励磁方式不同可分为电磁式和永磁式两类。直流测速发电机输出特性好，但由于有电刷和换向问题，其应用在一定程度上被限制。交流测速发转子以空心杯型较多，其结构与杯型转子伺服电动机相似，主要用于交流伺服系统中做测速元件和计算元件。交流测速发电机转动惯量小，快速性好，但输出为交流电压信号且需要特定的交流励磁电源，使用时可根据实际情况选择测速发电机。

自整角机是同步传递系统中的关键元件，使用时需要成对使用，一个作为发送机，另一个作为接收机。自整角机有两种，一种为力矩式自整角机，另一种为控制式自整角机。控制式自整角机的精度比力矩式自整角机高，主要应用于随动系统；力矩式自整角机输出力矩大，可直接驱动负载，一般用于控制精度要求不高的指示系统，如带动指针或刻度盘作为指示器。

4.4.1.2　任务分析

本任务介绍了测速发电机和自整角机的基本结构和应用，分析了其工作原理。

4.4.2　相关知识

4.4.2.1　测速发电机

测速发电机是速度的测量装置，在自动控制系统中作检测元件，它的输入量是转速，输出量是电压信号，即将转速信号转换为电压信号。

测速发电机输出电压 U 和输入的转速 n 之间的关系，称为输出特性。自动控制系统要求测速发电机的输出特性有以下要求：输出特性有良好的线性关系；输出电压 U 能反映被测对象的转向；剩余电压（转速为零的输出电压）要小，输出电压受温度的影响要小；转动惯量要小；灵敏度要高等。

根据输出电压的不同可把测速发电机分为直流测速发电机和交流测速发电机。其中直流测速发电机包括永磁式和电磁式两种；交流测速发电机包括同步测速发电机和异步测速发电机。

A　直流测速发电机

a　基本结构

直流测速发电机在结构上与普通小型直流发电机相同，由定子、转子、电刷和换向器四个部分组成，通常是两极电机。按励磁方式可分为他励式和永磁式两种。他励式测速发电机的磁极由铁芯和励磁绕组构成，在励磁绕组中通入直流电流便可以建立极性恒定的磁场。它的励磁绕组电阻会因电机工作温度的变化而变化，使励磁电流及其生成的磁通随之变化，产生线性误差。永磁式测速发电机的磁极由永久磁铁构成，一般为凸极式，转子上有电枢绕组和换向器，用电刷与外电路连接。由于不需励磁电源，磁极的热稳定性较好，磁通随电机工作温度的变化而变化的程度很小，其输出特性线性度较好，在实际应用中得到广泛应用。缺点是易受机械振动的影响而引发不同程度的退磁。

b　工作原理

直流测速发电机的结构和一般直流发电机相似，所以它的工作原理也和一般直流发电机没有区别，可由图4－41来说明。当励磁电压 U_f 恒定且主磁通 Φ 不变时，电枢以转速 n 旋转，电枢导体切割主磁通 Φ 而在其中生成感应电动势 E：

$$E = C_e \Phi n \tag{4-17}$$

可见，电动势 E 的大小与转速成正比关系。电动势 E 的极性决定于测速发电机的转向。

测速发电机空载时，由于电枢电流 I 为零，所以其输出电压 U 为：

$$U = E = C_e \Phi n \tag{4-18}$$

可见，测速发电机空载时，其输出电压 U 与转速 n 成正比关系。

测速发电机负载时，电枢电流 I 不为零，忽略电枢反应、工作温度对主磁通 Φ 的影响，忽略电刷与换向器之间的接触压降，则其输出电压 U 为：

$$U = E - I \cdot r_a = E - \frac{U}{R_L} \cdot r_a \tag{4-19}$$

得

$$U = \frac{E}{1 + \frac{r_a}{R_L}} = \frac{C_e \Phi}{1 + \frac{r_a}{R_L}} \cdot n \tag{4-20}$$

式中　r_a——电枢绕组电阻；

R_L——负载电阻。

理想情况下，r_a、R_L、Φ 均为常数，可见，负载时直流测速发电机输出电压 U 与转速 n 仍成正比关系。图 4－42 是直流测速发电机负载时的输出特性，从图中可以看出，负载电阻 R_L 的值越大，直线的斜率越大，测速发电机的灵敏度就越高。

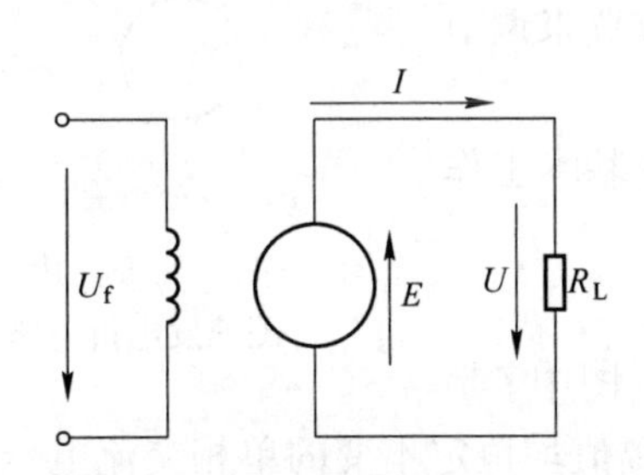

图 4－41　直流测速发电机的工作原理

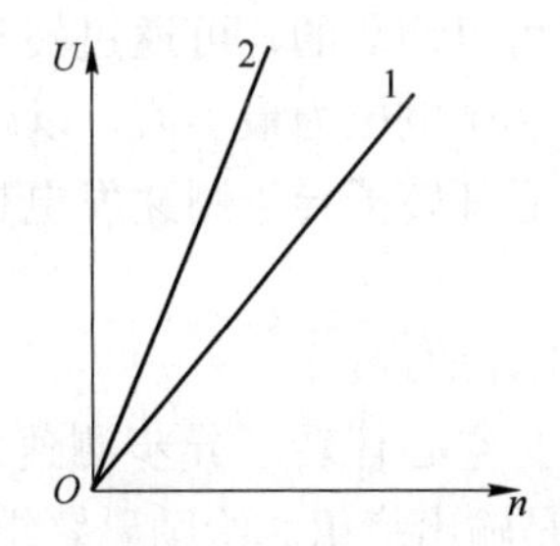

图 4－42　直流测速发电机负载时的输出特性

c　应用

图 4－43 是直流调速系统原理框图。直流测速发电机作为检测元件，用于将直流电动机的转速转换为电压 U_f。给定电位器将指定电动机运转速度的速度给定信号转换为电压信号 U_1，U_1 作为系统的输入信号电压。图中，直流电动机、负载、测速发电机安装在同一轴上。

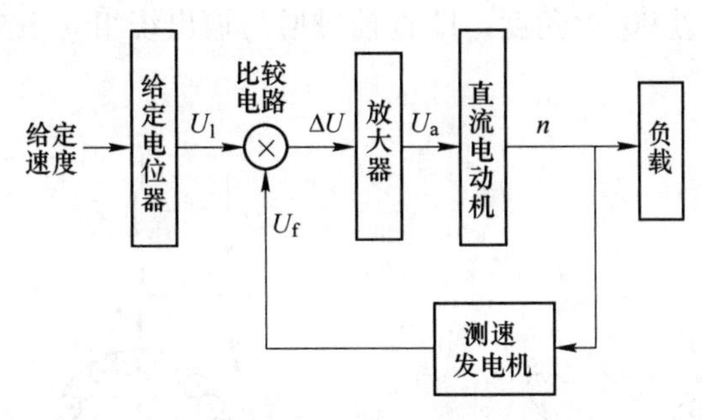

图 4－43　直流自动调速系统原理框图

如果由于某种原因使直流电动机的转速偏离指定的转速，直流测速发电机的输出电压 U_f 随之相应变化。例如，直流电动机的转速升高时，直流测速发电机的输出电压 U_f 随之增大致使 $U_f > U_1$，则偏差电压 $\Delta U = U_1 - U_f < 0$，ΔU 经放人器放大后被整流电路整为直流后输出的电压加到直流电动机的电枢电路两端的电压相应减小，直流电动机的转速下降。

B　交流测速发电机

a　基本结构

交流测速发电机可分为交流同步测速发电机和交流异步测速发电机两大类。

同步测速发电机的输出频率和电压幅值均随转速的变化而变化，不再与转速成正比，一般用作指针式转速计，很少用于控制系统中。

异步测速发电机的结构与交流伺服电动机相似，主要由定子、转子组成。按转子结构不同分为笼式转子和空心杯转子两种。笼式测速发电机的测速精度不及空心杯转子测速发电机测量精度高，所以只用在精度要求不高的控制系统中。空心杯转子测速发电机转子由电阻率较大、温度系数较小的非磁性材料制成，它的输出特性线性度好、精度高，在自动控制系统中的应用较为广泛。

空心杯转子异步测速发电机的定子分为内、外定子，如图 4 - 44 所示。内定子上嵌有输出绕组 o，外定子上嵌有励磁绕组 f 并使两绕组在空间位置上相差 90°电角度。内外定子的相对位置是可以调节的，可通过转动内定子的位置来调节剩余电压，使剩余电压为最小值，以减少误差。

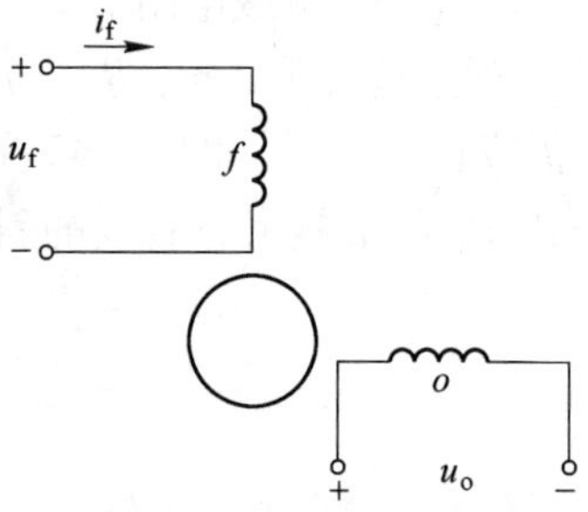

下面以空心杯转子异步测速发电机为例介绍其基本工作原理。

图 4 - 44　空心杯转子异步测速发电机电路

b　基本工作原理

图 4 - 44 是空心杯转子异步测速发电机电路，图中 f 是励磁绕组，o 是输出绕组。给励磁绕组 f 加频率、幅值均恒定不变的单相交流电压 U_f，气隙中便生成频率相同、方向为励磁绕组 f 轴线方向（即 d 轴方向）的脉动磁通，称为励磁磁通。因转子电阻大则忽略转子漏抗，认为转子感应电流与感应电动势同相位。

当转子不动时，如图 4 - 45(a) 所示。励磁磁通在转子绕组中感应电动势及电流，由于这种电动势的方向与变压器一样，也称为变压器电动势，该电流产生的磁动势及磁通是沿 d 轴方向脉振的，称为转子直轴磁动势及转子直轴磁通。由于励磁磁动势与转子直轴磁动势均为 d 轴方向，其合成磁通也是 d 轴方向脉振的，称为直轴磁通 ϕ_d。由于输出绕组与励磁绕组在空间位置相差 90°电角度，即直轴磁通与输出绕组 o 不交链，所以输出绕组输出电压 $U_o=0$。

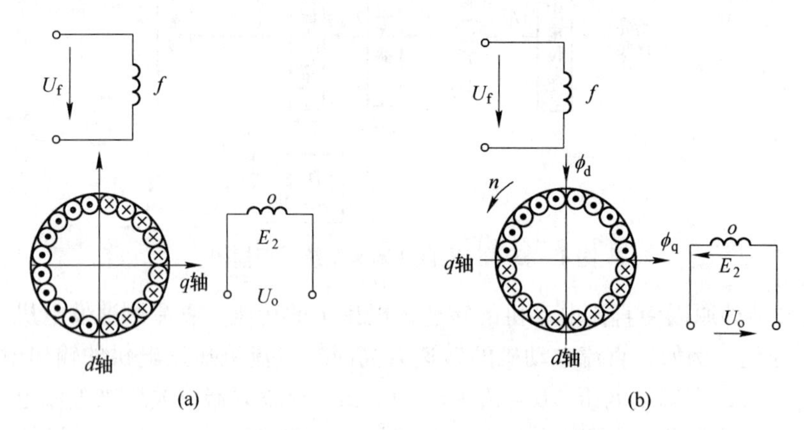

图 4 - 45　交流测速发电机原理图

（a）转子静止时；（b）转子转动时

当转子以某一速度 n 旋转时，如图 4 - 45(b) 所示。转子绕组切割直轴磁通产生切割电动势 E_q 及电流 I_q，其方向可由右手定则判定。电流 I_q 形成的磁动势及相应的磁通是沿 q 轴方向脉振的，分别称为交轴磁动势 F_q 及交轴磁通 ϕ_q（其方向可由右手螺旋定则判定）。交轴磁通与输出绕组 o 交链，在输出绕组中感应出同频率的交变电势 E_2，所以输出绕组有输出电压 U_o。

转子切割交轴磁通产生的电动势的有效值为

$$E_q = C_e \Phi_q \cdot n \tag{4-21}$$

输出绕组感应的电动势有效值 E_2 为

$$E_2 = 4.44 f N_2 \Phi_q \tag{4-22}$$

显然：$E_2 \propto \Phi_q \propto I_q \propto E_q \propto n$。

可见 E_2 与 n 成正比，即交流测速发电机的输出电压与转速成正比，而其频率与转速无关，保持电源频率。因此，只要测出其输出电压的大小，就可以测出转速的大小。如果被测机械的转向改变，交流测速发电机的输出电压相应也将改变。这样，异步测速发电机就能将转速信号变成电压信号，实现测速目的。

图4-46是交流测速发电机的特性曲线，其中曲线2是理想特性。实际上，由于存在漏阻抗、负载变化等问题，直轴磁通是变化的，输出特性呈现非线性，如图中曲线1所示。

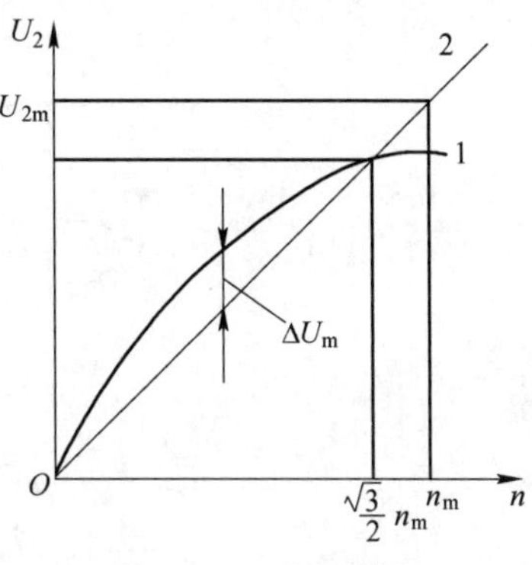

图4-46　交流测速发电机的特性曲线

4.4.2.2　自整角机

自整角机是一种感应式机电元件，在自动控制系统中用做角度的传输、指示或变换，可将转轴的转角变换为电气信号或将电气信号变换为转轴的转角，实现角度数据的远距离发送、接收和变换。通常将两台或多台相同的自整角机组合起来使用，实现两个或两个以上机械不连接的转轴同时偏转或旋转。按使用要求不同，自整角机可分为力矩式和控制式两种类型。力矩式自整角机主要用做远距离转角指示，控制式自整角机主要用于随动系统，可以将转角转换成电信号，在系统中作检测元件用。

A　控制式自整角机

a　自整角机结构

自整角机的结构分成定子和转子两部分，定、转子之间的气隙较小。定子结构与一般小型线绕式转子电动机相似，定子铁芯上嵌有三相星形连接对称分布绕组，称为整步绕组。转子结构有凸极式和隐极式，常采用凸极式结构，只有尺寸大，频率高时才采用隐极式。转子上有单相或三相励磁绕组，绕组通过滑环、电刷与外电路连接。接触式自整角机结构如图4-47所示。

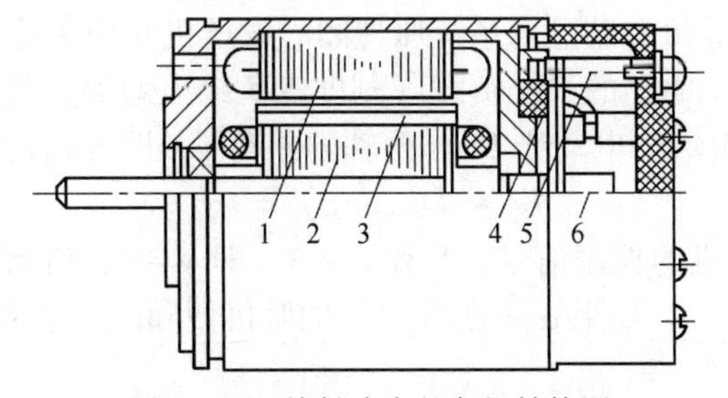

图4-47　接触式自整角机结构图

1—定子；2—转子；3—阻尼绕组；4—电刷；5—接线柱；6—滑环

b　控制式自整角机工作原理

如图4-48所示，图中一台自整角机作为发送机，它的励磁绕组接到单相交流电源上，另一台自整角机作为接收机，用来接收转角信号并将转角信号转换成励磁绕组中的感应电动势输出。其整步绕组均接成星形。两台电机的结构、参数完全一致。

在发送机的励磁绕组中通入电源时，产生脉振磁场，使发送机整步绕组的各相绕组产生感应电动势，最大值为 E_m。发送机 A_1 相与励磁绕组轴线的夹角为 θ，接收机 A_1 相与励磁绕组轴线的夹角为 90°，则发送机各相绕组的感应电动势有效值如下：

$$\begin{aligned} E_{A1} &= E\cos\theta \\ E_{B1} &= E\cos(\theta - 120°) \\ E_{C1} &= E\cos(\theta - 240°) \end{aligned} \tag{4-23}$$

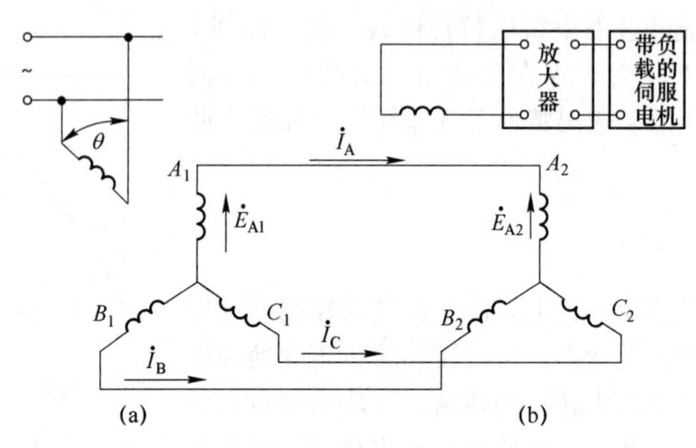

图 4-48　控制式自整角机接线图

（a）发送机；（b）接收机

由于发送机和接收机的整步绕组是按相序对应连接，在接收机的各相绕组中也感应相应的电动势。θ 称为失调角，可以证明，当 $\theta \neq 0$ 时，整步绕组中将出现均衡电流，从而在接收机励磁绕组即输出绕组中感应出电动势，其合成电动势 E_2 为：

$$E_2 = E_{2m}\sin\theta \tag{4-24}$$

可见，当失调角为 0 时，输出电压为 0，只有当存在失调角时，自整角机才有输出电压，同时，失调角的正负反映了输出电压的正负。所以控制式自整角机的输出电压的大小反映了发送机转子的偏转角度，输出电动势的极性反映了发送机转子的偏转方向，从而实现了将转角转换成电信号。

c　应用

图 4-49 是雷达高低角自动显示系统原理图。发送机 6 由雷达天线带动，接收机 4 转轴与由交流伺服电动机 1 驱动的系统负载（刻度盘 5 或火炮等负载）的轴相连，其转角用 β 表示。接收机转子绕组输出电动势 E_2 与两轴的差角 γ，即 $\alpha-\beta$ 近似成正比。即

$$E_2 \approx k(\alpha - \beta) = k\gamma \tag{4-25}$$

E_2 经放大后作伺服机的控制信号。只要 $\alpha \neq \beta$，即 $\gamma \neq 0$，就有 $E_2 \neq 0$，伺服机便要转动，使 γ 减小，直至 $\gamma = 0$。如果 α 不断变化，伺服机便随动，达到自动跟踪的目的。

B　力矩式自整角机

a　基本结构

力矩式自整角机的结构和控制式类似，也是用两台结构、参数均相同的自整角机构成自整角机组，一台为发送机；另一台为接收机，只是接收机不同，接收机的励磁绕组和发送机的励磁绕组接到同一单相交流电源上，它直接驱动机械负载，而不是输出电压信号。

接线如图 4 - 50 所示。

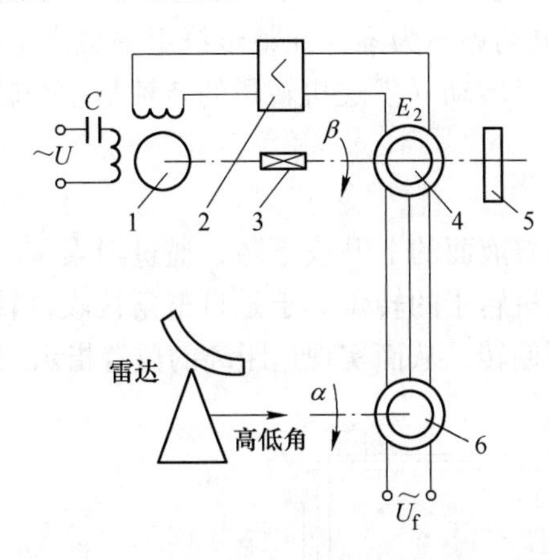

图 4 - 49　雷达高低角自动显示系统原理图
1—交流伺服电动机；2—放大器；3—减速器；
4—自整角接收机；5—刻度盘；6—自整角发送机

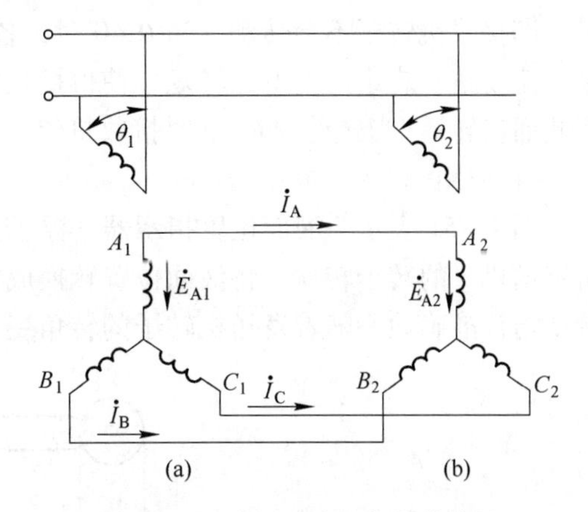

图 4 - 50　力矩式自整角机接线图
（a）发送机；（b）接收机

b　工作原理

在发送机和接收机的励磁绕组中通入单相交流电流时，就生成脉振磁场，使发送机和接收机的整步绕组的各相绕组同时产生感应电动势，其大小与各绕组的位置有关，与励磁绕组轴线重合时，产生的电动势为最大。设发送机 A_1 相与励磁绕组轴线的夹角为 θ_1，接收机 A_1 相与励磁绕组轴线的夹角为 θ_2，设 $\theta = \theta_1 - \theta_2$ 称失调角，各相阻抗为 Z，则各相绕组的感应电动势有效值为：

$$\begin{aligned} E_{A1} &= E\cos\theta_1 \\ E_{B1} &= E\cos(\theta_1 - 120°) \\ E_{C1} &= E\cos(\theta_1 - 240°) \\ E_{A2} &= E\cos\theta_2 \\ E_{B2} &= E\cos(\theta_2 - 120°) \\ E_{C2} &= E\cos(\theta_2 - 240°) \end{aligned} \tag{4-26}$$

各相绕组中总电动势和电流为：

$$\begin{aligned} E_A &= E_{A1} - E_{A2} = 2E\sin\frac{\theta_1 + \theta_2}{2}\sin\frac{\theta}{2} \\ E_B &= 2E\sin\left(\frac{\theta_1 + \theta_2}{2} - 120°\right)\sin\frac{\theta}{2} \\ E_C &= 2E\sin\left(\frac{\theta_1 + \theta_2}{2} - 240°\right)\sin\frac{\theta}{2} \\ I_A &= \frac{E_A}{2Z} = I\sin\frac{\theta_1 + \theta_2}{2}\sin\frac{\theta}{2} \\ I_B &= I\sin\left(\frac{\theta_1 + \theta_2}{2} - 120°\right)\sin\frac{\theta}{2} \\ I_C &= I\sin\left(\frac{\theta_1 + \theta_2}{2} - 240°\right)\sin\frac{\theta}{2} \end{aligned} \tag{4-27}$$

可见，当 $\theta=0$ 时，各相电动势为 0，产生的电流也为 0，整步绕组不会产生电磁转矩，即接收机转子不会转动。当 $\theta\neq0$ 时，各相电动势不为零，在整步绕组中会产生电流，该电流使整步绕组产生电磁转矩，使得接收机转子转动（发送机转子的转轴是主令轴不能因此而旋转）。当转动到 $\theta=0$ 时接收机停。

c　应用

图 4－51 表示一液面位置指示器。浮子 1 随着液面的上升或下降，通过绳索带动自整角发送机 3 的转子转动，将液面位置转换成发送机转子的转角。于是自整角接收机转子就带动指针准确地跟随着发送机转子的转角变化而偏转，从而实现远距离的位置指示。

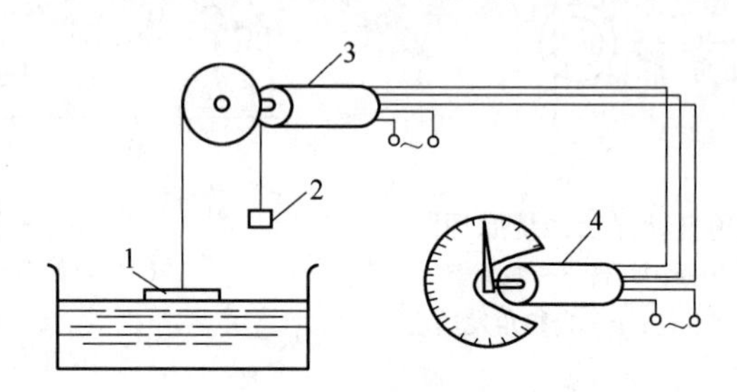

图 4－51　液面位置指示器

1—浮子；2—平衡锤；3—自整角发送机；4—自整角接收机

练 习 题

自整角机可分为哪两种类型？试比较两种类型自整角机的接线有何不同，并简述它们各自的工作原理。

学习情境 5　常用低压电器原件的识别、选型及故障分析与处理

【知识要点】

(1) 常用低压电器的结构、原理。
(2) 常用低压电器的用途、选用方法和符号表示。
(3) 低压电器元件的维护、维修及选型。

任务 5.1　常用低压电器的识别

【任务要点】

(1) 能识别常用低压电器。
(2) 知道常用低压电器的结构。
(3) 知道常用低压电器的工作原理。

5.1.1　任务描述与分析

5.1.1.1　任务描述

低压电器一般是指在交流50Hz、额定电压1200V、直流电压1500V及以下在电路中起通断、保护、控制或调节作用的各种电器。

低压电器种类繁多，用途广泛，有低压控制电器和低压配电电器等。本情境主要介绍用于电力拖动自动控制的常用低压电器，这些电器有刀开关、转换开关、断路器、熔断器、接触器、继电器、主令电器等。

5.1.1.2　任务分析

本任务介绍了各低压常用电器元件的作用及基本结构，掌握低压电器元件的工作原理。

5.1.2　相关知识

5.1.2.1　低压开关

A　低压开关的概念及分类

低压开关又称低压隔离器，是低压电器中结构比较简单、应用广泛的一类手动电器。

主要有刀开关、组合开关，以及用刀与熔断器组合成的胶盖瓷底刀开关，还有转换开关等。其外形如图 5 – 1 所示。

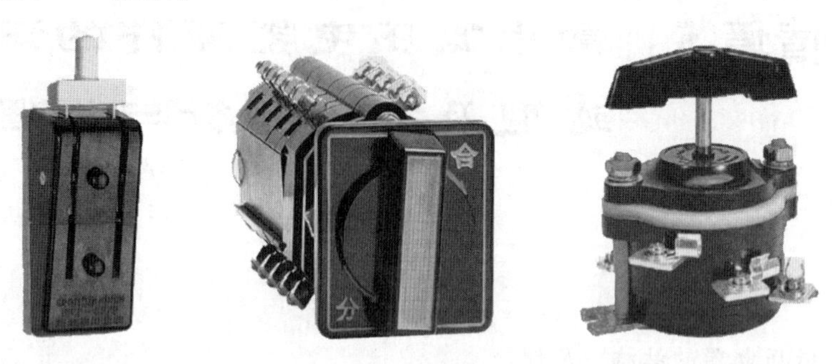

图 5 – 1　低压开关外形

B　刀开关

刀开关被广泛应用于各种配电设备和供电线路，一般用来作为电源的引入开关或隔离开关，也可用于小容量的三相异步电动机不频繁地启动或停止。

刀开关由手柄、触刀、静插座和底板组成。

刀开关按极数分为单极、双极和三极；按操作方式分为直接手柄操作式、杠杆操作机构式和电动操作机构式；按刀开关转换方向分为单投和双投等。

在电力拖动控制线路中最常用的是由刀开关和熔断器组合而成的负荷开关，负荷开关又分为开启式负荷开关和封闭式负荷开关两种。

a　开启式负荷开关

开启式负荷开关又称为瓷底胶盖刀开关，简称闸刀开关，适用于照明、电热设备及小容量电动机控制线路中，供手动不频繁地接通和分断电路，并起短路保护作用。常用的有 HK1 和 HK2 系列，其外形及结构如图 5 – 2 所示。

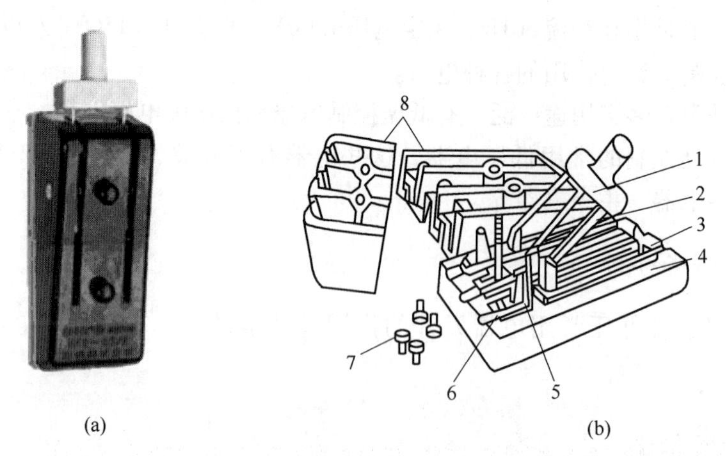

(a)　　(b)

图 5 – 2　HK 系列刀开关外形及结构图

(a) 外形；(b) 结构

1—瓷柄；2—动触点；3—出线座；4—瓷底座；5—静触点；6—进线座；7—胶盖紧固螺钉；8—胶盖

HK2 系列刀开关的技术数据见表 5 – 1。

表 5-1　HK2 系列刀开关技术数据

型号规格	额定电压/V	额定电流/A	极数	型号规格	额定电压/V	额定电流/A	极数
HK2-100/3	380	100	3	HK2-60/2	220	60	2
HK2-60/3	380	60	3	HK2-30/2	220	30	2
HK2-30/3	380	30	3	HK2-15/2	220	15	2
HK2-15/3	380	15	3	HK2-10/2	220	10	2

b　封闭式负荷开关

封闭式负荷开关即铁壳开关，适用于额定工作电压为 380V、额定工作电流至 400A、频率 50Hz 的交流电路中，作为手动不频繁地接通、分断有负载的电路，并有过载和短路保护作用。

c　组合开关

组合开关又称转换开关，也是一种刀开关。只不过它的刀片是转动式的，比刀开关轻巧且组合性强，能组成各种不同的线路。

组合开关体积小，触头对数多，灭弧性能比刀开关好，接线方式灵活，操作方便，常用于交流 50Hz、380V 以下及直流 220V 以下的电气线路中，非频繁的接通和分断电路、转换电源和负载以及控制 5kW 以下小容量感应电动机的启动、停止和正反转。

HZ10 系列组合开关的三对静触头分别装在三层绝缘垫板上，并附有接线柱，用于与电源及用电设备相连。动触头是由磷铜片或硬紫铜片和具有良好灭弧性能的绝缘钢纸板铆合而成，并和绝缘垫板一起套在附有手柄的方形绝缘轴上。手柄和转轴能沿顺时针或逆时针方向转动 90°，从而带动三对动触头分别与静触头接触或分离，实现接通或分断电器的目的。开关的顶盖由滑板、凸轮、扭簧和手柄等构成操作机构，由于采用了扭簧储能，可使触头快速闭合或分断，从而提高了开关的分断能力。其外形、结构、符号如图 5-3 所示。

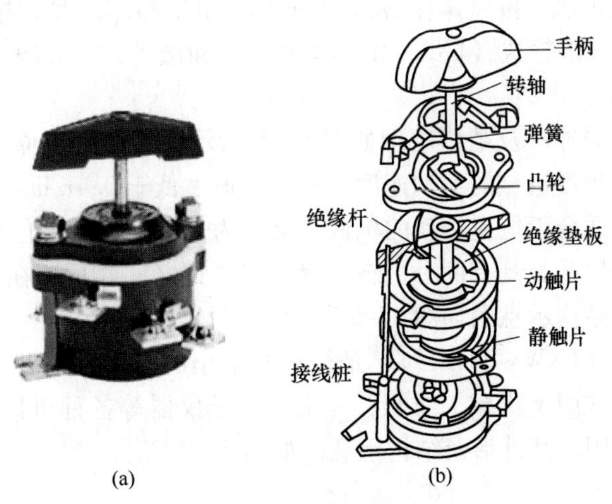

图 5-3　HZ10 系列组合开关
（a）外形；（b）结构

5.1.2.2　主令电器

按钮、行程开关、万能转换开关等在电气控制系统中主要用于发送动作指令，因此也叫主令电器，主令电器通过接通和分断控制电路以发布命令或对生产过程作程序控制。

主令电器是在自动控制系统中发出指令的操纵电器，用它来控制接触器、继电器或其他电器，使电路接通或断开来实现生产机械的自动控制。

常用的主令电器有控制按钮、行程开关、万能转换开关、主令控制器等。

A　按钮

按钮是一种以短时接通或分断小电流的电器，它不直接去控制主电路的通断，而在控制电路中发出“指令”去控制接触器、继电器等电器，再由它们去控制主电路。

按钮的触头，允许通过电流很小，一般不超过5A，其外形结构如图5-4所示。

图5-4　按钮外形及结构示意图

1—按钮帽；2—复位弹簧；3—常闭静触头；4—动触头；5—常开静触头

B　行程开关

行程开关也称为限位开关或位置开关，用于检测工作机械的位置，其作用与按钮相同，只是触点的动作不是靠手动操作，而是利用生产机械某些运动部件的撞击来发出控制信号以此来实现接通或分断某些电路，使之达到一定的控制要求。

行程开关的种类很多，按照操作方式可分为瞬动型和蠕动型，按结构可分为直动式（LX1、JLXK1系列）、滚轮式（LX2、JLXK2系列）和微动式（LXW-11、JLXK1-11系列）3种。

直动式行程开关的外形及结构原理如图5-5所示，它的动作原理与按钮相同。其触头的分合速度取决于生产机械的运动速度，不宜于速度低于0.4r/min的场所。

滚轮式行程开关适合于低速运动的机械，又分为单滚轮自动复位和双滚轮非自动复位式，由于双滚轮式行程开关具有两个稳态位置，有“记忆”作用，在某些情况下可使控制电路简化。其外形及结构示意图如图5-6所示。

微动式行程开关（LXW-11系列）是行程非常小的瞬时动作开关，其特点是：操作力小且操作行程短，常用于机械、纺织、轻工、电子仪器等各种机械设备和家用电器中，起限位保护和连锁作用。其外形及结构示意图如图5-7所示。

C　万能转换开关

万能转换开关有多组相同结构的开关元件叠装而成，是可以控制多回路的主令电器。它可作为电压表、电流表的换相测量开关，或用于小容量电动机的启动、制动、正反转换

(a)

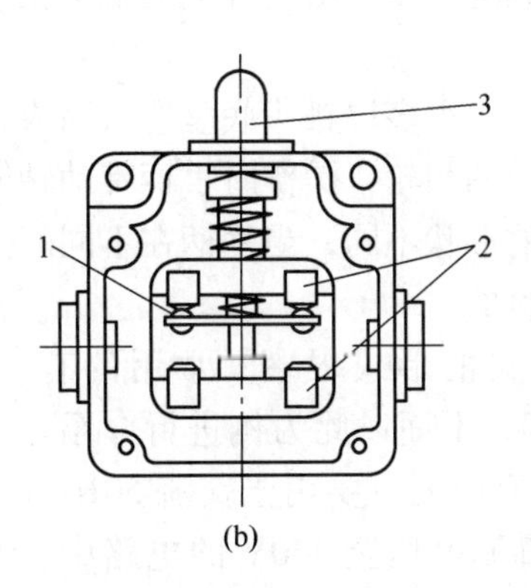

(b)

图 5－5　直动式行程开关

（a）外形；（b）内部构造

1—动触头；2—静触头；3—顶杆

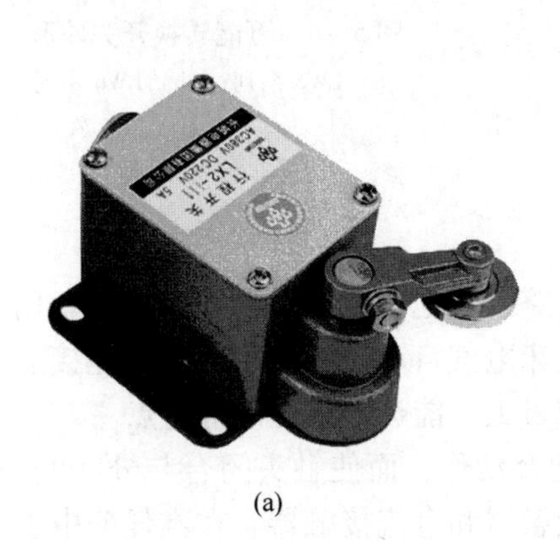

(a)

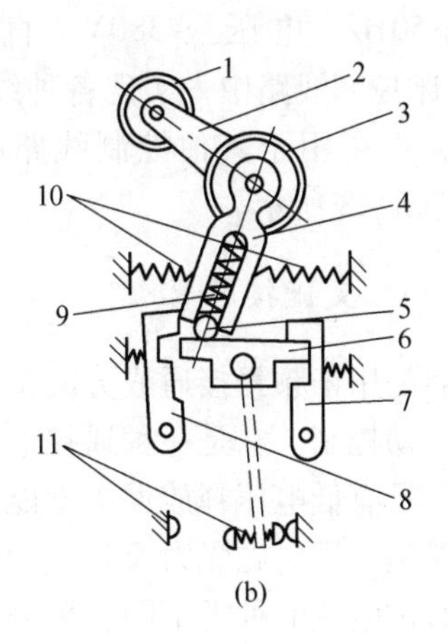

(b)

图 5－6　滚轮式行程开关

（a）外形；（b）内部结构

1—滚轮；2—上转臂；3—盘形弹簧；4—推杆；5—小滚轮；6—擒纵杆；
7～9—压缩弹簧；10—左右弹簧；11—触头

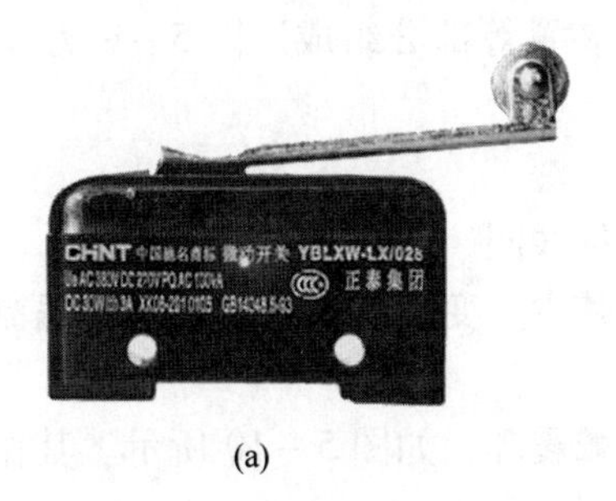

(a)

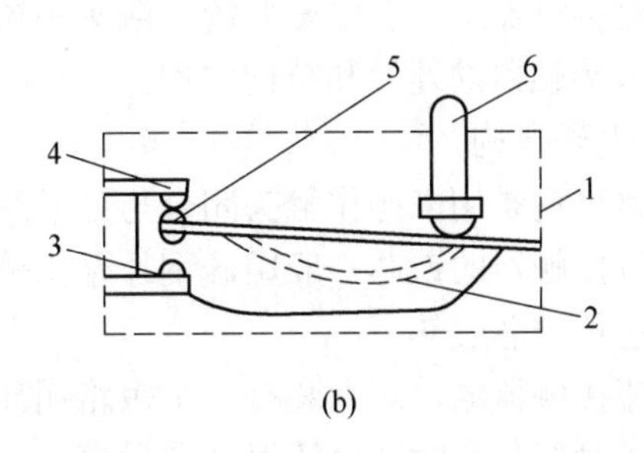

(b)

图 5－7　微动式行程开关

（a）外形；（b）内部结构

1—壳体；2—弓簧片；3—常开触点；4—常闭触电；5—动触点；6—推杆

向及双速电机的调速控制。由于开关的触头挡数多、换接线路多、用途又广泛，故称为万能转换开关。

万能转换开关由很多层触头底座叠装而成，每层触头底座内装有一副（或三副）触头和一个装在转轴上的凸轮，操作时手柄带动转轴和凸轮一起旋转，凸轮就可以接通或分断触头。由于凸轮的形状不同，当手柄在不同的操作位置时，触头的分合情况也不同，从而达到换接电路的目的。

万能转换开关的形式很多，常用的有LW5和LW6系列，下面以此为例进行介绍。LW5－16万能转换开关主要用于交流50Hz，电压至500V及直流电压至440V的电路中，作电气控制线路转换之用，也可用于电压至380V、5.5kW及以下的三相鼠笼型异步电动机的直接控制。LW6型万能转换开关主要适用于交流50Hz，电压至380V，直流电压220V的机床控制线路中，实现各种线路的控制和转换，也可用于其他控制线路的转换。其外形如图5－8所示。

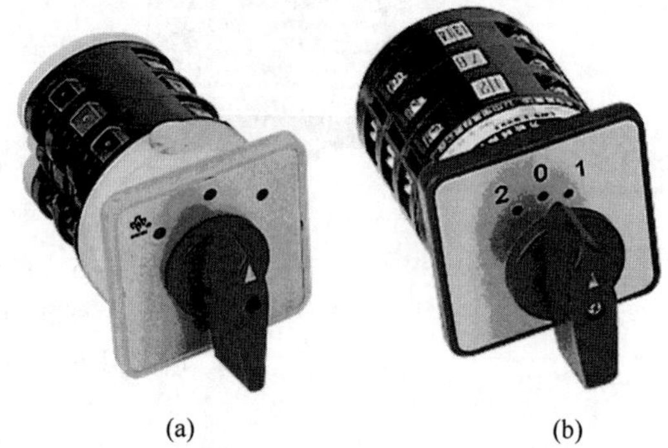

(a) (b)

图5－8 万能转换开关外形
（a）LW5系列；（b）LW6系列

5.1.2.3 交流接触器

接触器是用来频繁接通或分断交、直流电路或其他负载电路的控制电器。用它可以实现远距离自动控制。它是一种遥控电器，在机床电气自动控制中用来频繁地接通和断开交直流电路，具有低电压释放保护性能、控制容量大、能远距离控制等优点。

接触器是利用电磁吸力及弹簧反作用力配合动作，而使触头闭合与分断的一种电器。按其触头通过电流的种类不同，可分为交流接触器和直流接触器。在本任务中主要介绍交流接触器。

A 交流接触器的结构

接触器是用来频繁接通或分断交、直流电路或其他负载电路的控制电器。用它可以实现远距离自动控制。在机床电气控制电路中起着自动调节、安全保护、转换电路等作用。

交流接触器主要有电磁系统、触头系统、灭弧装置等部分组成。图5－9为部分CJ20系列交流接触器的外形和结构原理。

a 电磁机构

电磁机构是用来操作触头闭合与分断用的，包括线圈、动铁芯和静铁芯。

交流接触器的铁芯一般用硅钢片叠压铆成，以减少交变磁场在铁芯中产生涡流及磁滞损耗，避免铁芯过热。

交流接触器的铁芯上装有一个短路铜环，又称减震环，如图5－10所示。其作用是减少交流接触器吸合时产生的振动和噪声。

为了增加铁芯的散热面积，交流接触器的线圈一般采用短而粗的圆筒形电压线圈，并与铁芯之间有一定间隙，以避免线圈与铁芯直接接触而受热烧坏。

b 触头系统

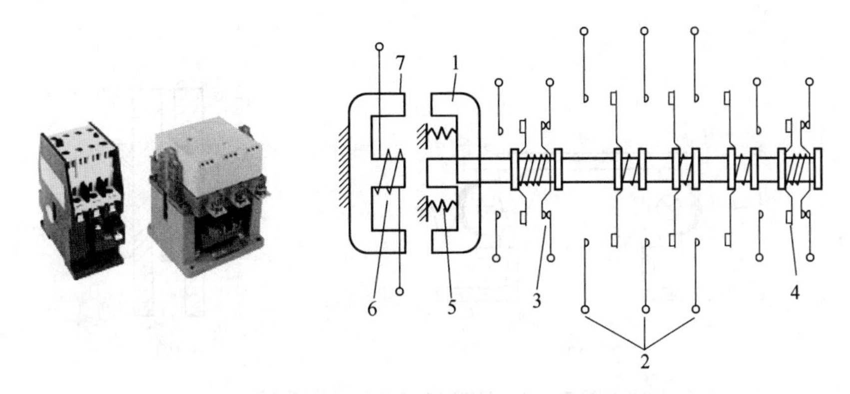

图 5－9　CJ20 系列交流接触器外形及结构原理

1—动铁芯；2—主触头；3—动断辅助触头；4—动合辅助触头；5—恢复弹簧；6—吸引线圈；7—静铁芯

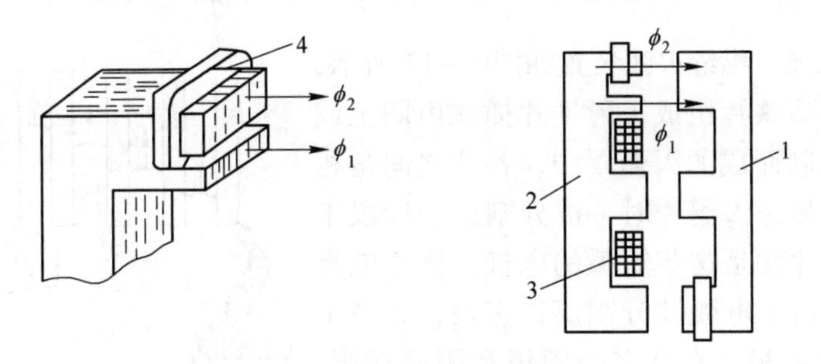

图 5－10　交流电磁铁的短路环

1—动铁芯；2—静铁芯；3—线圈；4—短路环

交流接触器的触头起分断和闭合电路的作用，因此，要求触头导电性能良好，所以触头通常采用紫铜制成。接触器的触头系统包括主触头和辅助触头，主触头用以通断电流较大的主电路，体积较大，一般是由三对常开触头组成；辅助触头用以通断小电流的控制电路，体积较小，它有常开（动合）和常闭（动断）两种触头。所谓常开、常闭是指电磁系统未通电动作前触头的状态。当线圈通电时，常闭触头先断开。常开触头随即闭合，线圈断电时，常开触头先恢复分断，随后常闭触头恢复闭合。

c　灭弧装置

电弧是触头间气体在强电场作用下产生的放电现象，会发光发热，灼伤触头，并使电路切断时间延长，甚至会引起其他事故。一般容量在 10A 以上的接触器都有火弧装置。在交流接触器中常采用下列几种灭弧方法：

（1）电动力灭弧。它是利用触头本身的电动力 F 把电弧拉长，使电弧热量在拉长的过程中散发而冷却熄灭。

（2）双断口灭弧。它是将整个电弧分成两段，同时利用上述电动力将电弧熄灭，如图 5－11(a) 所示。

（3）纵缝灭弧。纵缝灭弧装置如图 5－11(b) 所示，灭弧罩内只有一个纵缝，缝的下部宽些，以便放置触头；缝的上部窄些，以便电弧压缩，并和灭弧室壁有很好的接触。当触头分断时，电弧被外界磁场或电动力横吹而进入缝内，使电弧的热量传递给室壁而迅速冷却熄弧。

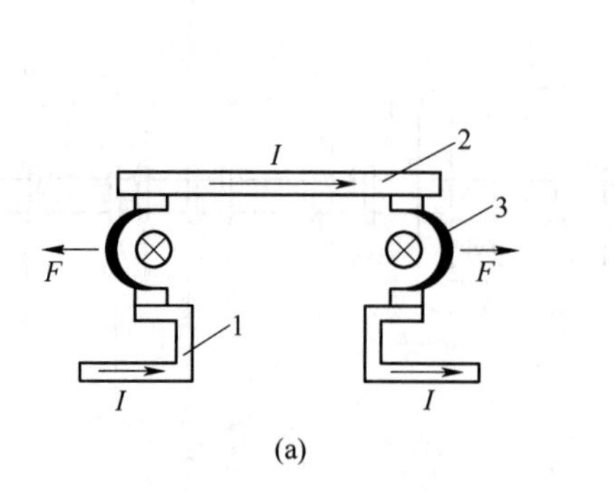

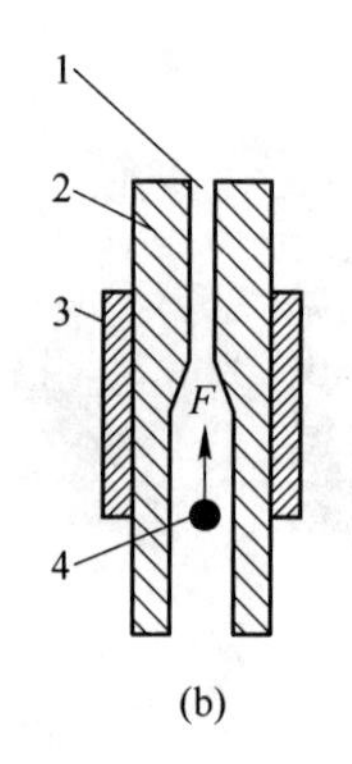

图5－11　双断口灭弧和纵缝灭弧

（a）双断口灭弧：1—静触头；2—动触头；3—电弧

（b）纵缝灭弧：1—纵缝；2—介质；3—磁性夹板；4—电弧

（4）栅片灭弧。纵缝灭弧装置如图5－12所示，灭弧栅由镀铜的薄铁片组成，薄铁片插在由陶土或石棉水泥材料压制而成的灭弧罩中，各片之间是相互绝缘的。当电弧进入栅片时，被分割成一段段串联的短弧，而栅片就是这些短弧的电极，栅片能导出电弧的热量。由于电弧被分割成许多段，每一个栅片相当于一个电极，有许多个阳极和阴极降压，有利于电弧的熄灭。此外，栅片还能吸收电弧热量，使电弧迅速冷却，因此，电弧进入栅片后就会很快熄灭。

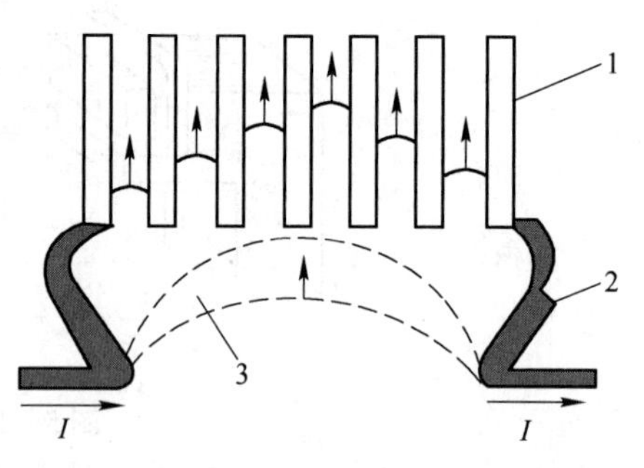

图5－12　栅片灭弧

1—灭弧栅；2—触头；3—电弧

d　其他部分

交流接触器的其他部分包括反作用力弹簧、缓冲弹簧、触头压力弹簧片、传动机构和接线柱等。

反作用力弹簧的作用是当线圈断电时，使触头复位分断。缓冲带弹簧是一个静铁芯和胶木底座之间的刚性较强的弹簧，它的作用是缓冲动铁芯在吸合时对静铁芯的冲击力，保护胶木外壳免受冲击，不易损坏。触头压力弹簧片的作用是增加动、静触头间的压力，从而增大接触面积减小接触电阻。

B　交流接触器的工作原理

当线圈得电后，在铁芯中产生磁通及电磁吸力，衔铁在电磁吸力的作用下吸向铁芯，同时带动动触头移动，使常闭触头打开，常开触头吸合。当线圈失电或线圈两端电压显著降低时，电磁吸力弹簧反力，使得衔铁（动铁芯）释放，触头机构复位，断开电路或解除互锁。

C　交流接触器的技术数据

（1）额定电压。接触器铭牌额定电压是指主触点上的额定工作电压。直流接触器常用的电压等级为110V、220V、440V、660V等。交流接触器常用的电压等级为127V、220V、380V、500V等。

（2）额定电流。接触器铭牌额定电流是指主触头的额定电流。直流接触器常用的电流等级为25A、40A、60A、100A、250A、400A、600A。交流接触器常用的电流等级为5A、10A、20A、40A、60A、100A、150A、250A、400A、600A。

（3）动作值。动作值是指接触器的吸合电压与释放电压。接触器在额定电压85%以上时，应可靠吸合，释放电压不高于额定电压的70%。

（4）接通与分断能力。接通与分断能力是指接触器的主触头在规定的条件下能可靠地接通和分断的电流值，而不应发生熔焊、飞弧和过分磨损。

（5）额定操作频率。额定操作频率是指每小时接通次数。交流接触器最高为600次/h，直流接触器最高为1200次/h。

（6）寿命。寿命包括电器寿命和机械寿命。目前接触器的机械寿命已达一千万次以上，电器寿命是机械寿命的5%～20%。

5.1.2.4　继电器

继电器是根据某种输入信号的变化，接通或断开控制电路，实现自动控制和保护电力装置的自动电器。主要用于控制及保护电路中。输入信号可以是电压、电流，也可以是其他的物理信号（如温度、压力、速度等）。

无论继电器的输入量是电量或非电量，继电器工作的最终目的总是控制触点的分断或闭合从而控制电路通断的，就这一点来说接触器与继电器是相同的。但是它们又有区别，主要表现在以下两个方面：

（1）所控制的线路不同。继电器用于控制电讯线路、仪表线路、自控装置等小电流电路及控制电路；接触器用于控制电动机等大功率、大电流电路及主电路。

（2）输入信号不同。继电器的输入信号可以是各种物理量，如电压、电流、时间、压力、速度等，而接触器的输入量是电压。

继电器是一种当输入量（可以是电压、电流，也可以是温度、速度、压力等其他物理量，又称激励量）达到一定值时，输出量将发生跳跃式变化的自动控制器件。通常应用于自动控制电路中，它实际上是用较小的电流去控制较大电流的一种“自动开关”。

继电器种类繁多，按输入信号类型来分，常用的有电压继电器、电流继电器、中间继电器、时间继电器、速度继电器、压力继电器等。按工作原理可分为：电磁式继电器、感应式继电器、电动式继电器、电子式继电器、热继电器等；按用途可分为控制与保护继电器；按输出形式可分为有触点和无触点继电器。

电磁式继电器是依据电压、电流等电量，利用电磁原理使衔铁闭合动作，进而带动触头动作，使控制电路接通或断开，实现动作状态的改变。

下面主要介绍几种电磁式继电器的结构及原理。

（1）电磁式电压继电器。电压继电器（voltage relay）反映的是电压信号。使用时，电压继电器的线圈并联在被测电路中，线圈的匝数多、导线细、阻抗大。电压继电器根据所接线路电压值的变化，处于吸合或释放状态。根据动作电压值不同，电压继电器可分为欠电压继电器和过电压继电器两种。

过电压继电器在电路电压正常时，衔铁释放，一旦电路电压升高至额定电压的110%～115%以上时，衔铁吸合，带动相应的触点动作；欠电压继电器在电路电压正常时，衔铁吸合，一旦电路电压降至额定电压的5%～25%以下时，衔铁释放，输出信号。

（2）电磁式电流继电器。电流继电器（current relay）是反映输入量为电流的继电器。使用时电流继电器的线圈串联在被测量电路中，用来检测电路的电流。电流继电器的线圈匝数少，导线粗，线圈的阻抗小。电流继电器除用于电流型保护的场合外，还经常用于按电流原则控制的场合。电流继电器有欠电流继电器和过电流继电器两种。

过电流继电器在电路正常工作时，衔铁是释放的；一旦电路发生过载或短路故障时，衔铁才吸合，带动相应的触点动作，即常开触点闭合，常闭触点断开。

欠电流继电器在电路正常工作时，衔铁是吸合的，其常开触点闭合，常闭触点断开；一旦线圈中的电流降至额定电流的10%～20%以下时，衔铁释放，发出信号，从而改变电路的状态。

（3）电磁式中间继电器。中间继电器是用来转换和传递控制信号的元件。它的输入信号是线圈的通电断电信号，输出信号为触点的动作。中间继电器实质也是一种电压继电器。只是它的触点对数较多，触点容量较大（额定电流5～10A），动作灵敏。主要起扩展控制范围或传递信号的中间转换作用。

中间继电器的结构和工作原理与接触器基本相同，但中间继电器的触头多，且没有主辅触头之分，各对触头允许通过的电流大小相同，多数为5A，因此当电路中的工作电流小于5A时可以用中间继电器替代接触器进行对电路的控制。

（4）时间继电器。在自动控制系统中，有时需要继电器得到信号后不立即动作，而是要顺延一段时间后再动作并输出控制信号，以达到按时间顺序进行控制的目的。时间继电器就是利用某种原理实现触点延时动作的自动电器，经常用于按时间控制原则进行控制的场合。

时间继电器按工作原理分可分为：直流电磁式、空气阻尼式（气囊式）、晶体管式、电动式等几种。按延时方式分可分为通电延时型和断电延时型。

下面以空气阻尼式时间继电器为例，让我们认识时间继电器的原理及应用。

空气阻尼式时间继电器是利用空气阻尼原理获得延时的，其结构由电磁系统、延时机构和触点三部分组成。电磁机构为双E直动式，触头系统为微动开关，延时机构采用气囊式阻尼器。

空气阻尼式时间继电器既有通电延时型，也有断电延时型。只要改变电磁机构的安装方向，便可实现不同的延时方式：当衔铁位于铁芯和延时机构之间时为通电延时；当铁芯位于衔铁和延时机构之间时为断电延时。图5－13所示为空气阻尼式时间继电器的动作原理图。

通电延时型时间继电器，当线圈1通电后，铁芯2将衔铁3吸合，活塞杆6在塔形弹簧的作用下，带动活塞12及橡皮膜10向上移动，由于橡皮膜下方气室空气稀薄，形成负压，因此活塞杆6不能上移。当空气由进气孔14进入时，活塞杆6才逐渐上移。移到最上端时，杠杆7才使微动开关动作。延时时间即为自电磁铁吸引线圈通电时刻起到微动开关动作时为止的这段时间。通过调节螺杆13调节进气口的大小，就可以调节延时时间。

当线圈1断电时，衔铁3在复位弹簧4的作用下将活塞12推向最下端。因活塞被往下推时，橡皮膜下方气孔内的空气，都通过橡皮膜10、弱弹簧9和活塞12肩部所形成的单向阀，经上气室缝隙顺利排掉，因此延时与不延时的微动开关15与16都迅速复位。

断电延时型时间继电器工作原理同学们自行分析一下。

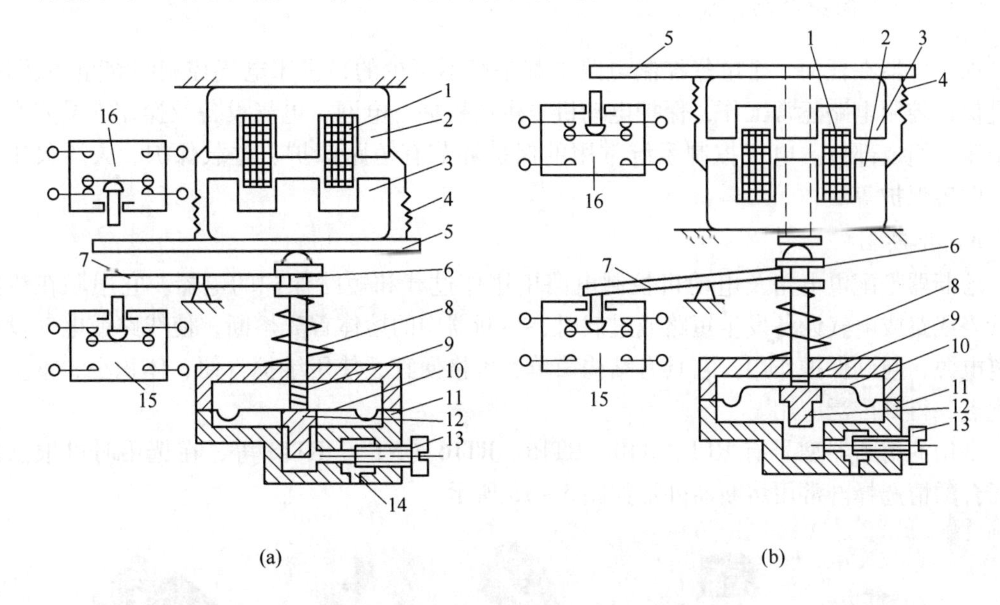

图 5－13　空气阻尼式时间继电器的动作原理图

（a）通电延时型；（b）断电延时型

1—线圈；2—铁芯；3—衔铁；4—复位弹簧；5—推板；6—活塞杆；7—杠杆；8—塔形弹簧；9—弹簧；10—橡皮膜；11—气室；12—活塞；13—调节螺钉；14—进气孔；15，16—微动开关

（5）速度继电器。速度继电器是利用转轴的一定转速来切换电路的自动电器。是用来反映转速与转向变化的继电器。它主要用作鼠笼式异步电动机的反接制动控制中，故称为反接制动继电器。图 5－14 为速度继电器的结构示意图。

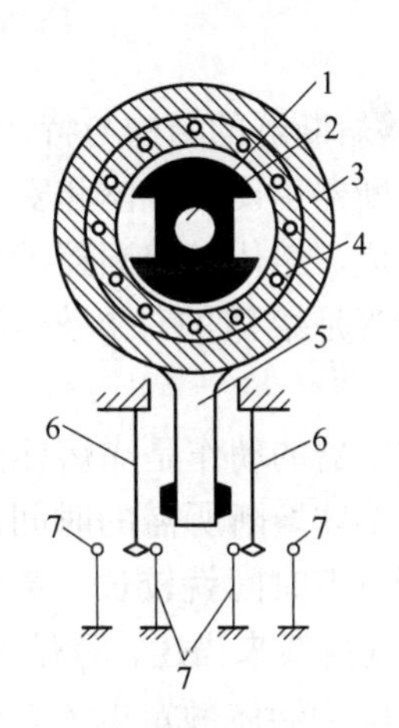

图 5－14　速度继电器的结构示意图

1—转轴；2—转子；3—定子；4—绕组；5—胶木摆杆；6—动触点；7—静触点

速度继电器主要由转子、定子和触头三部分组成。转子是一个圆柱形永久磁铁，定子是一个笼型空心圆环，由硅钢片叠成，并装有笼型的绕组。速度继电器的转轴和电动机的轴通过联轴器相连，当电动机转动时，速度继电器的转子随之转动，定子内的绕组便切割磁感线，产生感应电动势，而后产生感应电流，此电流与转子磁场作用产生转矩，使定子开始转动。电动机转速达到某一值时，产生的转矩能使定子转到一定角度使摆杆推动常闭触点动作；当电动机转速低于某一值或停转时，定子产生的转矩会减小或消失，触点在弹簧的作用下复位。

速度继电器有两组触点（每组各有一对常开触点和常闭触点），可分别控制电动机正、反转的反接制动。常用的速度继电器有 JY1 型和 JFZ0 型，一般速度继电器的动作速度为 120r/min，触点的复位速度值为 100r/min。在连续工作制中，能可靠地工作在 1000 ~ 3600r/min，允许操作频率每小时不超过 30 次。

5.1.2.5 保护电器

保护电器在任何一个电气控制电路中都是必不可少的，机床电气控制线路也不例外，它是保证控制电路正常工作，保护电动机、生产机械、电网、电气设备及操作人员安全的一个重要组成部分。电气控制系统常用的保护环节有短路保护、过载保护、失压欠压保护、弱磁保护等。

A 熔断器

熔断器是配电电路及电动机控制电路中用作过载和短路保护的电器。它串联在线路中，当线路或电气设备发生短路或过载时，熔断器中的熔体首先熔断，使线路或电气设备脱离电源，起到保护作用。它具有结构简单、价格便宜、使用维护方便、体积小、重量轻等优点，得到广泛应用。

常用的熔断器型号有 RL1、RT0、RT15、RT16（NT）、RT18 等，在选用时可根据使用场合酌情选择。常用熔断器外形如图 5 – 15 所示。

图 5 – 15 常用熔断器外形

a 熔断器的结构与特性

熔断器主要由熔体和安装熔体的熔管（或熔座）两部分组成。熔体是熔断器的主要部分，常做成片状或丝状；熔管是熔体的保护外壳，在熔体熔断时兼有灭弧作用。

熔断器的动作是靠熔体的熔断来实现的，当电流较大时，熔体熔断所需的时间就较短。而电流较小时，熔体熔断所需时间就较长，甚至不会熔断。这一特性可用 $t-I$ 特性曲线来描述，称熔断器的保护特性，如图 5 – 16 所示。I_N 为熔体额定电流，通常取 $2I_N$ 为熔断器的熔断电流，其熔断时间为 30 ~ 40s。

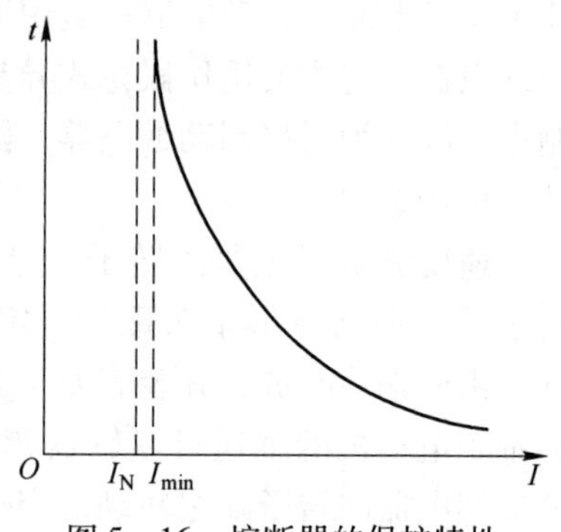

图 5 – 16 熔断器的保护特性

常用熔体的安秒特性见表 5 – 2。

表 5 – 2 常用熔体的安秒特性

熔体通过电流/A	$1.25I_N$	$1.6I_N$	$1.8I_N$	$2.0I_N$	$2.5I_N$	$3I_N$	$4I_N$	$8I_N$
熔断时间/s	∞	3600	1200	40	8	4.5	2.5	1

b 熔断器的主要参数

（1）额定电压。指熔断器长期工作时和分断后能够承受的压力。

（2）额定电流。指熔断器长期工作时，电气设备升温不超过规定值时所能承受的电流。额定电流有两种：一种是熔管额定电流，也称熔断器额定电流。另一种是熔体的额定电流。注意熔体的额定电流最大不能超过熔管的额定电流。

（3）极限分断能力。熔断器在规定的额定电压和功率因数（或时间常数）条件下，能可靠分断的最大短路电路。

c　熔断器的分类

熔断器的种类很多。按结构分为瓷插式、螺旋式、无填料密闭管式和有填料密闭管式等。

（1）瓷插式熔断器。瓷插式熔断器是由瓷盖、瓷底、动触头、静触头及熔丝五部分组成，常用 RC1A 系列瓷插式熔断器的外形及结构如图 5－17 所示。常用于交流 50Hz、额定电压 380V 及以下的电路末端，作为供、配电系统导线及电气设备（如电动机、负荷开关）的短路保护，也可作为民用照明等电路的保护。

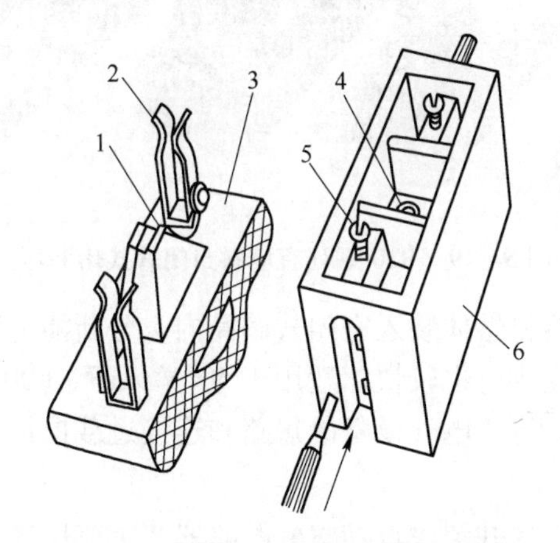

图 5－17　RC1A 系列瓷插式熔断器

1—熔丝；2—动触头；3—瓷盖；4—空腔；5—静触头；6—瓷底

（2）螺旋式熔断器。螺旋式熔断器主要由瓷帽、熔断管（芯子）、瓷套、上接线端、下接线端及座子等部分组成。常用 RL1 系列螺旋式熔断器的外形及结构如图 5－18 所示。

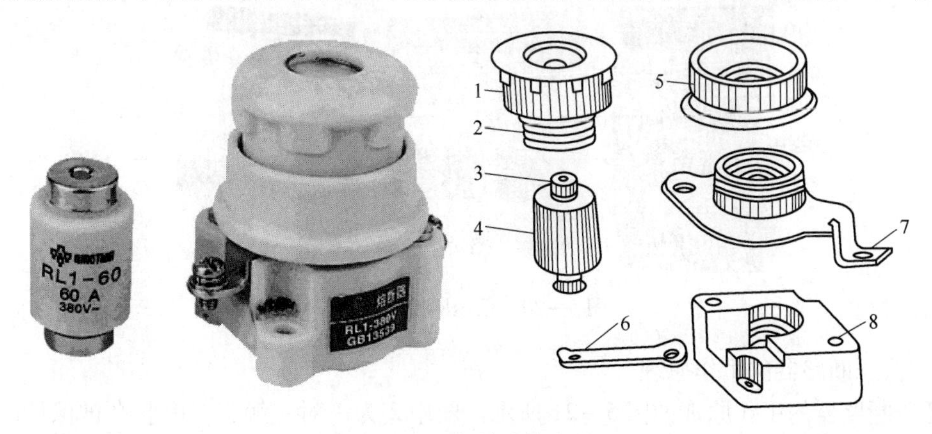

图 5－18　螺旋式熔断器

1—瓷帽；2—金属螺管；3—指示器；4—熔管；5—瓷套；6—下接线端；7—上接线端；8—瓷座

RL1 系列熔断器的断流能力强，体积小，安装面积小，更换熔丝方便，安全可靠，熔丝熔断后有显示。在额定电压为 500V、额定电流为 200A 以下的交流电路或电动机控制线路中作为过载或短路保护。

（3）封闭式熔断器。封闭式熔断器分为无填料密闭管式和有填料密闭管式两种。有填料封闭管式熔断器使用的灭弧介质填料是石英砂，石英砂具有热稳定性好、熔点高、化学惰性、热导率高的价格低等优点。用于电压等级 500V 以下、电流等级 1kA 以下的电路中。其外形如图 5 – 19 所示。

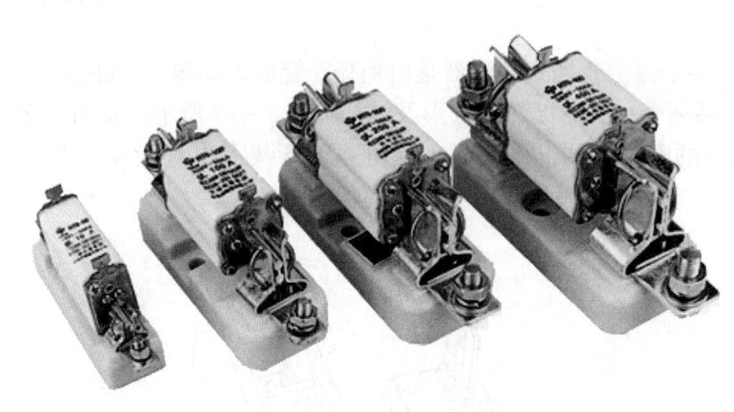

图 5 – 19　RT0 系列有填料封闭管式熔断器

无填料封闭管式熔断器将熔体装入密闭式圆筒内，分断能力稍小，其优点是更换熔体方便，使用比较安全，恢复供电也较快。适用于 500V 以下、600A 以下电力网或配电设备中，作为导线、电缆及较大容量电气设备的短路和连接过载保护。

B　低压断路器

低压断路器又称自动空气开关或自动空气断路器，主要用于低压动力线路中，既有手动开关作用，又能自动切除线路故障的保护电器。当电路中发生短路、过载、欠电压等不正常的现象时，能自动切断电路（俗称自动跳闸），或在正常情况下作不频繁地切换电路。

常用低压断路器的外形、图形及文字符号如图 5 – 20 所示。

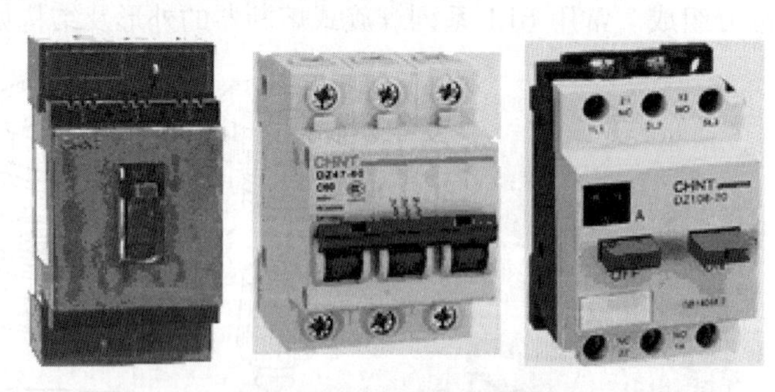

图 5 – 20　低压断路器外形

a　低压断路器的工作原理

低压断路器的工作原理如图 5 – 21 所示。图中 2 为三对主触头，串联在被保护的三相主电路中，它是靠操作机构手动或自动合闸的，并由自动脱扣器机构将主触头锁在合闸位置上。如果电路发生故障，自动脱扣机构在有关脱扣器的推动下，使钩子脱开，于是主触

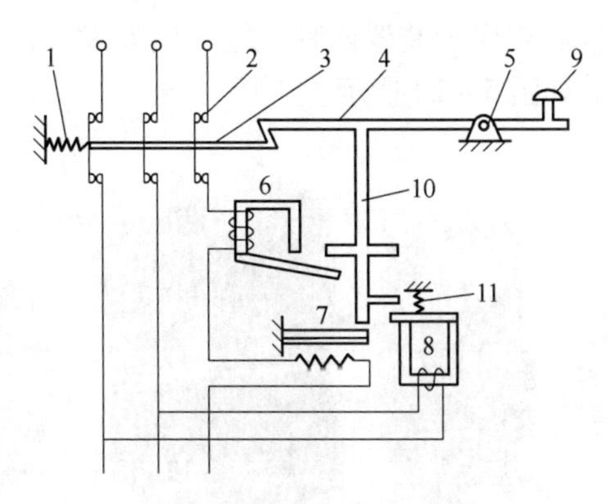

图 5－21　低压断路器结构示意图

1—分断弹簧；2—主触头；3—传动杆；4—锁扣；5—轴；6—过电流脱扣器；7—热脱扣器；
8—失压欠压脱扣器；9—分段按钮；10—杠杆；11—拉力弹簧

头在弹簧的作用下迅速分断。

当线路正常工作时，过流脱扣器 6 线圈所产生吸力不能将它的衔铁吸合，如果线路发生短路和产生很大的过电流时，其电磁吸力才能将衔铁吸合，并撞击杠杆 10，顶开锁扣 4，切断主触头 2，如果线路上电压下降或失去电压时，欠电压脱扣器 8 的吸力减小或失去吸力，衔铁被弹簧 11 拉开，撞击杠杆 10，把锁扣 4 顶开，切断主触头 2，从而将电路切断。

当线路发生过载时，过载电流流过发热元件使热脱扣器 7 受热弯曲，将杠杆 10 顶开，切断主触头。脱扣器可重复使用，不需要更换。

b　低压断路器的技术参数

（1）额定电压。额定电压分额定工作电压、额定绝缘电压和额定脉冲耐压。额定工作电压是指与通断能力以及使用类别相关的电压值，对于多相电路是指相间的电压值。额定绝缘电压是指断路器的最大额定工作电压。额定脉冲耐压是指工作时所能承受的系统中所发生的开关动作过电压值。

（2）额定电流。额定电流就是持续电流，也就是脱扣器能长期通过的电流，对带有可调式脱扣器的断路器为长期通过的最大工作电流。

（3）通断能力。开关电器在规定的条件下（电压、频率及交流电路的功率因数和直流电路的时间常数），能在给定的电压下接通和分断的最大电流值，也称为额定短路通断能力。

C　热继电器

很多工作机械因操作频繁及过载等原因，会引起电动机定子绕组中电流增大、绕组温度升高等现象。若电机过载时间过长或电流过大，使绕组温升超过了允许值时，将会烧毁绕组的绝缘，缩短电动机的使用年限，严重时甚至会使电动机绕组烧毁。电路中虽有熔断器，但熔体的额定电流为电动机额定电流的 1.5～2.5 倍，故不能可靠地起过载保护作用，为此，要采用热继电器作为电动机的过载保护。

a　热继电器的分类及型号

热继电器的形式有多种，按极数多少可分为单极、两极和三极热继电器，其中三极又包括带断相保护装置和不带断相保护装置两种。按复位方式分，有自动复位和手动复位。对于常用热继电器的外形，如图 5 - 22 所示。

图 5 - 22　常用热继电器外形

b　热继电器的结构与工作原理

热继电器主要由热元件、动作机构、触头系统、电流整定装置、复位按钮和调整整定电流装置等五部分组成，其结构如图 5 - 23 所示。

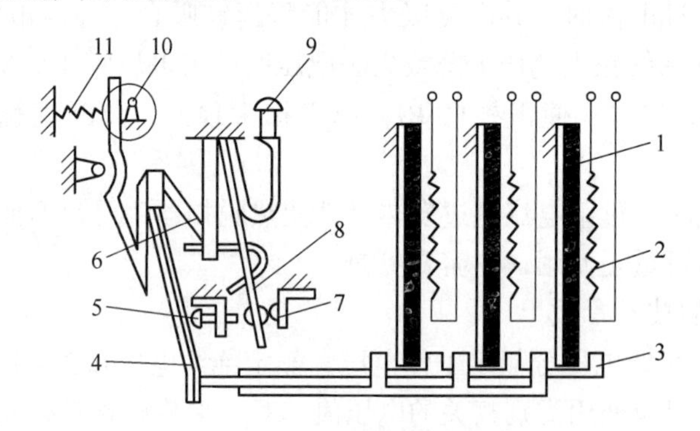

图 5 - 23　热继电器的结构

1—主双金属片；2—电阻丝；3—导板；4—补偿双金属片；5—螺钉；6—推杆；
7—静触头；8—动触头；9—复位按钮；10—调节凸轮；11—弹簧

使用时，将热继电器的三对热元件分别串接在电动机的三相主电路中，常闭触头接在控制电路中。当电动机过载时，流过电阻丝的电流超过热继电器的整定电流，电阻丝发热，主双金属片向左弯曲，推动导板向左移动，通过温度补偿双金属片推动推杆绕轴转动，从而推动触头系统动作，动触头与常闭静触头分开，使接触器线圈断电，接触器主触头分断，将电源切除起保护作用。电源切除后，主双金属片逐渐冷却恢复原位，于是动触头在失去作用力的情况下，靠动触头弓簧的弹性自动恢复。

c　热继电器的主要技术参数

（1）额定电流。热继电器的额定电流是指可装入的热元件的最大额定电流值。每种额定电流的热继电器可装入几种不同整定电流的热元件。

（2）整定电流。热继电器的整定电流是指热继电器长期不动作的最大电流，超过此值就要动作。手动调节整定电流装置可用来使热继电器更好地实现过载保护。

过载电流的大小与动作时间如表 5 - 3 所示。

表 5－3　JR20 系列热继电器的保护特性

	序号	整定电流倍数		动作时间	起始状态	周围空气温度
各相负载平衡	1	1.05		2h 不动作	冷态	+20 ±5
	2	1.2		<2h	热态	
	3	1.5	<63A	<2min		
			>63A	<4min		
	4	7.2	<63A	2s < TP < 10s	冷态	
			>63A	4s < TP < 10s		
有断相保护负载不平衡	5	任意两相 1.0 第三相 0.9		2h 不动作	冷态	
	6	任意两相 1.15 第三相 0.9		<2h	热态	
无断相保护负载不平衡	7	1.0		2h 不动作	冷态	
	8	任意两相 1.32 第三相 0		<2h	热态	
温度补偿	9	1.0		2h 不动作	冷态	+40 ±2
	10	1.20		<2h	热态	
	11	1.05		2h 不动作	冷态	－5 ±2
	12	1.30		<2h	热态	

d　带断相保护的热继电器

热继电器所保护的电动机，如果是Y联结，当线路上发生一相断路（如一相熔断器熔体熔断）时，另外两相发生过载，但此时流过热元件的电流也就是电动机绕组的电流（线电流等于相电流），因此，用普通的两相或三相结构的热继电器都可以起到保护作用；如果电动机是△联结，发生断相时，由于是在三相中发生局部过载，线电流大于相电流，故用普通的两相或三相结构的热继电器就不能起到保护作用，必须采用带断相保护装置的热继电器，它不仅具有一般热继电器的保护功能，而且当三相电动机一相断路或三相电流严重不平衡时，它能及时动作，起到保护作用（即断相保护特性）。

5.1.3　技能训练

（1）认识所学低压电器元件。

（2）观察其结构。

（3）能分析低压电器元件的工作原理。

（4）用万用表的电阻挡判断各器件的触点通断情况。

写出观察结论：＿＿＿＿＿＿＿＿＿＿＿＿＿＿＿＿＿＿＿＿＿＿＿＿＿＿＿＿＿＿

＿＿＿＿＿＿＿＿＿＿＿＿＿＿＿＿＿＿＿＿＿＿＿＿＿＿＿＿＿＿＿＿＿＿＿＿＿＿

＿＿＿＿＿＿＿＿＿＿＿＿＿＿＿＿＿＿＿＿＿＿＿＿＿＿＿＿＿＿＿＿＿＿＿＿＿＿。

练 习 题

5－1－1　电磁式低压电器由哪几部分组成？说明各部分的作用。

5-1-2　中间继电器和接触器有何异同？

5-1-3　交流接触器铁芯上短路环的作用是什么？

5-1-4　电动机电气控制线路中，热继电器与熔断器各起什么作用？

任务5.2　常用低压电器元件的选型、故障分析与处理

【任务要点】

(1) 刀开关的选型、故障处理。
(2) 组合开关的选型、故障处理。
(3) 按钮的选型、故障处理。
(4) 行程开关的选型、故障处理。
(5) 接触器的选型、故障处理。
(6) 继电器的选型、故障处理。
(7) 熔断器的选型、故障处理。
(8) 低压断路器的选型、故障处理。
(9) 热继电器的选型、故障处理。

5.2.1　任务描述与分析

5.2.1.1　任务描述

低压电器元件是组成电拖线路的基本器件，由于它们结构紧凑、价格低廉、工作可靠、维护方便，因而用途十分广泛。

5.2.1.2　任务分析

本任务通过对低压电器元件的拆装认识，掌握器件的选用，掌握各低压器件的拆卸及故障判断及维修方法，能正确拆卸元器件、能判断各元器件的一般故障及基本的维护、维修。

5.2.2　相关知识

5.2.2.1　刀开关

A　型号及符号

刀开关的型号含义：

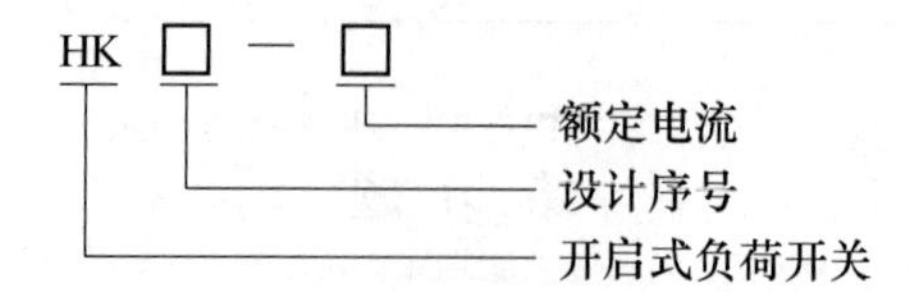

图形及文字符号如图5-24和图5-25所示。

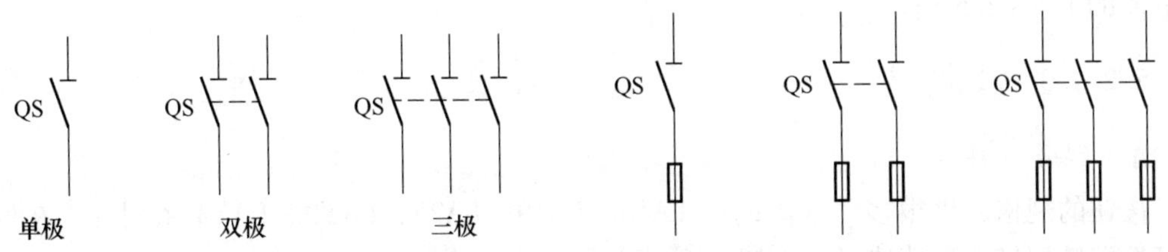

图 5 – 24　刀开关图形及文字符号　　图 5 – 25　封闭式负荷开关文字符号及图形符号

B　选用

选用时应注意以下几点：

（1）用于照明和电热负载时，选用额定电压 220V 或 250V，额定电流不小于电路所有负载额定电流之和的双极开关。

（2）用于控制电动机的直接启动和停止时，选用额定电压 380V 或 500V，额定电流不小于电动机额定电流 3 倍的三极开关。

在安装使用方面则应注意：

（1）开启式负荷开关必须垂直安装在控制屏或开关板上，且合闸状态时手柄应朝上，不允许倒装或平装，以防发生误合闸事故。

（2）开启式负荷开关控制照明和电热负载使用时，要装接熔断器作短路和过载保护。

（3）更换熔体时，必须在闸刀断开的情况下按原规格更换。

（4）在分闸和合闸操作时，应动作迅速，使电弧尽快熄灭。

5.2.2.2　组合开关

A　型号及符号

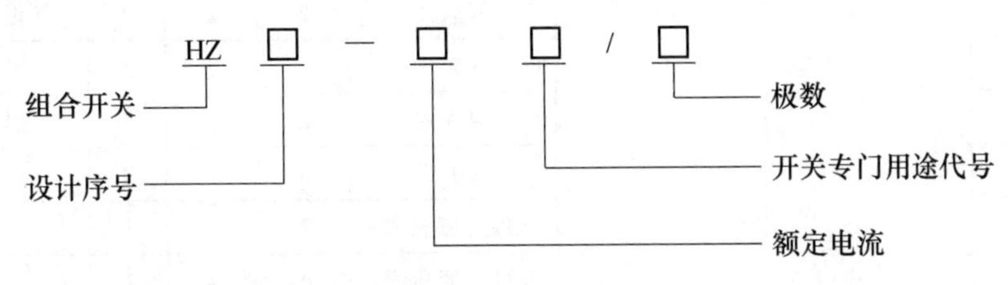

图形及文字符号如图 5 – 26 所示。

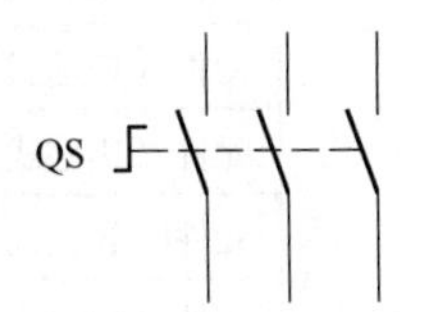

图 5 – 26　组合开关文字及图形符号

B　选用

组合开关应根据电源种类、电压等级、所需触头数、接线方式和负载容量进行选用。

（1）用于照明或电热电路时，组合开关的额定电流应等于或大于电路中各负载电流的总和。

（2）用于直接控制异步电动机的启动和正反转时，开关的额定电流一般取电动机的额定电流的1.5～2.5倍。

5.2.2.3　按钮

A　型号及符号

按钮的规格品种很多，常用的有LA18、LA19、LA25、LAY3、LAY4系列等，在选用时可根据使用场合酌情选择。按钮的型号说明如下：

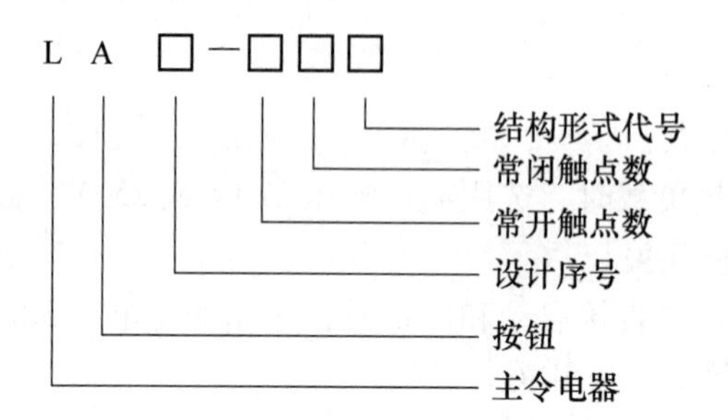

其中，结构形式代号的含义为：K—开启式；S—防水式；J—紧急式；X—旋钮式；H—保护式；F—防腐式；Y—钥匙式；D—带指示灯。

常用按钮的技术数据如表5－4所示。

表5－4　常用按钮开关技术数据

型　号	额定电压/V	额定电流/A	结构形式	触头数/副		按　钮	
				常开	常闭	钮数	颜　色
LA2	500	5	元件	1	1	1	黑或绿或红
KA10－2K			开启式	2	2	2	黑或绿或红
LA10－3K			开启式	3	3	3	黑、绿、红
LA10－2H			保护式	2	2	2	黑或绿或红
LA10－3H			保护式	3	3	3	黑、绿、红
LA18－22J			元件（紧急式）	2	2	1	红
LA18－44J			元件（紧急式）	4	4	1	红
LA18－66J			元件（紧急式）	6	6	1	红
LA18－22Y			元件（钥匙式）	2	2	1	黑
LA18－44Y			元件（钥匙式）	4	4	1	黑
LA18－22X			元件（旋钮式）	2	2	1	黑
LA18－44X			元件（旋钮式）	4	4	1	黑
LA18－66X			元件（旋钮式）	6	6	1	黑
LA19－11J			元件（紧急式）	1	1	1	红
LA19－11D			元件（带指示灯）	1	1	1	红或绿或黄或蓝或白

为了便于操作人员识别，避免发生误操作，生产中用不同的颜色和符号标志来区别按钮的功能及作用，按钮的颜色含义如表5－5所示。

表 5－5　按钮颜色的含义

颜色	含　义	说　明	应用示例
红	紧急	危险或紧急情况操作	急停
黄	异常	异常情况时操作	干预、制止异常情况
绿	安全	安全情况或为正常情况准备时操作	启动/接通
蓝	强制性的	要求强制动作情况下的操作	复位功能
白	未赋予特定含义	除急停以外的一般功能的启动	启动/接通（优先） 停止/断开
灰			启动/接通 停止/断开
黑			启动/接通 停止/断开（优先）

按钮的图形符号及文字符号如图 5－27 所示。

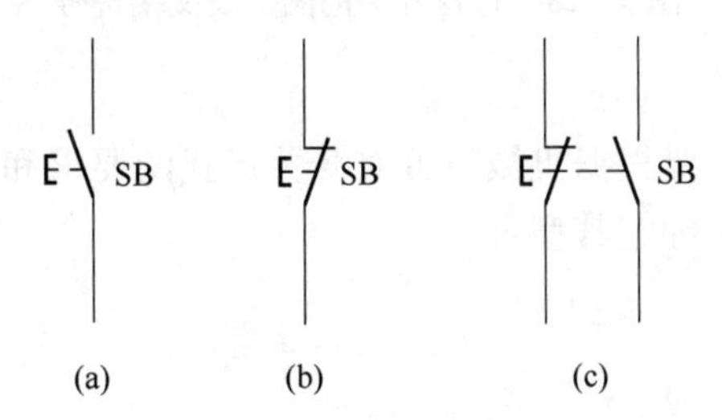

图 5－27　按钮的图形符号及文字符号

（a）常开触点；（b）常闭触电；（c）复合按钮

B　选用

（1）根据适用场合和具体用途选择按钮的种类。如：嵌装在操作面板上的按钮可选用开启式；需显示工作状态的选用光标式；在非常重要处，为防止无关人员误操作可采用钥匙操作式；在有腐蚀性气体处要用防腐式等等。

（2）根据工作状态指示和工作情况。要求选择按钮或指示灯的颜色，如：启动按钮可选用白、灰或黑色，优先选用白色，也允许选用绿色。急停按钮应选用红色。停止按钮可选用黑、灰或白色，优先选用黑色，也允许选用红色。

（3）根据控制回路的需要选择按钮的数量。如单联钮、双联钮和三联钮等。

5.2.2.4　行程开关

A　型号及符号

行程开关的种类很多，按照操作方式可分为瞬动型和蠕动型，按结构可分为直动式（LX1、JLXK1 系列）、滚轮式（LX2、JLXK2 系列）和微动式（LXW－11、JLXK1－11 系列）3 种。

行程开关的型号及其含义如下：

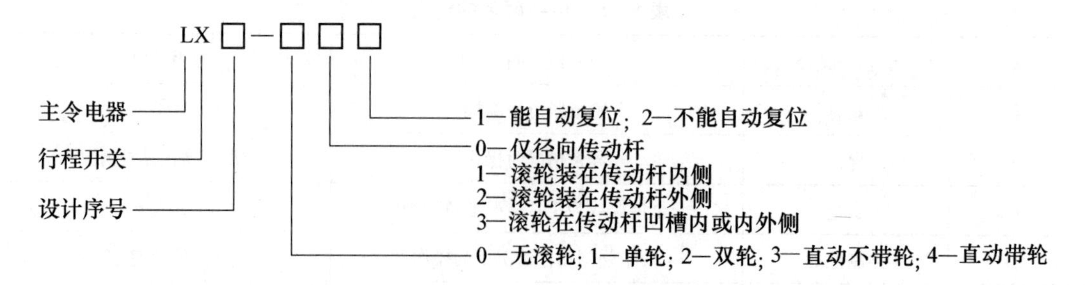

行程开关的图形符号及文字符号如图5－28所示。

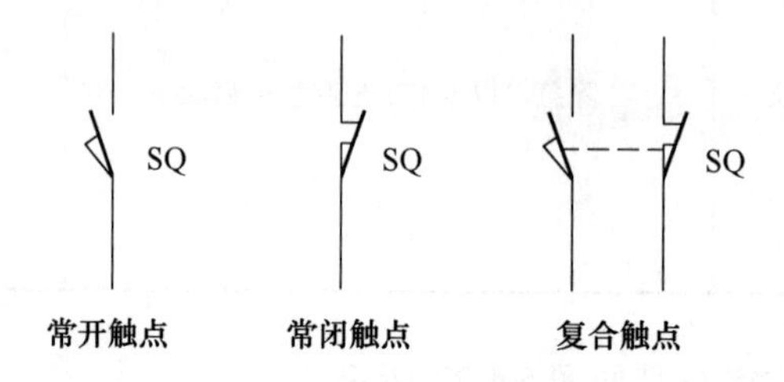

图5－28 行程开关的图形及文字符号

B 选用

在选用行程开关时，主要根据机械位置对开关形式的要求和控制线路，对触点的数量要求以及电流、电压等级来确定其型号。

5.2.2.5 接触器

A 型号及符号

接触器的型号含义如下：

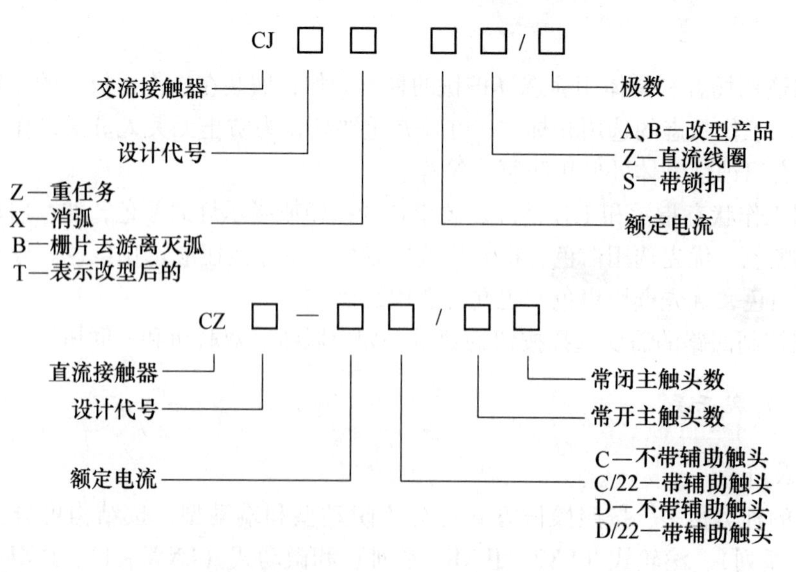

接触器的图形及文字符号见图5－29。

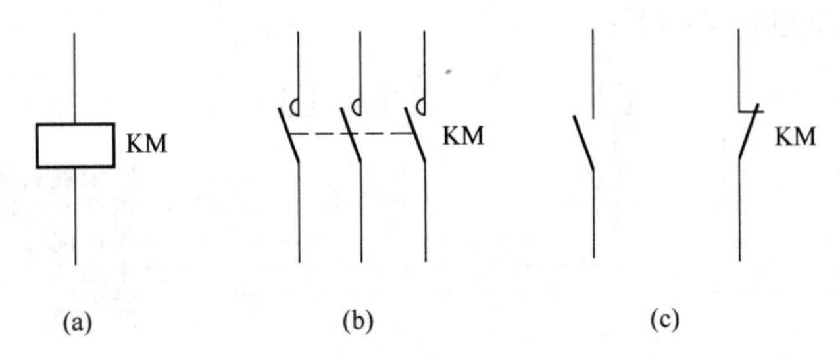

图5-29　接触图形符号及文字符号

（a）线圈；（b）常开主触头；（c）辅助常开、常闭触头

B　选用

（1）选择接触器的类型。根据所控制的电动机或负载电流类型来选择接触器的类型。

（2）选择接触器触头的额定电压。通常选择接触器触头的额定电压大于或等于负载回路的额定电压。

（3）选择接触器主触头的额定电流。选择接触器主触头的额定电流应大于或等于电动机的额定电流。

可按下列经验公式计算（适用于CJ0、CJ10系列）：

$$I_C = \frac{P_N \times 10^3}{KU_N} \quad (5-1)$$

式中　I_C——接触器主触头电流，A；

K——经验系数，一般取1~1.4；

P_N——被控制电动机的额定功率，kW；

U_N——被控制电动机的额定电压，V。

（4）选择接触器吸引线圈的电压。接触器吸引线圈的电压一般从人身和设备安全角度考虑，可选择低些，但当控制线路简单、用电不多时，为了节省变压器，可选择380V。

（5）接触器的触头数量、种类选择。接触器的触头数量、种类选择等应满足控制线路的要求。

5.2.2.6　继电器

A　型号及符号

电压继电器的型号含义如下：

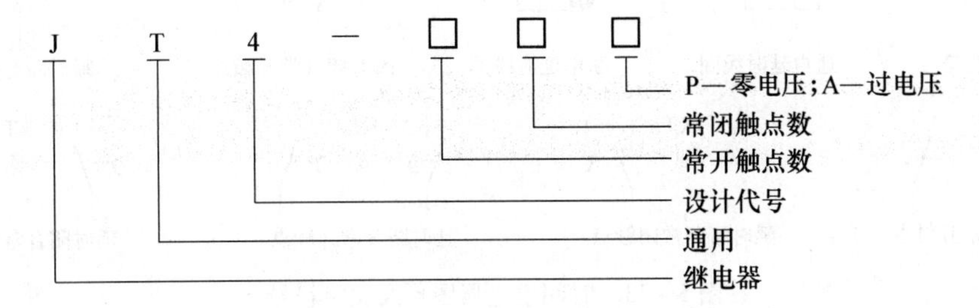

中间继电器的型号含义如下：

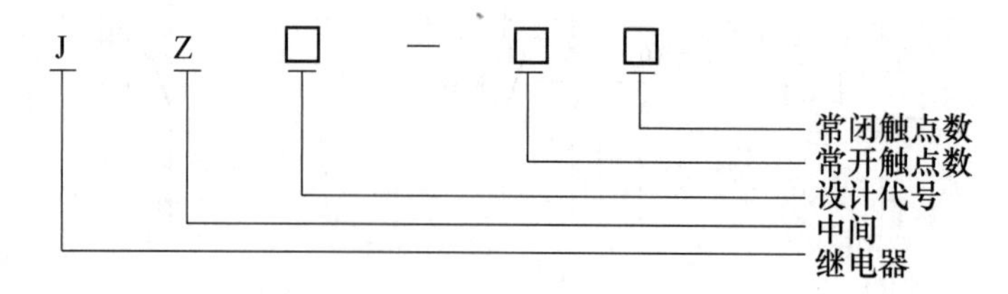

电压继电器图形及文字符号如图 5－30 所示。

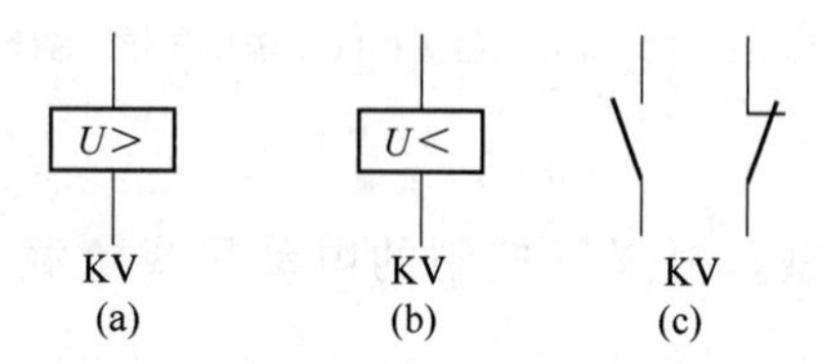

图 5－30　电压继电器图形及文字符号

（a）过电压继电器线圈符号；（b）欠电压继电器线圈符号；（c）电压继电器触头符号

电流继电器图形及文字符号如图 5－31 所示。

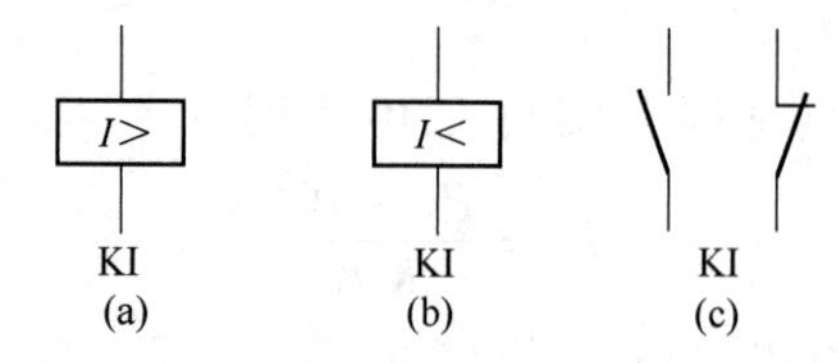

图 5－31　电流继电器图形及文字符号

（a）过电流继电器线圈符号；（b）欠电流继电器线圈符号；（c）电流继电器触头符号

电磁式中间继电器图形及文字符号如图 5－32 所示。

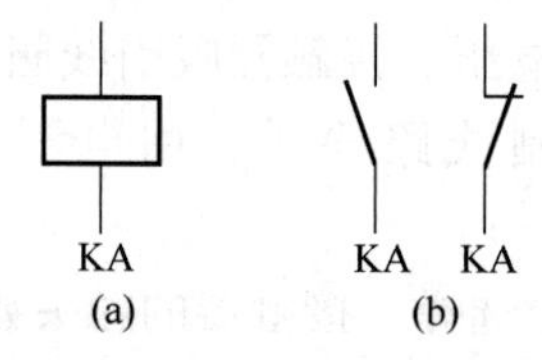

图 5－32　中间继电器图形及文字符号

（a）中间继电器线圈符号；（b）中间继电器触头符号

时间继电器图形及文字符号如图 5－33 所示。

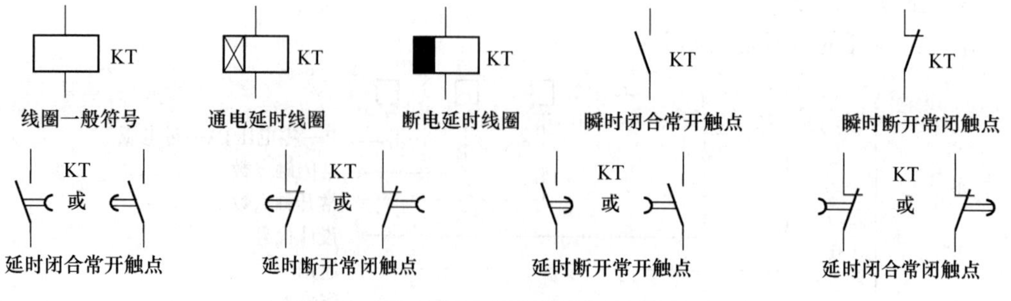

图 5－33　时间继电器图形及文字符号

速度继电器图形及文字符号如图 5－34 所示。

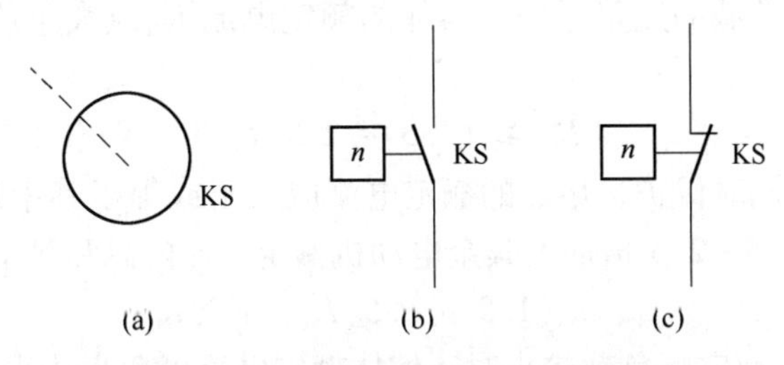

图 5－34　速度继电器图形及文字符号

（a）转子；（b）常开触点；（c）常闭触点

B　选用

时间继电器形式多样，各具特点，选择时应从以下几方面考虑：

（1）根据控制电路对延时触点的要求选择延时方式，即通电延时型或断电延时型。

（2）根据延时范围和精度要求选择继电器类型。

（3）根据使用场合、工作环境选择时间继电器的类型。如电源电压波动大的场合可选空气阻尼式或电动式时间继电器，电源频率不稳定的场合不宜选用电动式时间继电器；环境温度变化大的场合不宜选用空气阻尼式和电子式时间继电器。

5.2.2.7　熔断器

A　型号及符号

熔断器的型号含义说明如下：

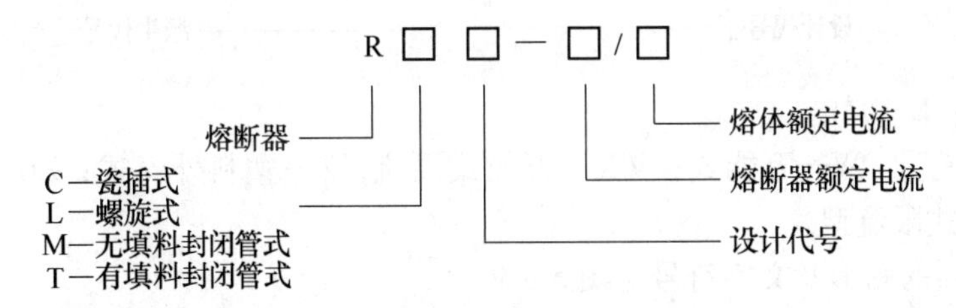

常用的熔断器型号有 RL1、RT0、RT15、RT16（NT）、RT18 等，在选用时可根据使用场合酌情选择。常用熔断器图形及文字符号如图 5－35 所示。

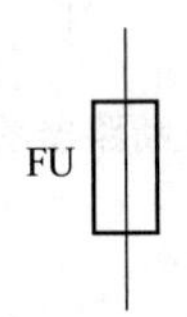

图 5－35　常用熔断器的图形及文字符号

B　选用

熔体和熔断器只有经过正确的选择才能起到应有的保护作用。

（1）熔体额定电流的选择。

1）对变压器、电路及照明等负载的短路保护，熔体的额定电流应稍大于线路负载的额定电流。

2）对一台电动机负载的短路保护，熔体的额定电流 I_{RN} 应大于或等于 1.5～2.5 倍电动机额定电流 I_N。

即
$$I_{RN} \geqslant (1.5 \sim 2.5) I_N \quad (5-2)$$

3）对几台电动机同时保护，熔体的额定电流应大于或等于其中最大容量的一台电动机的额定电流 I_{Nmax} 的 1.5～2.5 倍加上其余电动机额定电流的总和 ΣI_N，即

$$I_{RN} \geqslant (1.5 \sim 2.5) I_{Nmax} + \Sigma I_N \quad (5-3)$$

在电动机功率较大而实际负载较小时，熔体额定电流可适当选小些，小到以启动时熔体不熔断为准。

（2）熔断器的选择。

1）熔断器的额定电压必须大于或等于线路的工作电压。

2）熔断器的额定电流必须大于或等于所装熔体的额定电流。

5.2.2.8　低压断路器

A　型号及符号

低压断路器型号及含义说明如下：

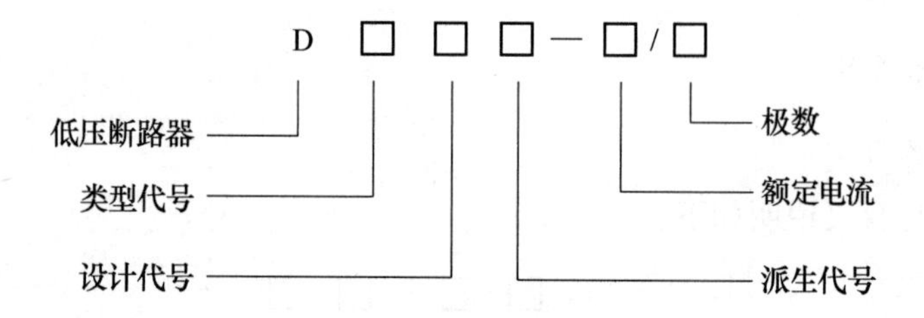

派生代号：L—漏电。

类型代号说明：W—万能式；WX—万能式限流；Z—塑料外壳式；ZL—漏电断路器；ZX—塑料外壳式限流型。

低压断路器的图形及文字符号见图 5－36。

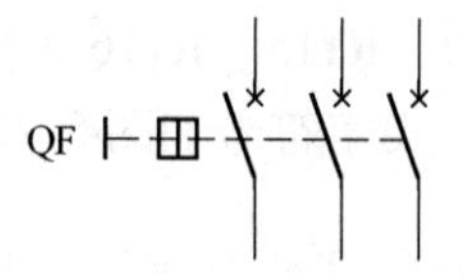

图 5－36　低压断路器图形及文字符号

B　选用

（1）低压断路器的额定电压和额定电流，应不小于线路的正常工作电压和计算负载电流。

（2）热脱扣器的整定电流应等于所控制负载的额定电流。

（3）过流脱扣器的瞬时脱扣整定电流，应大于负载正常工作时可能出现的峰值电流。用于控制电动机的断路器，其瞬时脱扣整定电流可按下式计算：

$$I_Z \geqslant K I_{st} \quad (5-4)$$

式中　K——安全系数，可取1.7；

I_{st}——电动机的启动电流。

（4）欠压脱扣器的额定电压应等于线路的额定电压。

（5）断路器的极限通断能力应不小于电路最大短路电流。

5.2.2.9　热继电器

A　型号及符号

JRS1系列和JR20系列热继电器的型号及含义说明如下：

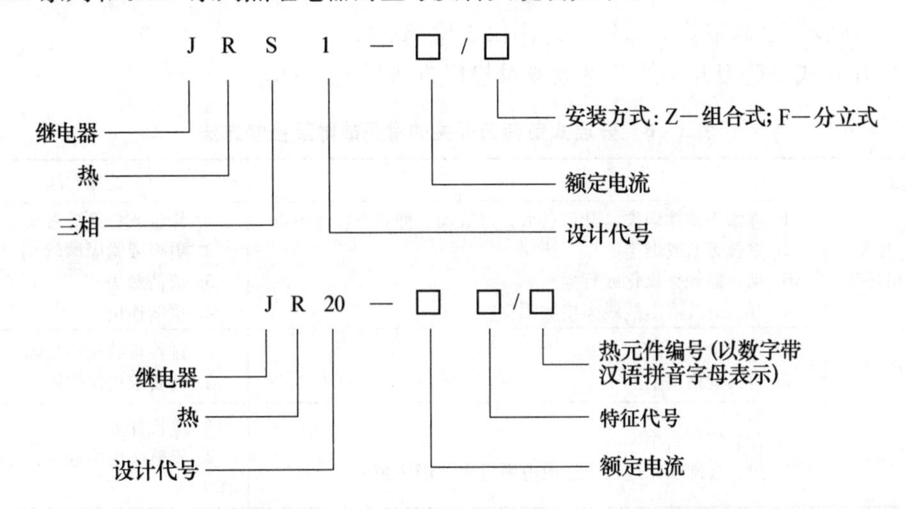

特征代号说明：D—带断相保护；L—单独安装；Z—与接触器组合接线安装方式；W—带装用配套电流互感器。

在电气原理图中，热继电器的发热元件和触点的图形符号如图5－37所示。

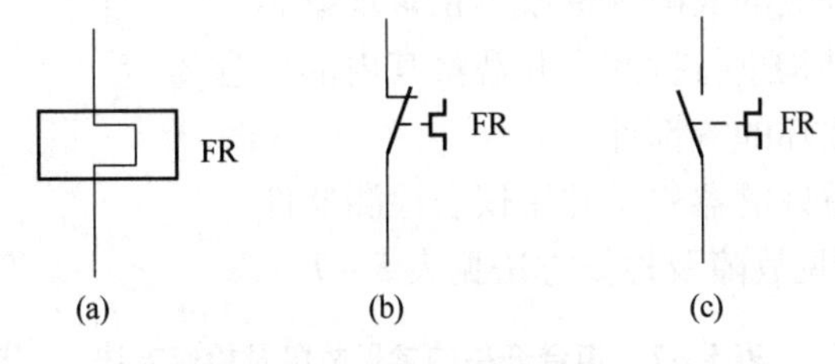

图5－37　热继电器的图形符号
（a）发热元件；（b）常闭触点；（c）常开触点

B　选用

（1）选择热继电器时，其额定电流和热元件的额定电流均应大于电动机的额定电流。

（2）在一般情况下，可选用两相结构的热继电器，但当电网电压的均衡性较差、工作环境恶劣或较少有人照管的电动机，可选用三相结构的热继电器。

（3）对于三角形联结的电动机，应选用带断相保护装置的热继电器，热元件的整定电流通常整定到与电动机的额定电流相等。如果电动机拖动的是冲击性负载，或电动机启动时间较长，或电动机所拖动的设备不允许停电的情况下，选择的热继电器热元件的整定电流可比电动机的额定电流高1.1～1.15倍。

$$I_{整} > (1.1 \sim 1.15) I_N \tag{5-5}$$

5.2.3　技能训练

题目 1：刀开关的拆装及检修

（1）刀开关的拆装：

1）了解和观察刀开关的故障现象或不正常现象。

2）拆卸待修器件。

3）更换已熔断的保险丝或修复已损坏的零部件。

4）重新装配已修整好的器件，并用仪表检测器件。

（2）开启式负荷刀开关的常见故障及检修方法见表 5－6。

表 5－6　开启式负荷刀开关的常见故障及检修方法

故障现象	原　　因	处理方法
合闸后，开关一相或两相开路	1. 静触头弹性消失，开口过大，造成动、静触头接触不良 2. 熔丝熔断或虚连 3. 动、静触头氧化或有尘污 4. 开关进线或出线线头接触不良	1. 修整或更换静触头 2. 更换或紧固熔丝 3. 清洁触头 4. 重新连接
合闸后熔丝熔断	1. 外接负载短路 2. 熔体规格偏小	1. 排除负载短路故障 2. 按要求更换熔体
触头烧坏	1. 开关容量太小 2. 拉、合闸动作过慢，造成电弧过大，烧坏触头	1. 更换开关 2. 修整或更换触头，并改善操作方法

题目 2：组合开关的拆装及检修

（1）组合开关的拆装：

1）了解和观察刀开关的故障现象或不正常现象。

2）按照组合开关结构进行拆卸，并观察其内部构造。

3）更换或修复已损坏的零部件。

4）重新装配已修整好的器件，并用仪表检测器件。

（2）组合开关的常见故障及检修方法见表 5－7。

表 5－7　组合开关的常见故障及检修方法

故障现象	原　因	处理方法
手柄转动后，内部触头未动	1. 手柄上的轴孔磨损变形 2. 绝缘杆变形（由方轴磨为圆形） 3. 手柄与方轴，或轴与绝缘杆配合松动 4. 操作机构损坏	1. 调换手柄 2. 更换绝缘杆 3. 紧固松动部件 4. 修理更换
手柄转动后，动静触头不能按要求动作	1. 组合开关型号选用不正确 2. 触头角度装配不正确 3. 触头失去弹性或接触不良	1. 更换开关 2. 重新装配 3. 更换触头或清除氧化层或尘污
接线柱间短路	因铁屑或油污附着接线柱，形成导电层，将胶木烧焦，绝缘损坏而形成短路	更换开关

题目3：按钮的检测

（1）按钮的拆装：

1）了解和观察按钮的内部结构。

2）拆卸待修器件。

3）清洁触头表面污物或氧化物。

4）更换已损坏的零部件。

5）重新装配已修整好的器件，并用仪表检测器件。

（2）按钮的常见故障及处理。按钮的常见故障及处理方法见表 5-8。

表 5-8　按钮的常见故障及处理方法

故障现象	原　因	处理方法
触头接触不良	1. 触头烧损 2. 触头表面有尘垢或氧化物 3. 触头弹簧失效	1. 修整触头 2. 清洁触头表面 3. 重绕弹簧或更换产品
触头间短路	1. 塑料受热变形，导致接线螺钉间短路 2. 杂物或油污在触头间形成通路	1. 更换产品，并查明发热原因，如灯泡发热所致，可降低电压 2. 清洁按钮内部

题目4：行程开关的拆装

（1）了解和观察行程开关的故障现象或不正常现象。

（2）按照图示行程开关结构进行内部构造观察。

（3）更换或修复已损坏的零部件。

（4）重新装配已修整好的器件，并用仪表检测器件。

题目5：万能转换开关的拆装

（1）万能转换开关的拆装：

1）拆卸时要避免剧烈振动，并逐层取下。

2）检查各触头情况。

3）调整各层凸轮位置以满足不同电路对触点状态的不同要求。

（2）注意事项：

1）定位机构弹簧力量较大时容易弹出应特别小心。

2）各触头一定要放在各自的固定槽内。

3）调整触头状态后要做好触头闭合表。

题目6：接触器的拆装

（1）旋下灭弧罩固定螺钉，卸下灭弧罩。

（2）拆下3组桥形主触头，将桥形主触头的弹簧夹拎起，再将压力弹簧片推出主触头横向旋转后取出，最后取出两组辅助常开和常闭的桥形动触头。

（3）将接触器底部朝上，按住底板，旋出接触器底板上的固定螺钉，取出弹起的盖板。

（4）取下静铁芯及其缓冲垫，取出静铁芯支架和线包及铁芯间的缓冲弹簧。

（5）小心将线圈的两个引线端接线卡从卡槽中取出，再拿出线圈。

（6）取出动铁芯、反作用力弹簧，取出与动铁芯相连的动触头结构支架中的各个触头压力弹簧及其垫片，旋下外壳上静触头固定螺钉并取下静铁芯。

接触器的故障维修：

（1）旋下灭弧罩固定螺钉，卸下灭弧罩。

（2）拆下 3 组桥形主触头，将桥形主触头的弹簧夹拎起，再将压力弹簧片推出主触头横向旋转后取出，最后取出两组辅助常开和常闭的桥形动触头。

（3）将接触器底部朝上，按住底板，旋出接触器底板上的固定螺钉，取出弹起的盖板。

（4）取下静铁芯及其缓冲垫，取出静铁芯支架和线包及铁芯间的缓冲弹簧。

（5）小心将线圈的两个引线端接线卡从卡槽中取出，再拿出线圈。

（6）取出动铁芯、反作用力弹簧，取出与动铁芯相连的动触头结构支架中的各个触头压力弹簧及其垫片，旋下外壳上静触头固定螺钉并取下静铁芯。

接触器常见故障及处理方法见表 5 –9。

表 5 –9　接触器常见故障及处理方法

故障现象	原　因	处理方法
接触器不吸合或吸不牢	1. 电源电压过低 2. 线圈短路 3. 线圈技术参数与使用条件不符 4. 铁芯机械卡阻	1. 调高电源电压 2. 调换线圈 3. 调换线圈 4. 排除卡阻物
线圈断电，接触器不释放或释放缓慢	1. 触头熔焊 2. 铁芯极面有油垢 3. 触头弹簧压力过小或反作用弹簧损坏 4. 机械卡阻	1. 排除熔焊故障 2. 清理铁芯极面油垢 3. 调整触头压力或更换反作用力弹簧 4. 排除卡阻物
触头熔焊	1. 操作频率过高或负载作用 2. 负载侧短路 3. 触头弹簧压力过小 4. 触头表面有电弧灼伤 5. 机械卡阻	1. 调换合适的接触器或减小负载 2. 排除短路故障，更换触头 3. 调整触头弹簧压力 4. 清理触头表面 5. 排除卡阻物
铁芯噪声过大	1. 电源电压过低 2. 短路环断裂 3. 铁芯机械卡阻 4. 铁芯极面有油污或磨损不平 5. 触头弹簧压力过大	1. 检查线路并提高电源电压 2. 调换铁芯或短路环 3. 排除卡阻物 4. 用汽油清洗极面或调换铁芯 5. 调整触头弹簧压力
线圈过热或烧毁	1. 线圈匝间短路 2. 操作频率过高 3. 线圈参数与实际使用不符 4. 铁芯机械卡阻	1. 更换线圈并找出故障原因 2. 调换合适的接触器 3. 调换线圈或接触器 4. 排除卡阻物

题目 7：空气阻尼式时间继电器的拆卸、安装

（1）目的：

1）巩固对空气阻尼式时间继电器的结构、原理的认识。

2）锻炼对空气阻尼式时间继电器的检修、维护的能力。

（2）电磁系统拆卸步骤：

1）拆下电磁系统的整体支架。

2）取下两个反力弹簧。

3）摘下固定线圈的弹性钢丝卡的挂钩。

4）从整体支架中取出线圈、衔铁、铁芯和弹簧片。

5）取出连接衔铁、弹簧片、推板的固定销钉。

6）将衔铁、铁芯和弹簧片分解，并取出线圈（注意：在分解衔铁、铁芯和弹簧片时，推板与线圈框架之间有一个利于推板移动的弹子，千万不要丢失）。

（3）气室的拆卸步骤：

1）拆下气室外部固定螺钉，将进气调节部分与气室内橡皮薄膜和活塞及推杆分离。

2）顺时针旋转活塞，使其从活塞推杆旋下。这样橡皮薄膜从活塞与推杆之中分离。

3）逆时针旋转推杆帽，使其从活塞推杆旋下。

4）取下宝塔弹簧。

（4）安装时按拆卸的反序进行安装。时间继电器的故障维修，空气阻尼式时间继电器常见故障及其处理方法如表5－10所示。

表5－10 空气阻尼式时间继电器常见故障及其处理方法

故障现象	故障原因	处理方法
延时触点不动作	1. 电磁铁线圈断线 2. 电源电压低于线圈额定电压很多 3. 电动式时间继电器的同步电动机线圈断线 4. 电动式时间继电器的棘爪无弹性，不能刹住棘齿 5. 电动式时间继电器游丝断裂	1. 更换线圈 2. 更换线圈或调高电源电压 3. 调换同步电动机 4. 调换棘爪 5. 调换游丝
延时时间缩短	1. 空气阻尼式时间继电器的气室装配不严，漏气 2. 空气阻尼式时间继电器的气室内橡皮薄膜损坏	1. 修理或调换气室 2. 调换橡皮薄膜
延时时间变长	1. 空气阻尼式时间继电器的气室内有灰尘，使气道阻塞 2. 电动式时间继电器的传动机构缺润滑油	1. 清除气室内灰尘，使气道畅通 2. 加入适量的润滑油

题目8：熔断器的故障处理

熔断器的故障及处理方法见表5－11。

表5－11 熔断器常见故障及处理方法

故障现象	故障原因	处理方法
电路接通瞬间熔体熔断	熔体电流等级选择过小	更换熔体
	负载侧短路或接地	排除负载故障
	熔体安装时受机械损伤	更换熔体
熔体未见熔断，但电路不通	熔体或接线座接触不良	重新连接

题目 9：低压断路器的故障处理

低压断路器的故障及处理方法见表 5－12。

表 5－12 低压断路器常见故障及处理方法

故障现象	故障原因	处理方法
不能合闸	1. 欠压脱扣器无电压或线圈损坏 2. 储能弹簧变形 3. 反作用弹簧力过大 4. 机构不能复位	1. 检查施加电压或更换线圈 2. 更换储能弹簧 3. 重新调整 4. 调整再扣接触面至规定值
电流达到整定值，断路器不动作	1. 热脱扣器双金属片损坏 2. 电磁脱扣器的衔铁与铁芯距离太大或电磁线圈损坏 3. 主触头熔焊	1. 更换双金属片 2. 调整衔铁与铁芯距离或更换断路器 3. 检查原因并更换主触头
启动电动机时断路器立即分断	1. 电磁脱扣器瞬动整定值过小 2. 电磁脱扣器某些零件损坏	1. 调高整定值至规定值 2. 更换脱扣器
断路器闭合后经过一定时间后自行分断	热脱扣器整定值过小	调高整定值至规定值
断路器温升过高	1. 触头压力过小 2. 触头表面过分磨损或接触不良 3. 两个导电零件连接螺钉松动	1. 调整触头压力或更换弹簧 2. 更换触头或修整接触面 3. 重新拧紧

题目 10：热继电器的故障处理

热继电器的故障及处理方法见表 5－13。

表 5－13 热继电器常见故障及处理方法

故障现象	故障原因	处理方法
热元件烧断	1. 负载侧短路，电流过大 2. 操作频率过高	1. 排除线路故障，更换热继电器 2. 更换合适参数的热继电器
热继电器不动作	1. 热继电器的额定电流值选用不合适 2. 整定值偏高 3. 动作触头接触不良 4. 热元件烧断或脱落 5. 动作机构卡阻 6. 导板脱落	1. 按保护容量合理选用 2. 合理调整整定电流值 3. 消除触头接触不良因素 4. 更换热继电器 5. 消除卡阻因素 6. 重新放入并测试
热继电器动作不稳定，时快时慢	1. 热继电器内部机构某些部件松动 2. 在检修过程中双金属片弯折 3. 通电电流波动过大，或接线螺钉松动	1. 固紧内部部件 2. 用两倍电流预处理或将双金属片拆下来进行热处理（一般 40℃），以去除内应力 3. 检查电源电压或拧紧接线螺钉
热继电器动作太快	1. 整定值偏高 2. 电动机启动时间过长 3. 连接导线太细 4. 操作频率过高 5. 使用场合有强烈冲击或振动 6. 可逆装换频繁 7. 安装热继电器处和电动机所处环境温差太大	1. 合理调整整定值 2. 按启动时间要求，选择具有合适的可返回时间的热继电器或启动过程中将热继电器短接 3. 选用标准导线 4. 更换合适的型号 5. 选用带防振冲击的热继电器或采用相关防振动措施 6. 改用其他保护措施 7. 按两地温差情况配置适当的热继电器

续表5－13

故障现象	故障原因	处理方法
主电路不通	1. 热元件烧断 2. 接线螺钉松动或脱落	1. 更换热元件或热继电器 2. 紧固接线螺钉
控制电路不通	1. 触头烧坏或动触头片弹性消失 2. 可调整式旋钮转不到合适的位置 3. 热继电器动作后辅助常闭点未复位	1. 更换触头或簧片 2. 调整旋钮或螺钉 3. 触按复位按钮

任务5.3　常用低压电器的知识拓展

【任务要点】

（1）刀开关的安装及使用。
（2）组合开关的安装及使用。
（3）按钮的安装及使用。
（4）行程开关的安装及使用。
（5）接触器的安装及使用。
（6）熔断器的安装及使用。
（7）低压断路器的安装及使用。
（8）热继电器的安装及使用。

5.3.1　任务描述与分析

5.3.1.1　任务描述

低压电器元件是组成电拖线路的基本器件，由于它们结构紧凑、价格低廉、工作可靠、维护方便，因此其用途十分广泛，而作为低压电器的安装及使用就显得尤为重要。

5.3.1.2　任务分析

本任务通过对低压电器元件的安装及使用方法进行阐述，以及对行程开关和晶体管时间继电器的适用范围及性能的描述以期达到对低压元器件知识拓展的目的。

5.3.2　相关知识

5.3.2.1　刀开关的安装与使用

A　开启式负荷开关的安装与使用

（1）开启式负荷开关必须垂直安装在控制屏或开关板上，且合闸状态时手柄应朝上，不允许倒装或平装，以防发生误合闸事故。

（2）开启式负荷开关控制照明和电热负载使用时，要装接熔断器作短路和过载保护。

（3）更换熔体时，必须在闸刀断开的情况下按原规格更换。

（4）在分闸和合闸操作时，应动作迅速，使电弧尽快熄灭。

B 组合开关的安装与使用

（1）HZ10系列组合开关应安装在控制箱（或壳体）内，其操作手柄最好在控制箱的前面或侧面。开关为断开状态时手柄应在水平位置。HZ3系列组合开关外壳上的接地螺钉应可靠接地。

（2）若需在箱内操作，开关最好装在箱内右上方，且在它的上方不安装其他电器，否则应采取隔离或绝缘措施。

（3）组合开关的通断能力较低，不能用来分断故障电流。用于控制异步电动机的正反转时，必须在电动机完全停止转动后才能反向启动，且每小时的接通次数不能超过15~20次。

（4）当操作频率过高或负载功率因数较低时，应降低开关的容量使用，以延长其使用寿命。

（5）倒顺开关接线时，应将开关两侧进出线中一相互换，并看清开关接线端标记，切忌接错，以免产生电源两相短路故障。

5.3.2.2 按钮的安装及使用

（1）按钮安装在面板上时，应布置整齐，排列合理，如根据电动机启动的先后顺序，从上至下或从左到右排列。

（2）同一机床运动部件有几种不同的工作状态时（如上、下、前、后、松、紧等），应使每一对相反状态的按钮安装在一组。

（3）按钮的安装应牢固，安装按钮的金属板或金属按钮盒必须可靠接地。

（4）由于按钮的触头间距较小，如有油污等极易发生短路故障，所以应注意保持触头的清洁。

（5）光标按钮一般不宜用于需长期通电显示处，以免塑料外壳过度受热而变形，使更换灯泡更困难。

5.3.2.3 行程开关的安装及使用

行程开关的选用及使用方法同按钮，在这里简单介绍一下各系列行程开关的适用范围，供大家学习参考。

LX1系列行程开关适用于交流50Hz、电压至380V、直流电压至220V的控制电路中，作为控制速度不小于0.1m/min的运动机构之行程或变换其运动方向或速度之用。LX2系列行程开关适用于交流50Hz，电压至380V、直流220V的控制电路中，作为控制运动机构的行程或变换其运动方向或速度之用。LX3系列行程开关适用于交流50Hz、电压至380V、直流220V的控制电路，作为控制运动机构的行程或变换其运动方向或速度之用。LX4系列行程开关适用于交流50Hz、电压至380V或直流220V的控制电路中，作限制各种机构和行程之用。LX5系列行程开关适用于交流50Hz、电压至380V、电流至3A的控制电路中，即瞬时换接触头和很小的控制行程，作控制机床工作之用。LX6系列行程开关适用于交流50Hz、电压至380V、直流电压至220V、电流20A的电路中，在矿山设备、化工设备、冶金机械设备中，作机床自动控制，限制运动机构动作或程序控制保护之用。LX7系列行程开关一般用作起重机限制提升机构的行程，亦可作自动化系统或电力拖动装置的终端开关。LX8 系列行程开关适用于交流 50Hz、额定电压交流 380V、直流 220V、额定电流 20A 电路中，作为控制电路及安全行车之用。LX10 系列行程开关适用于起重机交流 50Hz 电压 380V，直流 220V 的控制线路中，作为机构行程的终点保护之用。LX12 -2 系列行程开关适用于交流 50Hz、电压至 500 ~ 220V、电流 2 ~ 4A 的控制电路中，用以控制运动机构的行程之用。LX19 系列行程开关适用于交流 50Hz、电压至 380V 直流电压至 220V 的控制电路中，作控制运动机构的行程和变换其运动方向或速度之用。LX22 系列行程开关适用于交流 50Hz、电压 380V 及直流 220V 的控制电路中，作为限制各种机构的行程之用。LX25 系列行程开关具有瞬时换接动作机构，适用于交流 50Hz、至 380V 及直流电压至 220V 的电路中，作机床自动控制，限制运动机构动作或程序控制用。LX29 系列行程开关适用于交流 50Hz、电压至 380V 及直流电压至 220V 的电路中，作为控制运动机构的行程和变换其运动方向或速度之用。LX44 系列断火限位器适用于交流 50Hz、电压至 380V、直流 220V 的电力线路中，一般用作限制 0.5 ~ 100t 的 CD1，MD1 型钢丝绳式电动葫芦作升降运动的限位保护，可直接分断主电路。JLXK1 系列行程开关具有瞬时换接动作机构，适用于交流 50Hz、电压至 380V 及直流电压至 220V 的电路中，作机床自动控制，限制运动机构动作或程序控制用。LXK3 系列行程开关适用于交流 50Hz、60Hz、电压至 380V、直流 220V 同极使用的控制电路及辅助电路中，作为操纵、控制限位信号、连锁等用途的机械开关。

5.3.2.4　接触器的安装和使用

（1）接触器安装前应先检查接触器的线圈电压，是否符合实际使用要求，然后将铁芯极面上的防锈油擦净，以免油垢黏滞造成接触器线圈断电、铁芯不释放，并用手分合接触器的活动部分，检查各触头接触是否良好，有否卡阻现象。灭弧罩应完整无损，固定牢固。

（2）接触器安装时，其底面与地面的倾斜度应小于 45°，安装 CJ0 系列接触器时，应使有孔两面放在上下方向，以利于散热。

（3）接触器的触头不允许涂油，当触头表面因电弧作用形成金属小珠时，应及时铲除，但银及银合金触头表面产生的氧化膜由于其接触电阻很小，不必锉修，否则将缩短触头的使用寿命。

5.3.2.5　晶体管时间继电器

空气阻尼式时间继电器延时范围大、结构简单、寿命长、价格低。但延时误差大，难以精确地整定延时值，且延时值易受周围环境温度、尘埃等的影响。因此，对延时精度要求较高的场合不宜采用空气阻尼式时间继电器，应采用晶体管时间继电器。

晶体管时间继电器也称为半导体时间继电器和电子式时间继电器。它具有结构简单、延时范围广、精度高、消耗功率小、调整方便及寿命长等优点，所以发展很迅速，其应用范围越来越广。

晶体管时间继电器按结构分为阻容式和数字式两类；按延时方式分为通电延时型、断电延时型及带瞬动触点的通电延时型。常用的 JS20 系列晶体管时间继电器，适用于交流

50Hz、电压 380V 及以下或直流 110V 及以下的控制电路，作为时间控制器件，按预定的时间延时，周期性地接通或分断电路。只要调整好时间继电器 KT 触头的动作时间，电动机由启动过程切换到运行过程就能准确可靠地完成。

5.3.2.6 熔断器的安装使用

（1）熔断器外观应完整无损，安装时应保证熔体的夹头以及夹头和夹座接触良好，并且有额定电压、额定电流值标志。

（2）插入式熔断器应垂直安装，螺旋式熔断器的电源线应接在瓷底座的下接线座上，负载线应接在与螺纹壳相连的上接线座上。

（3）熔断器内要安装合适的熔体，不能用多根小规格熔体并联代替一根大规格熔体。

（4）安装熔断器时，各级熔体应相互配合，并做到下一级熔体规格比上一级规格小。

（5）安装熔丝时，熔丝应在螺栓上沿顺时针方向缠绕，压在垫圈下，拧紧螺钉的力度应适当，以保证接触良好，同时注意不能损伤熔丝，以免减小熔丝的截面积，产生局部发热熔断的现象而误动作。

（6）更换熔体或熔管时，必须切断电源，不允许带负荷操作，以免发生电弧灼伤。

（7）对 RM10 系列熔断器，在切断三次相当于分断能力的电流后，必须更换熔断管，以保证能可靠的切断所规定分断能力的电流。

（8）熔断器兼做隔离器件使用时，应安装在控制开关的电源进线端，若仅做短路保护用，应装在控制开关的出线端。

5.3.2.7 低压断路器的安装使用

（1）低压断路器应垂直于配电板安装，电源引线接在上接线端，负载引线接到断路器下接线端。

（2）低压断路器用做电源总开关或电动机的控制开关时，在电源进线侧必须加装刀开关或熔断器等，已形成明显的断点。

（3）低压断路器在使用前应将脱扣器工作面的防锈油脂擦干净。

（4）使用过程中如遇分断短路电流后，应及时检查触头系统，若发现电灼烧痕迹，应及时修理或更换。

（5）断路器上的积尘应定期清除，并定期检查各脱扣器动作值，以及给操作机构添加润滑剂。

5.3.2.8 热继电器的安装使用

（1）按说明书进行正确安装。一般安装在其他电器设备的下方，以免其他电器元件发热影响其动作的准确性。

（2）应注意热继电器的使用环境温度，以免对热继电器的动作快慢造成影响。

（3）安装热继电器时应消除触头表面的粉尘等污物，以免接触电阻太小或电路不通，从而影响热继电器动作的准确性。

（4）当电动机工作于重复短时工作制时，要注意确定热继电器的允许操作频率。

5.3.3　技能训练

（1）控制电路刀开关的接线安装。

（2）控制电路中按钮、行程开关的接线安装。

（3）控制电路中交流接触器、继电器的接线安装。

（4）控制电路中断路器、热继电器的接线安装。

学习情境6　典型低压电气控制线路

【知识要点】

（1）能掌握电气原理图的绘制方法及原则。

（2）能掌握控制电路的基本环节，并能分析其工作原理。

任务6.1　电气线路识图

【任务要点】

（1）电气控制系统图分类。

（2）电气原理图的绘制特点。

（3）电气原理图的绘制原则。

6.1.1　任务描述与分析

6.1.1.1　任务描述

电气控制系统是由若干电器元件按照一定要求连接而成的，完成生产过程控制的特定功能。为了表达生产机械电气控制系统组成及工作原理，便于安装、调试和维修，而将系统中各电器元件及连接关系用一定的图样反映出来，在图样上用规定的图形符号表示各电器元件并用文字符号说明各电器元件，这样的图样叫做电气图。

6.1.1.2　任务分析

电气图一般分为电气系统图和框图、电气原理图、电器布置图、电气安装接线图，各种图有其不同的用途和规定画法，制图时应按照统一的图形和文字符号来绘制。本任务通过对电气图的分析，加深图纸的理解能力。

6.1.2　相关知识

6.1.2.1　电气控制系统图分类

A　电气系统图和框图

电气系统图和框图是用符号或带注释的框概略地表示系统或分系统的基本组成、相互关系及其主要特征的一种电气图，它比较集中地反映了所描述工程对象的规模。

B　电气原理图

电气原理图又称为电路图，它是用图形符号和项目代号表示电路中各电器元件连接关系和电器工作原理的。

C　电器布置图

电器布置图主要是用来表明电气设备上所有电器元件的实际位置，为生产机械电气控制设备的制造、安装提供必要的资料。通常电器布置图与电气安装接线图组合在一起，既起到电器安装接线图的作用，又能清晰地表示出电器的布置情况。

D　电气安装接线图

电气安装接线图是用规定的图形符号，按照各电器元件相对应位置绘制的实际接线图，它清楚地表示了各电器元件的相对位置和它们之间的电路连接，是实际安装接线的依据，在具体施工和检修中能够起到电气原理图所起不到的作用，因此在生产现场中得到了广泛应用。

6.1.2.2　电气原理图的绘制方法及原则

（1）电气原理图。电气原理图用图形和文字符号表示电路中各个电器元件的连接关系和电气工作原理，它并不反映电器元件的实际大小和安装位置。现以 CW6132 型普通车床的电气原理图（图 6 – 1）为例，来说明绘制电气原理图应遵循的一些基本原则：电气原理图一般分为主电路、控制电路和辅助电路。主电路包括从电源到电动机的电路，是大电流通过的部分，画在图的左边。控制电路和辅助电路通过的电流相对较小，控制电路一般为继电器、接触器的线圈电路，包括各种主令电器、继电器、接触器的触点。辅助电路一般指照明、信号指示、检测等电路。各电路均应尽可能按动作顺序由上至下、由左至右画出。

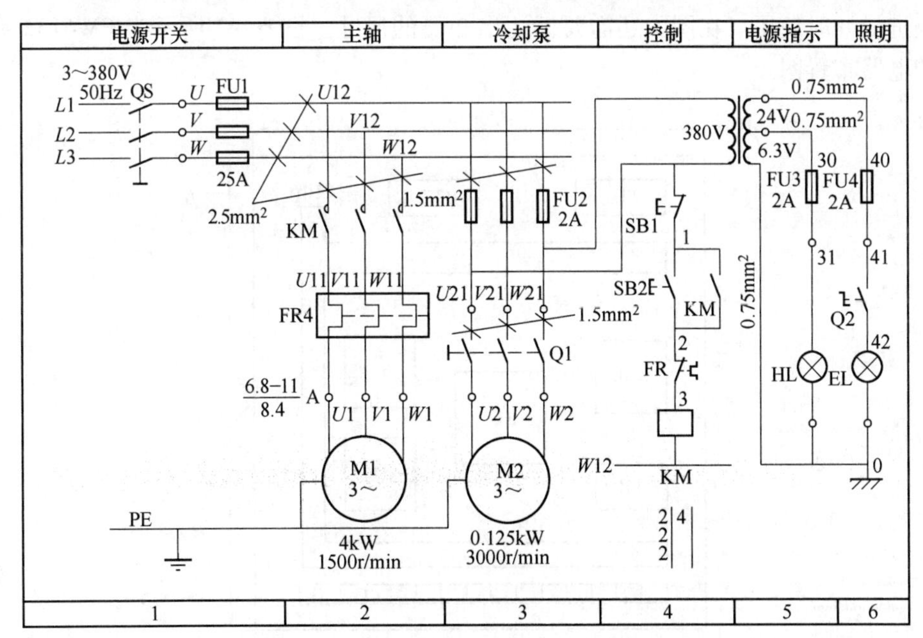

图 6 – 1　CW6132 型普通车床电气原理图

（2）电气原理图中所有电器元件的图形和文字符号必须采用国家规定的统一标准。在电气原理图中，电器元件采用分离画法，即同一电器的各个部件可以不画在一起，但必须用同一文字符号标注。对于同类电器，应在文字符号后加数字序号以示区别（如图6－1中的FU1－FU4）。

（3）在电气原理图中，所有电器的可动部分均按原始状态画出。对于继电器、接触器的触点，应按其线圈不通电时的状态画出；对于控制器，应按其手柄处于零位时的状态画出；对于按钮、行程开关等主令电器，应按其未受外力作用时的状态画出。动力电路的电源线应水平画出；主电路应垂直于电源线画出；控制电路和辅助电路应垂直于两条或几条水平电源线，耗能元件如线圈、电磁阀、照明灯和信号灯等应接在下面一条电源线一侧，而各种控制触点应接在另一条电源线上。

（4）应尽量减少导线数量和避免导线交叉。各导线之间有电联系时，应在导线交叉处画实心圆点。根据图面布置需要，可以将图形符号旋转绘制，一般按逆时针方向旋转90°，但其文字符号不可倒置。

（5）在电气原理图上应标出相应的参数。在电气原理图上应标出各个电源电路的电压值、极性或频率及相数；对某些元器件还应标注其特性（如电阻、电容的数值等）；不常用的电器（如位置传感器、手动开关等）还要标注其操作方式和功能等。

（6）为方便阅图，在电气原理图中可将图分成若干个图区，并标明各图区电路的用途或作用。

6.1.2.3　电器布置图的绘制方法及原则

电器布置图反映各电器元件的实际安装位置，在图中电器元件用实线框表示，而不必按其外形形状画出。在图中往往留有10%以上的备用面积及导线管（槽）位置，以供走线和改进设计时使用。在图中还需要标注出必要的尺寸。图6－2所示为CW6132型普通车床的电器布置图。

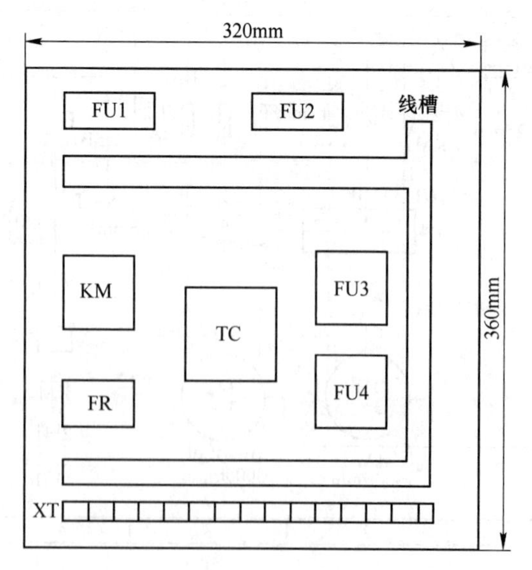

图6－2　电器布置图

6.1.2.4　安装接线图的绘制方法及原则

电气安装接线图反映电气设备各控制单元内部元件之间的接线关系。图6－3所示为CW6132型普通车床的电气安装接线图。

绘制电气安装接线图应遵循以下原则：

(1) 各电器零件必须用规定的图形和文字符号绘制。同一电器的各部分必须画在一起，其图形、文字符号和端子板的编号必须与原理图相一致。各电器零件的位置必须与电器布置图相对应。

(2) 不在同一控制柜、控制屏等控制单元上的电器零件之间的电气连接必须通过端子板进行。

(3) 在电气安装接线图中走线方向相同的导线用线束表示，连接导线应注明导线的规格（数量、截面积等）；若采用线管走线，须留有一定数量的备用导线，还应注明线管的尺寸和材料。

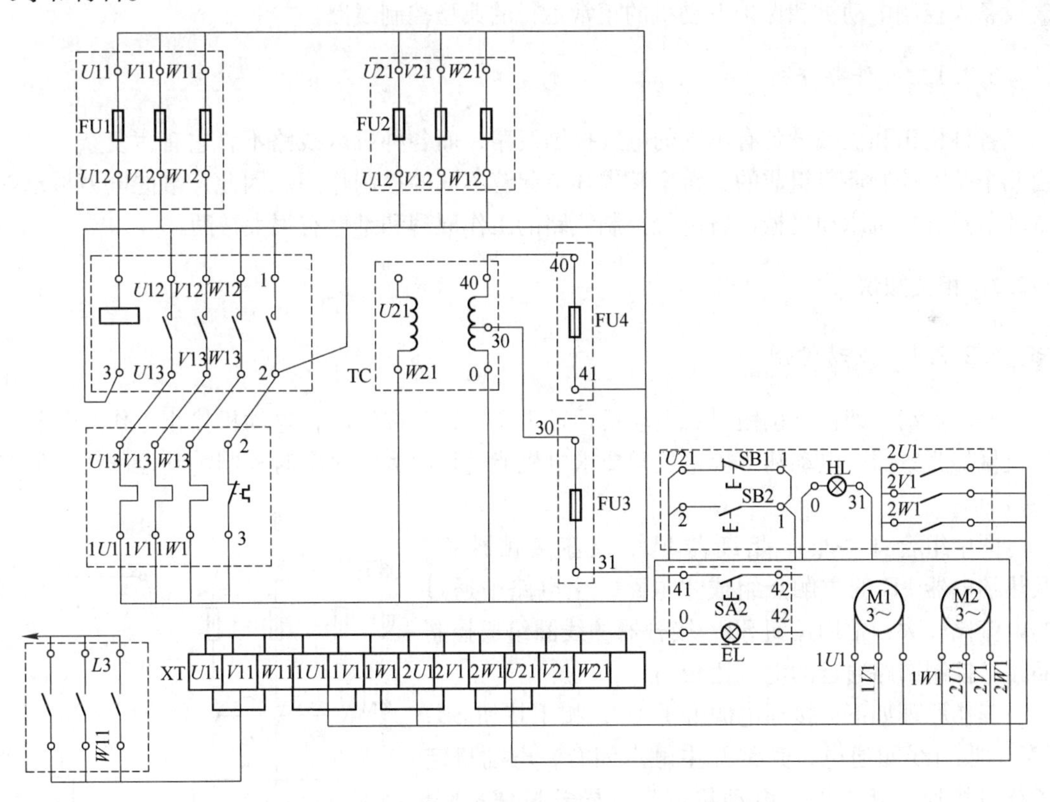

图6－3　CW6132型普通车床的电气安装接线图

练 习 题

6－1－1　电气控制电路的电气图有几种？阅读电气原理图时应该注意哪些问题？

6－1－2　电气原理图的绘制的绘制原则？

任务6.2 三相异步电动机典型控制线路及应用

【任务要点】

(1) 知道典型控制电路的基本环节。
(2) 能分析控制电路的工作原理。

6.2.1 任务描述与分析

6.2.1.1 任务描述

电力拖动是指用电动机来带动生产机械运动的一种方法。电力拖动由三部分组成，即电动机、电动机的控制和保护电器、电动机与生产机械的传动装置。本任务主要介绍用电气设备来控制电动机和保护电动机的正常运行的典型控制线路。

6.2.1.2 任务分析

各种机床和机械设备有不同的电气控制线路，而各种机床线路不管它有多复杂，总是由几个基本控制环节组成的，每个基本环节起着不同的控制作用。因此，掌握电力拖动基本环节对分析机床和机械设备电气控制线路的工作原理和维修有很大帮助。

6.2.2 相关知识

6.2.2.1 点动控制

所谓点动，即按下按钮时，电动机运行工作，松开按钮时，电动机停止工作。某些生产机械如张紧器、电动葫芦等电机常要求电机能进行此类短时实时控制。其控制线路如图6-4所示。

图中组合开关QS、熔断器FU、交流接触器KM及热继电器FR的主触点组成主电路，主电路中通过的电流比较大，常用按钮SB、接触器的线圈组成控制回路，控制回路通过的电流比较小。

工作原理如下：接通电源开关QS，按下按钮SB，KM的吸引线圈通电，其常开主触点闭合，电动机定子绕组接通三相电源，电动机启动。松开按钮，KM线圈断电，主触点断开，切断三相电源，电动机停转。

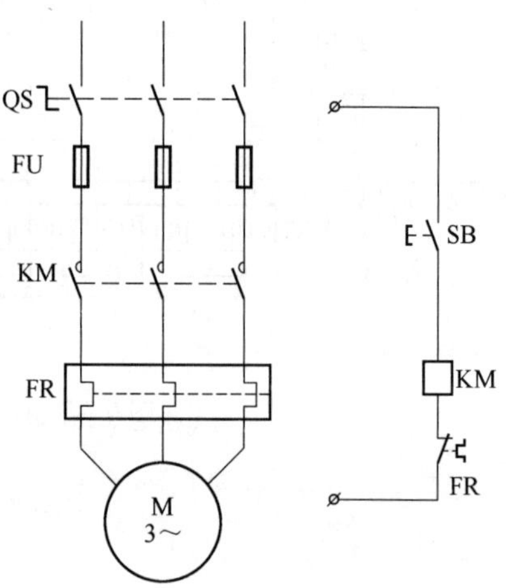

图6-4 点动控制线路

6.2.2.2 自锁控制

依靠接触器自身辅助触点保持其线圈通电的状态，称为自锁或自保持，即电动机控制回路启动按钮按下松开后，电动机仍能保持运转的工作状态。其控制线路如图6-5所示。

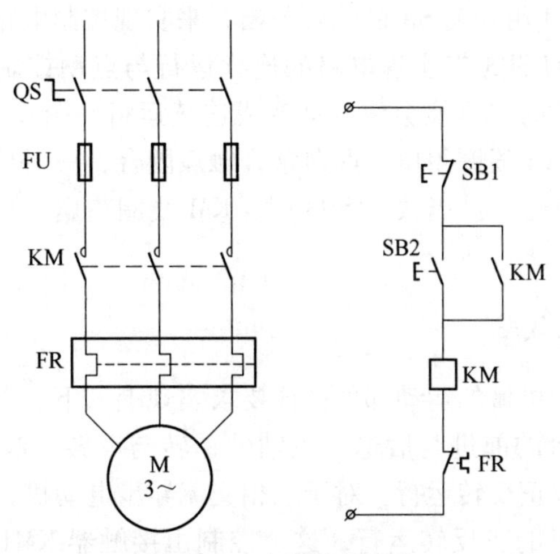

图6－5　自锁控制线路

工作原理如下：接通电源开关QS，按下按钮SB，KM的吸引线圈通电，其常开主触点闭合，电动机定子绕组接通三相电源，电动机启动。同时并联在启动按钮SB2两端的辅助常开触点也闭合，松开按钮，KM线圈不会断电，电动仍能继续运行。按下停止按钮SB1，KM线圈断电，接触器所有触点断开，切断主电路。

这种当启动信号消失后，控制回路仍能自行保持接通的线路，称为自锁（或自保）的控制线路，又称为起保停控制线路。具有自锁的控制线路的另一个重要特点是它具有欠电压与失电压（或零电压）保护作用。

6.2.2.3　连续运行和点动控制

在实际生产中，往往需要既可以点动又可以连续运行的控制线路，其主电路是相同的，但控制电路多种，其控制线路如图6－6所示。

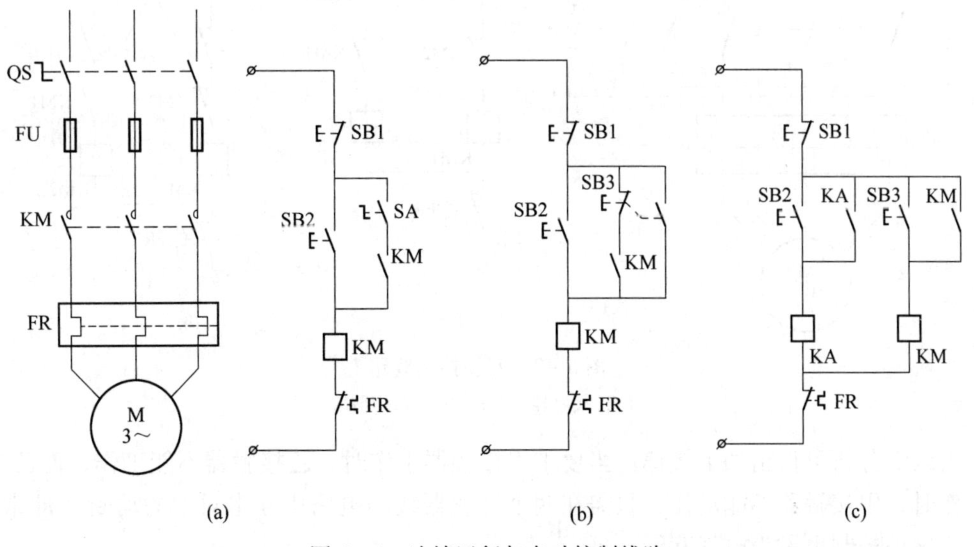

图6－6　连续运行与点动控制线路

（a）用开关控制；（b）用复合按钮控制；（c）用中间继电器控制

在图6－6(a) 中，使用开关SA的闭合与断开来实现控制电路的启动与连续运行。图6－6(b) 增加了复合按钮SB3来实现电路的连续运行与点动控制，但当接触器铁芯因油腻或剩磁而发生缓慢释放时，可能会使点动变成连续运行。图6－6(c) 增加了一个中间继电器KA，按下SB2，KA线圈得电，两对常开触点闭合，一对接通自锁回路，另一对接通KM线圈，使电机连续运行。当按下SB3时，KM线圈得电，而KA线圈不得电，即实现了点动控制。

6.2.2.4　互锁控制线路

在生产过程中，生产机械的运动部件往往要求实现上、下、左、右、前、后等相反方向的运动，如机床工作台的前进与后退、主轴的正转与反转、起重机吊钩的上升与下降等，这就要求电动机可以正反转运行。对于三相交流异步电动机，这需将三相电源中任意两相对调，即可实现电机的正反转运行，这个控制由接触器KM1、KM2来完成。必须指出，工作时接触器KM1、KM2线圈是不允许同时得电的，否则其主触点闭合将造成电源相间短路的事故。

(1) 接触器互锁的控制。控制线路如图6－7(a) 所示，其工作原理是：合上电源开关QS，按下正转启动按钮SB2，接触器KM1线圈得电并自锁，主触点闭合电机开始正转，其辅助常闭点断开起互锁作用，切断反转接触器KM2的线圈电路。此时，即使按下反转启动按钮SB3，也不会使KM2线圈通电工作。

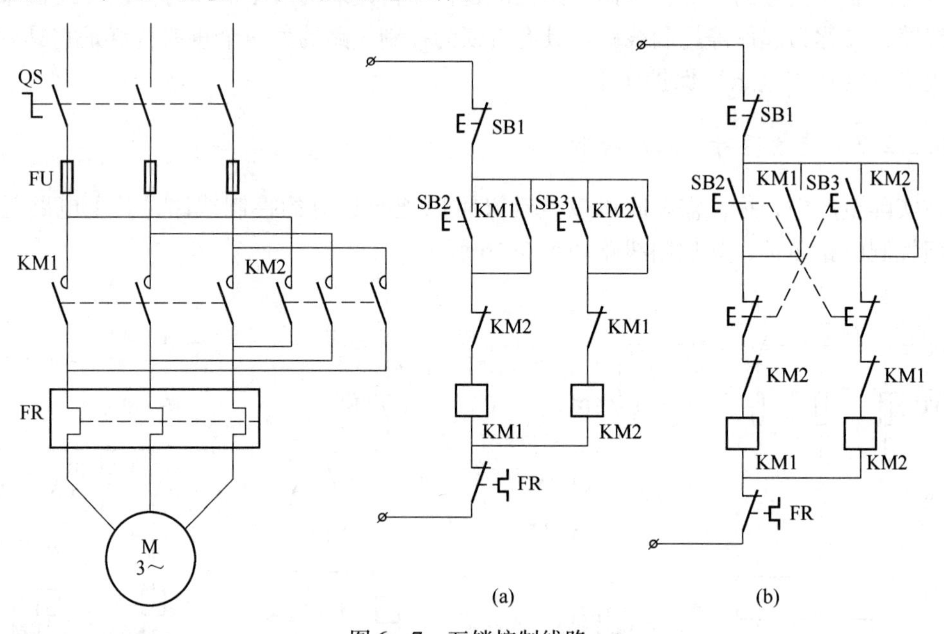

图6－7　互锁控制线路

(a) 接触器互锁；(b) 双重互锁

由以上分析可得出如下规律：当要求甲接触器工作时，乙接触器不能工作，而乙接触器工作时，甲接触器不能动作，只需在两个接触器线圈电路中互串对方的动断（即常闭）触点，这种控制也称为电气互锁。

这种电路的主要缺点就是操作不方便，为了实现其正反转，必须先按下停止按钮，再按下启动按钮，才能切换到另一种运行状态，即工作方式为“正转—停止—反转”。

(2) 双重互锁的控制。控制线路如图 6－7(b) 所示，在电气联锁的基础上又增加了按钮的机械互锁，其工作原理是：合上电源开关 QS，按下正转启动按钮 SB2，接触器 KM1 线圈得电并自锁，主触点闭合电机正转，当按下反转按钮 SB3，其常闭触电先断开 KM1 线圈回路，KM1 常闭触电恢复闭合，接着 SB3 常开触点再闭合，接通 KM2 线圈回路，实现电机反转。由于按钮在结构上保证了常闭触点先断开，常开触点再闭合，电机能实现直接的正反转控制。这种双重连锁的控制，运行可靠，故应用较广。

6.2.2.5 多点控制启、停的电路

在大型设备中，为了操作方便，通常要求能在多个地点进行控制。如图 6－8 所示为两地控制的线路，图中启动按钮并联，停止按钮串联。当在任一地点按下启动按钮时，接触器线圈都能通电，电动机启动。当按下任一停止按钮时，电动机都能停止。

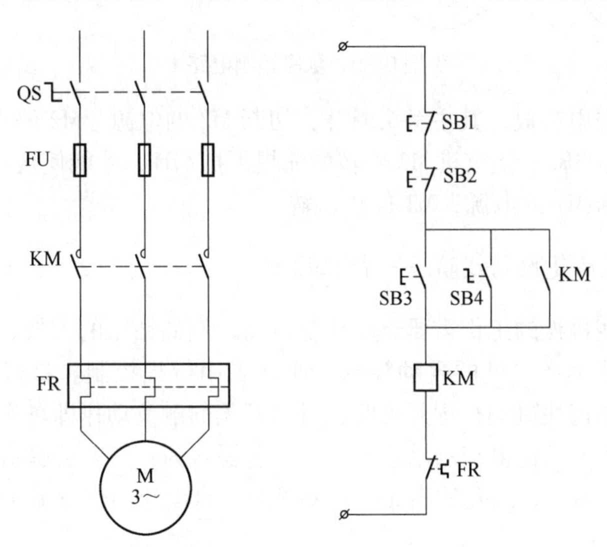

图 6－8 两地控制线路

6.2.2.6 按顺序工作的联锁控制

在某些机床控制线路中，有时不能随意启动或停车，而是必须按照一定的顺序操作才行，这种控制线路称为顺序控制线路。例如在铣床控制中，为了避免发生工件与刀具的相撞事件，控制线路必须确保主轴铣刀旋转后才能有工件的进给。而在车床主轴转动时，主轴电动机后启动，主轴电动机停止后，才允许油泵电动机停止。实现该过程的控制线路为顺序控制电路，如图 6－9 所示。

图 6－9 中，M1、M2 为两台异步电动机，分别由 KM1、KM2 控制。SB1、SB2 为 M1 的停止、启动按钮。SB3、SB4 为 M2 的停止、启动按钮。

工作原理：按下启动按钮 SB2，接触器 KM1 得电并自锁，M1 通电运转。需要 M2 启动，必须先启动运转 M1 后才行，M1 如已启动，按下启动按钮 SB4，接触器 KM2 得电并自锁，M2 通电运转，电机 M1、M2 都投入运行。当需要 M2 停止运转时，按下停止按钮

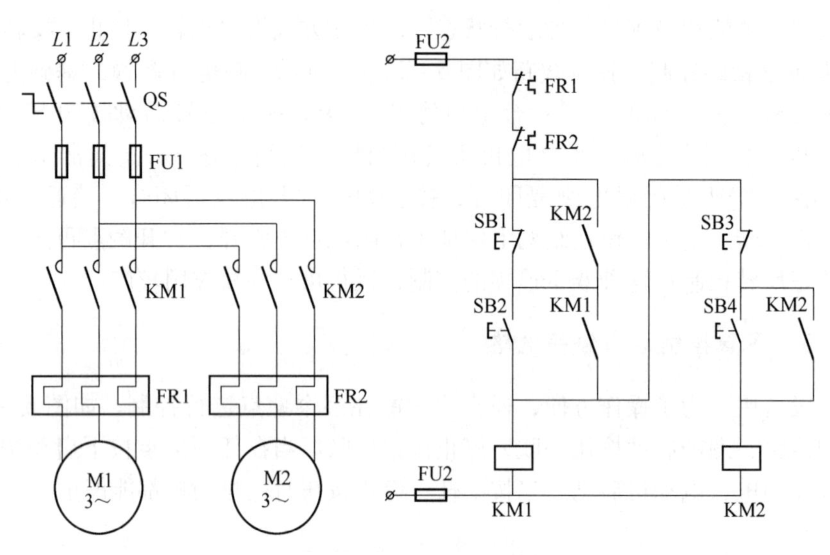

图 6 – 9　顺序控制电路

SB3，接触器 KM2 失电释放，其主触头断开，切断 M2 的电源，M2 停止运转。需要 M1 停止运转时，必须先按 SB3，使电机 M2 停转的前提下按 SB1，才能使接触器 KM1 失电释放，其主触头断开，切断 M1 的电源，M1 停止运转。

6.2.2.7　自动往复控制线路——行程控制

在生产中，有些机械的工作需要自动往复运动，例如钻床的刀架、万能铣床的工作台等。为了实现对这些生产机械的自动控制，通常采用行程控制。将行程开关装在所需地点，当运动部件上的撞块碰动行程开关时，行程开关的触头动作即可实现电路的切换。

图 6 – 10 所示为自动往复控制示意图，其工艺要求为：刀架能够由位置 A 移动到位置 B 停车，进行无进给刀削，当孔的表面达到要求后，自动返回位置 A 停车。

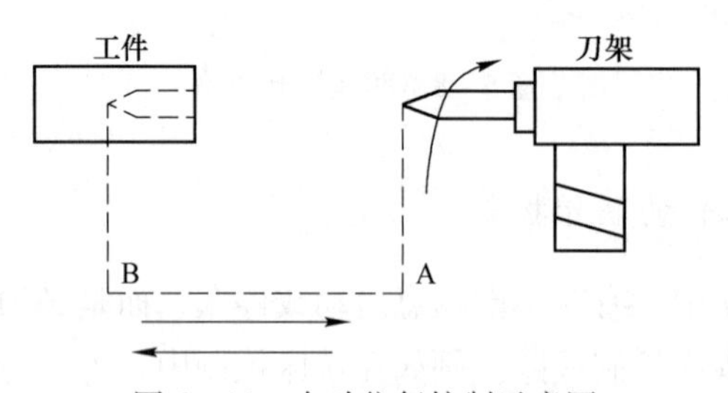

图 6 – 10　自动往复控制示意图

图 6 – 11 为刀架自动循环无进给刀削的控制线路。图中，SQ1、SQ2 分别安装于 A、B 位置的行程开关，KM1、KM2 为电动机正、反转接触器。为了提高加工精度，当刀架移动到位置 B 时，要求在无进给情况下进行磨光，磨光后刀架退回位置 A 停车。这个过程的变化参量有工件内圆的表面光洁度和时间，最理想的是根据切削表面的光洁度不易直接测量无进给切削时间。

无进给刀削的控制线路工作过程如下：

合上电源开关后，按下启动按钮 SB2，接触器 KM1 线圈通电并自锁，KM1 主触点闭

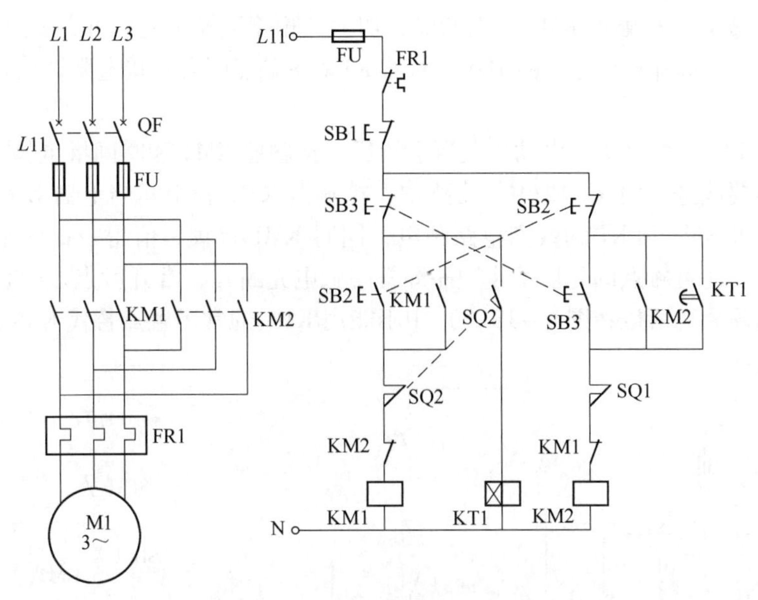

图6－11　无进给刀削的控制线路

合，电动机正向运转，刀架前进。但刀架到达位置B时，撞压行程开关SQ2，其动断触点断开，KM1线圈失电，电动机停止工作，刀架停止进给。但钻头由另一台电动机拖动继续旋转，同时，SQ2的动合触点闭合，接通时间继电器KT1的线圈，时间继电器开始给无进给刀削计时。到达预定时间后，时间继电器KT1动合触点延时闭合，这时反向接触器KM2线圈通电并自锁，KM2动合主触点闭合，电动机反相序接通，刀架开始返回，到达位置A时，撞压行程开关SQ1，其动断触点断开，KM2线圈失电，电动机停止运行，完成一个周期的工作。

6.2.2.8　降压控制

三相笼型异步电动机容量在10kW以上或不能满足直接启动条件时，应采用减压启动。有时为了减小和限制启动时对机械设备的冲击，即使允许直接启动的电动机，也往往采用降压启动。降压启动的目的是减小启动电流，但启动转矩也将降低，因此，降压启动仅适用于空载或轻载下的启动。

三相笼型异步电动机降压启动的方法有：定子绕组电路串电阻或电抗器；Y－△降压启动；延边三角形和自耦变压器启动等，本书重点介绍前两种降压启动方法。

A　定子电路串电阻降压启动

定子电路串电阻降压启动是在电动机启动时，在三相定子绕组中串接电阻分压，使定子绕组上的压降降低，启动后再将电阻短接，电动机即可在全压下正常运行。这种启动方式由于不受电动机接线形式的限制，设备简单，因而在中小型生产机械中应用广泛。

如图6－12(a)启动时，合上电源开关QS，按下启动按钮SB2，接触器KM2线圈得电，KM1辅助常开触点闭合，实现自锁，主电路中的KM2主触点闭合，三相笼型异步电动机定子回路串电阻R降压启动；同时时间继电器KT线圈得电，到达规定的时间设定后，其延时动合触头闭合，接触器KM1线圈得电，自锁触头KM2闭合，实现自锁（同时

KM2 常闭触头断开，接触器 KM1 线圈断电，切除三相笼型异步电动机定子回路串的电阻，时间继电器 KT 线圈断电）主电路中的接触器 KM2 主触点闭合短接电阻，三相笼型异步电动机全压运行。

在图 6－12(a) 线路中，电动机全压运行后，接触器 KM2 和时间继电器 KT 的线圈仍一直通电，需要改进。图 6－12(b) 线路中，接触器 KM1 和中间继电器 K 得电后，利用 K 的常闭触电将 KM2 和 KT 的线圈电路断电，同时 KM1 自锁。值得一提的是，在继电－接触器电路中要注意触点的先后动作顺序即常闭触电先断开，常开触点才闭合，否则会出现电路竞争的现象，所以在图 6－12(b) 中不能用 KM1 的常闭触点替代 K 的常闭触点。

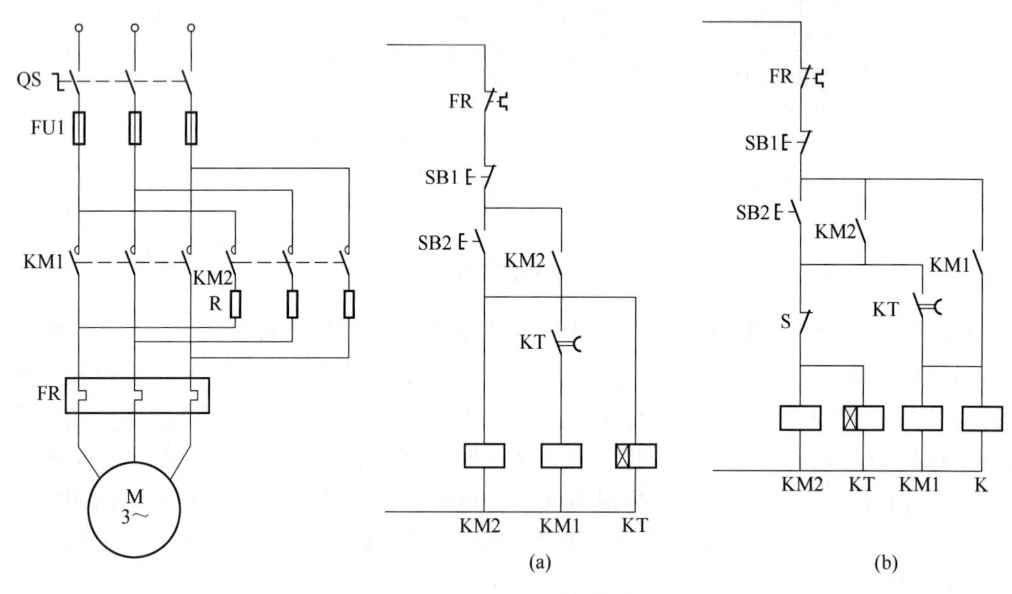

图 6－12　定子串电阻降压启动

B　星（Y）－三角（△）降压启动

凡是正常运行时定子绕组联结成三角形、额定电压为 380V 的电动机均可采用星形－三角形降压启动。也就是说Y－△启动只适用于△接法时运行于 380V 的电动机，且电动机引出线端头必须是 6 根，以便于Y－△启动控制。

一般 4kW 以上的笼型异步电动机采用这种方法启动。

Y－△启动时，电动机绕组先接成Y形，待转速增加到一定程度时，再将线路切换成△形连接。这样使电动机每相绕组承受的电压在启动时为额定电压的 1/3，其电流为直接启动时的 1/3，由于启动电流减小，启动转矩也同时减小到直接启动的 1/3，所以这种方法一般只适用于空载或轻载启动的场合。图 6－13 是星形－三角形降压启动控制主电路接线图，接触器 KM3 和接触器 KM2 不允时得电动作，当 KM3 主触点闭合时，相当于把 $U2$、$V2$、$W2$ 连在一起，

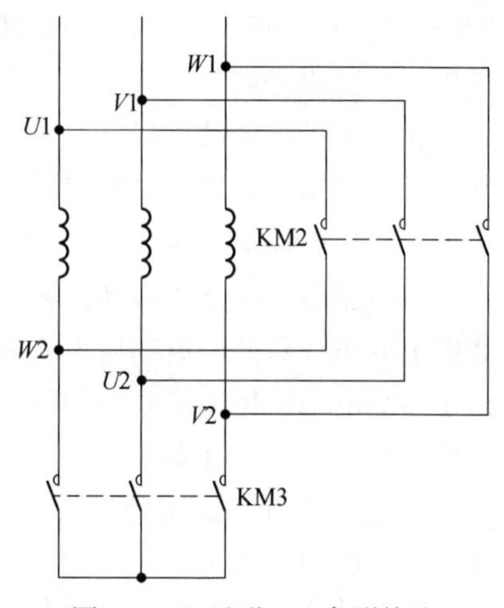

图 6－13　星形－三角形接法

为星形接法；当 KM2 主触点闭合时，相当于 $U1$ 和 $W2$、$V1$ 和 $U2$、$W1$ 和 $V2$ 连在一起，三相绕组首尾相连，为三角形接法。

（1）按钮切换的Y－△降压启动控制线路。图 6－14 为按钮切换的Y－△降压启动控制线路，工作原理如下：合上电源开关 QS，按下启动按钮 SB2，KM1、KM3 线圈得电，KM1 常开辅助触点闭合自锁，KM3 辅助常闭触点断开形成互锁，KM1、KM3 主触点闭合，电动机绕组接成星形降压启动。当按下按钮 SB3，KM3 线圈失电，KM2 线圈得电，其辅助常开触点闭合形成自锁，辅助常闭触点断开形成互锁，KM1、KM2 主触点闭合使电动机绕组结成△全压运行。

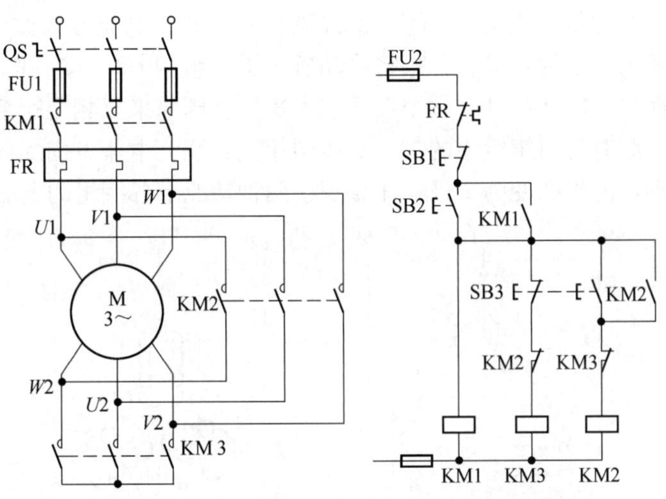

图 6－14　按钮切换Y－△降压启动控制线路

（2）时间继电器控制的自动切换Y－△降压启动控制线路。图 6－15 为时间继电器控制的切换Y－△降压启动控制线路，工作原理如下：合上电源开关 QS，按下启动按钮 SB2，KT、KM3 线圈得电，KM3 辅助常开触点闭合使 KM1 线圈得电，KM1 辅助常开触点闭合自锁，KM1、KM3 主触点闭合，电动机绕组接成星形降压启动。当 KT 延时时间到后，其延

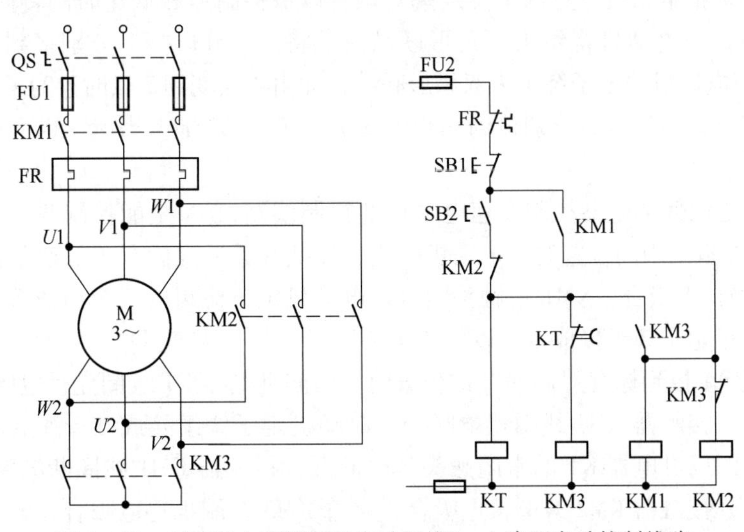

图 6－15　时间继电器控制的自动切换Y－△降压启动控制线路

时常闭点断开，KM3 线圈失电，因而其常闭点复位使 KM2 线圈得电，电动机绕组结成△全压运行。

6.2.2.9　调速控制

三相笼型异步电动机的调速方法之一是依靠改变定子绕组的极对数来实现的。图 6－16 所示为 4/2 极的双速电动机定子绕组接线示意图。电动机定子绕组有 6 个接线端，分别为 *U*1、*V*1、*W*1、*U*2、*V*2、*W*2。图 6－16(a) 是将电动机定子绕组的 *U*1、*V*1、*W*1 三个接线端接三相交流电源，而将电动机定子绕组的 *U*2、*V*2、*W*2 三个接线端悬空，三相定子绕组按三角形接线，此时每个绕组中的①、②线圈相互串联，电流方向如图 6－16(a) 中的箭头所示，电动机的极数为 4 极；如果将电动机定子绕组的 *U*2、*V*2、*W*2 三个接线端子接到三相电源上，而将 *U*1、*V*1、*W*1 三个接线端子短接，则原来三相定子绕组的三角形联结变成双星形联结，此时每组绕组中的①、②线圈相互并联，电流方向如图 6－16(b) 中箭头所示，于是电动机的极数变为 2 极，注意观察两种情况下各绕组的电流方向。

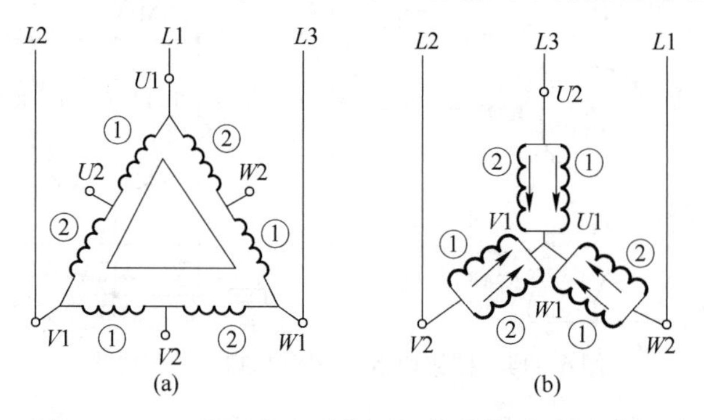

图 6－16　4/2 极双速电动机三相定子绕组接线示意图

(a) 三角形△接法；(b) 双星形YY接法

注意双速感应异步电动机接线方式，绕组改极后，其相序方向和原来相序相反。所以在变极时，必须把电动机任意两个出线端对调，以保持高速和低速时的转向相同。例如，如图 6－16 中，当电动机绕组为三角形联结时，将 *U*1、*V*1、*W*1 分别接到三相电源 *L*1、*L*2、*L*3 上；当电动机的定子绕组为双星形联结，即由 4 极变到 2 极时，为了保持电动机转向不变，应将 *W*2、*V*2、*U*2 分别接到三相电源 *L*1、*L*2、*L*3 上。当然，也可以将其他两相任意对调即可。

图 6－17 是时间继电器控制双速电动机的控制线路，SA 是能控制两个回路的转换开关。当开关 SA 扳到中间位置时，电动机停止；如把开关扳到标有“低速”的位置时，接触器 KM1 线圈得电吸合，KM1 主触头闭合，电动机定子绕组的三个出线端 1、2、3 与电源连接，电动机定子绕组接成△，以低速运转。

如把开关 SA 扳到标有“高速”的位置时，时间继电器 KT 线圈先得电吸合，KT 常开触点瞬时吸合，接触器 KM1 线圈得电吸合，电动机定子绕组接成△低速启动，经过一定时间的延时，时间继电器 KT 的常闭触头延时断开，接触器 KM1 线圈断电释放，KT 常开触头延时闭合，接触器 KM2 线圈得电吸合，接着 KM3 线圈也得电吸合，电动机定子绕组被接触器 KM2 和 KM3 的主触点接成YY，以高速运转。

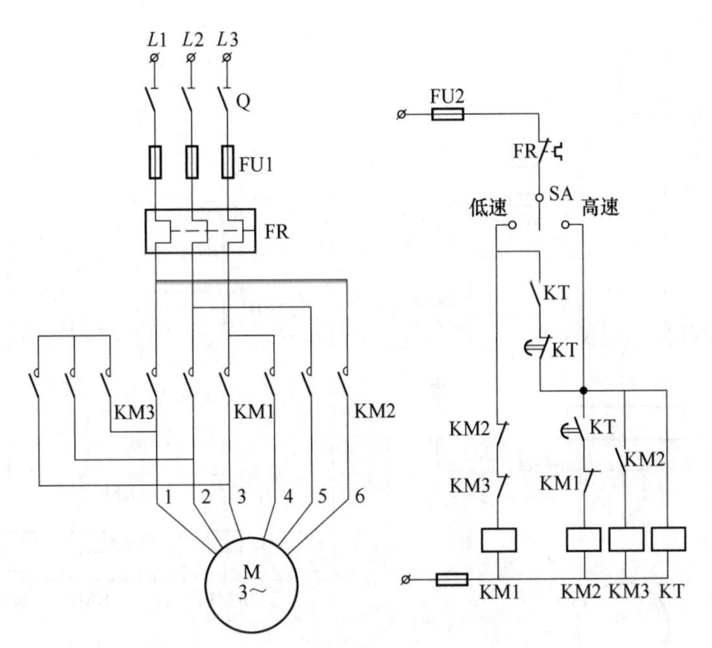

图6-17　双速电机控制原理图

6.2.2.10　制动控制

三相感应电动机断电后，由于惯性作用，停车时间较长，这往往不能满足某些生产机械的工艺要求，也影响生产率的提高并会造成运动部件停位不准确、工作不安全，这就要求对电动机进行强迫制动。制动停车的方式有机械制动和电气制动两种，机械制动是采用机械抱闸制动，电气制动是产生一个与原来转动方向相反的制动力矩。电气制动有能耗制动和反接制动两种。

A　能耗制动

能耗制动是一种应用很广泛的电气制动方法。能耗制动就是将运行中的电动机从交流电源上切除并立即接通直流电源，在定子绕组接通直流电源时，直流电流会在定子内产生一个静止的直流磁场，转子因惯性在磁场内旋转，并在转子导体中产生感应电势，从而转子中有感应电流流过。并与恒定磁场相互作用消耗电动机转子惯性能量产生制动力矩，使电动机迅速减速，最后停止转动。

在实际应用中有半波及全波耗制动控制线路，图6-18所示为三相异步电动机全波能耗制动控制电路。

控制原理分析：

启动：合上空气开关QF接通三电源，按下启动按钮SB2，接触器KM1线圈通电并自锁，主触头闭合，电动机接入三相电源而启动运行。

制动停止：当需要停止时，按下停止按钮SB1，KM1线圈断电，其主触头全部释放电动机脱离电源。此时，接触器KM2和时间继电器KT线圈通电并自锁，电动机开始进入能耗制动停车过程。同时KT开始计时，当计时时间一到时间继电器延时断开触头分断KM2，接触器KM2、时间继电器KT断电恢复，电动机能耗制动过程结束。

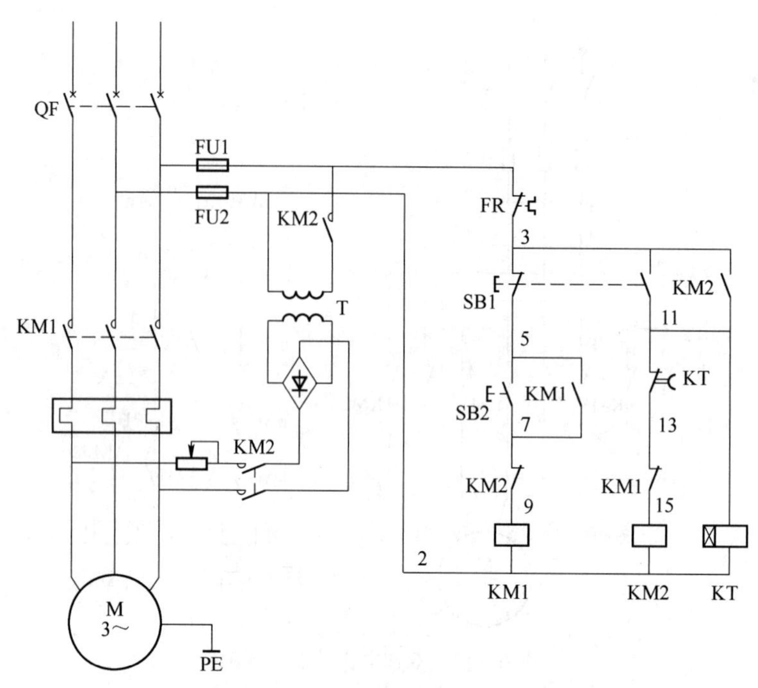

图 6 - 18　三相异步电动机全波能耗制动控制电路

在制动要求不高的场合，可采用单管能耗制动线路，该线路省去了带有变压器的桥式整流电路，设备简单、体积小、成本低，常在 10kW 以下的电动机中使用，电路如图 6 - 19 所示。

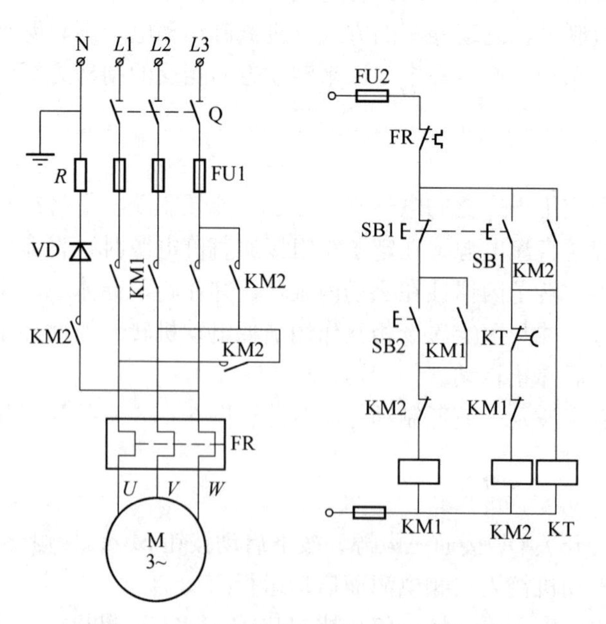

图 6 - 19　电动机无变压器单管能耗制动电路

B　反接制动控制线路

反接制动是改变异步电动机定子绕组中三相电源相序，使定子绕组旋转磁场反向，从而产生制动转矩，实现制动。反接制动要求在电动机转速接近零时及时切断反相序的电源，以防止电动机反向启动。

反接制动的优点是制动能力强，制动时间短，缺点是能量损耗大，制动时冲击力大、制动准确度差。一般采用以转速为变化参量，用速度继电器检测转速信号，能够准确地反映转速，达到很好的制动效果。反接制动适用于生产机械的迅速停车与反向。

反接制动时，电动机定子绕组流过的电流相当于全电压直接启动时电流的两倍，为了防止制动电流对电动机转轴的机械冲击力，必须在定子绕组电路中串入制动电阻。

a　单方向反接制动控制电路

图 6 - 20 为单方向反接制动控制电路，图中 KM1 为单方向旋转控制接触器，KM2 为反接制动控制接触器，KV 为速度继电器，R 为反接制动电阻。

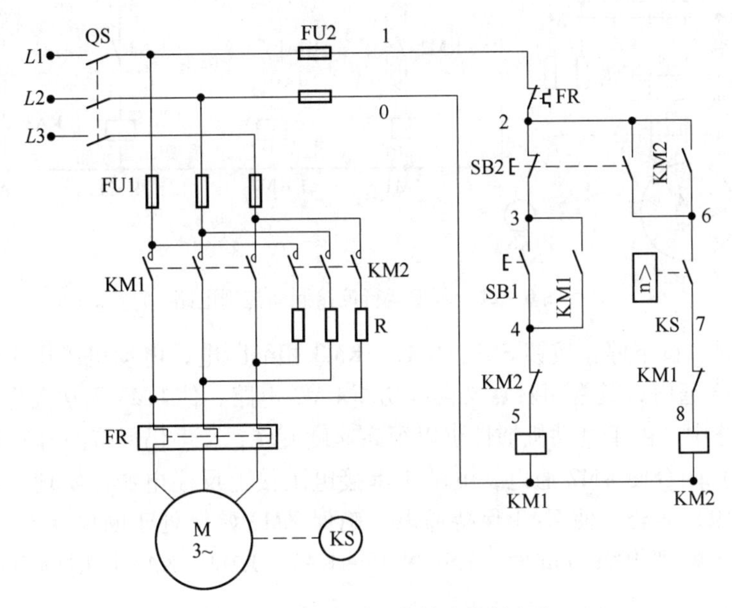

图 6 - 20　单方向反接制动控制电路

电路工作原理：合上电源开关 QS，按下启动按钮 SB1，接触器 KM1 通电并自锁，电动机 M 得电运转。在电动机正常运行时，速度继电器 KS 常开触点闭合，为反接制动做准备。当按下停止按钮 SB2 时，KM1 断电，电动机定子绕组脱离三相电源，但电动机因惯性仍以很高速度旋转，KS 原闭合的常开触点仍保持闭合，当 SB2 按到底，使 SB2 常开触点闭合，KM2 通电并自锁，电动机定子串接电阻接上反相序电源，电动机进入反接制动运行状态。

电动机转速迅速下降，当速度接近 100r/min 时，KS 常开触点复位，KM2 断电，电动机及时脱离电源，之后停车至速度为零，反接制动结束。

b　电动机可逆运行反接制动控制电路

图 6 - 21 为可逆运行反接制动控制电路。图中 KM1、KM2 为正、反转接触器，KM3 为短接电阻接触器，KA1、KA2、KA3 为中间继电器，KS 为速度继电器，其中 KS1 为正转闭合触点，KS2 为反转闭合触点，R 为启动与制动电阻。

电路工作原理：合上电源开关 QS，按下正转启动按钮 SB2，KM1 通电并自锁，电动机串入电阻接入正序电源启动，当转速升高到一定值时 KS1 触点闭合，KM3 通电，短接电阻，电动机在全压下进入正常运行。

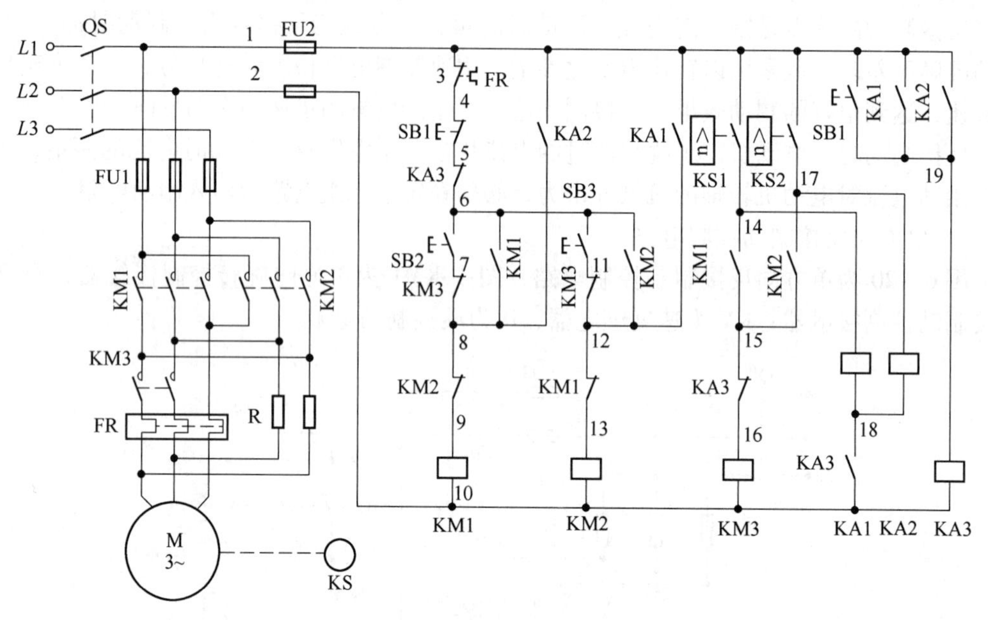

图 6－21　可逆运行反接制动控制电路

需要停车时，按下停止按钮 SB1，KM1、KM3 相继断电，电动机脱离正序电源并串入电阻，同时 KA3 通电，其常闭触点又再次切断 KM3 电路，使 KM3 无法通电，保证电阻 R 串接在定子电路中，由于电动机惯性仍以很高速度旋转，KS1 仍保持闭合使 KA1 通电，触点 KA1(3～12) 闭合使 KM2 通电，电动机串接电阻接上反序电源，实现反接制动；另一触点 KA1(3～19) 闭合，使 KA3 保持通电，确保 KM3 始终处于断电状态，R 始终串入。当电动机转速下降到 100r/min 时，KS1 断开，KA1，KM2、KA3 同时断电，反接制动结束，电动机停止。

同理，合上电源开关 QS，按下反转启动按钮 SB3，KM2 通电并自锁，电动机串入电阻接入反序电源启动。当转速升高到一定值时 KS2 触点闭合，KM3 通电，短接电阻，电动机在全压下进入正常运行。

需要停车时，按下停止按钮 SB1，KM2、KM3 相继断电，电动机脱离反序电源并串入电阻，同时 KA3 通电，其常闭触点又再次切断 KM3 电路，使 KM3 无法通电，保证电阻 R 串接在定子电路中。由于电动机惯性仍以很高速度旋转，KS2 仍保持闭合使 KA1 通电，触点 KA1(3～12) 闭合使 KM1 通电，电动机串接电阻接上正序电源，实现反接制动；另一触点 KA1(3～19) 闭合，使 KA3 保持通电，确保 KM3 始终处于断电状态，R 始终串入。当电动机转速下降到 100r/min 时，KS2 断开，KA1，KM1、KA3 同时断电，反接制动结束，电动机停止。

6.2.3　技能训练

（1）点动控制：

1）电器元件的测试，要求用正确的方法对所有电器元件逐一进行测试。

2）按图接线，要求接线正确，在规定的时间完成。
3）通电试车，经检查，确认无误后，在指导教师的监护下通电，要求一次成功。
（2）正反转控制：
1）理解电气原理图。要求能读懂图纸，明确各元器件的作用。
2）按图接线，要求接线正确，在规定的时间完成。
3）通电试车，经检查，确认无误后，在指导教师的监护下通电，要求两次成功。
（3）Y－△控制：
1）理解电气原理图。要求能读懂图纸，明确各元器件的作用。
2）按图接线，要求接线正确，在规定的时间完成。
3）通电试车，经检查，确认无误后，在指导教师的监护下通电，要求两次成功。
（4）双速电机调速控制：
1）理解电气原理图。要求能读懂图纸，明确各元器件的作用。
2）按图接线，要求接线正确，在规定的时间完成。
3）通电试车，经检查，确认无误后，在指导教师的监护下通电，要求两次成功。
（5）能耗制动、反接制动控制：
1）理解电气原理图。要求能读懂图纸，明确各元器件的作用。
2）按图接线，要求接线正确，在规定的时间完成。
3）通电试车，经检查，确认无误后，在指导教师的监护下通电，要求两次成功。

练习题

6－2－1　某机床由一台润滑油泵三相异步电动机拖动和另一台主轴三相异步电动机拖动，均采用直接启动，工艺要求如下：
（1）主轴电机必须在油泵开动后，才能启动。
（2）主轴电动机正常为正向运转，但为调试方便，要求能正反向点动。
（3）主轴电动机停止后，才允许油泵停止。
（4）有短路、过载及失压保护。
6－2－2　三相笼式异步电动机常用Y－△降压启动控制方法有哪些？并比较各种方法的优劣。
6－2－3　三相笼式异步电动机有几种调速方法？并比较各种方法的优劣。
6－2－4　什么叫反接制动，什么叫能耗制动？各有什么特点？适用于哪些场合？

任务6.3　CA6140车床电气制线路及应用

【任务要点】

（1）普通车床的主要结构及运动形式。
（2）普通车床的电力拖动特点及控制要求。
（3）CA6140车床的电气控制原理。
（4）CA6140车床电气控制线路分析。

（5）CA6140 车床控制线路电气故障的诊断与解决方法。

6.3.1　任务描述与分析

6.3.1.1　任务描述

车床是一种应用极为广泛的金属切削机床，能够车削外圆、内圆、端面、螺纹、切断及割槽等，还可以装上钻头或铰刀进行钻孔和铰孔等加工工作，CA6140 卧式车床属于通用的中型车床，它的加工范围较广，应用也很普遍，适用于小批量生产及修配车间，具有代表性。

6.3.1.2　任务分析

本任务以 CA6140 卧式车床为例介绍车床的结构、应用、运动形式及电气控制要求等，要求掌握 CA6140 卧式车床的控制原理、实现方法以及电气故障的诊断与解决方法。

6.3.2　相关知识

6.3.2.1　普通车床概述

A　普通车床的主要结构及运动形式

车床是一种应用极为广泛的金属切削机床，能够车削外圆、内圆、端面、螺纹、切断及割槽等，能够车削定型表面，并可以装上钻头或铰刀进行钻孔、镗孔、倒角、割槽及切断等加工工作。卧式车床主要由床身、主轴变速箱、溜板与刀架等几部分组成，图 6－22 所示为其结构示意图。

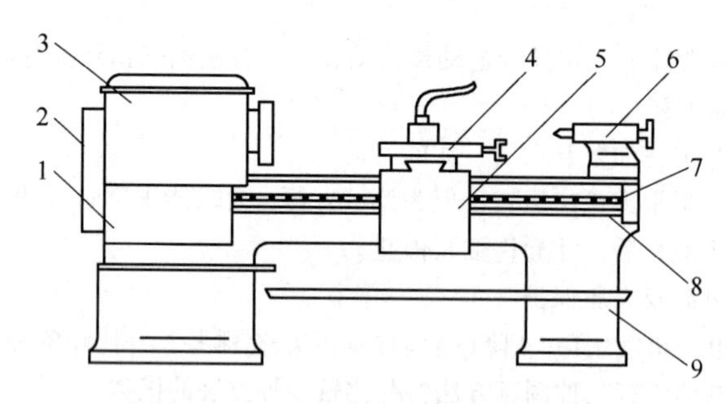

图 6－22　普通车床的结构示意图

1—进给箱；2—挂轮箱；3—主轴变速箱；4—溜板与刀架；5—溜板箱；6—尾架；7—丝杠；8—光杠；9—床身

常用车床有 CA6132、CA6136、CA6140 等几个型号，型号含义如下：

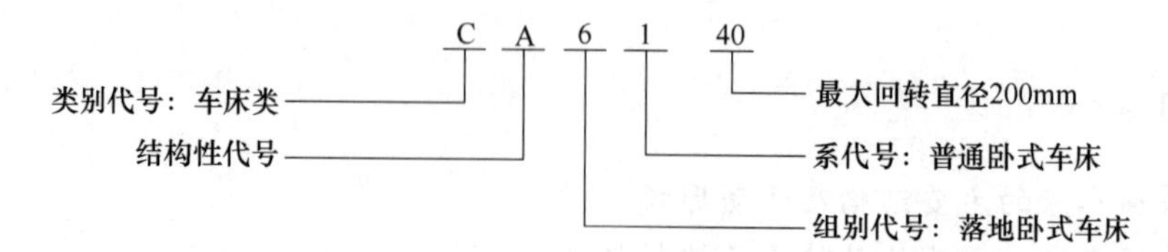

车削加工的主运动是工件的旋转运动，由主轴通过卡盘或顶尖去带动工件旋转，它承受车削加工时的主要切削功率。进给运动是刀架的纵向或横向直线运动，其运动形式有手

动和机动两种。辅助运动是刀架的快速移动和工件的夹紧与放松。

B　普通车床的电力拖动特点及控制要求

（1）车削加工时，能根据工件材料、刀具种类、工件尺寸、工艺要求等来选择不同速度，所以要求主轴能在较大的范围内调速。调速的方法可通过控制主轴变速箱外的变速手柄来实现（机械调速）。

（2）车削加工螺纹时，要求能反转退刀，这就要求主轴能够正、反转。主轴的正、反转可通过机械方法如操作手柄实现。

（3）车削加工时，刀具的温度高，需要冷却液来进行冷却。因此，车床备有一台冷却泵电机，此电机一般采用长期工作制的单向旋转电机。

（4）要求必须有过载、短路、失压保护，照明装置使用安全电压。

6.3.2.2　CA6140型车床的电气控制

CA6140型卧式车床是我国自行设计制造的普通车床。正常运转时，主轴变速由主轴电动机通过主轴变速箱实现。车床的进给运动是刀架带动刀具的直线运动。溜板箱将丝杠或光杠的转动传递给刀架部分，变换溜板箱外的手柄位置，经刀架部分使车刀做纵向或横向进给。图6-23所示为CA6140型卧式车床的电气控制原理图。

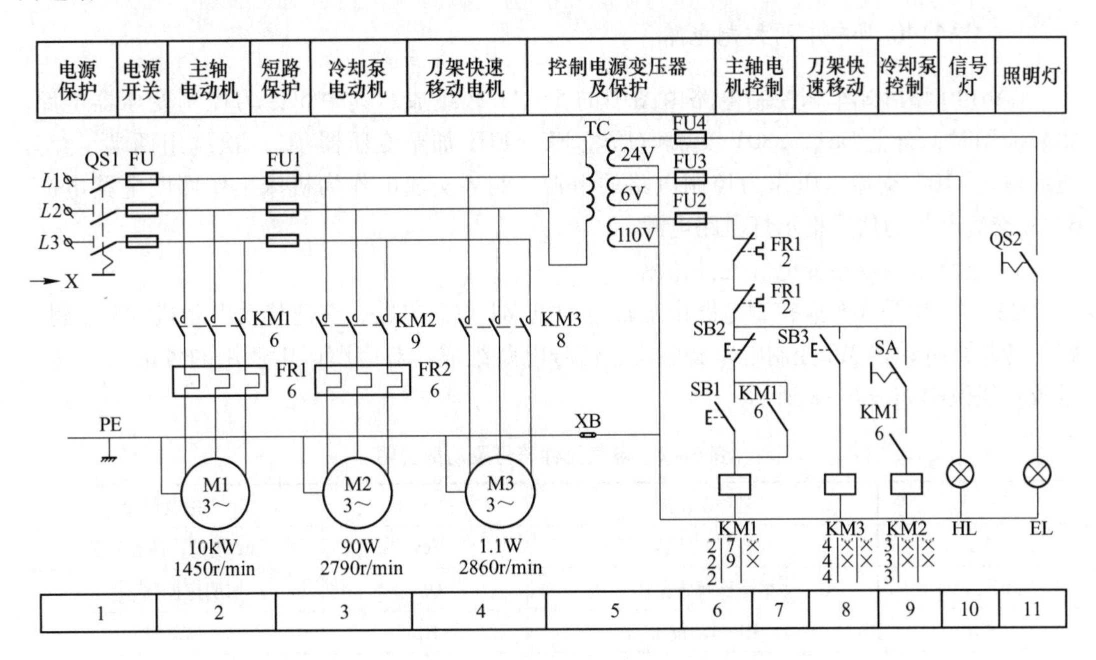

图6-23　CA6140型卧式车床的电气控制原理图

A　CA6140型车床的主电路

a　电路结构及主要电气元件作用

图6-23中，CA6140型卧式车床主电路由1～4区组成。其中，1区为电源开关及保护部分，2区为主轴电动机M1主电路，3区为冷却泵电动机M2主电路，4区为快速移动电动机M3主电路。对应图区中使用的各电气元件符号及功能说明如表6-1所示。

表 6-1　电气元件符号及功能说明

符　号	名称及用途	符　号	名称及用途
M1	主轴电动机	KM1	M1 控制接触器
M2	冷却泵电动机	KM2	M2 控制接触器
M3	快速移动电动机	KM3	M3 控制接触器
FR1、FR2	热继电器	FU、FU1	熔断器短路保护
QS1	隔离开关		

b　工作原理

CA6140 型卧式车床电动机电源由隔离开关 QS1 引入 380V 的三相交流电，主轴电动机 M1 的起停由 KM1 的主触头控制，冷却泵电动机 M2 的起停由 KM2 的主触头控制，快速移动电动机起停由 KM3 的主触头控制。当然，冷却泵电动机和快速移动电动机由于功率较小，冷却泵电动机 M2 也可以采用中间继电器控制，可用中间继电器的常开触头代替接触器常开主触头接通和断开其主电路电源。同理，快速移动电动机也采用中间继电器控制。

FR1 对主轴电动机实现过载保护、FR2 对冷却泵电动机实现过载保护，主电路短路保护由 FU 和 FU1 担任。

B　CA6140 型车床的控制电路

CA6140 型卧式车床控制电路由图中的 5 ~ 11 区组成。其中 5 区为控制变压器电路。实际应用时，合上 QS1，380V 交流电压经 FU、FU1 加至变压器 TC 一次绕组两端，经降压后输出 110V 交流电压作为控制电路的电源，24V 交流电作为机床工作照明电路电源，6.3V 交流电作为信号指示灯电路电源。

a　电路结构及主要电气元件作用

CA6140 型卧式车床控制电路由主轴电动机 M1 控制电路，快速移动电动机 M3 控制电路，冷却泵电动机 M2 控制电路和照明、信号电路组成。对应图区中使用的各电气元件符号及功能说明如表 6-2 所示。

表 6-2　电气元件符号及功能说明

符　号	名称及用途	符　号	名称及用途
TC	控制变压器	SA	M2 启动、停止开关
FU2 ~ FU4	熔断器短路保护	QS2	照明灯控制开关
SB1	M1 启动按钮	HL	信号灯
SB2	M1 停止按钮	EL	照明灯
SB3	M3 点动控制按钮		

b　工作原理

CA6140 型卧式车床的主轴电动机 M1 主电路、冷却泵电动机 M2 主电路和快速移动电动机 M3 主电路的接通电路元件，分别为 KM1 主触头、KM2 主触头（或中间继电器 KA1 常开触点）和 KM3 主触头（或中间继电器 KA2 常开触头）控制，所以在确定各控制电路时，只需各自找到它们相应元件的控制线圈即可。

（1）主轴电动机 M1 控制电路。该电路由图 6－23 中的 6、7 区对应的元器件组成。电路通电后，要 M1 启动，只需按下启动按钮 SB1，接触器 KM1 得电并自锁，M1 通电运转。当需要 M1 停止运转时，按下停止按钮 SB2，接触器 KM1 失电释放，其主触头断开，切断 M1 的电源，M1 停止运转。

（2）冷却泵电动机 M2 控制电路。该电路由图 6－23 中的 9 区对应的元器件组成。由于电机 M1、M2 在控制电路中采用顺序控制，故只有当电机 M1 启动后，即接触器 KM1 在 9 区中的常开触头闭合，合上开关 QS1，电机 M2 才可能启动。当 M1 停止运转时，M2 自动停止运转。

（3）快速移动电动机 M3 控制电路。该电路由图 6－23 中的 8 区对应的元器件组成。该控制电路的启动由安装在进给操作手柄顶端的按钮 SB3 控制，它与 KM3（或中间继电器 KA2）组成点动控制线路。当刀架需要快速移动时，按下 SB3，KM3（或 KA2）得电，其常开触头闭合，接通电机 M3 电源，M3 通电运转，松开 SB3，KM3（或 KA2）失电释放，其常开触头复位，M3 失电停止运转。

（4）照明、信号电路。该电路由 10、11 区对应电气元件组成。控制变压器 TC 的二次侧分别输出 24V 和 6.3V 交流电压，作为车床低压照明灯和信号灯的电源。EL 作为车床的低压照明灯，由控制开关 QS2 控制，HL 为电源信号灯，它们分别由熔断器 FU4、FU3 实现短路保护功能。

6.3.3　技能训练

题目：CA6140 普通车床电气控制线路的检修

（1）训练目的：

1）掌握 CA6140 普通车床电气图的布局图及原理图。

2）掌握 CA6140 普通车床的故障分析和检修方法。

（2）仪器及设备：

1）CA6140 普通车床。

2）低压验电笔、电工钢丝钳、电工刀等电工工具。

3）万用表等仪表工具。

（3）检修方法：

1）参照电气原理图、电气位置图和机床接线图，熟悉车床电气元件的分布位置和走线情况。

2）在教师的指导下对车床进行操作，了解车床的各种工作状态及操作方法。

3）教师随意设置一个故障，学生根据故障现象检修。

（4）检修步骤：

1）用通电试验法观察故障现象。

2）观察故障现象，根据原理图确定故障范围。

3）查找故障点，排查维修。

（5）检修完毕进行通电试验，并做好维修记录。

（6）注意事项：

1）熟悉 CA6140 普通车床电气原理。

2）检修所用工具、仪表应符合使用要求。

3）带点检修时要注意安全，必须教师现场监护。

4）检修完毕后进行通电实验，并将故障排查过程填入表 6－3 中。

表 6－3 故障排查表

故障现象	可能原因	处理原理

练 习 题

6－3－1 在各机床控制电路中，为什么冷却泵电动机一般都受主电动机的联锁控制，在主电动机启动后才能启动，一旦主电动机停转，冷却泵电动机也同步停转？

6－3－2 CA6140 型车床，如果出现以下故障，可能的原因有哪些？应如何处理？

（1）按下停车按钮主轴电动机不停转。

（2）按下启动按钮主轴不转，但主轴电动机发出“嗡嗡”声。

（3）冷却泵电动机不能启动。

6－3－3 独立分析 CA6140 型车床控制的工作原理。

任务 6.4 桥式起重机的电气控制

【任务要点】

（1）桥式起重机的基本结构、运动形式、主要技术参数及对电力拖动的要求。

（2）凸轮控制器及其控制线路。

（3）了解起重机的供电方式。

（4）桥式起重机常用的控制电路原理图及保护方法。

6.4.1 任务描述与分析

6.4.1.1 任务描述

起重机是一种用来空中搬运重物的机械设备，广泛应用于工矿企业、车站、港口、仓库、建筑工地等部门。它对减轻工人劳动强度、提高劳动生产率、促进生产过程机械化起着重要作用，是现代化生产中不可缺少的工具。起重机包括桥式、门式、旋转式等多种，其中以桥式起重机的应用最广。

6.4.1.2 任务分析

本任务介绍了桥式起重机的基本结构、运动形式、主要技术参数、对电力拖动的要求、凸轮控制器的结构原理，及其控制线路、对桥式起重机的常用控制线路进行分析。

6.4.2　相关知识

6.4.2.1　桥式起重机概述

桥式起重机是一种用来吊起或放下重物并使重物在短距离内水平移动的起重设备，俗称吊车、行车或天车。桥式起重机按起吊装置不同，可分为吊钩桥式起重机、电磁盘桥式起重机和抓斗桥式起重机。其中尤以吊钩桥式起重机应用最广。

A　桥式起重机的主要结构及运动形式

桥式起重机主要由桥架（又称大车）、大车移行机构、装有提升机构的小车、操纵室等部分组成，如图 6－24 所示。

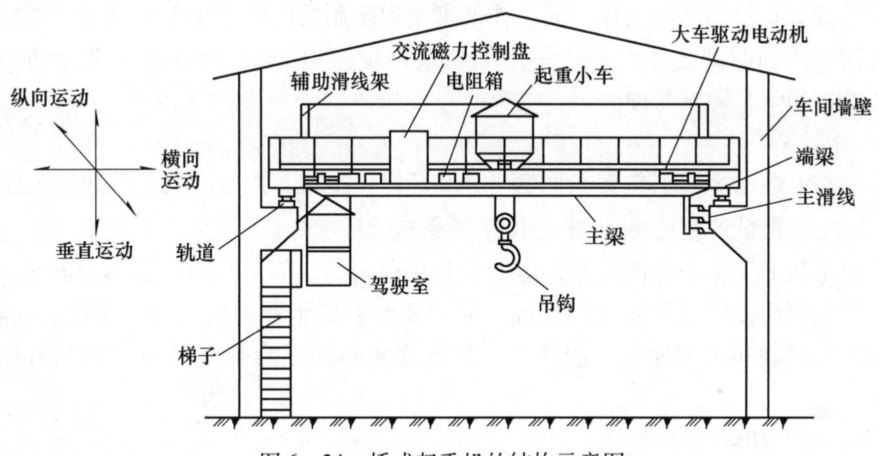

图 6－24　桥式起重机的结构示意图

桥式起重机的基本运动形式有三种：

（1）起重机由大车电动机驱动沿车间两边的轨道做纵向前、后运动。

（2）小车及提升机构由小车电动机驱动沿桥架上的轨道作横向左、右运动。

（3）在升降重物时由起重电动机驱动作垂直上、下运动。

B　桥式起重机的主要技术参数

a　起重量

起重量又称额定起重量，是指起重机实际允许起吊的最大负荷量，以吨（t）为单位。国产的桥式起重机系列其起重量有单钩：5t、10t。双钩：15/3t、20/5t、30/5t、50/10t、75/20t、100/20t、125/30t、150/30t、200/30t、250/30t 等多种，数字的分子为主钩起重量，分母为副钩起重量。

b　跨度

起重机主梁两端车轮中心线间的距离，即大车轨道中心线间的距离称为跨度，以米（m）为单位。国产桥式起重机的跨度有 10.5m、13.5m、16.5m、19.5m、22.5m、25.5m、28.5m、31.5m 等，每 3m 为一个等级。

c　提升高度

起重机吊具或抓取装置的上极限位置与下极限位置之间的距离，称为起重机的提升高度，以 m 为单位。常用的起升高度有 12/16m、12/14m、12/18m、16/18m、19/21m、20/22m、21/23m、22/26m、24/26m 等几种。其中分子为主钩提升高度，分母为副钩提升高度。

d　运行速度

运行机构在拖动电动机额定转速下运行的速度，以 m/min 为单位。小车运行速度一般为 40～60m/min，大车运行速度一般为 100～135m/min。

e　提升速度

提升机构的提升电动机以额定转速取物上升的速度，以 m/min 为单位。一般提升速度不超过 30m/min，空钩速度高达提升速度两倍，着陆低速小于 4～6m/min，依货物性质、重量、提升要求来决定。

f　通电持续率

由于桥式起重机为断续工作，其工作的繁重程度用通电持续率 JC% 表示。通电持续率为工作时间与周期时间之比，一般一个周期通常定为 10min。标准的通电持续率规定为 15%、25%、40%、60% 四种。

g　工作类型

起重机按其载荷率和工作繁忙程度可分为轻级、中级、重级和特重级四种工作类型。

C　桥式起重机的电力拖动特点及控制要求

桥式起重机的工作条件比较差，由于安装在车间的上部，有的还是露天安装，往往处在高温、易受风雨侵蚀或多粉尘的环境，同时还经常处于频繁的启动、制动、反转状态，要承受较大的过载和机械冲击。因此，对桥式起重机的电力拖动和电气控制有以下特殊要求。

a　对启动电动机的要求

（1）起重电动机为重复短时工作制。所谓“重复短时工作制”，即 FC 介于 25%～40%。电动机较频繁地通、断电，经常处于启动、制动和反转状态，而且负载不规律，时轻时重，因此受过载和机械冲击较大；同时，由于工作时间较短，其温升要比长期工作制的电动机低（在同样的功率下），允许过载运行。因此，要求电动机有较强的过载能力。

（2）有较大的启动转矩。起重电动机往往是带负载启动，因此要求有较好的启动性能，即启动转矩大，启动电流小。

（3）能进行电气调速。由于起重机对重物停放的准确性要求较高，在起吊和下降重物时要进行调速，且调速大多数是在运行过程中进行，而且变换次数较多，所以不宜采用机械调速，而应采用电气调速。因此，起重电动机多采用绕线转子异步电动机，且采用转子电路串电阻的方法启动和调速。

（4）为适应较恶劣的工作环境和机械冲击，电动机采用封闭式，要求有坚固的机械结构，采用较高的耐热绝缘等级。

根据以上要求，专门设计了起重用交流异步电动机，型号为 YZR（绕线型）和 YZ（笼型）系列起重电动机。在铭牌上标出的功率均为 FC＝25% 时的输出功率。

b　对电力拖动系统的构成及电气控制要求

桥式起重机的电力拖动系统由 3～5 台电动机所组成：包括小车驱动电动机 1 台；大

车驱动电动机1台或2台（大车如果采用集中驱动，则只有1台大车电动机；如果采用分别驱动，则由2台相同的电动机分别驱动左、右两边的主动轮）；起重电动机1台（单钩）或2台（双钩）。

桥式起重机的主要电气控制要求：

（1）空钩能够快速升降，以减少辅助工时；轻载时的提升速度应大于额定负载时的提升速度。

（2）有一定的调速范围，普通的起重机调速范围（高低速之比）一般为3∶1，要求较高的则要达到（5～10）∶1。

（3）有适当的低速区，要求在30%额定速度内分成若干低速挡以供选择。同时要求由高速向低速过渡时应逐级减速以保持稳定运行。

（4）提升的第一挡为预备挡，用以消除传动系统中的齿轮间隙，并将钢丝绳张紧，以避免过大的机械冲击。

（5）负载是位能性反抗力矩，因此要求在下放重物时起重电动机可工作在电动机状态、反接制动或再生发电制动状态，以满足对不同下降速度的要求。

（6）为确保安全，要求采用电气和机械双重制动，既可减轻机械抱闸的负担，又可防止因突然断电而使重物自由下落造成事故。

（7）要求有完备的电气保护与联锁环节，由于热继电器的热惯性较大，因此起重机电路多采用过流继电器作过载保护；要有零压保护；行程终端限位保护等等。

D　桥式起重机的供电特点

交流起重机电源由公共的交流电网供电，由于起重机的工作是经常移动的，因此其与电源之间不能采用固定连接方式。小型起重机一般采用软电缆供电，随着大车或小车的移动，供电电缆随之伸展和叠卷。一般起重机用滑线和电刷供电。三相交流电源接到沿车间长度方向架设的三根主滑线上，再通过电刷引到起重机的电气设备上，首先进入驾驶室中的保护盘上的总电源开关，然后再向起重机各电气设备供电。对于小车及其上的提升机构等电气设备，则经位于桥架另一侧的辅助滑线来供电。

6.4.2.2　凸轮控制器

凸轮控制器是一种大型手动控制电器，是起重机上重要的电气操作设备之一，用以直接操作与控制电动机的正反转、调速、启动与停止。

A　凸轮控制器的结构

图6-25所示为凸轮控制器的结构原理图。凸轮控制器从外部看由机械结构、电气结构、防护结构等三部分组成。其中，手轮、转轴、凸轮、杠杆、弹簧、定位棘轮为机械结构，触点、接线柱和联板等为电气结构，而上、下盖板、外罩及灭弧罩等为防护结构，如图6-25(a)所示。当转轴在手轮扳动下转动时，固定在轴上的凸轮同轴一起转动；当凸轮的凸起部位顶住动触点杠杆上的滚子时，便将动触点与静触点分开；当转轴带动凸轮凹处与滚子相对时，动触点在弹簧作用下，使动、静触点紧密接触，从而实现触点的接通与断开，如图6-25(b)所示。在方轴上可以叠装不同形状的凸轮块，以使一系列触点按预先安排的顺序接通与断开。将这些触点接到电动机电路中便可实现控制电动机的目的。

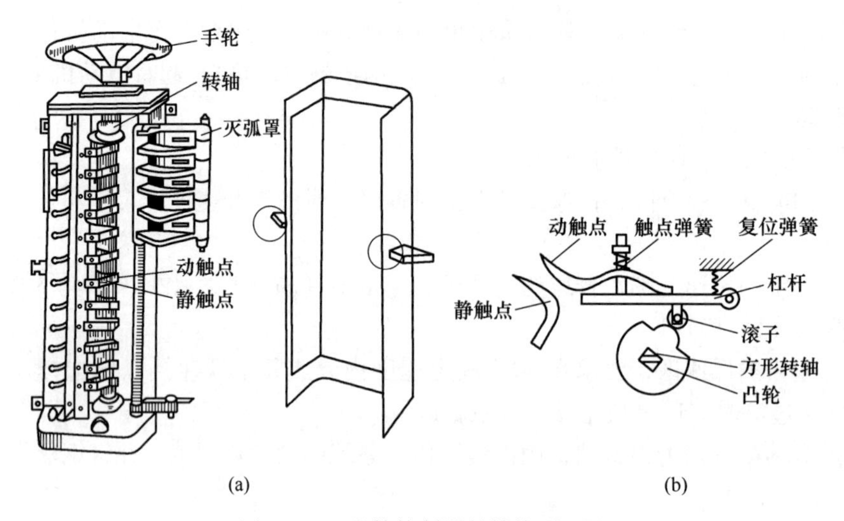

图6-25　凸轮控制器的结构原理图

（a）结构外形；（b）动作原理示意图

B　凸轮控制器的型号与主要技术参数

常见的国产凸轮控制器有KT10、KT12、KT14、KT16等系列，以及KTJ1-50/1、KTJ1-50/5、KTJ1-80/1等型号。凸轮控制器的型号及含义为：

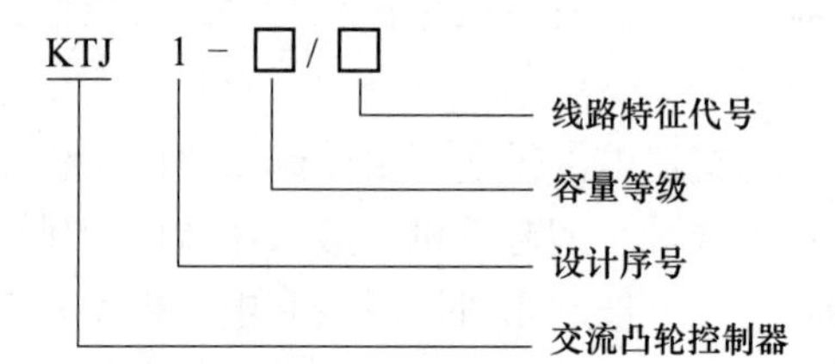

KTJ1系列交流凸轮控制器的主要技术参数见表6-4。

表6-4　KTJ1系列凸轮控制器的主要技术参数

型　号	额定电流/A	额定电压/V	工作位置		通电率40%时所控制的电动机最大功率/kW		每小时最大操作次数	最大操作周期/min
			右旋	左旋	220V	380V		
KT12-25J/1	25	380	5	5	11	16	600	10
KT12-25J/2	25	380	5	5	2×5	2×7.5	600	10
KT12-25J/3	25	380	1	1	7.5	11	600	10
KT12-60J/1	60	380	5	5	20	30	600	10
KT12-60J/2	60	380	5	5	2×7.5	2×11	600	10
KT12-60J/3	60	380	1	1	11	16	600	10

6.4.2.3　5t桥式起重机控制电路

A　凸轮控制器控制5t桥式起重机小车（吊钩）的控制电路

图6-26所示为采用凸轮控制器控制5t桥式起重机小车（吊钩）的控制电路。凸轮

控制器控制电路的特点是：原理图以其圆柱表面的展开图来表示。

由图6-26可见，凸轮控制器有编号为1~12的12对触点，以竖画的细实线表示；而凸轮控制器的操作手轮右旋（控制电动机正转）和左旋（控制电动机反转）各有5个挡位，加上一个中间位置（称为零位）共有11个挡位，用横画的虚线表示；每对触点在各挡位是否接通，则以在横竖线交点处的黑圆点表示，有黑点表示接通，无黑点表示断开。

在图6-26中，M2为小车（或吊钩）驱动电动机，采用三相绕线转子异步电动机。在转子电路中串入三相不对称电阻 $R2$，用做启动及调速控制。YB2为制动电磁铁，其三相电磁线圈与M2（定子绕组）并联。QS为电源引入开关，KM为控制线路电源的接触器。KI0和KI2为过流继电器，其线圈（KI0为单线圈，KI2为双线圈）串联在M2的三相定子电路中，而其动断触点则串联在KM的线圈支路中。

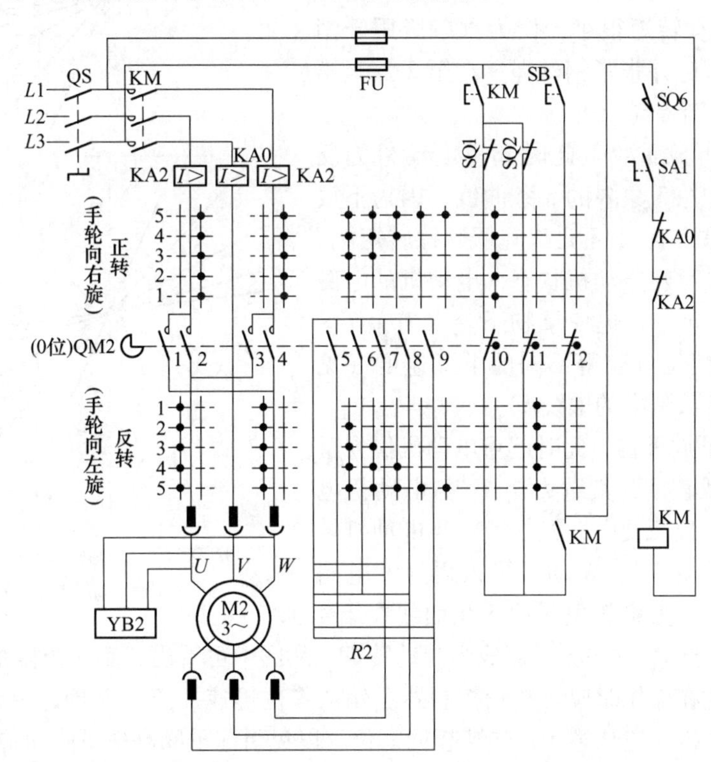

图6-26　5t桥式起重机小车（吊钩）的控制原理图

a　电动机定子电路

在每次操作之前，应先将QM2置于零位（启动位置），由图6-26可见，QM2的触点10、11、12在零位接通；然后合上电源开关QS，按下启动按钮SB，接触器KM通过QM的触点12通电；KM主触点闭合接通电动机M2的电源。通过QM2操纵电动机的运行状态，QM2的触点10、11与KM的动合触点一起构成正、反转时的自锁电路。

凸轮控制器QM2右旋5则触点2、4接通，M2正转；QM2左旋5则触点1、3接通，M2反转；在零位时4对触点均断开。

b　电动机转子回路

QM2的触点5~9用以控制M2的转子电阻 $R2$，实现电机M2启动和调速。由图6-26

可见，这5对触点在中间零位均断开，而在左、右旋各5挡的通断情况完全对称：在（左、右旋）第1挡触点5~9均断开，三相不对称电阻$R2$全部串入M2的转子回路，各时M2的机械特性最软（图6－27中的曲线1）；在第2、3、4挡时触点5、6、7依次接通，将$R2$逐级切除，对应机械特性曲线为图6－27中的2、3、4，可见电动机的转速逐渐升高；当在第5挡时触点5~9全部接通，$R2$全部被切除，M2运行在机械特性5上。

由此可见凸轮控制器用触点1~9控制电动机的正、反转启动，在启动过程中逐段切除转子电阻，以调节电机的启动转矩和转速：从1~5挡电阻逐渐减小至全部切除，转速逐渐升高。该电路如果用于控制起重机，则正、反转的控制操作有所不同。

（1）提升重物。此时起重电动机为正转，对应为图6－27中第1象限的5条曲线。第1挡（曲线1）的启动转矩很小，作为预备级用于消除传动齿轮的间隙并张紧钢丝绳；在第2挡至第5挡提升速度逐渐提高。

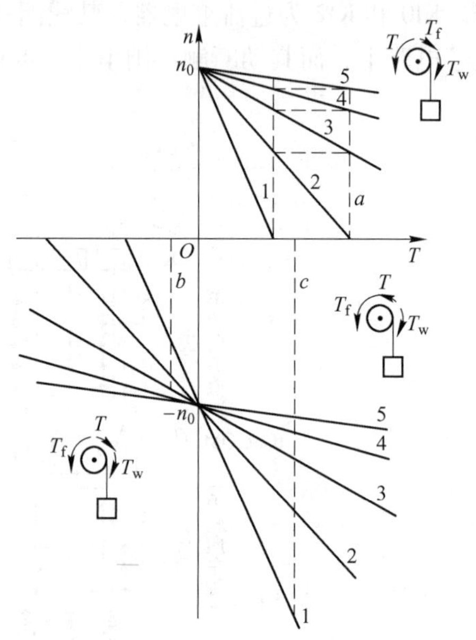

图6－27　凸轮控制器控制提升电动机的机械特性

（2）轻载下放重物。此时起重电动机为反转，对应为图中第3象限的5条曲线。因为下放重物较轻，其重力矩T_w不足以克服摩擦转矩T_f，则电动机工作在反转电动机状态，电动机的电磁转矩T与T_w方向一致迫使重物下降（$T_w + T > T_f$）。在不同的挡位可获得不同的下降速度（见图6－27中第3象限中的虚线b）。

（3）重载下放重物。此时起重电动机仍为反转，但由于负载较重，其重力矩T_w与电动机电磁转矩T方向一致而使电动机加速。当电动机转速大于同步转速n_0时，电动机进入再生发电制动状态，机械特性为第3象限第5条曲线在第4象限的延伸，T与T_w方向相反而成为制动转矩。从图中可看出，第4象限的曲线1、2、3比较陡直，因此在操作时应将凸轮控制器手轮从零位迅速扳至第5挡，中间不允许停留。返回操作时也一样，应从第5挡快速扳回零位，以免引起重物高速下降而造成的事故（见图6－27中第4象限中的虚线c）。

由此可见，下放重物时，不论是重载还是轻载，该电路都难以低速下降。因此下降操作时如需要较准确定位，可采用点动操作的方式，即将控制器的手轮在下降（反转）第一挡与零位之间来回扳动以点动起重电动机，并配合制动器便能实现较准确的定位。

c　保护电路

图6－26电路具有欠压、零压、零位、过流、行程终端限位保护和安全保护共六种保护功能。

（1）欠压保护。接触器KM本身具有欠电压保护的功能，当电源电压不足时（低于额定电压的85%），KM因电磁吸力不足而复位，其动合主触点和自锁触点都断开，从而切断电源。

（2）零压保护与零位保护。采用按钮SB启动，SB动合触点与KM的自锁动合触点相并联的电路，都具有零压（失压）保护功能，在操作中一旦断电，必须再次按下SB才能重新接通电源。采用凸轮控制器控制的电路在每次重新启动时，还必须将凸轮控制器旋回中间的零位，这一保护作用称为“零位保护”。

（3）过流保护。如上所述，起重机的控制电路往往采用过流继电器作过流（包括短路、过载）保护，过流继电器KI0、KI2的动断触点串联在KM线圈支路中，一旦出现过电流便切断KM，从而切断电源。此外，KM的线圈支路采用熔断器FU作短路保护。

（4）行程终端限位保护。行程开关SQ1、SQ2分别提供M2正、反转（如M2驱动小车，则分别为小车的右行和左行）的行程终端限位保护，其动断触点分别串联在KM的自锁支路中。

（5）安全保护。在KM的线圈支路中，还串入了舱口安全开关SQ6和事故紧急开关SA1。在平时，应关好驾驶舱门，使SQ6被压下（保证桥架上无人），才能操纵起重机运行；一旦发生事故或出现紧急情况，可断开SA1紧急停车。

如图6－28为5t桥式起重机控制电路。

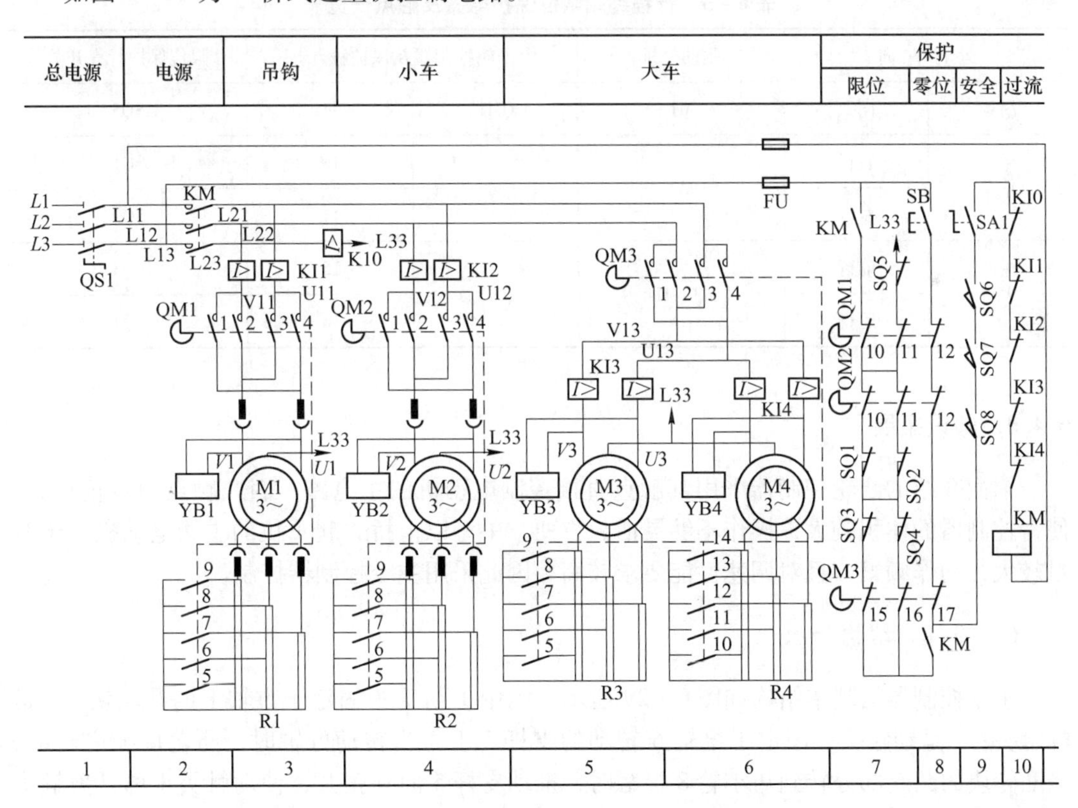

图6－28　5t交流桥式起重机电气控制电路原理图

控制电路。图6－28所示电路中共有4台绕线式电动机，即起重电动机M1，小车驱动电动机M2，大车驱动电动机M3和M4。分别由3只凸轮控制器控制：QM1控制M1，QM2控制M2，QM3同步控制M3和M4；R1～R4分别为四台电动机的制动电磁铁。三相电源由QS1引入，并由接触器KM控制。过流继电器KI0～KI4提供过电流保护，其中KI1

~KI4 为双线圈式，分别保护 M1、M2、M3、M4 电机；KI0 为单线圈式，单独串联在主电路的一相电源线中，作总电路的过电流保护。其控制原理同图 6－26 所示电路。

保护电路。该电路具有欠压、零压、零位、过流、行程终端限位保护和安全保护共 6 种保护功能。

KI0~KI4 为 5 只过流继电器的动断触点；SA1 是事故紧急开关，SQ6 是舱口安全开关，SQ7 和 SQ8 是横梁栏杆门的安全开关，平时驾驶舱门和横梁栏杆门都应关好，将 SQ6、SQ7、SQ8 都压合；若有人进入桥架进行检修时，这些门开关就被打开，即使按下 SB 也不能使 KM 线圈支路通电；与启动按钮 SB 相串联的是三只凸轮控制器的零位保护触点，即 QM1、QM2 的触点 12 和 QM3 触点 17。改电路与图 6－26 所示电路有较大区别的是限位保护电路（图 6－28 的 7 区）。因为 3 只凸轮控制器分别为吊钩、小车和大车作垂直、横向和纵向共 6 个方向的运动，除吊钩下降不需要作限位保护外，其余 5 个方向都需要作行程终端限位保护，相应的行程开关和凸轮控制器的动断触点均串入 KM 的自锁触点支路之中，各电路（触点）的保护作用如表 6－5 所示。

表 6－5　行程终端限位保护电器及触点一览表

<table>
<tr><th colspan="2">运行方向</th><th>驱动电机</th><th colspan="2">凸轮控制器及保护触点</th><th>限位保护行程开关</th></tr>
<tr><td>吊钩</td><td>向上</td><td>M1</td><td>QM1</td><td>11</td><td>SQ5</td></tr>
<tr><td rowspan="2">小车</td><td>右行</td><td rowspan="2">M2</td><td rowspan="2">QM2</td><td>10</td><td>SQ1</td></tr>
<tr><td>左行</td><td>11</td><td>SQ2</td></tr>
<tr><td rowspan="2">大车</td><td>前行</td><td rowspan="2">M3、M4</td><td rowspan="2">QM3</td><td>15</td><td>SQ3</td></tr>
<tr><td>后行</td><td>16</td><td>SQ4</td></tr>
</table>

6.4.3　知识拓展

前面介绍的凸轮控制器采用其触点直接控制电动机的主电路，因此触点的容量较大，使得控制器的体积较大，操作不够灵活、方便。中型以上桥式起重机的主钩电动机由于容量较大，动作频繁，且对调速性能要求较高，因此采用主令控制器控制。

6.4.3.1　结构和原理

主令控制器的基本结构如图 6－29 所示，图中 1 与 7 为固定于方轴上的凸轮块；3 是静触头；4 是动触头，固定于绕轴 6 转动的支杆 5 上。当转动方轴时，凸轮块随之转动，当凸轮块的凸起部分转到与小轮 8 接触时，推动支杆 5 向外张开，使动触头 4 离开静触头 3，将被控回路断开。当凸轮的凹陷部分与小轮 8 接触时，支杆 5 在反力弹簧作用下复位，使动、静触头闭合，从而接通被控回路。这样安装一串不同形状的凸轮，可使触头按一定顺序闭合与断开。

主令控制器与凸轮控制器不同的是主令控制器触点的容量较小，不能直接控制电动机的主电路，而是通过控制交流接触器来控制电动机。因此主令控制器的体积较小，操作轻便且触点动作的频率较高。

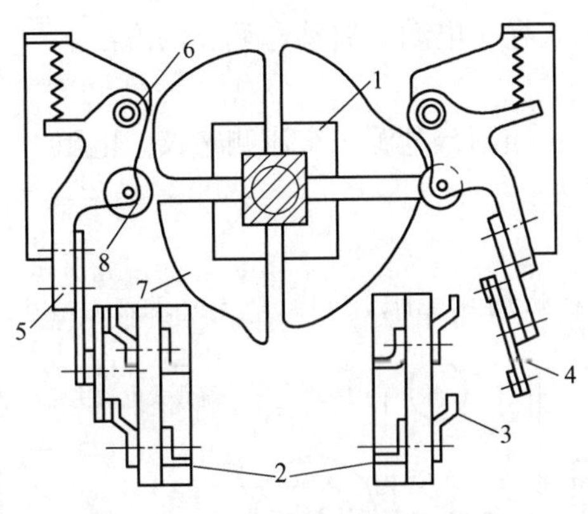

图 6－29　主令控制器的结构示意图

1，7—凸轮块；2—接线柱；3—固定触头；4—动触头；5—支杆；6—转动轴；8—小轮

6.4.3.2　型号和主要技术参数

常用的国产主令控制器主要有 LK14、LK15 和 LK16 等系列，主令控制器的型号及含义为：

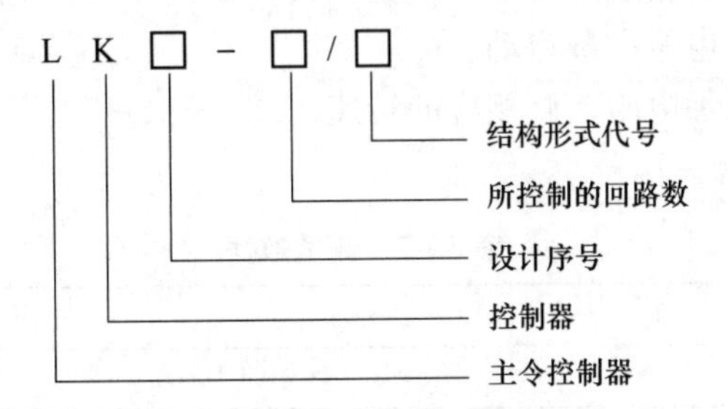

LK14 系列主令控制器的主要技术参数见表 6－6。

表 6－6　LK14 系列主令控制器的主要技术参数

型　号	额定电压/V	额定电流/A	控制电路数	外形尺寸/mm
LK14－12/90	380	15	12	227×220×300
LK14－12/96				
LK14－12/97				

6.4.4　技能训练

起重机由于经常需要重载启动，因此提升机构和平移机构的电动机一般采用启动转矩较大的绕线式异步电动机，绕线式异步电动机由于其独特的结构，一般不采取定子绕组降压启动，而是在转子回路外接变阻器。即通常在转子回路串接启动电阻和接入频敏变阻器等方法。

题目：绕线式异步电动机转子串电阻启动与调速

（1）目的：

1）掌握绕线式异步电动机的结构。

2）通过实验掌握绕线式异步电动机启动和调速的方法。

（2）仪器及设备：

1）电机多功能实验台：控制台电源、交流测量仪、电阻、测速仪表等。

2）M09 绕线式异步电机。

3）导线。

（3）线路。绕线式电动机启动电阻，如图 6 – 30 所示。

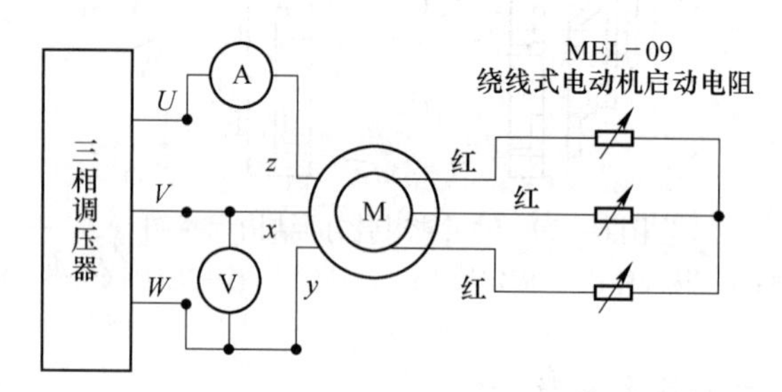

图 6 – 30　绕线式电动机启动电阻

（4）步骤：

1）按线路图接线，将转子附加电阻调至最大，请教师检查线路。

2）合上电源开关，电机空载启动。

3）改变转子电阻附加电阻，测相应的转速记录于表 6 – 7。

（5）测试数据见表 6 – 7。

表 6 – 7　测试数据

R_{st}/Ω	0	2	5	15
$n/\mathrm{r\cdot min^{-1}}$				

练 习 题

6 – 4 – 1　桥式起重机的结构主要由哪几部分所组成？桥式起重机有哪几种运动方式？

6 – 4 – 2　桥式起重机电力拖动系统由哪几台电动机组成？

6 – 4 – 3　凸轮控制器控制电路原理图是如何表示其触点状态的？

6 – 4 – 4　起重电动机为什么要采用电气和机械双重制动？

6 – 4 – 5　起重电动机的运行工作有什么特点？对起重电动机的拖动和控制有什么要求？

6 – 4 – 6　如果在下放重物时，因重物较重而出现超速下降，此时应如何操作？

学习情境7　电动机的选择

【知识要点】

（1）电动机选择的意义。

（2）电动机种类、电压、转速和结构形式的选择方法。

（3）电动机容量的选择方法。

任务7.1　电动机种类、电压、转速和结构形式的选择

【任务要点】

（1）电动机类型的选择依据、方法。

（2）电动机电压的选择依据、方法。

（3）电动机转速的选择依据、方法。

（4）电动机结构形式的选择依据、方法。

7.1.1　任务描述与分析

7.1.1.1　任务描述

电动机的选择包括额定功率选择（容量选择）、电动机类型选择、结构形式选择和额定转速选择等，其中电动机的电压、类型、转速及结构形式的选择虽然简单但也是必不可少的环节。

7.1.1.2　任务分析

本任务主要明确电动机电压、类型、结构形式和额定转速的选择依据和方法。为电气控制工程设计中关于电动机的选择提供比较简便实用的参考。

7.1.2　相关知识

电动机种类、电压、转速和结构形式的选择。电动机在选择过程中，要涉及电动机种类、电压、转速和结构形式的选择，这些是在预选电动机时就必须要考虑的。

7.1.2.1　电动机的种类选择

选择电动机种类应在满足生产机械对拖动性能的要求下，优先选用结构简单、运行可靠、维护方便、价格便宜的电动机。电动机种类选择时应考虑的主要内容有：

（1）电动机的机械特性应与所拖动生产机械的机械特性相匹配。

（2）电动机的调速性能（调速范围、调速的平滑性、经济性）应该满足生产机械的要求。对调速性能的要求在很大程度上决定了电动机的种类、调速方法以及相应的控制方法。

（3）电动机的启动性能应满足生产机械对电动机启动性能的要求，电动机的启动性能主要是启动转矩的大小，同时还应注意电网容量对电动机启动电流的限制。

（4）电源种类。电源种类有交流和直流两种。由于交流电源可以直接从电网获得，交流电动机价格较低、维护简便、运行可靠，所以应该尽量选用交流电动机。直流电源需要变流装置来提供，而且直流电动机价格较高、维护麻烦、可靠性较低，因此只是在要求调速性能好和启动、制动快的场合采用。随着近代交流调速技术的发展，交流电动机已经获得愈来愈广泛的应用。在满足性能的前提下应优先采用交流电动机。

（5）经济性。一是电动机及其相关设备（如启动设备、调速设备等）的经济性；二是电动机拖动系统运行的经济性，主要是要效率高，节省电能。

目前，各种形式异步电动机在我国应用非常广泛，用电量约占总发电量的60%，因此提高异步电动机运行效率所产生的经济效益和社会效益是巨大的。在选用电动机时，以上几个方面都应考虑到并进行综合分析以确定出最终方案。

表 7－1 中给出了电动机的主要种类、性能特点及典型生产机械应用实例。需要指出的是，表 7－1 中的电动机主要性能及相应的典型应用基本上是指电动机本身而言的。随着电动机的控制技术的发展，交流电动机拖动系统的运行性能越来越高，使得电动机的一些传统应用领域发生了很大变化，例如，原来使用直流电动机调速的一些生产机械，现在则改用可调速的交流电动机系统并具有同样的调速性能。

表 7－1　电动机的主要种类、性能特点及典型应用实例

<table>
<tr><th colspan="4">电动机种类</th><th>主要性能特点</th><th>典型生产机械举例</th></tr>
<tr><td rowspan="5">交流电动机</td><td rowspan="4">三相异步电动机</td><td rowspan="3">笼式</td><td>普通笼式</td><td>机械特性硬、启动转矩不大、调速时需要调速设备</td><td>调速性能要求不高的各种机床、水泵、通风机</td></tr>
<tr><td>高启动转矩</td><td>启动转矩大</td><td>带冲击性负载的机械，如剪床、冲床、锻压机；静止负载或惯性负载较大的机械，如：压缩机、粉碎机、小型起重机</td></tr>
<tr><td>多速</td><td>有几挡转速（2～4 速）</td><td>要求有级调速的机床、电梯、冷却塔等</td></tr>
<tr><td colspan="2">绕线式</td><td>机械特性硬（转子串电阻后变软）、启动转矩大、调速方法多、调速性能及启动性能较好</td><td>要求有一定调速范围、调速性能较好的生产机械，如桥式起重机；启动、制动频繁且对启动、制动转矩要求高的生产机械，如起重机、矿井提升机、压缩机、不可逆轧钢机</td></tr>
<tr><td colspan="3">同步电动机</td><td>转速不随负载变化，功率因数可调节</td><td>转速恒定的大功率生产机械，如大中型鼓风及排风机、泵、压缩机、连续式轧钢机、球磨机</td></tr>
<tr><td rowspan="3">直流电动机</td><td colspan="3">他励、并励</td><td>机械特性硬、启动转矩大、调速范围宽、平滑性好</td><td>调速性能要求高的生产机械，如大型机床（车、铣、刨、磨、镗）、高精度车床、可逆轧钢机、造纸机、印刷机</td></tr>
<tr><td colspan="3">串励</td><td>机械特性软、启动转矩大、过载能力强、调速方便</td><td rowspan="2">要求启动转矩大、机械特性软的机械，如电车、电气机车、起重机、吊车、卷扬机、电梯等</td></tr>
<tr><td colspan="3">复励</td><td>机械特性硬度适中、启动转矩大、调速方便</td></tr>
</table>

7.1.2.2　电动机的电压选择

电动机的电压等级、相数、频率都要与供电电源一致。因此，电动机的额定电压应根据其运行场所的供电电网的电压等级来确定。

我国的交流供电电源，低压通常为 380V，高压通常为 3kV，6kV 或 10kV。中等功率（约 200kW）以下的交流电动机，额定电压一般为 380V；大功率的交流电动机，额定电压一般为 3kV 或 6kV；额定功率为 1000kW 以上的电动机，额定电压可以是 10kV。需要说明的是，笼式异步电动机在采用 Y－D 降压启动时，应该选用额定电压为 380V、D 接法的电动机。

直流电动机的额定电压一般为 110V、220V、440V，最常用的电压等级为 220V。直流电动机一般由单独的电源供电，选择额定电压时通常只要考虑与供电电源配合即可。

7.1.2.3　电动机的额定转速选择

电动机的额定功率决定于额定转矩与额定转速的乘积，其中额定转矩又决定于额定磁通与额定电流的乘积。因为额定磁通的大小决定了铁芯材料的多少，额定电流的大小决定了绕组用铜的多少，所以电动机的体积是由额定转矩决定的。可见电动机的额定功率正比于它的体积与额定转速的乘积。对于额定功率相同的电动机来说，额定转速愈高，体积愈小，对于体积相同的电动机来说，额定转速愈高，额定功率愈大。电动机的用料和成本都与体积有关，额定转速愈高，用料愈少，成本愈低。这就是电动机大都制成具有较高额定转速的缘故。

大多数工作机构的转速都低于电动机的额定转速，因此需要采用传动机构进行减速。当传动机构已经确定时，电动机的额定转速只能根据工作机构要求的转速来确定。但是，为了使过渡过程的能量损耗最小和时间最短，应该选择合适的转速比。可以证明，过渡过程的能量损耗最小和时间最短的条件是运动系统的动能最小。当转速比小时，电动机的额定转速低，电动机的体积大，因而飞轮矩大；当转速比大时，电动机的额定转速高，电动机的体积小，因而飞轮矩小。在这两种情况下，乘积 $GD^2 \cdot n^2$ 可能都比较大，只有按照 $GD^2 \cdot n^2$ 最小的条件选择转速比，才能使过渡过程的能量损耗最小和时间最短。符合这种条件的转速比称为最佳速比。为使电力拖动系统具有最佳速比，传动机构的设计应当同电动机的额定转速选择结合起来进行，还应综合考虑电动机和生产机械两方面的因素来确定。

（1）对不需要调速的高、中速生产机械（如泵、鼓风机），可选择相应额定转速的电动机，从而省去减速传动机构。

（2）对不需要调速的低速生产机械（如球磨机、粉碎机），可选用相应的低速电动机或者传动比较小的减速机构。

（3）对经常启动、制动和反转的生产机械，选择额定转速时则应主要考虑缩短启、制动时间以提高生产率。启、制动时间的长、短主要取决于电动机的飞轮矩和额定转速，应选择较小的飞轮矩和额定转速。

（4）对调速性能要求不高的生产机械，可选用多速电动机或者选择额定转速稍高于生产机械的电动机配以减速机构，也可以采用电气调速的电动机拖动系统。在可能的情况下，应优先选用电气调速方案。

（5）对调速性能要求较高的生产机械，应使电动机的最高转速与生产机械的最高转速相适应，直接采用电气调速。

7.1.2.4　电动机的结构形式选择

电动机的安装方式有卧式和立式两种。卧式安装时电动机的转轴处于水平位置，立式安装时转轴则为垂直地面的位置。两种安装方式的电动机使用的轴承不同，一般情况下采用卧式安装。

电动机的工作环境是由生产机械的工作环境决定的。在很多情况下，电动机工作场所的空气中含有不同分量的灰尘和水分，有的还含有腐蚀性气体甚至含有易燃易爆气体；有的电动机则要在水中或其他液体中工作。灰尘会使电动机绕组黏结上污垢而妨碍散热；水分、瓦斯、腐蚀性气体等会使电动机的绝缘材料性能退化，甚至会完全丧失绝缘能力；易燃、易爆气体与电动机内产生的电火花接触时将有发生燃烧、爆炸的危险。因此，为了保证电动机能够在其工作环境中长期安全运行，必须根据实际环境条件合理地选择电动机的防护方式。电动机的外壳防护方式有开启式、防护式、封闭式和防爆式几种。

（1）开启式。开启式电动机的定子两侧与端盖上都有很大的通风口，其散热条件好，价格便宜，但灰尘、水滴、铁屑等杂物容易从通风口进入电动机内部，因此只适用于清洁、干燥的工作环境。

（2）防护式。防护式电动机在机座下面有通风口，散热较好，可防止水滴、铁屑等杂物从与垂直方向成小于45°角的方向落入电动机内部，但不能防止潮气和灰尘的侵入，因此适用于比较干燥、少尘、无腐蚀性和爆炸性气体的工作环境。

（3）封闭式。封闭式电动机的机座和端盖上均无通风孔，是完全封闭的。这种电动机仅靠机座表面散热，散热条件不好。封闭式电动机又可分为自冷式、自扇冷式、他扇冷式、管道通风式以及密封式等。对前 4 种，电动机外的潮气、灰尘等不易进入其内部，因此多用于灰尘多、潮湿、易受风雨、有腐蚀性气体、易引起火灾等各种较恶劣的工作环境。密封式电动机能防止外部的气体或液体进入其内部，因此适用于在液体中工作的生产机械，如潜水泵。

（4）防爆式。防爆式电动机是在封闭式结构的基础上制成隔爆形式，机壳有足够的强度，适用于有易燃、易爆气体工作环境，如有瓦斯的煤矿井下、油库、煤气站等。

7.1.3　技能训练

题目：选用电动机的原则和步骤

（1）选用电动机的原则：

1）根据负载启动特性及运行特性，选出最适于这些特性的电动机，满足生产机械工作过程中的各种要求。

2）选择具有与使用场所的环境相适应的防护方式及冷却方式的电动机，在结构上应能适合电动机所处环境条件。

3）计算确定合适的电动机容量。通常设计制造的电动机，在 75% ~100% 额定负载率时，效率最高。因此应使设备需求的容量与被选电机的容量差值为最小，使电机的功率被充分利用。

4）选择可靠性高、便于维护的电动机。

5）考虑到互换性，尽量选择标准电动机。

6）为使整个系统高效率运行，要综合考虑电机的极数及电压等级。

（2）选用电动机的主要步骤：

1）根据生产机械性能的要求，选择电动机的种类。

2）根据电源的情况，选择电动机额定电压。

3）根据生产机械所要求的转速以及传动设备的情况，选择电动机额定转速。

4）根据电动机和生产机械安装的位置和场所环境，选择电动机的结构及防护型式。

5）根据生产机械所需要的功率和电动机的运行方式，选择电动机的额定功率。

任务 7.2　电动机容量的选择

【任务要点】

（1）了解电动机温度升高的物理过程。

（2）明确选择电动机额定功率的意义和条件。

（3）电动机容量的选择依据、方法。

7.2.1　任务描述与分析

7.2.1.1　任务描述

电动机容量的选择就是电动机额定功率的选择。在进行电力拖动设计时，必须按照经济、可靠的原则选择电动机，而选择电动机的一个重要问题，就是选择电动机的额定功率。通俗地说，就是选择多大的电动机。这个问题涉及电机、电力拖动、热学等方面的知识。

7.2.1.2　任务分析

本任务主要明确电动机容量的选择依据和方法。为电气控制工程设计中关于电动机容量的选择提供比较简便的实用的参考。

7.2.2　相关知识

7.2.2.1　关于选择电动机额定功率的一般说明

A　电动机温度升高的物理过程

长期不工作的电动机，它的温度总是同环境温度一样的，而工作的电动机，它的温度必然高于环境温度。这是因为电动机要工作就必须有电流和磁通存在，通过电流的部分会产生能量损耗，称为铜损耗，铁芯中的变化磁通也会产生能量损耗，称为铁损耗，电动机旋转时，轴承摩擦、电刷摩擦、转动部分与空气摩擦都会产生能量损耗，称为机械损耗。铜损耗、铁损耗和机械损耗全都变成热能，引起电动机温度升高。电动机温度与环境温度之差，称为温升。因此，工作的电动机必然有温升存在。

当电动机温度高于环境温度时，电动机就要向周围介质散发热量。因此，电动机因损耗而产生的热量，一部分储藏在电动机本身，引起温度升高，另一部分散发到周围介质中去。这种热平衡关系可以用公式表示如下：

$$发热量 = 储热量 + 散热量 \tag{7-1}$$

设电动机的负载恒定，则损耗功率恒定，即单位时间内产生的热量恒定。在开始工作的瞬间，因为温升等于零，所以不向周围介质散热，发热量全部储藏起来，使温度升高较快。随着温升增加，单位时间内的散热量增多，储热量减少，因而温度升高减慢。当时间足够长时，单位时间内产生的热量全部散发掉，电动机储存的热量不再增加，因而温度不再升高，这就是热的稳定状态。稳定状态的温度称为稳态温度，稳定状态的温升称为稳态温升。电动机的负载愈大，损耗功率也愈大，单位时间内产生的热量也愈多，只有在更高的温升下才能将单位时间内产生的热量全部散发掉，因此稳态温升也愈高。

从以上说明的温度升高过程可以得出下列两个重要结论：

（1）在达到热稳定状态之前，温升的高低取决于负载大小和时间长短这样两个因素。时间很短的大负载并不能引起很高的温升，时间很长的小负载却有可能引起较高的温升。

（2）稳态温升与负载大小有关，负载愈大，稳态温升愈高。

B　温度和温升

电动机的温度和温升是既有联系又有区别的两个概念。因为电动机在单位时间内向外散发的热量直接取决于它的温度比环境温度高出多少，即温升的高低，所以电动机的负载直接决定了稳态温升。然而，电动机结构材料所限制的却是电动机的温度而不是温升。对于一定的环境温度来说，电动机的负载愈大，它的稳态温升愈高，稳态温度也愈高。对于不同的环境温度来说，在一定的稳态温度限制下，环境温度愈高，允许的电动机稳态温升愈低，也就是允许的负载愈小。

C　绕组绝缘材料的等级

在构成电动机的各种材料中，耐热性能最差的是绕组绝缘材料。因此，电动机的温度受到绕组绝缘材料的耐热性能的限制。绝缘材料的温度愈高，它的寿命就愈短，当温度高达一定限度时，绝缘材料可以因烧焦而立即损坏。综合考虑经济效果，电动机应能使用20年左右。根据这个要求，将绕组绝缘材料按照耐热性能（也就是允许的最高温度）分成A、E、B、F、H共5个等级，如表7－2所示。

表7－2　电机绕组绝缘材料的等级

等级	绝 缘 标 榜	允许最高温度/℃	在标准环境温度（40℃）下，允许的最高温升/K
A	用普通绝缘漆浸渍处理的棉纱、丝、纸和普通漆包线的绝缘漆	105	65
E	环氧树脂、聚酯薄膜、表壳纸、三醋酸纤维薄膜、高强度漆包线的绝缘漆	120	80
B	云母、玻璃纤维、石棉（用有机胶黏合或浸渍）	130	90
F	材料同B级，但用合成胶黏合或浸渍	155	115
H	材料同B级，但用硅有机树脂黏合或浸渍	180	140

D　电动机的额定功率

当电动机在标准环境温度（40℃）下以固有特性运行时，按照发热条件允许的最大输出功率，称为电动机的额定功率，也称为电动机的容量。由于电动机的输出功率大小只能决定它的稳态温升的高低，而稳态温度还与环境温度有关，实际的环境温度又是随季节和地区的不同而变化的。为了统一标准起见，各国都规定了标准环境温度。我国规定标准环境温度为40℃。各种等级的绕组绝缘材料在标准环境温度下允许的最高温升如表 7 - 2 所示。因为槽内绕组绝缘材料处在电动机温度最高的地方，所以电动机外壳在标准环境温度下允许的最高温升应当低于表 7 - 2 所给出的数值。电动机在额定条件下运行的稳态温升，称为额定温升。

E　正确选择电动机额定功率的意义

生产机械工作时必须消耗一定的机械功率，所需机械功率是由拖动电动机提供的。如果配置的电动机额定功率合适，电动机运行时的稳态温度就会等于绕组绝缘材料允许的最高温度，电动机就能够达到合理的使用年限，从发热观点考虑，电动机得到了充分利用。如果配置的电动机额定功率偏小，电动机就将过载运行，稳态温度就会超过绕组绝缘材料允许的最高温度，电动机达不到应有的使用年限，因而是不合理的。如果配置的电动机额定功率过大，电动机将轻载运行，稳态温度比绝缘材料允许的最高温度低很多，电动机按照发热条件没有得到充分利用，这不仅增加了初投资，而且降低了电动机的效率，对异步电动机还降低了功率因数，显然也是不合理的。由此可见，正确选择电动机的额定功率，使电动机按照发热条件得到充分利用，具有很重要的意义。然而，生产实际中的负载性质是多种多样的，有时不可能按照从发热观点充分利用电动机的要求来选择电动机的额定功率。例如：有的生产机械存在短时间的大负载，在这段时间内，温升并不会达到很高的数值，如果按照从发热观点得到充分利用的条件配置电动机，很可能受到过载能力的限制，不允许电动机在短时间内带动这样大的负载，因而不得不按照过载条件选择额定功率较大的电动机。又如一些要求快速启动、制动的生产机械，也必须选择额定功率较大的电动机去满足缩短启动、制动时间的要求。在这些情况下，虽然电动机从发热观点得不到充分利用，但是按照过载条件得到了充分利用，这样选择的电动机额定功率也是合理的。

F　选择电动机额定功率的条件

选择电动机的额定功率，必须同时满足以下两个条件：

（1）发热条件。

选择电动机额定功率的发热条件就是保证绕组绝缘材料的使用年限，这就是电动机运行时的最高温度应当等于或稍低于绕组绝缘材料允许的最高温度。按照标准环境温度考虑，就是电动机运行时的最高温升应当等于或稍低于绕组绝缘材料允许的最高温升（即额定温升）。

（2）过载条件。

选择电动机额定功率的过载条件就是电动机短时过载电流或短时过载转矩不能超过许可值。限制直流电动机过载的因素是换向。直流电动机短时过载电流不能超过换向条件许可的最大电流。限制三相异步电动机过载的因素是最大转矩，三相异步电动机的短时过载转矩应当小于最大转矩。由于电网电压通常允许有 ±10% 的波动，而最大转矩又与电网电压的二次方成正比，因此，最大转矩应当按照实际可能的最低电压来考虑。

对于带负载启动的笼型转子异步电动机，选择额定功率时除了考虑发热条件和过载条件，还要考虑启动转矩是否够用。即使发热条件和过载条件都能满足要求，但是启动转矩满足不了带负载启动的要求，也必须另选额定功率较大的电动机。

7.2.2.2　电动机的温升变化过程

A　电动机的温升方程式

上面对电动机的发热作了定性分析说明，较长时间不工作的电动机，在带动负载运行的过程中，温升逐渐升高，这种现象称为电动机的发热。不难理解，运行的电动机在它停车以后，温升会逐渐降低，这种现象称为电动机的冷却。根据同样的道理，电动机的负载由小变大会引起温升升高，而电动机的负载由大变小则会引起温升降低。下面将要找出描述温升变化的解析关系——温升方程式。

电动机的热交换关系是比较复杂的。就内部关系来说，空载和轻载运行时铁损耗大于铜损耗，铁芯温度高于绕组温度，热量从铁芯传递给绕组，重载运行时，热量又从绕组传递给铁芯。就外部关系来说，电动机向周围介质散热要通过传导、对流和辐射等多种方式。耐热性能最差的部分是绕组绝缘，槽内绕组绝缘从导线和铁芯两方面受热，温度最高。如果按照实际的热交换关系分析槽内绕组绝缘的温升变化规律，将是非常复杂的。因此，须作以下假定：

（1）假定电动机为理想导热体。在这个假定下，电动机内部没有温差，电动机只同周围介质发生热交换关系。

（2）假定电动机只通过传导向周围介质散热。在这个假定下，电动机在单位时间内向周围介质散发的热量与温升成正比。

按照上面两点假定，可以画出电动机的发热模型如图7－1所示。电动机的损耗功率ΔP就是电动机在单位时间内产生的热量，当ΔP的单位用W(即J/s)时，就表明电动机每秒钟产生了$\{\Delta P\}_{W}$焦耳的热量。如果考虑到热量的非法定计量单位cal(卡)，则有：

$$\{Q\}_{cal/s}=0.24\{\Delta P\}_{W} \tag{7-2}$$

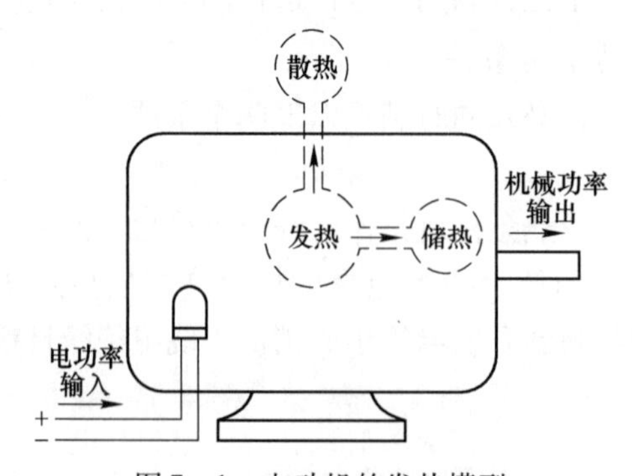

图7－1　电动机的发热模型

式（7－2）表示$\{\Delta P\}_{W}$瓦的损耗在每秒内产生了$\{Q\}_{cal/s}$卡的热量。在以下的分析中采用法定计量单位，ΔP就表示单位时间内的发热量。电动机本身吸收的热量称为储热，储热愈多，温升愈高。使电动机的温度升高1℃所需要的热量称为热容量，用符号c表示，

热容量 c 的单位是J/K。当电动机的散热条件一定时，单位时间内散发的热量与温升成正比。电动机的散热条件用散热系数 A 来衡量，A 的单位是J/(K·s)，散热系数表示温升为1K、在时间1s内散热的焦耳数。

设电动机的损耗功率为 ΔP，温升为 τ，经过无限小的时间间隔 $\mathrm{d}t$，温升升高了一个无限小的增量 $\mathrm{d}\tau$，在这段无限小的时间间隔 $\mathrm{d}t$ 内有

发热量：$\Delta P\mathrm{d}t$

储热量：$\Delta C\mathrm{d}\tau$

散热量：$\Delta A\tau r\mathrm{d}t$

发热量应当等于储热量加散热量，由此得到热平衡方程式：

$$\Delta P\mathrm{d}t = C\mathrm{d}\tau + A\tau\mathrm{d}t \tag{7-3}$$

当损耗功率 ΔP 恒定、散热条件不变时，将式（7-1）用分离变量法求解如下：

$$C\mathrm{d}\tau = (\Delta P - A\tau)\mathrm{d}t$$

$$\int\frac{\mathrm{d}\tau}{A\tau - \Delta P} = \frac{-1}{C}\int\mathrm{d}t$$

$$\frac{1}{A}\ln(A\tau - \Delta P) = -\frac{t}{C} + K \tag{7-4}$$

积分常量 K 应当将初始条件：$t=0$，$\tau=\tau_c$（τ_c 称为初始温升）代入上式确定，确定积分常量后可以得出温升方程式如下：

$$\tau = \tau_W + (\tau_c - \tau_W)e^{-\frac{t}{\tau}} \tag{7-5}$$

式中，$\tau_W=\dfrac{\Delta P}{A}$为稳态温升。因为 ΔP 是单位时间内的发热量，$\tau_W A$ 是单位时间内的散热量，$\tau_W A=\Delta P$ 表明散热量等于发热量，电动机的储热量不变，是热稳态，所以 τ_W 是稳态温升；τ_c 为初始温升，即 $t=0$ 时的温升；$T=\dfrac{c}{A}$为热时间常量。因为 c 的单位是J/K，A 的单位是J/(K·s)，所以 T 具有时间的单位s。

式（7-5）是描述温升变化的一般关系式。分析具体问题时，将初始温升、稳态温升和热时间常量代入，就得到描述具体的温升变化过程的关系式。

B　电动机的温升升高过程

（1）初始温升等于零的情况。

将 $\tau_c=0$ 代入式（7-5），得：

$$\tau = \tau_W(1 - e^{-\frac{t}{\tau}}) \tag{7-6}$$

式（7-6）描述的温升由零升高到稳态值的过程，如图7-2中曲线1所示。曲线表明，开始时温升升高最快，随着温升增高，温升升高的速度愈来愈慢。这是因为单位时间内的发热量恒定，温升愈高，单位时间内的散热量愈大，总储热量的增加愈小，所以温升升高愈慢。由式（7-6）知，当 $t\to\infty$ 时，$\tau=\tau_W$，可见温升完全达到稳态值须经过无限长的时间。这个结论的物理意义不难理解，因为当温升很接近稳态值时，散热量很接近发热量，总储

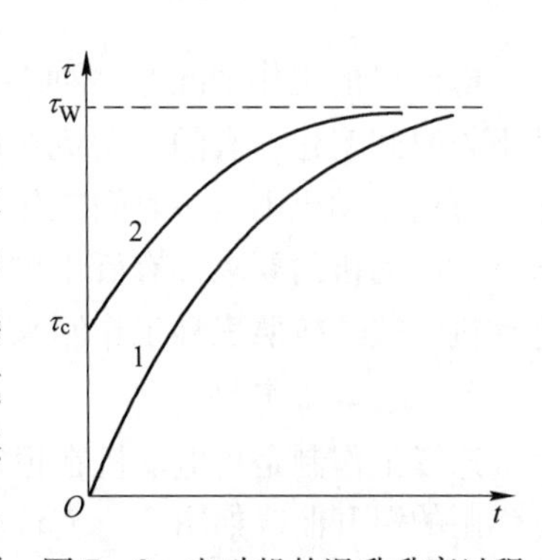

图7-2　电动机的温升升高过程

热量的增加接近于零，所以温升升高极其缓慢，只有经过无限长的时间，总储热量才能增加到使温升等于稳态值。从工程观点考虑，可以认为当 $t=(3\sim4)T$ 时，$\tau=(0.95\sim0.98)\tau_W$。小容量的封闭式异步电动机的热时间常数等于 10 ~ 20min，因而在恒定负载下温升从零升高到稳态值的时间约为 30 ~ 80min。

（2）初始温升不等于零的情况。

这种情况可以因负载由小增大而发生。设负载开始增大时的温升为τ_c，负载增大后的损耗为 ΔP，相应的稳态温升为$\tau_W=\Delta P/A$，温升升高过程的方程式为式（7 -5），温升升高曲线如图 7 -2 中曲线 2 所示。温升完全达到稳态值所需要的时间为∞，工程上可以认为这段时间等于（$3\sim4)T$，因为经过这段时间温升升高了（$0.95\sim0.98)(\tau_W-\tau_c)$。

C　电动机的温升降低过程

（1）稳态温升等于零的情况。

运行的电动机断电停止，就会出现温升逐渐降低到零的过程。因为电动机不工作，损耗等于零，所以稳态温升等于零。将$\tau_W=0$ 代入式（7 -5），得到温升降低过程的方程式

$$\tau=\tau_c e^{-\frac{t}{T}} \tag{7-7}$$

温升降低曲线如图 7 -3 中曲线 1 所示。温升完全降低到零所需的时间为∞，因为温升降低是散热引起储热减少所造成的，温升愈接近于零，在单位时间内，散发的热量愈接近于零，储热减少也愈接近于零，所以温升降低的速度也愈接近于零。工程上可以按照 $t=(3\sim4)T$ 确定温升降低到零的时间。

对于自带风扇冷却的电动机来说，停止时散热条件变坏，散热系数 A 减小，热时间常量增大。我们用 T_0 表示停止时的热时间常量，以区别于额定转速运行时的热时间常量 T，通常 $T_0=(2\sim3)T$。对于另装鼓风机通风冷却（即强迫通风）的电动机来说，则有$T_0=T$。

（2）稳态温升不等于零的情况。

这种情况的温升降低曲线如图 7 -3 中曲线 2 所示，温升降低的方程式仍然用式（7 -5）表示。因为由损耗 ΔP 决定的稳态温升τ_W 低于初始温升τ_c，所以式（7 -5）描述的是温升降低过程。当电动机原来在较大的负载下运行已经达到较高温升时，由于负载减小就可以出现这种温升降低过程。

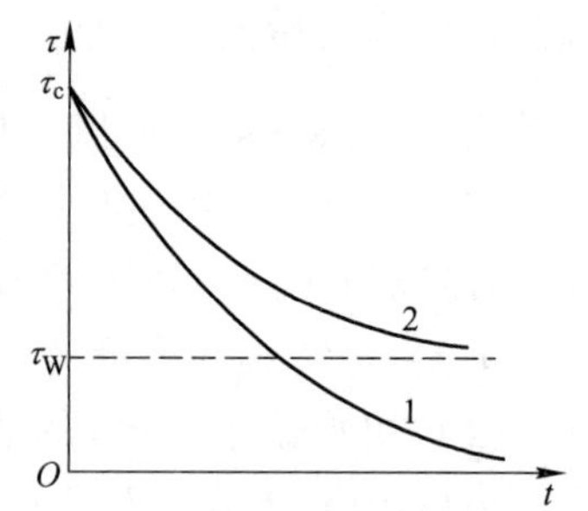

图 7 -3　电动机的温升降低曲线

7.2.2.3　按照发热情况划分电动机的工作制

电动机的工作情况是多种多样的，有的电动机在恒定负载下长时间工作，有的电动机在周期性变动负载下长时间工作，有的电动机只是短时间工作，有的电动机则是短时间工作与短时间停止互相交替。由于各种工作情况的温升变化规律和对电动机的要求都有所不同，为了充分利用电动机，必须按照发热情况划分工作制。电动机制造厂按照三种工作制来设计电动机，现在分别说明这三种工作制如下。

A　连续工作制

连续工作制是指电动机在恒定负载下长时间工作，温升可以达到稳态值的情况。连续工作制的温升曲线如图 7 -4(a) 所示。设计连续工作制的电动机主要应当保证较高的额定效率和功率因数。连续工作制的电动机的额定功率，是指在标准环境温度下长期工作时

允许的最大输出功率（此时转速应为额定值）。例如，JR－114－4 型绕线转子三相异步电动机的铭牌上标明：额定功率 115kW，额定转速 1465r/min，额定工作方式连续。说明这台电动机在标准环境温度下允许长时间连续输出的最大功率是 115kW（此时转速应当是 1465r/min），电动机在这样的额定条件下运行时，稳态温升等于绕组绝缘许可的最高温升，即额定温升。从产品样本中查得该电动机采用 B 级绝缘，所以额定温升 $\tau_c = 130℃ - 40℃ = 90℃ = 90K$。

连续工作制的电动机的额定温升可以用下式表示：

$$\tau_c = \frac{\Delta P_C}{A} \tag{7-8}$$

式中　ΔP_C——额定运行时的损耗功率，简称额定损耗；

A——散热系数。

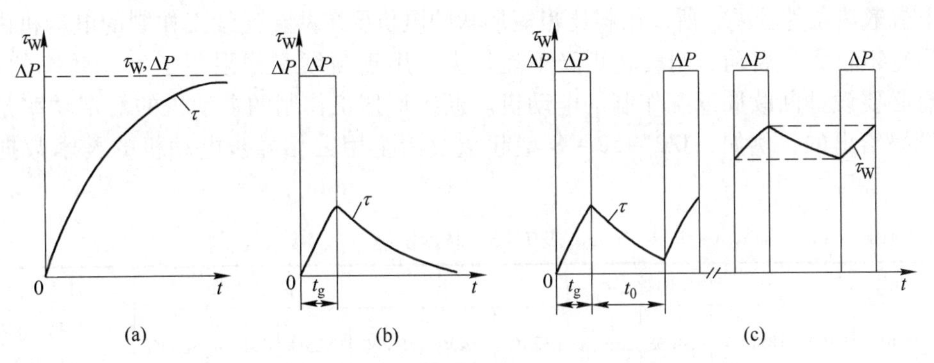

图 7－4　电动机三种工作制的温升曲线

（a）连续工作制；（b）短时工作制；（c）断续周期工作制

B　短时工作制

短时工作制是指电动机在恒定负载下短时工作，温升还没有达到稳态值就断电停止，而停止时间很长，在停止时间内温升可以降低到零，即停止时间≥(3～4)T_0。短时工作制的温升曲线如图 7－4(b) 所示。如果将连续工作制的电动机用于短时工作，即使电动机的转矩等于许可的最大转矩，温升也往往达不到额定值，由于过载能力的限制，使电动机得不到充分利用。因此，设计短时工作制的电动机主要应当使它具有较大的过载能力。

短时工作制电动机的额定功率是按照规定的工作时间（也称为短时定额）允许输出的最大功率，我国规定的短时定额有 15min、30min、60min 和 90min 四种。对于同一台电动机来说，短时定额不同，额定功率也不同，短时定额愈长，额定功率愈小，过载能力愈大。例如，JTD－430 型笼型转子三相异步电动机的额定功率为 6.4kW，额定转速为 800r/min，30min 短时定额。表明这台电动机按照 30min 短时工作允许的最大输出功率是 6.4kW。

C　断续周期工作制

断续周期工作制是指电动机在恒定负载下短时间工作和短时间停止相交替，并呈周期性变化，在工作时间内温升达不到稳态值，在停止时间内温升降不到零，如图 7－4(c) 所示。工作时间与停止时间之和称为一个周期，工作时间与周期之比称为负载持续率。

$$FS = \frac{t_g}{t_g + t_0} \times 100\% \tag{7-9}$$

式中　FS——负载持续率,%；

t_g——工作时间；

t_0——停止时间；

$t_g + t_0$——周期。

国家标准规定断续定额有 15%、25%、40% 和 60% 四种，国家标准同时还规定周期 $t_g + t_0 \leqslant 10\text{min}$。

可以证明，当断续周期工作的时间足够长时，温升呈周期性波动，如图 7 - 4(c) 中曲线 $\tau_W \sim t$ 见图 7 - 4(c) 所示，这种情况称为断续周期工作制的热稳态，周期性变化的温升 $\tau_W(t)$ 也称为稳态温升。

断续周期工作制的电动机适合用在要求频繁启动、制动的场合。它具有比较大的过载能力和比较小的飞轮矩。比较小的飞轮矩是靠将转子制成细长形状来实现的，由于细长形状的电机散热条件较差，所以用料比粗短形状的电机要多些。连续工作制的电动机由于本身的飞轮矩较大，启动、制动转矩又不能很大，用于断续工作限制了生产效率的提高，因而有必要设计断续周期工作制的电动机。断续周期工作制的电动机的额定功率是按负载持续率给出的，例如，JZ2 - 52 - 8 型起重及冶金用三相异步电动机的技术数据见表 7 - 3。

表 7 - 3　技术数据

额定功率/kW			功率因数			效　率			额定电流/A			启动电流/A
FS25%	FS40%	FS60%	FS25%	FS40%	FS60%	FS25%	FS40%	FS60%	FS25%	FS40%	FS60%	额定电流 (FS25%)
30	25	20	0. 73	0. 73	0. 68	0. 86	0. 84	0. 84	72. 5	54	50. 3	6. 6

由于电动机是分别按照连续工作制、短时工作制和断续周期工作制设计的，所以应当根据生产机械的工作情况选择相适应的工作制的电动机。但是在某些情况下，也存在着电动机实际运行的工作制与电动机本身设计的工作制并不一致的现象，例如，将为连续工作制设计的电动机用于按短时工作制运行。在这种情况下，分清电动机本身设计的工作制和实际运行时的工作制的含义是很必要的。

7. 2. 2. 4　连续工作制的电动机额定功率选择

A　标准环境温度下的额定功率选择

有些生产机械启动以后就在恒定负载下连续运行几个小时甚至几个昼夜，启动时间只占整个工作时间的极少部分。属于这类生产机械的有鼓风机，水泵等。显然，这类生产机械适合采用为连续工作制设计的电动机来拖动。由于启动时间很短，工作时间很长，启动过程发热对稳态温升的影响不需要考虑。稳态温升完全由静负载决定。根据工作机构的静负载算出电动机轴上的静负载功率 P_j 以后，就可以按照下式选择电动机的额定功率

$$P_e \geqslant P_j$$

因为连续工作制的电动机长期输出额定功率时，稳态温升等于额定温升，所以在标准环境温度下，按照 $P_e = P_j$ 选择电动机的额定功率，就能使电动机得到充分利用。由于电动机的额定功率只能按照一定间隔制成有限多的等级，往往没有与静负载功率 P_j 相等的

额定功率 P_e，因而须按 $P_e > P_j$ 的条件选取接近的额定功率。

现列举几种生产机械的静负载功率的计算公式如下：

（1）工作机构做直线运动的生产机械

$$P_j = \frac{\{F\}_N \times \{v\}_{m/s}}{\eta} \times 10^{-3} \quad (kW) \tag{7-10}$$

式中　P_j——电动机的静负载功率；

$\{F\}_N$——工作机构的静阻力以 N 为单位的数值；

$\{v\}_{m/s}$——工作机构的线速度以 m/s 为单位的数值；

η——传动效率。

（2）工作机构做旋转运动的生产机械

$$P_j = \frac{\{M\}_{N\cdot m} \times \{n\}_{r/min}}{9550\eta} \quad (kW) \tag{7-11}$$

式中　P_j——电动机的静负载功率；

$\{M\}_{N\cdot m}$——工作机构的静负载转矩以 N · m 为单位的数值；

$\{n\}_{r/min}$——工作机构的转速以 r/min 为单位的数值；

η——传动效率。

（3）泵

$$P_j = \frac{\{Q\}_{m^3/s} \times \{\gamma\}_{N/m^3} \times \{H\}_m}{\eta_1\eta_2} \times 10^{-3} \quad (kW) \tag{7-12}$$

式中　P_j——电动机的静负载功率；

$\{Q\}_{m^3/s}$——泵的流量以 m^3/s 为单位的数值；

$\{\gamma\}_{N/m^3}$——液体的单位体积的重力以 N/m^3 为单位的数值；

$\{H\}_m$——计算馈送高度以 m 为单位的数值；

η_1——泵的效率，低压离心式泵为 0.3 ~ 0.6，高压离心式泵为 0.5 ~ 0.8，活塞式泵为 0.8 ~ 0.9；

η_2——传动效率，当电动机与泵直接相连时，$\eta_2 = 1$。

计算馈送高度 H 由四部分组成：$H = H_1 + H_2 + H_3 + H_4$，$H_1$ 为吸入高度（吸程），指由液面至泵轴线的距离；H_2 为压入高度（扬程），指由泵轴线至最高点的距离；H_3 为损耗压头，指管道中转弯接头、阀门等处损失的压头；H_4 为出口压头，指保证出口流速所需的压头。

（4）鼓风机

$$P_j = \frac{\{Q\}_{m^3/s} \times \{h\}_{N/m^2}}{\eta_1\eta_2} \times 10^{-3} \quad (kW) \tag{7-13}$$

式中　P_j——电动机的静负载功率；

$\{Q\}_{m^3/s}$——气体流量以 m^3/s 为单位的数值；

$\{h\}_{N/m^2}$——鼓风机压力以 N/m^2 为单位的数值；

η_1——鼓风机效率，大型鼓风机为 0.5 ~ 0.8，中型离心式鼓风机为 0.3 ~ 0.5，小型叶轮式鼓风机为 0.2 ~ 0.35；

η_2——传动效率。

B　环境温度不等于标准值时，额定功率的修正

连续工作制的电动机输出额定功率时，稳态温升等于额定温升。如果环境温度等于标准值，稳态温度便等于许可最高温度，电动机得到了充分利用。如果环境温度低于标准值，稳态温度便低于许可最高温度，电动机得不到充分利用。如果环境温度高于标准值，稳态温度便高于许可最高温度，电动机就会过热。因此，当环境温度不等于标准值时，电动机按照发热条件许可的最大输出功率是不等于额定功率的。计算环境温度不等于标准值时按照发热条件许可的最大输出功率，称为对额定功率的修正。电动机的实际工作环境温度一般都不等于标准值，因而额定值的修正是比较重要的。

设电动机的额定温升为 $\tau_e = \Delta P_e / A$，许可最高温度为 θ_m，则在标准环境温度下有：

$$\theta_m = \tau_e + 40℃$$

$$\theta_m - 40℃ = \frac{\Delta P_e}{A} \tag{7-14}$$

设实际环境温度 θ_0 下使电动机得到充分利用的稳态温升为 $\tau_W = \Delta P / A$，则有：

$$\theta_m = \tau_W + \theta_0$$

$$\theta_m - \theta_0 = \frac{\Delta P}{A} \tag{7-15}$$

式中，ΔP 为在环境温度 θ_0 下按照发热条件许可的最大损耗。

将式（7-15）除以式（7-14），得：

$$\frac{\Delta P}{\Delta P_e} = \frac{\theta_m - \theta_0}{\theta_m - 40℃} \tag{7-16}$$

对于确定的电动机来说，ΔP 和 θ_m 都是已知量，因而通过式（7-16）可以计算出在实际环境温度 θ_0 下长期运行许可的最大损耗 ΔP。这就是对额定损耗 ΔP_e 进行环境温度的修正，修正值为 ΔP。

电动机的损耗可以看成由固定损耗和可变损耗两部分组成。由负载电流产生的铜损耗称为可变损耗，因为它是随负载变化而变化的。理想空载时，可变损耗等于零。总损耗中除去可变损耗的部分统称固定损耗，这部分损耗可以认为是不随负载变化而变化的。电动机空载运行时，可变损耗很小，因而通常就把空载损耗当成固定损耗。将损耗表示为固定损耗与可变损耗之和。

即

$$\Delta P_e = p_0 + p_{Cu \cdot e}$$

$$\Delta P_e = p_{Cu \cdot e}(k+1) \tag{7-17}$$

式中　ΔP——额定损耗；

p_0——空载损耗，即固定损耗；

$p_{Cu \cdot e}$——额定负载电流产生的铜损耗，也称为额定可变损耗；

k——固定损耗与额定可变损耗之比，简称损耗比，$k = \frac{p_0}{p_{Cu \cdot e}}$。

$$\Delta P = p_0 + p_{Cu}$$

$$\Delta P = p_{Cu \cdot e}\left(k + \frac{p_{Cu}}{p_{Cu \cdot e}}\right)$$

$$\Delta P = p_{Cu \cdot e}\left(k + \frac{I^2}{I_e^2}\right) \tag{7-18}$$

式中　I——负载电流；

I_e——额定电流；

p_{Cu}——负载电流 I 产生的可变损耗；

ΔP——负载电流为 I 时的总损耗。

将式（7－18）和式（7－17）代入式（7－16），得：

$$\frac{k+\frac{I^2}{I_e^2}}{k+1}=\frac{\theta_m-\theta_0}{\theta_m-40℃}$$

在上式中考虑到

$$\frac{\theta_m-\theta_0}{\theta_m-40℃}=1+\frac{40℃-\theta_0}{\tau_e}$$

经过变换，得到：

$$I=I_e\sqrt{1+\frac{40℃-\theta_0}{\tau_e}(k+1)} \tag{7-19}$$

式（7－19）是当环境温度不等于标准值时对额定电流进行修正的公式。式中电流 I 是环境温度为 θ_0 时按照发热条件允许的最大电流，也可以称为额定电流的修正值。从式（7－19）看出，当 $\theta_0<40℃$ 时，$I>I_e$，电动机允许长期工作在大于额定电流的情况下，当 $\theta_0>40℃$ 时，$I<I_e$，电动机长期工作的电流必须小于额定值。

当他励直流电动机磁通为额定值时，与式（7－19）中电流对应的转矩为：

$$M=C_M\phi_eI$$

$$M_e=C_M\phi_eI_e$$

于是得到对额定转矩进行环境温度修正的公式：

$$M=M_e\sqrt{1+\frac{40℃-\theta_0}{\tau_e}(k+1)} \tag{7-20}$$

式中　M_e——电动机的额定转矩，即在标准环境温度下长期运行时允许的最大转矩；

M——额定转矩的修正值，即在环境温度 θ_0 下长期运行时允许的最大转矩。

三相异步电动机在额定转矩附近的一定范围内，磁通和转子功率因数都可以认为是额定值，因而也可以用式（7－20）对额定转矩进行修正。

对于他励直流电动机和三相异步电动机，因为固有特性是硬特性，不同转矩时的转速可以认为是额定值，与式（7－20）中转矩对应的功率为：

$$\{P\}_{kW}=\frac{\{M\}_{N\cdot m}\{n\}_{r/min}}{9550}$$

$$\{P_e\}_{kW}=\frac{\{M_e\}_{N\cdot m}\{n_e\}_{r/min}}{9550}$$

因而得到对额定功率进行环境温度修正的公式：

$$P=P_e\sqrt{1+\frac{40℃-\theta_0}{\tau_e}(k+1)} \tag{7-21}$$

式中　P_e——电动机的额定功率；

P——额定功率的修正值。

固定损耗与额定可变损耗的比值 k 因电动机不同而异。普通用途的直流电动机 $k=$

1.5，笼型转子异步电动机 $k=0.5\sim0.7$，起重及冶金用直流电动机 $k=0.5\sim0.9$，起重及冶金用中、小型绕线转子异步电动机 $k=0.45\sim0.6$，起重及冶金用大型绕线转子异步电动机 $k=0.9\sim1.0$。

为了说明环境温度对额定功率的影响，现列举国产中型异步电动机（B 级绝缘）的数据，见表 7-4。

表 7-4 数据

环境温度/℃	30	35	40	45	50	55
功率增加	+8%	+5%	0	-5%	-12.5%	-25%

7.2.2.5 连续周期工作制的电动机额定功率选择

A 连续周期工作制的典型情况

连续周期工作制是指电动机连续运行但负载作周期性变化的工作情况。连续周期工作制有两种典型情况：

（1）每个周期由几段不同负载的运行时间组成，其中也可以包括空载运行，各段运行时间较短，温升均达不到与各段负载相应的稳态值，如图 7-5(a) 所示。

（2）每个周期内包括一段启动时间和一段制动时间，各段运行时间较短，温升均达不到与各段负载相应的稳态值，如图 7-5(b) 所示。

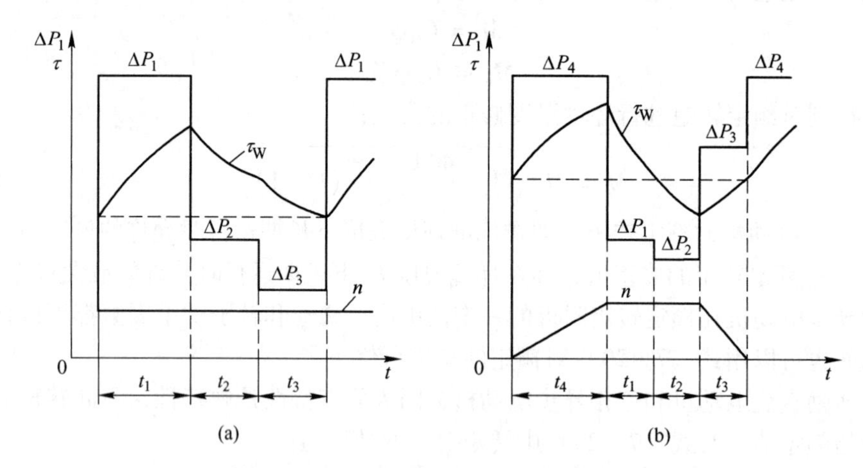

图 7-5 连续周期工作制的两种典型情况

（a）转速基本不变；（b）包括启动、制动过程

连续周期工作制的热稳态是指电动机温升按周期性变化的状态。因为每个周期终了时的温升等于该周期开始时的温升，所以一个周期内的总发热量等于总散热量，周期开始时的储热量和周期终了时的储热量相等，因此称为热稳态。但是就连续周期工作制热稳态的每一个时刻来说，单位时间内的发热量并不等于散热量，这是与连续工作制的热稳态所不同的。

电动机按连续周期工作制运行时，不论是否包括启动、制动过程，都不存在因过载能力限制按照发热条件充分利用电动机的问题，因此，应当选用为连续工作制设计的电动机。

B　连续周期工作制的电动机额定功率的预选

为连续工作制设计的电动机的额定功率，是指恒定不变的长期输出功率，而电动机按连续周期工作制运行时，实际负载是变化的。因此，不能像连续工作制运行时那样按照静负载功率直接选择电动机的额定功率。连续周期工作制的电动机额定功率选择的特点，是首先预选电动机，然后对预选的电动机进行发热校验和过载校验。因为在变动负载下必然存在过渡过程，只有预选了电动机，才能求出运行时的过渡过程曲线，如 $I-t$ 曲线、$M-t$ 曲线，$n-t$ 曲线等，这些曲线统称为负载图。根据整个周期的负载图，进行发热校验和过载校验。如果校验结果表明预选的电动机额定功率不够，就要重新预选电动机，并重绘负载图再作校验。

根据生产工艺的要求，只能作出静负载图，这就是静负载转矩与时间的关系曲线或静负载功率与时间的关系曲线。通常按照下列关系预选电动机的额定转矩

$$M_e = (1.1 \sim 1.6) M_{j \cdot pj} \tag{7-22}$$

式中，$M_{j \cdot pj} = \dfrac{M_1 t_1 + M_2 t_2 + \cdots + M_n t_n}{t_1 + t_2 + \cdots + t_n}$ 为静负载转矩的平均值。

或按下式预选电动机的额定功率

$$P_e = (1.1 \sim 1.6) P_{j \cdot pj} \tag{7-23}$$

式中，$P_{j \cdot pj} = \dfrac{P_1 t_1 + P_2 t_2 + \cdots + P_n t_n}{t_1 + t_2 + \cdots + t_n}$ 为静负载功率的平均值。

在式（7-22）和式（7-23）中，系数1.1～1.6是考虑过渡过程中发热增大的影响而引入的。

C　连续周期工作制电动机的发热校验

（1）平均损耗法。设电动机按连续周期工作制运行时的损耗负载图（$\Delta p-t$ 曲线）如图7-6所示，一个周期由三段时间 t_1、t_2、t_3 组成，各段时间内的损耗功率分别为 ΔP_1、ΔP_2、ΔP_3，与各段损耗相对应的稳态温升分别为 $\tau_{W1} = \Delta P_1/A$、$\tau_{W2} = \Delta P_2/A$、$\tau_{W3} = \Delta P_3/A$。为了作温升曲线方便，适当选取比例尺，使损耗与相应的稳态温升具有相同的高度，即 ΔP_1 与 τ_{W1}、ΔP_2 与 τ_{W2}、ΔP_3 与 τ_{W3} 分别具有相同的高度。设电动机从温升等于零的状态开始工作，第一个周期内的温升按图中 $\tau-t$ 曲线上升。第二个周期开始时，温升不等于零，温升继续升高的结果必然使第二个周期内的温升高于第一个周期内的温升。因为后一个周期开始时的温升总是高于前一个周期开始时的温升，所以后一个周期内各时刻的温升总是高于前一个周期内相应时刻的温升。这就说明后一个周期内的总散热量比前一个周期要大。既然一个周期内的总发热量是恒定的，因而随着周期数目递增，一个周期内的总储热量增加愈来愈少。可以推论，当周期数目趋于无限大时，一个周期内的总储热量不变。例如，图7-6中画出的稳态温升曲线 τ_W-t 表明，t_1 时间内增加的储热量与 t_2+t_3 时间内的散热量相等，周期开始时的储热量与周期终了时的储热量相等，因而初始温升等于终了温升。这个结论也可以用数学方法证明。

当各段工作时间 t_1、t_2、t_3 比起热时间常量 T 来小很多时，稳态温升的波动不大，从而可以把稳态温升看成是恒定的。在这个近似条件下，一个周期（为了得出一般性的结论，认为一个周期由 n 段工作时间 t_1、t_2、…、t_n 组成）内的散热量为

$$\tau_W A(t_1 + t_2 + \cdots + t_n)$$

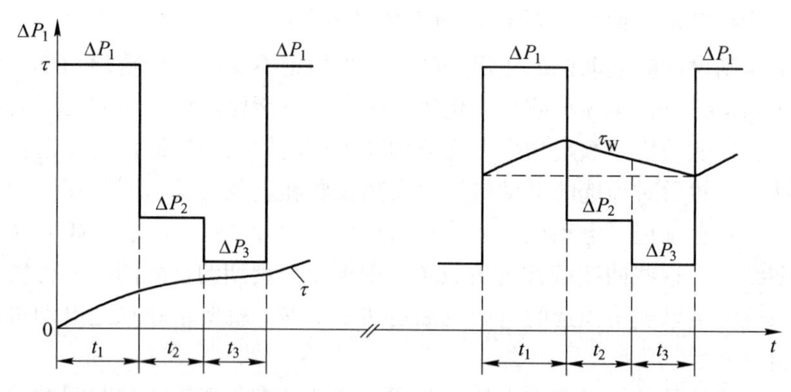

图7-6　电动机按连续周期工作制运行时的损耗负载图和温升曲线

一个周期内的发热量为

$$\Delta P_1 t_1 + \Delta P_2 t_2 + \cdots + \Delta P_n t_n$$

根据一个周期内的散热量等于发热量得到

$$\tau_W A(t_1 + t_2 + \cdots + t_n) = \Delta P_1 t_1 + \Delta P_2 t_2 + \cdots + \Delta P_n t_n \tag{7-24}$$

由此得到稳态温升

$$\tau_W = \frac{1}{A}\frac{\Delta P_1 t_1 + \Delta P_2 t_2 + \cdots + \Delta P_n t_n}{t_1 + t_2 + \cdots + t_n} \tag{7-25}$$

或

$$\tau_W = \frac{\Delta P_{pj}}{A} \tag{7-26}$$

上式表明，当稳态温升波动不大而近似看成恒定时，周期性变化的损耗就可以等效为恒定损耗，这个等效的恒定损耗称为平均损耗

$$\Delta P_{pj} = \frac{\Delta P_1 t_1 + \Delta P_2 t_2 + \cdots + \Delta P_n t_n}{t_1 + t_2 + \cdots + t_n} = \frac{\Sigma \Delta P t}{\Sigma t} \tag{7-27}$$

这样，我们就把周期性变化负载等效为恒定负载来处理发热问题，也就是把连续周期工作制等效为连续工作制。

进行发热校验，就是看稳态温度是否等于或稍低于许可的最高温度。在标准环境温度下，也就是看稳态温升是否等于或稍低于额定温升，即

$$\tau_W \leqslant \tau \tag{7-28}$$

连续工作制电动机的额定温升由式（7-8）表示，即

$$\tau_W = \frac{\Delta P_e}{A}$$

将式（7-27）、式（7-8）代入式（7-28），得到用平均损耗法进行发热校验能够通过的条件是

$$\Delta P_{pj} \leqslant \Delta P_e \tag{7-29}$$

应当指出，式（7-29）中的符号“<”表示发热校验通过的条件，并不是说 ΔP_{pj} 比 ΔP_e 小到任何程度都是经济合理的。只有当 ΔP_{pj} 小于预选电动机的 ΔP_e，但 ΔP_{pj} 又大于额定功率比预选电动机小一挡的电动机的额定损耗时，预选的电动机才是合适的。

当环境温度不等于标准值时，应当按照额定损耗的修正值进行发热校验，额定损耗的修正值可由式（7－16）计算得出。

当电动机自带风扇冷却时，散热系数随转速降低而减小。在启动、制动过程中，平均散热系数比稳定运行时要小。对于图 7－5(b) 所示，包括启动、制动过程的连续周期工作制来说，由式（7－24）表示的热平衡关系应当改为下列形式

$$\tau_W A_q t_q + \tau_W A(t_1 + t_2 + \cdots) \tau_W A_z t_z = \Delta P_q t_q + \Delta P_1 t_1 + \Delta P_2 t_2 + \cdots + \Delta P_z t_z$$

$$\tau_W A\left(\frac{A_q}{A}t_q + t_1 + t_2 + \cdots + \frac{A_z}{A}t_z\right) = \Delta P_q t_q + \Delta P_1 t_1 + \Delta P_2 t_2 + \cdots + \Delta P_z t_z \quad (7-30)$$

式中　A_q——启动过程的平均散热系数；

A_z——制动过程的平均散热系数。

可以认为 $A_q = A_z$，令

$$\alpha = \frac{A_q}{A} = \frac{A_z}{A}$$

于是由式（7－30）得到平均损耗

$$\Delta P_{pj} = \frac{\Delta P_q t_q + \Delta P_1 t_1 + \Delta P_2 t_2 + \cdots + \Delta P_z t_z}{\alpha \cdot t_q + t_1 + t_2 + \cdots + \alpha \cdot t_z} \quad (7-31)$$

式中　α——考虑自带风扇冷却的电动机在启动、制动过程中散热条件变坏的系数，对于直流电动机 $\alpha = 0.75$，对于异步电动机 $\alpha = 0.5$。

（2）等效电流法。因为损耗可以表示为固定损耗与可变损耗之和，所以平均损耗可以表示为固定损耗与由等效电流产生的可变损耗之和，即

$$\Delta P_{pj} = p_0 + I_{dx}^2 r \quad (7-32)$$

式中　I_{dx}——等效电流，是与实际的周期性变化电流在发热上等效的恒定电流；

r——决定可变损耗的电阻，等于可变损耗与电流平方之比。对于他励直流电动机来说，r 就是电枢电阻。

负载图中各段的损耗可表示为：

$$\left.\begin{aligned} \Delta P_1 &= p_0 + I_1^2 r \\ \Delta P_2 &= p_0 + I_2^2 r \\ \Delta P_3 &= p_0 + I_3^2 r \\ &\vdots \\ \Delta P_n &= p_0 + I_n^2 r \end{aligned}\right\} \quad (7-33)$$

式中，I_1、I_2、I_3、…、I_n 分别为负载图中时间 t_1、t_2、t_3、…、t_n 内的电流。将式（7－32）和式（7－33）代入式（7－27），得：

$$p_0 + I_{dx}^2 r = \frac{(p_0 + I_1^2 r)t_1 + (p_0 + I_2^2 r)t_2 + \cdots + (p_0 + I_n^2 r)t_n}{t_1 + t_2 + \cdots + t_n} \quad (7-34)$$

当不同负载电流下的固定损耗和电阻均保持恒定时，式（7－34）中等号两边的 p_0 可以消掉，r 也可以消掉，于是得到等效电流：

$$I_{dx} = \sqrt{\frac{I_1^2 t_1 + I_2^2 t_2 + \cdots + I_n^2 t_n}{t_1 + t_2 + \cdots + t_n}} \quad (7-35)$$

考虑到额定损耗

$$\Delta P_e = p_0 + I_e^2 r$$

并考虑到式（7－32），由式（7－29）得到标准环境温度下用等效电流法进行发热校验能够通过的条件是

$$I_{dx} \leqslant I_e \tag{7-36}$$

当环境温度不等于标准值时，应当按照额定电流的修正值进行发热校验。额定电流的修正值用式（7－19）计算得出。

用等效电流法进行发热校验，必须具备固定损耗 p_0 和电阻 r 都等于常量的条件。如果不同时具备这两个条件，就只能用平均损耗法进行发热校验。例如深槽笼型转子和双笼型转子异步电动机在启动、制动过程中转子电阻不是常量，当负载图中包括启动、制动过程时，就不能采用等效电流法进行发热校验。

自带风扇冷却的电动机在工作周期内包括启动、制动过程时，考虑到平均损耗须用式（7－31）表示，因而等效电流的计算公式应取如下形式：

$$I_{dx} = \sqrt{\frac{I_q^2 t_q + I_1^2 t_1 + I_2^2 t_2 + \cdots + I_z^2 t_z}{\alpha \cdot t_q + t_1 + t_2 + \cdots + \alpha \cdot t_z}} \tag{7-37}$$

式中　I_q，t_q——分别为启动电流和启动时间；

I_z，t_z——分别为制动电流和制动时间。

作电流负载图比损耗负载图要简便一些，因而在符合采用等效电流法的情况下就不应采用平均损耗法。对于已经运行的电力拖动装置，如果要了解电动机按照发热条件的利用程度，实地测取电流负载图后计算等效电流最为方便。

（3）等效转矩法。他励直流电动机在恒定的励磁电流下运行，三相异步电动机在机械特性的直线部分运行，都可以认为转矩与电流成正比。因此，将式（7－35）乘以转矩与电流的比例常数，就得到等效转矩

$$M_{dx} = \sqrt{\frac{M_1^2 t_1 + M_2^2 t_2 + \cdots + M_n^2 t_n}{t_1 + t_2 + \cdots + t_n}} = \sqrt{\frac{\sum M^2 t}{\sum t}} \tag{7-38}$$

如果磁通是额定值，由式（7－36）得出在标准环境温度下用等效转矩法进行发热校验能够通过的条件是

$$M_{dx} \leqslant M_e \tag{7-39}$$

作出转矩负载图 $M-t$ 以后，按照式（7－38）计算出等效转矩，便可用式（7－39）进行发热校验。由于作转矩负载图往往比作电流负载图或损耗负载图简便，所以等效转矩法的应用比较普遍。

当环境温度不等于标准值时，应当按照额定转矩的修正值进行发热校验，修正额定转矩的公式（7－20）。

自带风扇冷却的电动机包括启动、制动过程时，根据式（7－37）得出等效转矩的计算公式：

$$M_{dx} = \sqrt{\frac{M_q^2 t_q + M_1^2 t_1 + M_2^2 t_2 + \cdots + M_z^2 t_z}{\alpha \cdot t_q + t_1 + t_2 + \cdots + \alpha \cdot t_z}} \tag{7-40}$$

式中　M_q——启动转矩；

M_z——制动转矩。

（4）等效功率法。如果电动机的转速基本上不随转矩变化而变化，就可以认为电动机的机械功率与转矩成正比。例如，具有硬的机械特性的电动机在不调速和不包括启动、制动过程的情况下就符合这个条件。将式（7－38）乘以角速度，得到等效功率的计算公式：

$$P_{dx}=\sqrt{\frac{P_1^2t_1+P_2^2t_2+\cdots+P_n^2t_n}{t_1+t_2+\cdots+t_n}}=\sqrt{\frac{\Sigma P^2t}{\Sigma t}} \tag{7-41}$$

当转速是额定值时，由式（7－39）得出在标准环境温度下用等效功率法进行发热校验能够通过的条件是：

$$P_{dx}\leqslant P_e \tag{7-42}$$

当环境温度不等于标准值时，额定功率应当按式（7－21）进行修正。

D　连续周期工作制电动机的过载校验

对于所预选的电动机，在发热校验通过之后，还必须进行过载校验。只有发热校验和过载校验都通过，才能认为预选的电动机额定功率是合适的。

【例 7－2－1】一台他励直流电动机的负载图由 5 段时间组成一个周期，如图 7－7 所示。图中 t_q 是启动时间，t_1 是基速运行时间，t_2 是在 80% 额定磁通下的稳态运行时间，t_3 是基速运行时间（因为稳态运行时间很长，所以图中没有画出因调速而引起的转速变化过程），t_z 是制动时间。电动机的数据是：$P_e=5.6\text{kW}$，$U_e=220\text{V}$，$I_e=30\text{A}$，$n_e=1000\text{r/min}$，$r_a=0.6\Omega$，$I_{max}/I_e=2.0$。电动机自带风扇冷却，绕组绝缘材料为 B 级。

（1）在标准环境温度下运行，校验电动机额定功率是否够用；

（2）在环境温度 $\theta_0=55℃$ 下运行，校验电动机额定功率是否够用。

解：

（1）校验电动机在标准环境温度下运行时的额定功率。

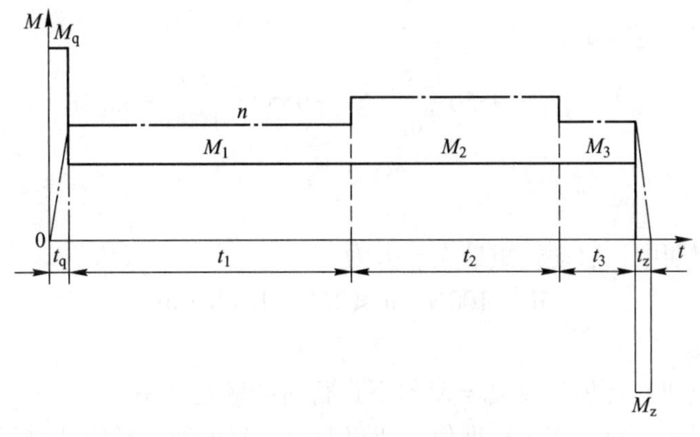

图 7－7　例题的负载图

$t_q=2\text{s}$；$t_1=40\text{s}$；$t_2=30\text{s}$；$t_3=10\text{s}$；$t_z=1\text{s}$；$M_q=100\text{N}\cdot\text{m}$；$M_1=M_2=M_3=40\text{N}\cdot\text{m}$；$M_z=-80\text{N}\cdot\text{m}$

负载图表明，电动机是按照连续周期工作制运行的。由于启动、制动时间只占整个周期的很小部分，因而可将启动、制动过程中的固定损耗当成常量，已与基速运行时的相等。弱磁运行时，转速升高与磁通减小对固定损耗的影响相反，因而可以认为此时的固定损耗与基速运行时的固定损耗相等。在这些近似条件下，整个周期内的固定损耗不变，又因他励直流电动机的电枢电阻也可以认为是不变的，所以符合采用等效电流法进行发热校验的条件。但是考虑到将已知的转矩负载图换算成电流负载图比较麻烦，可以先对弱磁段的转矩进行修正，然后采用等效转矩法进行发热校验。因为等效电流

$$I_{dx} = \sqrt{\frac{I_q^2 t_q + I_1^2 t_1 + I_2^2 t_2 + \cdots + I_z^2 t_z}{\alpha \cdot t_q + t_1 + t_2 + \cdots + \alpha \cdot t_z}}$$

等式两边同乘以 $C_M \Phi_e$，得

$$M_{dx} = \sqrt{\frac{M_q^2 t_q + M_1^2 t_1 + (C_M \Phi_e I_2)^2 t_2 + M_3^2 t_3 + M_z^2 t_z}{\alpha \cdot t_q + t_1 + t_2 + t_3 + \alpha \cdot t_z}}$$

设减弱的磁通为 Φ'，在上式中代入下列关系

$$C_M \Phi_e I_2 = C_M \Phi' I_2 \frac{\Phi_e}{\Phi'} = M_2 \frac{\Phi_e}{\Phi'}$$

得到包括弱磁段的等效转矩计算公式

$$M_{dx} = \sqrt{\frac{M_q^2 t_q + M_1^2 t_1 + M_z^2 \left(\frac{\Phi_e}{\Phi'}\right)^2 t_2 + M_3^2 t_3 + M_z^2 t_z}{\alpha \cdot t_q + t_1 + t_2 + t_3 + \alpha \cdot t_z}} \tag{7-43}$$

式中，$M_z \frac{\Phi_e}{\Phi'}$为弱磁段转矩的修正值。

按照式（7－43）计算等效转矩

$$M_{dx} = \sqrt{\frac{(100\text{N}\cdot\text{m})^2 \times 2\text{s} + (40\text{N}\cdot\text{m})^2 \times (40\text{s} + 10\text{s}) + \left(\frac{40\text{N}\cdot\text{m}}{0.8}\right)^2 \times 30\text{s} + (80\text{N}\cdot\text{m})^2 \times 1\text{s}}{0.75 \times 2\text{s} + 40\text{s} + 30\text{s} + 10\text{s} + 0.75 \times 1\text{s}}}$$

$$= 46.96\text{N}\cdot\text{m}$$

因为电动机的额定转矩

$$\{M_e\}_{\text{N}\cdot\text{m}} = 9550 \frac{\{P_e\}_{\text{kW}}}{\{n_e\}_{\text{r/min}}} = 9550 \times \frac{5.6}{1000} = 53.48$$

$$M_{dx} < M_e$$

所以发热校验通过。

在整个工作周期中，启动转矩最大，因为

$$M_q = 100\text{N}\cdot\text{m} < 2M_e = 107\text{N}\cdot\text{m}$$

所以过载校验通过。

（2）校验电动机在环境温度 $\theta_0 = 55℃$ 下运行时的额定功率。

因为环境温度 $\theta_0 = 55℃$ 高于标准值，所以对电动机的额定转矩要进行修正。为此先计算损耗比 k 如下：因为额定运行时的总损耗

$$\{\Delta P_e\}_{\text{W}} = \{U_e\}_{\text{V}} \times \{I_e\}_{\text{A}} - 1000 \times \{P_e\}_{\text{kW}} = 220 \times 30 - 1000 \times 5.6 = 1000$$

$$\Delta P_e = 1000\text{W}$$

额定运行时的铜损耗

$$p_{\text{Cu}\cdot\text{e}} = I_e^2 r_a = (30\text{A})^2 \times 0.6\Omega = 540\text{W}$$

空载损耗（即固定损耗）

$$p_0 = \Delta p_e - p_{Cu \cdot e} = 1000W - 540W = 460W$$

所以得出损耗比

$$k = \frac{p_0}{p_{Cu \cdot e}} = \frac{460W}{540W} = 0.852$$

额定转矩的修正值

$$M = M_e \sqrt{1 + \frac{40℃ - \theta_0}{\tau_e}(k+1)} = 53N \cdot m \sqrt{1 + \frac{40℃ - 55℃}{90℃} \times (0.852 + 1)} = 44N \cdot m$$

因为等效转矩 $M_{dx} = 46.96N \cdot m$，大于额定转矩的修正值 $M = 44N \cdot m$，所以发热校验不通过，说明在环境温度 $\theta_0 = 55℃$ 下电动机的容量不够用。

7.2.2.6　短时工作制的电动机额定功率选择

A　恒定负载

恒定负载下短时工作制的损耗负载图如图 7-4(b) 所示，工作时间为 t_g，在工作时间内损耗为 ΔP_g，工作时间终了时的温升（即最高温升）为 τ_g。完全按照这种负载图运行的实际情况是不存在的，因为工作中至少包括启动过程在内，而启动过程中的损耗总是比稳定运行时要大的。因此，所谓恒定负载是指稳定运行时负载恒定，而启动时间比稳定时间短很多的情况。

因为短时工作制的初始温升为零，所以由式（7-5）得到最高温升：

$$\tau_g = \frac{\Delta P_g}{A}(1 - e^{-\frac{t_g}{T}}) \tag{7-44}$$

当最高温升 τ_g 等于额定温升 τ_e 时，认为在标准环境温度下电动机得到了充分利用。因此，按照发热条件选择短时工作制电动机的基本依据就是最高温升等于或稍低于额定温升。即

$$\tau_g \leqslant \tau_e \tag{7-45}$$

（1）选择为连续工作制设计的电动机。

如果短时工作制的工作时间较长，采用为连续工作制设计的电动机，有可能从发热观点得到充分利用。有时还因为没有为短时工作制设计的电动机，也必须从为连续工作制设计的电动机中进行选择。因此，有必要讨论如何从为连续工作制设计的电动机中，选择按短时工作制运行的电动机额定功率问题。

将式（7-44）和式（7-8）代入式（7-45），得

$$\Delta P_g(1 - e^{-\frac{t_g}{T}}) \leqslant \Delta P_e \tag{7-46}$$

式中　ΔP_e——为连续工作制设计的电动机额定运行时的损耗；

　　ΔP_g——电动机按短时工作制运行时的损耗。

式（7-46）是为连续工作制设计的电动机用于短时工作制运行时，在标准环境温度下按照损耗进行发热校验能够通过的条件。

在式（7-46）中，考虑到损耗可以表示为固定损耗与可变损耗之和，即

$$\Delta P_g = p_0 + p_{Cu \cdot g}$$

$$\Delta P_e = p_0 + p_{Cu \cdot e}$$

因为损耗比

$$k = \frac{p_0}{p_{\mathrm{Cu\cdot e}}}$$

以及当电阻为常量时可变损耗与电流二次方成正比

$$\frac{p_{\mathrm{Cu\cdot g}}}{p_{\mathrm{Cu\cdot e}}} = \frac{I_g^2}{I_e^2}$$

于是得到按照电流进行发热校验能够通过的条件是

$$I_e \geqslant I_g \sqrt{\frac{1 - e^{-\frac{t_g}{T}}}{1 + ke^{-\frac{t_g}{T}}}} \tag{7-47}$$

式中　I_e——为连续工作制设计的电动机的额定电流；

I_g——电动机按短时工作制运行时的电流。

如果转矩与电流成正比，当磁通为额定值时（三相异步电动机的功率因数也应为额定值），由式（7－47）得到按发热条件选择电动机额定转矩的关系式

$$M_e \geqslant M_g \sqrt{\frac{1 - e^{-\frac{t_g}{T}}}{1 + ke^{-\frac{t_g}{T}}}} \tag{7-48}$$

式中　M_e——为连续工作制设计的电动机的额定转矩；

M_g——电动机按短时工作制运行时的转矩，即静负载转矩。

当电动机具有硬的机械特性时，电动机带动静负载转矩 M_g 运行的转速可以认为仍然等于额定转速，于是由式（7－48）得到按发热条件选择电动机额定功率的关系式

$$P_e \geqslant P_g \sqrt{\frac{1 - e^{-\frac{t_g}{T}}}{1 + ke^{-\frac{t_g}{T}}}} \tag{7-49}$$

式中　P_e——为连续工作制设计的电动机的额定功率；

P_g——电动机按短时工作制运行时的输出功率。

当环境温度不等于标准值时，式（7－47）~式（7－49）中电动机的额定值 I_e、M_e、P_e 应当分别用式（7－19）、式（7－20）、式（7－21）进行修正。

式（7－47）~式（7－49）表明，按短时工作制运行的工作时间 t_g 愈短，根据发热条件允许过载的 I_g、M_g、P_g 就愈大。但是当 t_g 很短时，I_g 或 M_g 就要受到允许的过载值的限制。因此，在进行发热校验或按照发热条件选择电动机的额定功率之后，还必须进行过载校验。

对于笼型转子异步电动机，除了考虑发热和过载这两个条件，还要校验启动转矩。

（2）选择为短时工作制设计的电动机。

为短时工作制设计的电动机的额定功率是按短时定额（15min、30min、60min 或 90min）给出的。如果实际工作时间与短时定额相等或很接近，就可以从产品样本中直接选择所需功率的电动机。如果实际工作时间与短时定额不等，就须将电动机的额定值换算到按实际工作时间运行的数值，然后进行校验或选择。进行额定值换算的依据是最高温升应当保持不变，即按实际工作时间运行时，最高温升（工作时间终了时的温升）应当等于额定温升。

电动机的额定温升由下式表示：

$$\tau_e = \frac{\Delta P_e}{A}(1 - e^{-\frac{t_e}{T}})$$

式中　t_e——电动机的短时定额；

ΔP_e——电动机额定运行时的损耗。

电动机经过实际工作时间 t_g 达到额定温升 τ_e 的损耗 ΔP，应该符合下式

$$\tau_e = \frac{\Delta P}{A}(1 - e^{\frac{t_g}{T}})$$

于是得到

$$\Delta P(1 - e^{-\frac{t_g}{T}}) = \Delta P_e(1 - e^{-\frac{t_e}{T}})$$

ΔP 是电动机按照实际工作时间 t_g 运行，在标准环境温度下按发热条件许可的最大损耗功率。当 $t_g/T \ll 1$ 和 $t_e/T \ll 1$ 时，在上式中将 $e^{-\frac{t_g}{T}}$ 和 $e^{-\frac{t_e}{T}}$ 按泰勒级数展开，并只取前两项，得

$$\Delta P t_g = \Delta P_e t_e \tag{7-50}$$

上式表明，在短时定额和实际工作时间都远小于热时间常数的条件下，将额定损耗功率 ΔP_e 换算到按实际工作时间运行时的损耗功率 ΔP，应当保持损耗能量不变。

当固定损耗和电阻都保持恒定时，可以根据式（7－50）推导出额定电流的换算值。因为

$$\Delta P = p_0 + p_{Cu} = p_{Cu\cdot e}\left(k + \frac{p_{Cu}}{p_{Cu\cdot e}}\right)$$

$$\Delta P_e = p_0 + p_{Cu\cdot e} = p_{Cu\cdot e}(k + 1)$$

$$\frac{p_{Cu}}{p_{Cu\cdot e}} = \frac{I^2}{I_e^2}$$

式中　p_0——固定损耗；

$p_{Cu\cdot e}$，I_e——分别为额定可变损耗和额定电流；

p_{Cu}，I——分别为额定可变损耗和额定电流换算到实际工作时间的量值；

k——损耗比，$k = \frac{p_0}{p_{Cu\cdot e}}$。

所以，代入式（7－50）得到换算额定电流的关系式

$$I = I_e\sqrt{\frac{t_e}{t_g} + k\left(\frac{t_e}{t_g} - 1\right)} \tag{7-51}$$

当实际工作时间与短时定额相差不大时，$\frac{t_e}{t_g} - 1 \approx 0$，式（7－51）可简化成

$$I \approx I_e\sqrt{\frac{t_e}{t_g}} \tag{7-52}$$

将由式（7－51），或式（7－52）得出的额定电流的换算值 I 与实际的工作电流 I_g 比较，如果 $I_g \leqslant I$，说明在标准环境温度下的发热校验是通过的。

具备相应条件时，仿照式（7－51）或式（7－52）可以写出换算额定转矩和换算额

定功率的公式。例如，仿照式（7－52）可以写出简化关系式

$$M \approx M_{\mathrm{e}}\sqrt{\frac{t_{\mathrm{e}}}{t_{\mathrm{g}}}} \tag{7-53}$$

$$P \approx P_{\mathrm{e}}\sqrt{\frac{t_{\mathrm{e}}}{t_{\mathrm{g}}}} \tag{7-54}$$

B　变化负载

如果电动机负载是变化的，例如图7－8。由两段负载组成，在时间 t_{g1} 内损耗为 ΔP_1，在时间 t_{g2} 内损耗为 ΔP_2，温升曲线由两段指数曲线组成。t_{g1} 末的温升

$$\tau_1 = \frac{\Delta P_1}{A}(1 - e^{-\frac{t_{g1}}{T}})$$

t_{g2} 末的温升（即最高温升）

$$\begin{aligned}\tau_{\max} &= \frac{\Delta P_2}{A}\left(\tau_1 - \frac{\Delta P_2}{A}\right)e^{-\frac{t_{g2}}{T}} \\ &= \frac{\Delta P_2}{A} + \left[\frac{\Delta P_1}{A}(1 - e^{-\frac{t_{g1}}{T}}) - \frac{\Delta P_2}{A}\right]e^{-\frac{t_{g2}}{T}} \\ &= \frac{\Delta P_2}{A}(1 - e^{-\frac{t_{g2}}{T}}) + \frac{\Delta P_1}{A}(e^{-\frac{t_{g2}}{T}} - e^{-\frac{t_{g1}+t_{g2}}{T}})\end{aligned}$$

在 $\frac{t_{g1}+t_{g2}}{T} \ll 1$ 的条件下，将上式中的 $e^{-\frac{t_{g2}}{T}}$ 和 $e^{-\frac{t_{g1}+t_{g2}}{T}}$ 按泰勒级数展开并只取前两项，得

$$\tau_{\max} = \frac{\Delta P_1}{A}\frac{t_{g1}}{T} + \frac{\Delta P_2}{A}\frac{t_{g2}}{T} \tag{7-55}$$

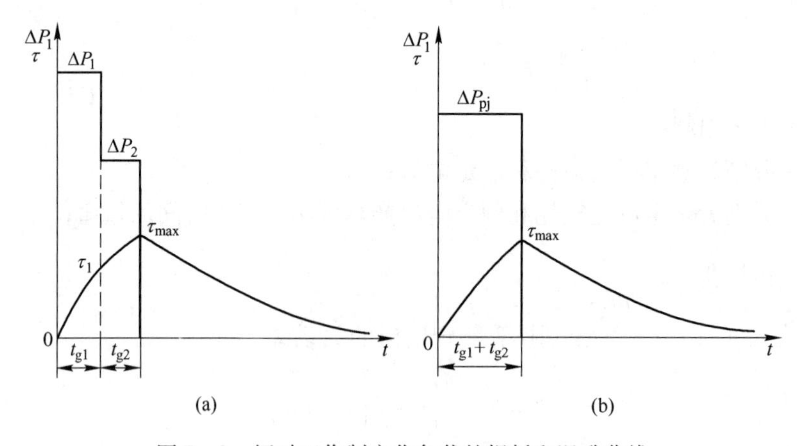

图7－8　短时工作制变化负载的损耗和温升曲线
（a）实际的损耗和温升曲线；（b）平均损耗和相应的温升曲线

设电动机在某一恒定负载下运行，工作时间为 $t_{g1}+t_{g2}$，损耗为 ΔP_{pj}，最高温升与式（7－55）表示的实际值相等，则有

$$\tau_{\max} = \frac{\Delta P_{pj}}{A}(1 - e^{-\frac{t_{g1}+t_{g2}}{T}})$$

仍然采取按泰勒级数展开并只取前两项的方法处理，得

$$\tau_{max} = \frac{\Delta P_{pj}}{A} \frac{t_{g1} + t_{g2}}{T} \tag{7-56}$$

根据式（7－55）和式（7－56）相等，得

$$\Delta P_{pj} = \frac{\Delta P_1 t_{g1} + \Delta P_2 t_{g2}}{t_{g1} + t_{g2}} \tag{7-57}$$

式中，ΔP_{pj}为短时工作制的平均损耗。

式（7－57）表明，根据最高温升相等的条件，变动损耗的短时工作制可以等效为恒定损耗的短时工作制。

比较式（7－57）与式（7－27）看出，短时工作制的平均损耗计算公式与连续周期工作制具有相同的形式。因此，短时工作制的等效电流、等效转矩和等效功率的计算公式，也分别与式（7－35）、式（7－38）和式（7－41）具有相同的形式。当工作过程中包括启动、制动过程时，自带风扇冷却的电动机散热条件变坏的修正，也与连续周期工作制相同。

求出平均损耗、等效电流、等效转矩或等效功率之后，就可以同恒定负载的短时工作制一样进行发热校验。

变化负载的短时工作制，无论选用为连续工作制设计的电动机还是选用为短时工作制设计的电动机，都必须进行过载校验。对笼型转子异步电动机，还必须校验启动转矩。

如果没有为短时工作制设计的电动机，也可以选用为断续周期工作制设计的电动机。这两种工作制的对应关系大致是 $t_e = 30\text{min}$ 相当于 $FS\% = 15\%$，$t_e = 60\text{min}$ 相当于 $FS\% = 25\%$，$t_e = 90\text{min}$ 相当于 $FS\% = 40\%$。

C　当环境温度不等于标准值时的修正

当环境温度不等于标准值时，为短时工作制设计的电动机的额定电流、额定转矩和额定功率都应当进行修正。可以证明，对短时工作制电动机进行上述各项修正的公式与连续工作制电动机相同，仍然采用式（7－19）~式（7－21）。

7.2.2.7　断续周期工作制的电动机额定功率选择

A　恒定负载

恒定负载下断续周期工作制的损耗负载图和温升曲线如图 7－4(c) 所示。当选用为断续周期工作制设计的电动机时，如果实际的负载持续率与电动机的断续定额相等，就可以直接将负载图中的损耗与电动机的额定损耗比较，进行发热校验，如果实际的负载持续率与断续定额不等，就要按照实际的负载持续率将电动机的额定值加以换算，然后进行发热校验。

图 7－9(a) 表示电动机在断续定额时的额定损耗，图 7－9(b) 表示换算到实际负载持续率时的损耗。换算的依据是最高温升τ_{max}保持不变。因为断续周期工作制的热稳态是一个周期的开始温升与终了温升相等，所以由图 7－9(a) 得到下列关系：

$$\tau_{max} = \frac{\Delta P_e}{A} + \left(\tau_1 - \frac{\Delta P_e}{A}\right) e^{-\frac{t_{ge}}{T}} \tag{7-58}$$

$$\tau_2 = \tau_1 = \tau_{max} e^{-\frac{t_{ge}}{T}} \tag{7-59}$$

将式（7－59）代入式（7－58），得：

$$\tau_{\max} = \frac{\Delta P_e}{A}\frac{1 - e^{\frac{-t_{ge}}{T}}}{1 - e^{\frac{-(t_{ge}+t_{0e})}{T}}}$$

在上式中，将 $e^{\frac{-t_{ge}}{T}}$ 和 $e^{\frac{-(t_{ge}+t_{0e})}{T}}$ 按泰勒级数展开，并且考虑到当 $(t_{ge}+t_{0e})/T \ll 1$ 时，可以只取级数的前两项，于是得到：

$$\tau_{\max} = \frac{\Delta P_e}{A}\frac{t_{ge}}{t_{ge}+t_{0e}} = \frac{\Delta P_e}{A}FS_e\% \tag{7-60}$$

同理，由图7－9(b）得到：

$$\tau_{\max} = \frac{\Delta P_x}{A}FS_x\% \tag{7-61}$$

根据式（7－60）与式（7－61）相等，得：

$$\Delta P_x FS_x\% = \Delta P_e FS_e\% \tag{7-62}$$

式（7－62）表明，在最高温升不变的条件下，将断续定额 $FS_e\%$ 时的额定损耗 ΔP_e，换算到实际负载持续率 $FS_x\%$ 时的损耗 ΔP_x，应当保持损耗与负载持续率的乘积不变。

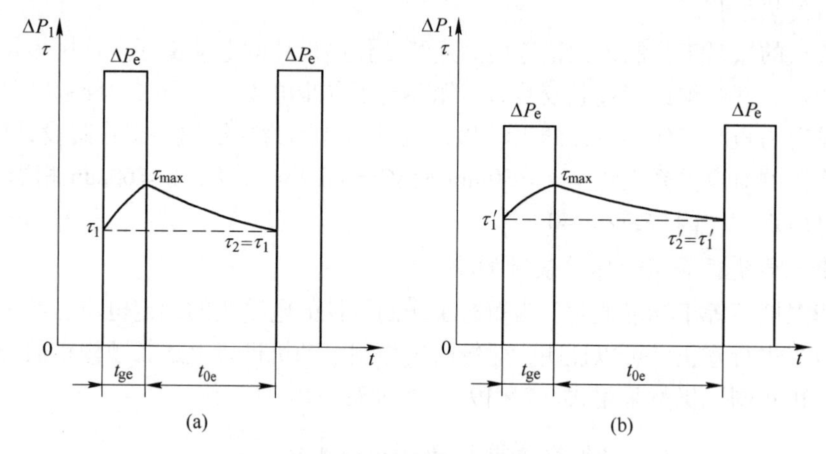

图7－9　不同负载持续率的损耗换算

（a）断续定额时的额定损耗；（b）换算到实际负载持续率时的损耗

将损耗表示为固定损耗与可变损耗之和，由式（7－62）得：

$$(p_0 + p_{Cu\cdot x})FS_x\% = (p_0 + p_{Cu\cdot e})FS_e\%$$

在固定损耗和电阻均为常量的条件下，由上式得到额定电流的换算公式：

$$I_x = I_e\sqrt{\frac{FS_e\%}{FS_x\%} + k\left(\frac{FS_e\%}{FS_x\%} - 1\right)} \tag{7-63}$$

式中　I_x——将断续定额 $FS_e\%$ 时的额定电流 I_e，换算到实际负载持续率 $FS_x\%$ 时的电流值；

I_e——断续定额 $FS_e\%$ 时的额定电流；

k——固定损耗与额定可变损耗之比。

当 $FS_e\%$ 与 $FS_x\%$ 相差不大时，式（7－63）可简化为

$$I_x = I_e\sqrt{\frac{FS_e\%}{FS_x\%}} \tag{7-64}$$

上式是工程上常用的简化形式。断续工作制电动机的铭牌上只标明 $FS_e\% = 25\%$ 时的额定电流，如果实际的负载持续率与 25% 相差较大，采用式（7－64）计算就会出现较大的误差。通常在产品样本上给出了 15%、25%、40%、60% 等几种断续定额时的额定电流，在按式（7－64）进行换算时，应当选取与 $FS_x\%$ 最接近的断续定额，以减小误差。

在相应的条件下，可以根据额定电流的换算公式得出额定转矩和额定功率的换算公式，例如，由式（7－64）得到

$$M_x = M_e\sqrt{\frac{FS_e\%}{FS_x\%}} \tag{7-65}$$

$$P_x = P_e\sqrt{\frac{FS_e\%}{FS_x\%}} \tag{7-66}$$

式（7－64）~式（7－66）分别是将断续定额 $FS_e\%$ 时的额定电流、额定转矩、额定功率换算到实际负载持续率 $FS_x\%$ 时的关系。I_x、M_x、P_x 是标准环境温度下按照发热条件允许的最大值，因而也可以将它们理解为 $FS_x\%$ 时的“额定值”。

将 ΔP_x、I_x、M_x 或 P_x 与负载图中的 ΔP、I、M 或 P 进行比较，如果有下列关系：

$$\Delta P_x \geqslant \Delta P$$

$$I_x \geqslant I$$

$$M_x \geqslant M$$

$$P_x \geqslant P$$

则在标准环境温度下发热校验通过。至于按照损耗、电流、转矩还是功率进行发热校验，须依据具体问题所适合的条件来确定，这些条件请读者自行分析。

B　变化负载

断续周期工作制一般都不能按照工作时间内负载恒定的情况来处理，因为启动、制动过程中负载增大对发热的影响通常都不能忽略。断续周期工作制包括启动、制动过程的损耗负载图如图 7－10(a) 所示。由于为断续周期工作制设计的电动机的额定值是按照工作时间内负载恒定的情况给出的，因而必须把变化负载等效为恒定负载，才能进行发热校验。式（7－62）说明，在工作时间远远小于热时间常量的条件下，断续工作制可以用连续工作制来等效发热情况，而等效的连续工作制损耗就是断续工作制损耗在整个周期内的平均值。这个概念，同样可以用在变化负载的断续周期工作制。与图 7－10(a) 等效的连续工作制损耗是：

$$\frac{\Delta P_1 t_1 + \Delta P_2 t_2 + \Delta P_3 t_3}{t_1 + t_2 + t_3 + t_0} = \frac{\Delta P_1 t_1 + \Delta P_2 t_2 + \Delta P_3 t_3}{t_1 + t_2 + t_3}\,\frac{t_1 + t_2 + t_3}{t_1 + t_2 + t_3 + t_0} = \Delta P_{pj} FS\%$$

上式表明，变化负载的断续周期工作制可以等效为恒定负载的断续周期工作制，等效的恒定损耗就是实际的变化损耗在工作时间内的平均值，称为平均损耗，即

$$\Delta P_{pj} = \frac{\Delta P_1 t_1 + \Delta P_2 t_2 + \Delta P_3 t_3}{t_1 + t_2 + t_3} \tag{7-67}$$

比较式（7－67）与式（7－27）看出，断续周期工作制的平均损耗计算公式在形式上与连续周期工作制是相同的。但是应当注意到它们之间的区别。式（7－27）表示的平均损耗，是将连续周期工作制的变化损耗等效为连续工作制的恒定损耗，而式（7－67）

表示的平均损耗则是将断续周期工作制的变化损耗等效为断续周期工作制的恒定损耗。

对于断续周期工作制，在相应的条件下，也可以用恒定的电流、转矩、功率来等效实际变化的电流、转矩、功率。等效电流、等效转矩、等效功率可以用式（7－35）、式（7－37）、式（7－38）、式（7－40）、式（7－41）计算。

将变化负载换算成等效的恒定负载以后，就可以按照恒定负载的断续周期工作制进行发热校验。

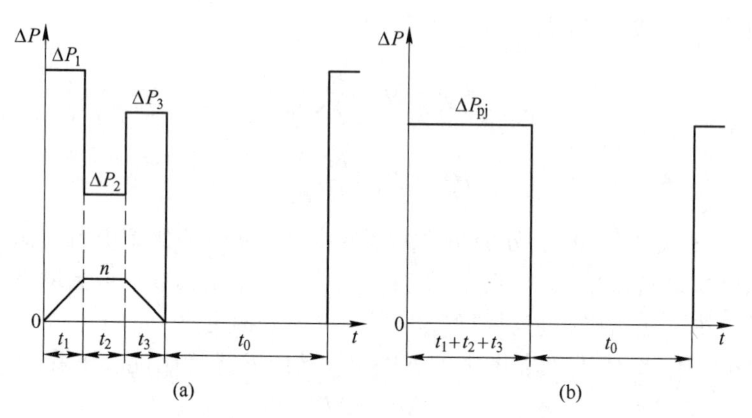

图 7－10 变化负载的断续周期工作制等效为恒定负载的断续周期工作制
（a）实际的变化损耗负载图；（b）等效的恒定损耗负载图

C 当环境温度不等于标准值时的修正

当环境温度不等于标准值时，电动机的额定损耗、额定电流、额定转矩、额定功率都应当进行修正。可以证明，断续周期工作制电动机的额定值的环境温度修正公式与连续工作制电动机的相同。

D 过载校验

选择断续周期工作制的电动机额定功率时，在发热校验通过之后，还必须进行过载校验。

E 当负载持续率很大或负载持续率很小时的处理方法

当断续周期工作制的负载持续率很大时，如果选用为断续工作制设计的电动机，其过载能力大的优点由于发热条件的限制而得不到发挥，以至不如选用价格较低的为连续工作制设计的电动机更加合算。一般说来，当 $FS\% > 70\%$ 时，应当按照连续工作制选择电动机的额定功率。等效电流和等效转矩的计算公式如下：

$$I_{dx} = \sqrt{\frac{I_q^2 t_q + I_1^2 t_1 + I_2^2 t_2 + \cdots + I_z^2 t_z}{\alpha \cdot t_q + t_1 + t_2 + \cdots + \alpha \cdot t_z + \beta t_0}} \tag{7-68}$$

$$M_{dx} = \sqrt{\frac{M_q^2 t_q + M_1^2 t_1 + M_2^2 t_2 + \cdots + M_z^2 t_z}{\alpha \cdot t_q + t_1 + t_2 + \cdots + \alpha \cdot t_z + \beta t_0}} \tag{7-69}$$

式中，β 是自带风扇冷却的电动机停止时散热条件变坏的修正系数，直流电动机 $\beta = 0.5$，异步电动机 $\beta = 0.25$。

式（7－68）与式（7－69）计算的等效值，与按断续周期工作制计算的等效值的差别，在于分母中包括了停止时间 t_0。这是因为把断续周期工作制当成连续工作制考虑，就是用连续负载去等效实际的断续负载。

当负载持续率很小时，在停止时间内温升可以降低到零，属于短时工作制。因此，当 $FS\% < 10\%$ 时，应当按照短时工作制选择电动机的额定功率。

【例 7－2－2】 一台他励直流电动机的数据是：$P_e = 30\text{kW}$，$U_e = 220\text{V}$，$I_e = 160\text{A}$，$n_e = 1000\text{r/min}$，$r_a = 0.14\Omega$，$I_{max}/I_e = 2.2$，$FS_e\% = 25\%$。B 级绝缘。功率负载图和转速负载图如图 7－11 所示。分别按照标准环境温度和 $\theta_0 = 50℃$ 校验电动机的容量。

解：

按照题目给出的条件，他励直流电动机在基速以下运行，包括启动、制动过程是断续周期工作制。适合采用等效转矩法进行发热校验，但已知功率负载图，为简便起见，可以不把功率负载图换算成转矩负载图，而对功率负载图进行修正，然后用等效功率法进行发热校验。由图 7－11 示出的负载图可知在启动、制动过程中，功率与转速成正比变化，说明启动、制动转矩都是恒定的，将启动、制动转矩乘以额定转速得到的功率，就是用来按等效功率法进行发热校验的修正功率。

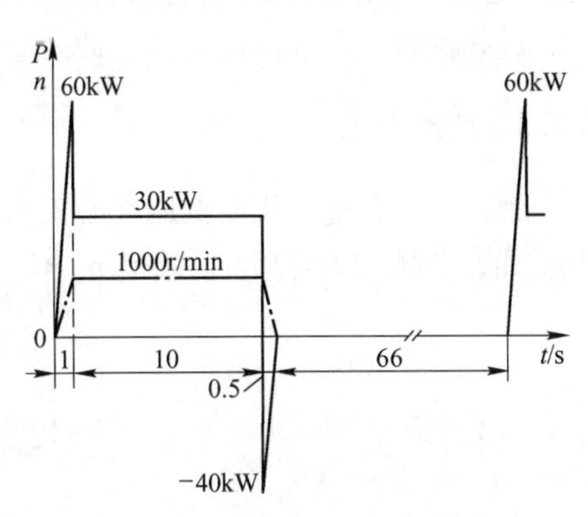

图 7－11　例 7－2－2 的负载图

因此，启动过程最后的功率 60kW 就是启动过程的修正功率，制动过程开始的功率 40kW 就是制动过程的修正功率。按修正后的功率负载图得到等效功率

$$P_{dx} = \sqrt{\frac{(60\text{kW})^2 \times 1\text{s} + (30\text{kW})^2 \times 10\text{s} + (40\text{kW})^2 \times 0.5\text{s}}{0.75 \times 1\text{s} + 10\text{s} + 0.75 \times 0.5\text{s}}} = 34.7\text{kW}$$

负载持续率

$$FS_x\% = \frac{1 + 10 + 0.5}{1 + 10 + 0.5 + 66} = 14.8\%$$

电动机额定功率换算到 $FS_x\% = 14.8\%$ 时的数值

$$P = P_e\sqrt{\frac{FS_e\%}{FS_x\%}} = 30\text{kW} \times \sqrt{\frac{25\%}{14.8\%}} = 39\text{kW}$$

因为 $P = 39\text{kW} > P_{dx} = 34.7\text{kW}$，所以在标准环境温度下发热校验通过。

过载校验：从负载图看出，启动过程电流最大。因为稳定运行时的功率等于额定功率，所以修正的启动功率与稳定运行功率之比等于启动转矩与额定转矩之比，也就等于启动电流与额定电流之比。因此可以按照下列关系进行过载校验

$$\frac{60\text{kW}}{30\text{kW}} = 2 < \frac{I_{max}}{I_e} = 2.2$$

可见过载校验通过。

当环境温度等于 50℃ 时，需要对电动机的额定功率进行修正。绕组采用 B 级绝缘，额定温升 $\tau_e = 90℃$。根据题给数据计算得出固定损耗与额定可变损耗之比 $k = 0.45$。由式（7－21）得到额定功率的修正值

$$P = P_e\sqrt{1 + \frac{40℃ - \theta_0}{\tau_e}(k+1)} = 30\text{kW} \times \sqrt{1 + \frac{40℃ - 50℃}{90℃} \times (0.45 + 1)} = 27.48\text{kW}$$

$P=27.48\text{kW}$ 仍然是断续定额 $FS_e\%=25\%$ 时的功率值。现按照式（7－66）换算到实际负载持续率 $FS_x\%=14.8\%$ 时的功率值

$$P_x=P\sqrt{\frac{FS_e\%}{FS_x\%}}=27.48\text{kW}\times\sqrt{\frac{25\%}{14.8\%}}=35.72\text{kW}$$

因为 $P_x=35.72\text{kW}>P_{dx}=34.7\text{kW}$，所以在环境温度 $\theta_0=50℃$ 时发热校验也可以通过。但 P_x 超过 P_{dx} 还不到3%，余量很少。

过载校验与环境温度无关，此处不须重作。

7.2.3　技能训练

题目：一台电动机与低压离心式水泵直接相连，水泵的转速 $n=1450\text{r/min}$，流量 $Q=50\text{m}^3/\text{h}$，总扬程 $H=15\text{m}$，效率 $\eta_1=0.4$，周围环境温度不超过30℃，试选择电动机。

练 习 题

7－2－1　电动机的输出功率和电流是否成正比？

7－2－2　电动机的输出功率、损耗、温升和温度之间有什么关系？

7－2－3　电动机的额定温升的含义是什么？“电动机的温升超过额定值就是过热”这种说法是否全面？

7－2－4　选择电动机额定功率应当根据哪些条件？

7－2－5　为什么说平均损耗和三种等效值的计算公式只能用来进行发热校验而不能用来直接选择电动机的额定功率？

7－2－6　J02－52－6－W型户外用三相异步电动机的技术数据为：$P_e=7.5\text{kW}$，$U_e=380\text{V}$，$I_e=16.3\text{A}$，$n_e=965\text{r/min}$，$\eta_e=86\%$，$\cos\varphi_e=0.81$，额定铜损耗 $p_{Cu\cdot e}=520\text{W}$，过载能力 $\lambda_m=1.8$。E级绝缘。问该电动机在环境温度 $\theta_0=10℃$ 和在允许的最低环境温度 $\theta_0=-40℃$ 下运行时的最大使用容量。

7－2－7　他励直流电动机的技术数据为：$P_e=60\text{kW}$，$U_e=220\text{V}$，$I_e=305\text{A}$，$n_e=1000\text{r/min}$，过载倍数 $\lambda_m=2$。强迫通风。已知负载图如图7－12所示。校验在标准环境温度下工作时的电动机容量见表7－5。

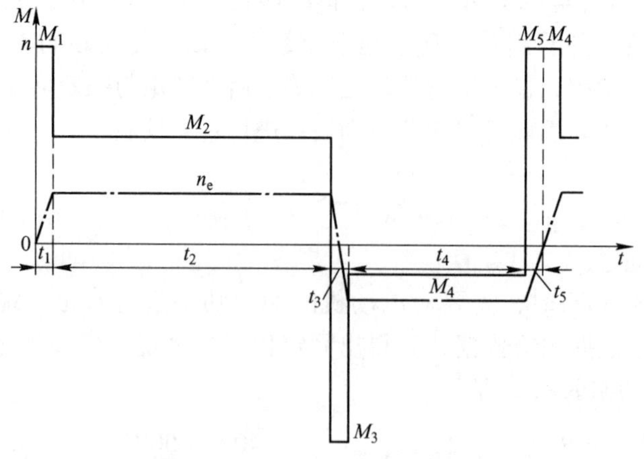

图7－12　题7－2－7的负载图

表7-5　题7-2-7

转矩	M_1/N·m	M_2/N·m	M_3/N·m	M_4/N·m	M_5/N·m
	1100	600	-1100	-155	1100
时间	t_1/s	t_2/s	t_3/s	t_4/s	t_5/s
	0.2	10	0.4	6	0.1

7-2-8　有一台30min定额35kW短时工作制三相异步电动机发生故障。现有两台同步转速相同的连续工作制三相异步电动机：一台 $P_e=18.5\text{kW}$，$T=80\text{min}$，$k=0.7$，$\lambda_m=1.8$；另一台 $P_e=20\text{kW}$，$T=90\text{min}$，$k=0.7$，$\lambda_m=2.0$。验算一下这两台电动机是否都能代用。

7-2-9　一台绕线转子异步电动机的已知数据为：$P_e=11\text{kW}$，$n_e=1440\text{r/min}$，$FS\%=40\%$，$\lambda_m=2.3$。自带风扇冷却见表7-6。负载图示于图7-13中，试校验其容量。

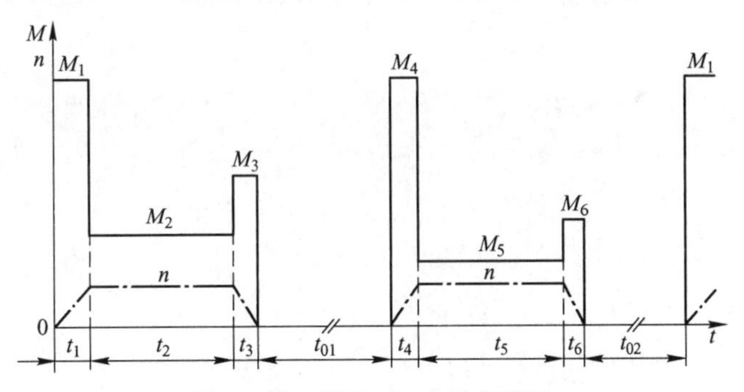

图7-13　题7-2-9的负载图

表7-6　题7-2-9

转矩	M_1/N·m		M_2/N·m		M_3/N·m		M_4/N·m		M_5/N·m		M_6/N·m	
	120		44		75		120		32		25	
时间	t_1/s	t_2/s	t_3/s	t_4/s	t_5/s	t_6/s	t_{01}/s	t_{02}/s				
	8.9	36	5.7	6.4	37	5.3	66	60				

7-2-10　一台JR02-21-4型绕线转子异步电动机按图7-14所示负载运行，试校验其容量。电动机的已知数据为：$P_e=22\text{kW}$，$n_e=1460\text{r/min}$，$FS\%=40\%$，$\lambda_m=2.75$。连续定额，自带风扇冷却见表7-7。

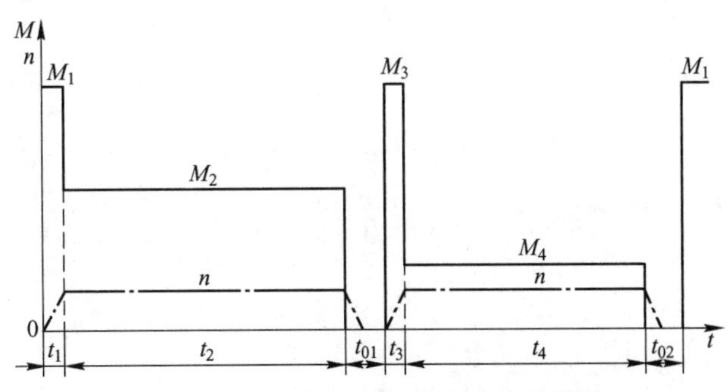

图7-14　绕线转子异步电动机负载图

表7-7　题7-2-10

转矩	M_1/N·m	M_2/N·m	M_3/N·m	M_4/N·m		
	300	170	300	80		
时间	t_1/s	t_2/s	t_3/s	t_4/s	t_{01}/s	t_{02}/s
	5	190	3	190	30	30

参考文献

[1] 程龙泉．电机与拖动（第2版）［M］．北京：北京理工大学出版社，2011.
[2] 张华龙．电机与电气控制技术［M］．北京：人民邮电出版社，2008.
[3] 杨建林．机床电气控制技术（第2版）［M］．北京：北京理工大学出版社，2011.
[4] 赵承荻，姚和芳．电机与电气控制技术（第2版）［M］．北京：高等教育出版社，2006.
[5] 吴浩烈．电机及拖动基础（第3版）［M］．重庆：重庆大学出版社，2008.
[6] 许廖．工厂电气控制设备［M］．北京：机械工业出版社，1999.
[7] 张运波，刘淑荣．工厂电气控制技术（第2版）［M］．北京：高等教育出版社，2004.
[8] 汤天浩．电机与拖动基础［M］．北京：机械工业出版社．
[9] 胡学林．电气控制与PLC［M］．北京：冶金工业出版社，1997.
[10] 谭维瑜．电机与电气控制［M］．北京：机械工业出版社．
[11] 唐介．电机与拖动［M］．北京：高等教育出版社．
[12] 李中年．电器控制及应用［M］．北京：清华大学出版社．
[13] 彭鸿才．电机原理及拖动［M］．北京：机械工业出版社．
[14] 李海发．电机学［M］．北京：科学出版社．
[15] 张广溢．电机学［M］．重庆：重庆大学出版社．
[16] 汪国梁．电机学［M］．北京：机械工业出版社．
[17] 顾胜谷．电机及拖动基础［M］．北京：机械工业出版社．
[18] 周定颐．电机及电力拖动［M］．北京：机械工业出版社．
[19] 汤煊琳．工厂电气控制技术（第2版）［M］．北京：北京理工大学出版社，2013.
[20] 刘子林．电机及拖动基础［M］．武汉：武汉工业大学出版社．
[21] 林瑞光．电机与拖动基础［M］．杭州：浙江大学出版社．
[22] 技工学校机械类通用教材编审委员会．电工工艺学（第5版）［M］．北京：机械工业出版社，2012.

冶金工业出版社部分图书推荐

书　名	作　者	定价(元)
Micro850 PLC、变频器及触摸屏综合应用技术	姜　磊	49.00
实用电工技术	邓玉娟　祝惠一 徐建亮　李东方	49.00
Python 程序设计基础项目化教程	邱鹏瑞　王　旭	39.00
计算机算法	刘汉英	39.90
SuperMap 城镇土地调查数据库系统教程	陆妍玲　李景文　刘立龙	32.00
自动检测和过程控制（第5版）	刘玉长　黄学章　宋彦坡	59.00
智能生产线技术及应用	尹凌鹏　刘俊杰　李雨健	49.00
机械制图	孙如军　李　泽 孙　莉　张维友	49.00
SolidWorks 实用教程 30 例	陈智琴	29.00
机械工程安装与管理——BIM 技术应用	邓祥伟　张德操	39.00
电气控制与 PLC 应用技术	郝　冰　杨　艳　赵国华	49.00
智能控制理论与应用	李鸿儒　尤富强	69.90
Java 程序设计实例教程	毛　弋　夏先玉	48.00
虚拟现实技术及应用	杨　庆　陈　钧	49.90
电机与电气控制技术项目式教程	陈　伟	39.80
电力电子技术项目式教程	张诗淋　杨　悦 李　鹤　赵新亚	49.90
电子线路 CAD 项目化教程——基于 Altium Designer 20 平台	刘旭飞　刘金亭	59.00
5G 基站建设与维护	龚猷龙　徐栋梁	59.00
自动控制原理及应用项目式教程	汪　勤	39.80
传感器技术与应用项目式教程	牛百齐	59.00
C 语言程序设计	刘　丹　许　晖　孙　媛	48.00
Windows Server 2012 R2 实训教程	李慧平	49.80
物联网技术与应用——智慧农业项目实训指导	马洪凯　白儒春	49.90
Electrical Control and PLC Application 电气控制与 PLC 应用	王治学	58.00
CNC Machining Technology 数控加工技术	王晓霞	59.00
Mechatronics Innovation & Intelligent Application Technology 机电创新智能应用技术	李　蕊	59.00
Professional Skill Training of Maintenance Electrician 维修电工职业技能训练	葛慧杰　陈宝玲	52.00
现代企业管理（第3版）	李　鹰　李宗妮	49.00
冶金专业英语（第3版）	侯向东	49.00
电弧炉炼钢生产（第2版）	董中奇　王　杨　张保玉	49.00
转炉炼钢操作与控制（第2版）	李　荣　史学红	58.00
金属塑性变形技术应用	孙　颖　张慧云 郑留伟　赵晓青	49.00
新编金工实习（数字资源版）	韦健毫	36.00
化学分析技术（第2版）	乔仙蓉	46.00
金属塑性成形理论（第2版）	徐　春　阳　辉　张　弛	49.00
金属压力加工原理（第2版）	魏立群	48.00
现代冶金工艺学——有色金属冶金卷	王兆文　谢　锋	68.00